环境污染源头控制与生态修复系列丛书

多环芳烃污染土壤修复

——高效降解微生物菌剂研制与应用

党　志　陶雪琴　卢桂宁　邓辅财　卢　静　杨　琛　著

科学出版社
北　京

内 容 简 介

本书是一部关于多环芳烃污染土壤修复之高效降解微生物菌剂研制与应用的专著。在简单介绍多环芳烃污染的现状及危害的基础上，系统总结了作者及其研究团队针对多环芳烃污染土壤开展的高效降解微生物的筛选及性能、多环芳烃微生物降解机理、融合菌株的构建及修复菌剂的研制与应用等方面的成果。这些研究成果可为多环芳烃污染土壤的生物修复提供科学依据和技术支撑。

本书可供环境科学与工程、土壤污染控制与修复、农业环境科学、环境地球科学等学科的科研人员，生态环境部门、农业农村部门与节能环保产业的工程技术与管理人员，以及高等院校相关专业的师生参考。

图书在版编目(CIP)数据

多环芳烃污染土壤修复：高效降解微生物菌剂研制与应用 / 党志等著. —北京：科学出版社，2021.3

(环境污染源头控制与生态修复系列丛书)

ISBN 978-7-03-067365-7

Ⅰ. ①多… Ⅱ. ①党… Ⅲ. ①微生物降解-应用-多环烃-芳香族烃-污染土壤-修复 Ⅳ. ①X53

中国版本图书馆CIP数据核字(2020)第253830号

责任编辑：万群霞 孙静惠 / 责任校对：王萌萌
责任印制：吴兆东 / 封面设计：无极书装

科学出版社 出版
北京东黄城根北街16号
邮政编码：100717
http://www.sciencep.com
北京捷迅佳彩印刷有限公司 印刷
科学出版社发行 各地新华书店经销
*
2021年3月第 一 版 开本：720×1000 1/16
2022年1月第二次印刷 印张：18 3/4
字数：375 000

定价：168.00元

(如有印装质量问题，我社负责调换)

主要作者简介

党　志　1962年生，陕西蒲城人，中国科学院地球化学研究所和英国牛津布鲁克斯大学(Oxford Brookes University)联合培养环境地球化学专业理学博士，华南理工大学二级教授、博士生导师，工业聚集区污染控制与生态修复教育部重点实验室主任、“广东特支计划”本土创新创业团队负责人，享受国务院政府特殊津贴。主要从事金属矿区污染源头控制与生态修复、重金属及有机物污染场地/水体修复理论与技术、毒害污染物环境风险防控与应急处置等方面的研究工作；先后主持承担了国家重点研发计划项目、国家自然科学基金重点项目和重点国际(地区)合作研究项目、广东省应用型科技研发专项等60余项科研项目，发表学术论文500余篇(SCI收录340余篇)，获授权发明专利20余件(美国专利2件)，获得过国家科学技术进步奖二等奖、教育部自然科学奖一等奖、广东省科学技术奖一等奖、全国优秀环境科技工作者奖等。

陶雪琴　1978年生，湖南邵阳人，华南理工大学环境工程专业博士，仲恺农业工程学院教授、硕士生导师，入选广东省高等学校“千百十人才培养工程”省级培养对象、广州市珠江科技新星，曾获仲恺农业工程学院“十佳青年教师”称号。主要从事农业产地环境污染防控方面的研究，重点关注土壤中重金属和多环芳烃的环境行为与去除技术；主持国家自然科学基金项目、广东省自然科学基金项目、广东省高等学校高层次人才项目、广东省及广州市科技计划项目等10余项科研项目，发表学术论文80余篇(SCI收录40余篇)、获授权发明专利3件、出版著作/参编教材5部，研究成果曾获广东省科学技术奖一等奖、广东省环境保护科学技术奖一等奖等。

卢桂宁 1980年生，广东和平人，华南理工大学和美国罗格斯大学(Rutgers University)联合培养环境工程专业博士，华南理工大学研究员、博士生导师，教育部青年长江学者、教育部新世纪优秀人才、“广东特支计划”科技创新青年拔尖人才和本土创新创业团队核心成员、广州市珠江科技新星，广东省自然科学杰出青年基金和中国环境科学学会青年科学家奖获得者。主要从事土壤污染控制与修复研究，主持国家自然科学基金项目、中国博士后科学基金项目等20余项科研项目，发表学术论文200余篇(SCI收录140余篇)，获授权发明专利16件(美国专利1件)，研究成果曾获教育部自然科学奖一等奖、广东省科学技术奖一等奖、广东省环境保护科学技术奖一等奖等。

邓辅财 1982年生，湖南郴州人，华南理工大学环境科学与工程专业博士，广东石油化工学院副教授。主要从事环境生物技术、环境生态修复与有机复合污染的治理等方面研究。主持国家自然科学基金和广东省自然科学基金各1项，发表学术论文10余篇(SCI收录7篇)，获授权发明专利4件(美国专利1件)。

卢　静 1982年生，山西临汾人，华南理工大学环境工程专业博士，中北大学副教授、硕士生导师。主要从事污染水体与土壤的生物修复技术、生物质材料在环境中的应用研究。主持国家自然科学基金项目2项，发表学术论文20余篇(SCI收录10篇)，获授权发明专利1件，参编教材2部。

杨　琛 1976年生，湖北孝感人，中国科学院广州地球化学研究所环境科学专业博士，华南理工大学教授、博士生导师，广州市珠江科技新星。主要从事新型污染物的环境行为及修复技术研究，主持国家自然科学基金项目4项，发表学术论文100余篇(SCI收录60余篇)，获授权发明专利18件(美国专利1件)。

序

多环芳烃是一类重要的有毒有机污染物，环境中多环芳烃的健康危害和生态毒性已被广泛证实。尽管多环芳烃可以通过自然活动排放，但工业革命以来的人为活动，特别是燃烧过程中多环芳烃的大量排放，构成目前环境中多环芳烃的主要来源。

虽然多环芳烃在各种环境介质及生物系统中普遍被检出，但作为主要汇，土壤的研究具有特别重要的意义。2014 年我国环境保护部和国土资源部联合发布的《全国土壤污染状况调查公报》指出，调查样点中多环芳烃超标率达 1.4%；特别是工业废弃地、工业园区、采油区、采矿区、污水灌溉区、干线公路两侧等典型地块常有高浓度检出。

除应加强多环芳烃排放控制之外，由于多数多环芳烃在土壤中有很长的半衰期，有必要发展经济高效的修复技术，以解决广泛存在的土壤多环芳烃污染问题。我国科学家在多环芳烃污染土壤修复方面开展了大量工作。从去除和固化等不同思路出发，探讨了包括物理、化学和生物学修复在内的多种手段，在修复机理研究、修复技术和示范应用等方面取得了重要进展。由于微生物作用本身就是多环芳烃降解的主要途径，微生物修复方法受到广泛关注，表现出较高的应用潜力。尽管近年来学界在多环芳烃污染土壤的微生物修复研究方面取得了一系列进展，但在作用机理和应用技术等方面尚有大量亟待解决的科学与技术问题。

华南理工大学党志教授领衔的生态修复团队以多环芳烃污染土壤为主要对象，组织了环境科学与工程、环境微生物学、环境生物技术、农业环境科学等多学科交叉攻关，在多环芳烃污染土壤的生物修复方面开展了系统研究。譬如，该团队以菲和芘为模式污染物，在筛选出菲高效降解菌鞘氨醇单胞菌 GY2B、芘高效降解混合菌群 GP3 及纯菌微黄分枝杆菌 CP13 的基础上，构建了对混合多环芳烃具有高效降解性能的广谱融合菌株 F14；开展了吸附-包埋-交联复合固定化、硅化固定化、层层自组装微囊固定化等新型修复菌剂的系统研制；探讨了外源物质与条件(如纳米竹炭、抗生素、表面活性剂、微塑料、盐度等)对菌株降解性能的影响机制，取得了丰硕的研究成果。这些成果不仅反映在已发表的一系列高水平研究论文中，而且体现为多项高质量发明专利，特别是由此形成的土壤多环芳烃污染生物修复实用技术。事实上，该团队研发的修复菌剂已成功应用于广东茂名的多环芳烃污染农田生物修复示范中，为更大规模实施修复提供了科学依据和技术支撑。

该书以多环芳烃污染土壤的微生物修复为主线，阐述了多环芳烃污染和修复技术状况，重点介绍了高效降解混合菌的筛选及纯菌的分离鉴定、广谱融合菌株的构建与性能、菲/芘微生物降解途径与机理、污染土壤生物修复菌剂的研制与应用等方面的研究成果。该书是该研究团队多年工作的系统总结，将在推动我国多环芳烃污染土壤修复技术的发展与应用方面起到积极作用。

陶澍

北京大学

2020 年 12 月

前　言

多环芳烃(PAHs)是世界上最早发现的对人类有致癌效应的一类污染物。多环芳烃可在森林大火、火山爆发和生物合成中自然产生，因此在环境中有一定的本底值。但它主要是工业化过程中大量使用化石燃料及生物质燃料产生的副产物。随着我国工业和城市化的快速发展，改革开放40多年来，化石能源消耗成倍增长，环境中多环芳烃污染浓度不断增加。土壤中的多环芳烃主要来源于大气的颗粒沉降和降雨降雪，对于污染严重地区，则主要来源于直接倾倒、排污，如油田和废弃的炼油厂。研究表明，我国土壤已普遍受到多环芳烃的污染，但大多是中低污染水平。

微生物修复具有效率高、二次污染少、价格低廉等优点，成为修复中低度多环芳烃污染的主要途径。尽管研究者已发现环境中存在许多可降解多环芳烃的微生物，但也存在一些问题：一些以某种多环芳烃为唯一碳源筛选出来的单一优势菌种往往只能降解特定类型污染物且微生物活性受各种环境因素(如温度、酸度、盐度和湿度)的影响较大，或者将几种优势菌简单混合构建高效菌群，这样的菌群有时因为种间的抑制作用很难实现作用最大化，有些菌株会在代谢多环芳烃的过程中产生并积累比母本毒性更高的中间产物。因此，如何获得高效降解多环芳烃且作用底物范围广、环境适应性强、积累少甚至不积累有毒中间代谢产物的菌株是值得深入研究的课题。近20年来，笔者在国家高技术研究发展计划(863计划)、国家自然科学基金、广东省自然科学基金、广东省及广州市科技计划项目等的资助下，以菲和芘作为多环芳烃的模型物，开展了高效降解菌群的筛选及单菌的分离鉴定、融合菌株的构建与降解性能、微生物降解途径和机理、修复菌剂的研制和应用等方面的研究，形成了一系列较为系统的研究成果。本书是基于上述研究成果的归纳与总结。

本书介绍的研究成果和本书的撰写出版是在华南理工大学生态修复课题组党志、卢桂宁、杨琛、易筱筠、郭楚玲等老师和所指导的数届博士及硕士研究生的大力支持和共同努力下完成的，本书内容由研究团队已开展的科学实验、学位论文及共同发表的科研论文组成。全书共8章，第1～2章介绍了多环芳烃的来源及污染状况和多环芳烃污染土壤修复研究概况，主要内容从团队学生学位论文的绪论中整合而来，其中土壤中多环芳烃微生物降解性能预测研究由陈璋完成；第3章介绍了菲降解菌的筛选及其降解性能与机理，主要研究工作由陶雪琴和张梦露完成；第4章介绍了芘降解菌的筛选及其降解性能与机理，主要研究工作由陈晓鹏和伍凤姬完成；第 5 章介绍了融合菌株的构建及其多环芳烃降解性能，主要研究工作由卢静完成；第 6 章介绍了模拟环境条件对降解菌性能的影响，主要研究工作由陶雪琴、佘博嘉等完成，其中 6.4 节由刘沙沙、姜萍萍、林维佳、李祎毅、黄莺、刘玮婷完成；第 7 章介绍了多环芳烃降解菌的固定化与应用，主要研究工作由邓辅财、李静华、李婧和马伟文完成；第 8 章介绍了多环芳烃污染农田生物修复大田试验，主要研究工作由马林完成。全书由党志、陶雪琴、卢桂宁、邓辅财、卢静和杨琛负责总体设计、统稿和审校工作，参与本书资料收集与整理工作的还有梁佳豪、刘鹤、范盛等博士和硕士研究生。

本书的研究成果是在国家 863 计划子课题“农田有机复合污染生物修复制剂及示范(2012AA101403)”，国家自然科学基金项目“有机污染物-土壤/沉积物相互作用机理研究(20077008)”、“纳米竹炭协同/胁迫作用下鞘氨醇单胞菌 GY2B 降解菲的作用机理研究(41101299)”、“融合菌株对多环芳烃(PAHs)的降解途径及机理研究(41401355)”、“碳纳米材料杂化促进层层自组装微囊菌剂对农田污染土壤中多环芳烃的降解(41701357)”和“矿物-生物炭复合材料固定化融合细菌修复 PAHs 污染土壤机理研究(41977141)”，广东省应用型科技研发专项“基于秸秆资源化利用的农田土壤毒害污染物削减关键技术研发及应用(2016B020242004)”，广东省自然科学基金研究团队项目“石油污染土壤的微生物-植物-化学联合修复的关键理论与技术(9351064101000001)”和重点项目“土壤石油污染微生物原位修复技术的基础研究(05103552)”，广东省科技计划项目“农田土壤有机污染物的微生物与化学联合修复技术(2004B20501006)”、“纳米竹炭-微生物复合制剂在多环芳烃污染农田土壤修复中的应用(2015A020215034)”，广州市科技计划项目“农田土壤石油污染的原位生态修复技术(12C62081569)”，以及广东省固体废物污染控制与资源化重点实验室项目(2020B121201003)等资助下完成的，特此感谢。

此外，本书在撰写过程中参阅了大量的相关专著和文献，并已将主要参考书目列于书后，在此向各位著者表示诚挚的感谢！需要说明的是，由于本书相关内容的研究时间跨度将近 20 年，为尊重开展研究时的技术状况，书中部分参考文献未作更新。由于作者的专业知识和学术水平有限，书中难免存在疏漏和不足之处，恳请读者批评指正。

最后，衷心感谢北京大学陶澍院士在百忙之中为本书作序！

党　志

2020 年 11 月于广州

目　录

第1章 多环芳烃的来源及污染状况

随着石油、化工等能源工业的迅猛发展，其在开采、加工、运输和使用过程中，不可避免会产生有毒有害化学品对开放环境的污染问题，多环芳烃(polycyclic aromatic hydrocarbons, PAHs)就是其中之一。多环芳烃是一类在环境中普遍存在的有机污染物，是煤、石油、木材、烟草、有机高分子化合物等有机物不完全燃烧时产生的挥发性碳氢化合物，是重要的环境和食品污染物。多环芳烃具有较强的疏水性，进入大气环境后，绝大部分通过沉降进入土壤或水体。随着人类活动日趋频繁，多环芳烃的排放量也日趋增加，大多数多环芳烃会在生物体内积累，并通过细胞毒性、遗传毒性和免疫毒性对生物体产生致癌、致畸、致突变(“三致”)作用，从而对生态安全和人类健康构成巨大威胁(Wilson and Jones, 1993; 高学晟等, 2002)。因此，多环芳烃在环境中的行为及如何将多环芳烃从环境中去除成为人们研究的热点(陶雪琴等, 2003; Haritash and Kaushik, 2009; 刘锦卉等, 2018)。

1.1 多环芳烃的来源与性质

1.1.1 多环芳烃的化学结构

多环芳烃是指由两个或两个以上苯环或环戊二烯稠合而成的化合物。两个以上的苯环结合在一起可以有两种形式：一种为非稠环型，即两个苯环之间各有一个碳原子相连，如联苯、三苯甲烷等；而另一种为稠环型，即分子中相邻的苯环间有两个或两个以上共用的碳原子，如萘、菲、芘等。人们所说的多环芳烃一般指稠环型化合物，所以确切地应称为稠环芳烃，由于国内外很多文献都把它们称为多环芳烃，该名称实际上已成为稠环芳烃的同义词(段小丽等, 2011)。另外，有些多环芳烃还含有氮、硫、氧或其他取代基团。常见的具有致癌作用的多环芳烃多为四到六环的稠环化合物，其中以苯并[*a*]芘(BaP)的致癌性最强(王连生等, 1993)。

多环芳烃在自然界中有时以单一化合物的形式存在，有时以混合物的形式存在，目前已发现超过3万种(包括S、N、O及其烷系同系物)，但只有一部分被分离和测定了结构。常见的多环芳烃有30余种，20世纪70年代美国环境保护署(USEPA)将16种未带分支的多环芳烃列入了环境优先控制污染物的黑名单(其化学结构式见图1-1)，1989年我国也将7种多环芳烃(萘、荧蒽、苯并[*b*]荧蒽、苯并[*k*]荧蒽、苯并[*a*]芘、茚并[1,2,3-*cd*]芘、苯并[*ghi*]苝)列入环境优先监测的污染物黑名单中(周文敏等, 1990)。

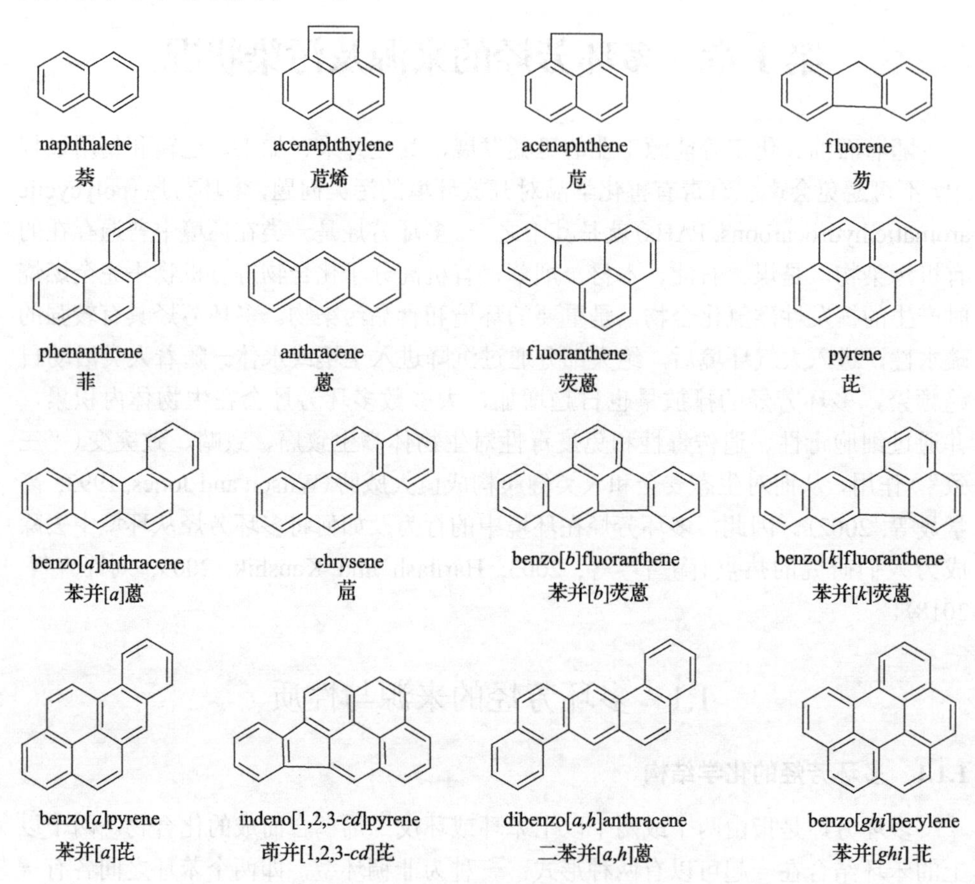

图 1-1 16 种美国环境保护署优先控制多环芳烃的化学结构式

1.1.2 多环芳烃的主要来源

多环芳烃是自然界本来就有的一类有机物。环境中的多环芳烃来源十分复杂，一般可分为两大类，分别是自然原因造成的污染源和人类活动造成的污染源(图 1-2)。

在自然环境中，某些藻类、植物及部分真/细菌(如腐烂状芽孢杆菌、食用蘑菇等)具有合成多环芳烃的能力，它们在生长过程中能在自身体内生成多环芳烃，其中包括一些有致癌性的多环芳烃。多环芳烃的生物合成可在常温常压下进行，但生物合成多环芳烃的量一般都很少，因此可以相对稳定地保持在它们所在的生态系统中。除此之外，在森林及草原等地区发生的天然火灾、火山爆发等也会产生多环芳烃，它们与生物合成的多环芳烃共同组成了环境中的多环芳烃天然本底值。

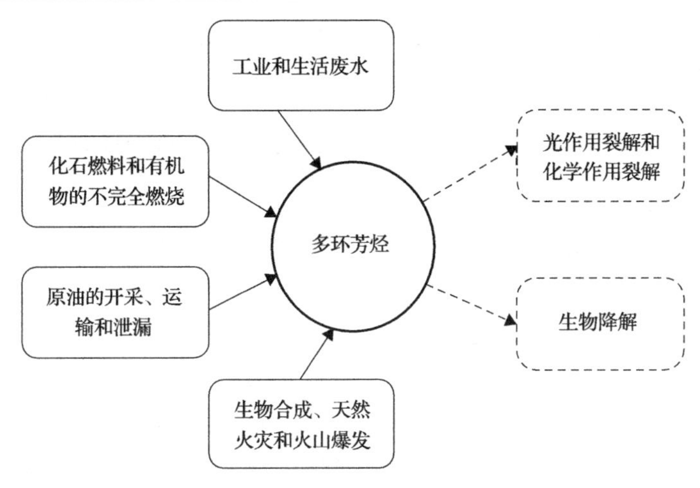

图 1-2　环境中多环芳烃的主要来源与归宿

如果环境中多环芳烃只源于自然过程，就不会对生态环境构成太大的威胁。而近年来的监测结果表明，环境中多环芳烃含量已经达到足以影响人类及整个生态系统安全的程度，这些多环芳烃主要来自人类活动，即人为污染源。频繁的人类活动是导致全球范围内多环芳烃污染的主要原因。大量的多环芳烃排放主要来源于生物质和煤炭、石油等化石燃料的不完全燃烧及原油在开采、运输、生产和使用过程中的泄漏与排污，如机动车和飞机燃油排放、油田开采过程中泄漏等(Freeman and Cattell, 1990)。Wild 和 Jones(1995)对英国每年因燃料的使用向大气中排放的多环芳烃进行了估计，其排量高达 700t，其中因汽车使用燃料而排放的多环芳烃约占 80t。Westerholm 等(1988)发现在汽车尾气的多环芳烃组分中，有 70%是由不超过三个环的小分子多环芳烃组成的，而菲在该组分中的含量比其他多环芳烃组分要高。另外，袭著革等(2004)发现不同结构类型的多环芳烃在香烟烟雾组分中所占的量有很大的差别，而且在侧流烟雾中多环芳烃的含量要比在主流烟雾中的高 1 倍以上，说明因吸烟而产生的烟雾也有可能是室内多环芳烃污染的一个重要来源。

1.1.3　多环芳烃的理化性质

苯环是多环芳烃的基本结构单位，每一种多环芳烃具有相似的环境行为，但苯环的数目和连接方式不同会引起相对分子质量、分子结构改变，进而导致多环芳烃之间某些物理化学性质存在差异，使每一种多环芳烃具有各不相同的理化性质(表 1-1)(杨秀虹, 2004)。在常温下，纯的多环芳烃化合物呈固态，总体特征是高熔点、高沸点、低蒸气压及低水溶解性(Juhasz and Naidu, 2000)。当这些具有较强疏水性的污染物进入大气环境，绝大部分会通过沉降方式进入土壤或水体

（葛高飞等, 2012）。多环芳烃的水溶性一般会随着苯环数的增加而降低，其生物可利用性和可降解性也会随之降低，因而其在环境中的停留时间也随之增长。

表 1-1 16 种美国环境保护署优先控制多环芳烃的部分理化性质

中文名称	英文缩写	CAS 号	相对分子质量	分子式	lg K_{ow}	熔点/℃	沸点/℃	水中溶解度(25℃)/(mg/L)	致癌性
萘	Nap	91-20-3	128	$C_{10}H_8$	3.37	80.2	217.9	31	O
苊烯	Acy	208-96-8	152	$C_{12}H_8$	3.70	92.5	280	16.1	O
苊	Ace	83-32-9	154	$C_{12}H_{10}$	4.00	93.4	279	3.92	O
芴	Flu	86-73-7	166	$C_{13}H_{10}$	4.18	114.8	295	1.69	O
菲	Phe	85-01-8	178	$C_{14}H_{10}$	4.46	99.2	340	1.15	O
蒽	Ant	120-12-7	178	$C_{14}H_{10}$	4.45	215	339.9	0.0434	O
荧蒽	Fla	206-44-0	202	$C_{16}H_{10}$	4.90	107.8	384	0.26	O
芘	Pyr	129-00-0	202	$C_{16}H_{10}$	4.88	151.2	404	0.135	O
苯并[*a*]蒽	BaA	56-55-3	228	$C_{18}H_{12}$	5.60	84	437.6	0.0094	+
䓛	Chr	218-01-9	228	$C_{18}H_{12}$	5.61	258.2	448	0.002	O/+
苯并[*b*]荧蒽	BbF	205-99-2	252	$C_{20}H_{12}$	6.06	168	—	0.0015	++
苯并[*k*]荧蒽	BkF	207-08-9	252	$C_{20}H_{12}$	6.06	217	480	0.0008	++
苯并[*a*]芘	BaP	50-32-8	252	$C_{20}H_{12}$	6.06	176.5	495	0.00162	++
茚并[1,2,3-*cd*]芘	InP	193-39-5	276	$C_{22}H_{12}$	6.50	163.6	536	0.00019	+
二苯并[*a,h*]蒽	DaA	53-70-3	278	$C_{22}H_{14}$	6.80	269.5	524	0.00249	+
苯并[*ghi*]苝	BgP	191-24-2	276	$C_{22}H_{12}$	6.51	278	>500	0.00026	O

注：O 表示不致癌；O/+表示可能致癌；+表示致癌；++表示强致癌；K_{ow} 为辛醇-水分配系数。

1.1.4 多环芳烃的生物毒性

多环芳烃其自然降解率低，因此可在环境中长期存在。虽然多环芳烃在环境中的含量很低，但它可以通过多种途径进入人体，如呼吸道、皮肤和消化道。另外，多环芳烃是一种脂溶性化合物，其水溶性差、辛醇-水分配系数高，能够通过食物链在生物体内积累。有研究表明，多环芳烃可在水生动物体内迅速积累，如把鲑鱼置于含原油环境中，其体内多环芳烃含量会在短期内迅速升高，90d 后鲑鱼体内萘和苯的含量高达到 8.47μg/g 和 2.86μg/g，分别富集了 148 倍和 447 倍（Woodward et al., 1991）。早在 20 世纪 50 年代，许多多环芳烃被分离成纯物质，其生物试验表明一些从天然物质中分离出或人工合成的多环芳烃能使动物体内细胞生长繁殖速度失控，造成基因突变、引发肿瘤或癌变。

多环芳烃的生物毒性机制主要有两个方面：一方面，多环芳烃的化学结构对紫外线辐射的光化学效应特别敏感，能够稳定地吸收紫外线（250～400nm），从而形成对生物体有害的物质(Huang et al., 1996)。研究表明，细胞在紫外线的照射下与多环芳烃接触，会加速自由基形成，而这些自由基可对细胞组织造成损害。另一方面，机体内的多环芳烃在氧分子的参与下，也会产生亲电性氧自由基，如羟基自由基(•OH)等，可通过脂质的过氧化作用对细胞膜产生破坏，还可能会进一步对 DNA、蛋白质等生物大分子甚至线粒体、核糖体等细胞器造成不可逆变的损伤，并进一步引起相应的细胞组织或器官病变(孙红文和李书霞, 1998)。此外，某些多环芳烃进入生物体之后(主要是高等生物)，首先被细胞色素 P450 酶系统氧化或羟基化，然后一些内源性分子，如谷胱甘肽、葡萄糖醛酸等，在相关的酶催化下被氧化，之后与多环芳烃代谢产物结合形成具有致癌性的物质(Stegeman and Lech, 1991)。

对多环芳烃致癌机理的研究也是很早就开始了，Pullman 和 Pullman(1955)提出的K区(K-region)理论认为多环芳烃的分子中有两个区，即K区和L区(图 1-3)，对化学反应起决定作用；后来 Jerina 和 Lehr(1977)提出湾区(bay-region)理论，认为位于湾区角环上(B 区)的环氧化物是多环芳烃分子转化为生物活性中间物的重要一环。我国学者提出双区理论，认为致癌的必要条件是分子存在两个活性中心(戴乾圜, 1979; 陈洪和戴乾圜, 1982)。随后还有众多理论拓展，这方面的研究一直都是热点。众多研究表明，多环芳烃进入人体内时只可能是一种“前致癌物”，在代谢中被活化后才成为“终致癌物”。此代谢活化过程，即“前致癌反应”的活性主要表现在 B 区、K 区和 L 区等，其中 B 区以其几何优势位居诸活性因素之首，K 区和 L 区因素渐次之。L 区其实起反作用，这一点在 K 区理论中已有体现，在双区理论中则被称为脱毒区(还包括某些等价 K 区)。事实上，前致癌反应历程的复杂性就在于活化的多方位选择性、活化与脱毒的竞争性、代谢的多向性，它未必只限于个别活性区，甚至仅仅通过其与DNA的非共价结合也可能致癌(张蓉颖等, 1999)。“致癌多环芳烃”是个模糊概念，它与“非致癌多环芳烃”之间并无明确的界限(许锦泉, 2003)。多环芳烃的定量结构-致癌活性关系相关研究认为，多环芳烃是通过在蛋白质的酮-烯醇互变异构过程中起一种催化作用，从而导致了细胞蛋白质分子的不可逆转变，进而促进细胞的癌变(王连生, 1995)。

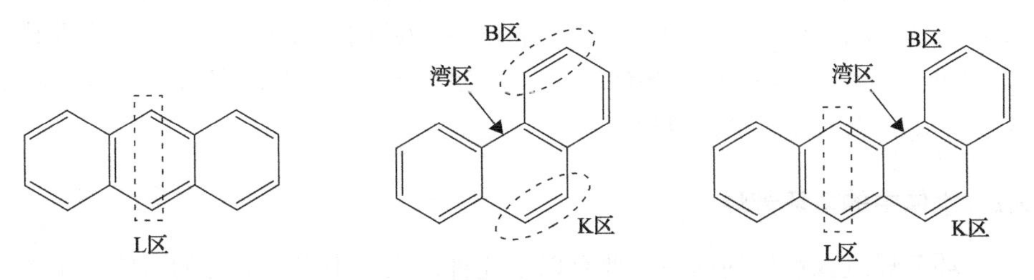

图 1-3　多环芳烃结构中 K 区、L 区、B 区和湾区示意图

K 区相当于菲环的 9,10 位区域；L 区相当于蒽环的 9,10 位区域；B 区为湾区的角环

1.2 环境介质中的多环芳烃

1.2.1 大气中的多环芳烃

环境中的多环芳烃大多是随烟气首先进入大气的，大气的流动性大，并且多环芳烃易于吸附在颗粒上，随后通过各种沉降离开大气。一般认为小分子量的多环芳烃主要以气态为主，而大分子量的多环芳烃主要以颗粒态为主，外界条件改变时，二者可以相互转化。尽管大气中的多环芳烃浓度不是很高，但通过呼吸作用很容易损坏动物的肺，所以大气中的多环芳烃是人们关注的问题。

近年来我国对大气中多环芳烃污染状况的调查研究很多。张逸等(2004)分析了北京市大气总悬浮颗粒物中总多环芳烃的含量，发现城乡结合带为 74.186～436.187ng/m^3，郊区为 119.193～397.186ng/m^3。其中粒径小于 7μm 的大气颗粒物中苯并[*a*]芘的含量在城乡结合带为 3.143～18.141ng/m^3，郊区为 6.114～19.179ng/m^3，均有部分样品高于国家卫生标准规定的 10ng/m^3。毕新慧等(2004)对广州市老城区空气中多环芳烃进行研究，结果表明该区多环芳烃的污染相当严重，多环芳烃普遍存在于气相和颗粒相中，共检测出 40 多种多环芳烃，而且苯并[*a*]芘的浓度时有超标。

大气中不同粒径的颗粒物在人体呼吸器官内的沉积部位和量是不同的，因此人们也很关心不同粒径范围的颗粒物中多环芳烃的含量。Venkataraman 和 Friedlander(1994)采集了粒径在 0.05～4μm 范围内且经过分离的气溶胶，发现 85%以上的多环芳烃都存在于空气动力学直径＜0.12μm 的颗粒物上。Allen 等(1998)研究发现城市气溶胶中的六环芳烃大部分集中在积聚膜(0.3～1.0μm)，少部分集中在核膜(0.09～0.14μm)中。蒋亨光等(1988)研究发现粒径＜7μm 的可吸入粒子中所含多环芳烃约占总量的 95%，其中粒径＜1.1μm 的微小粒子所含多环芳烃占总量的 60%～70%。

由汽车尾气排放造成的城市大气污染也很严重，Westerholm 和 Li(1994)研究发现，汽车尾气中的多环芳烃包括燃料中原来含有的多环芳烃和燃烧过程中形成的多环芳烃，汽油车排放大相对分子质量(M＞228)的多环芳烃，柴油车主要排放小相对分子质量(M＜228)的多环芳烃，汽油车每行驶 1km 释放出多环芳烃为 124～286μg，柴油车为 35～430μg。

1.2.2 水体中的多环芳烃

多环芳烃进入水体的途径主要有以下几种：大气中多环芳烃的沉降；土壤和地表上的多环芳烃受雨水淋蚀进入水体；含多环芳烃的污水的直接排放；水底沉积物中的生物合成等。一般来说，水体中多环芳烃浓度比水底沉积物中的小，这是由于进入水中的多环芳烃大多数被水中的悬浮颗粒吸附，然后慢慢沉降到水底沉积物中。当然，水生生物也能积累一定量的多环芳烃，但是其体内多环芳烃的本底值很难估计，因为生物种类不同，其对多环芳烃的积累有很大差异。天然水体中多环芳烃的本底值在 2～93ng/L，沉积物中多环芳烃的本底值为 0.01～0.6mg/kg（聂麦茜, 2002）。由于人类活动的影响，一般水体中多环芳烃的浓度都会大于这个范围。

朱利中等（2003）检测到杭州市地面水 10 种多环芳烃的总浓度为 0.989～96.21μg/L，苯并[*a*]芘平均浓度为 1.582μg/L，已超过地面水环境质量标准，特别是钱塘江水的多环芳烃污染较为严重，对人体健康具有较大风险。彭华等（2004）对河南省水源进行多环芳烃污染状况的调查发现，水中萘的检出率为 100%，蒽、菲、芘、荧蒽、芴的检出率大于 90%，强致癌性物质苯并[*a*]芘的检出率为 70%。另外，在江河湖海，特别是近海及海湾区域的沉积物中也检测到有大量的多环芳烃富集，康跃惠等（2000）和麦碧娴等（2000）从珠江三角洲地区主要水体表层沉积物中检出了共 102 种多环芳烃化合物，其中，珠江广州河段（芳村）16 种优先控制多环芳烃含量最高达 10.810mg/kg，澳门内港 16 种优先控制多环芳烃含量高达 9.219μg/kg。

1.2.3　土壤中的多环芳烃

土壤中的多环芳烃主要来源于大气的颗粒沉降和降雨降雪，对于污染严重地区，则主要来源于直接倾倒、排污，如油田和废弃的炼油厂（Jones et al., 1989）。不同的污染源排放的多环芳烃的种类和含量是不相同的，Yang 等（1998）研究表明，重油燃烧释放出相当高含量的 4 环以上的多环芳烃，而化工产品的生产和使用主要排放 3 环以下的多环芳烃。张枝焕等（2003）调查了天津地区不同功能区土壤的芳烃化合物含量，发现无论是市区还是郊县城镇，芳烃含量均较高，其次为污灌区，非污灌区耕地较低，山区含量最低。张天彬等（2005）调查发现东莞市土壤中 16 种多环芳烃平均含量为 413μg/kg，含量较高的几种组分分别是菲、荧蒽、䓛、苯并[*b*]荧蒽、芘。陈来国等（2004）分析了广州五个地区菜地中 16 种多环芳烃的分布，发现菜地土壤中多环芳烃最大含量高达 3077μg/kg，最小为 42μg/kg，绝大部分土壤样品中多环芳烃含量在 200μg/kg 以上，属中度污染。一般来说，土壤中多环芳烃的本底值在 0.001～0.1mg/kg。龙明华等（2017）调查发现南宁市菜地土壤中总多环芳烃的含量范围为 2632.00～5002.43μg/kg，平均为（3351.30±1110.72）μg/kg，处于严重污染水平；从多环芳烃的组成特征看，南宁市菜地土壤中低环（2～4 环）芳烃含量占总含量的 85.72%，其中 3 环芳烃占比最大，达到 54.62%；南宁市菜地土壤中的多环芳烃主要来源于机动车尾气的排放及生物质和煤炭的燃烧。

1.2.4 植物中的多环芳烃

植物中的多环芳烃大部分来源于大气沉降，Simonich 和 Hites（1994）研究发现一些植物能吸收这类物质。如果多环芳烃能进入植物细胞，它们会转变成*β*-*O*-配糖物或者*β*-*O*-葡萄糖苷酸配合物（Nakajima et al., 1996）。多环芳烃的性质和植物的种类会影响多环芳烃在植物中积累，其他环境因素，如大气中多环芳烃的浓度、温度和风速等，也会产生一定影响。Wagrowski 和 Hites（1997）推测乡下种植的蔬菜中多环芳烃的量是城市样品中的 1/10 以下。王晓丽等（2007）采集了白云山 9 种阔叶植物叶片样品，发现白云山阔叶植物叶片样品中的多环芳烃以芘所占比例最高，总多环芳烃为 460.2～1303.5ng/g 干重；从组成上看，白云山阔叶植物叶片中多环芳烃以 3 环、4 环为主，其组成特征与大气中多环芳烃相似。曾小康等（2013）调查了深圳市坝光红树林表层沉积物、红树植物地下根及叶片中 16 种多环芳烃的含量，发现表层沉积物中多环芳烃的总量均值为 996.0ng/g 干重（312.8～2829.7ng/g），红树植物地下根多环芳烃的总量均值为 679.6ng/g 干重（439.6～957.5ng/g），而红树植物叶片多环芳烃总量均值为 2112.0ng/g 干重（1567.5～2847.4ng/g），多环芳烃总量在不同样品材料中含量梯度是：叶＞沉积物＞根，说明红树植物叶片更容易积累多环芳烃。

1.2.5 食品中的多环芳烃

多环芳烃可通过不同途径污染食品，近年来国内外逐步完善对各类食品中多环芳烃的检测及健康风险评估。现代工业的发展导致环境中多环芳烃浓度逐渐增加，环境中多环芳烃则通过空气、水和土壤等途径在植物和动物中积累，最终进入人类的食物链。在各种途径中，食物是人类接触多环芳烃的主要途径，特别是在不吸烟的人群中。生水果、生蔬菜和生鱼类中的多环芳烃与土壤、空气和水中存在多环芳烃有关。此外，食品烹饪过程中会不可避免地产生多环芳烃，食品中多环芳烃的产生与食品加工的热源、加热距离、食品装置的设计、燃料的种类等多种因素有关。Pandey 等（2004）对印度 296 种植物油中的多环芳烃进行检测，88.5%的油样中检测出多环芳烃，原生橄榄油中多环芳烃含量最高，为 624μg/kg，精炼植物油中含量最低，为 40.2μg/kg。廖倩等（2009）测定北京烤鸭鸭皮中 3 种多环芳烃（BaP、BaA 和 DaA）的含量范围为 0.56～3.19μg/kg。Santonicola 等（2017）对意大利婴儿食品市场中牛奶、鱼和肉进行抽样检测，发现牛奶中 14 种多环芳烃平均含量为 52.25μg/kg，鱼和肉中多环芳烃平均含量为 11.82μg/kg，其中 18.2%的牛奶和 5.6%的肉和鱼中 BaP 含量超过了欧盟限制值（1μg/kg）。张会敏等（2019）研究发现 16 种多环芳烃在 4 种瓜类蔬菜中均有检出，其总量为 88.44～1229.8μg/kg，其中各环数多环芳烃含量顺序为：5 环＞6 环＞2 环＞4 环＞3 环。

1.3　多环芳烃的赋存状态和环境行为

多环芳烃在环境中的存在状态有三种：游离态、吸附态、乳化态，其中以游离态存在的量最少。大气中的多环芳烃以气、固两种形式存在，其中分子量小的 2～3 环芳烃主要以气态形式存在，4 环芳烃在气态、颗粒态中的分配基本相同，5～7 环的大分子量多环芳烃则绝大部分以颗粒态形式存在。大气中的多环芳烃及其衍生物大多吸附在粒径小于 7μm 的颗粒物上，这种可吸入颗粒是大气污染物中对人类危害最大的一类污染因子（沈学优和刘勇建, 1999）。由于多环芳烃的溶解度低、辛醇-水分配系数高，因而土壤中的多环芳烃主要被吸附在土壤有机质上。水体中的多环芳烃可呈三种状态：吸附在悬浮性固体上、溶解于水中、呈乳化状态。

多环芳烃一旦进入环境，会受到各种自然过程的影响，发生迁移转化。进入大气中的多环芳烃可以通过化学反应、扩散与稀释、降尘、降雨等进入土壤和水体，气态的多环芳烃容易因化学和光化学作用得到分解（Lehto et al., 2000）。除土壤的吸附作用外，多环芳烃还会在土壤中发生化学反应，在矿物质的诱发下产生转化，另外可以通过微生物降解、光解、高等动物的代谢作用、挥发、植物的吸收与积累等自然过程发生改变，在所有环境条件下，4 环以上多环芳烃的挥发作用是很小的。进入水环境后多环芳烃在沉积物和悬浮物中的吸附是控制其迁移、转化及归宿的重要过程，而水体中的生物体对多环芳烃具有较强的富集能力。

尽管直接释放到大气中的多环芳烃最多，但由于沉降及光解作用，大气中多环芳烃的半衰期并不长。水底沉积物虽不是多环芳烃直接污染的对象，但地面冲刷的、大气沉降的及水中悬浮颗粒上吸附并沉积的多环芳烃迁移的最终目的地是水底沉积物，所以沉积物中的多环芳烃的浓度是很高的。多环芳烃在自然环境中的存在时间与它们的结构、浓度、环境的纳污能力等因素有关，不同的研究者对这类物质在环境中的半衰期的估计是不一样的，且差别较大。多环芳烃在水环境中的半衰期为 1 周至 2 个月，在土壤中则为 2 个月至 2 年，在水底沉积物中为 8 个月至 6 年（Mackay et al., 1992）；而 Wild 等（1991）估计，土壤中多环芳烃半衰期为 8 个月至 28 年；也有报道称萘生物降解半衰期最短的是 12h，而最长的是 6192h（Howard et al., 1991）。

第 2 章　多环芳烃污染土壤修复研究概况

在自然界中多环芳烃存在着生物降解、水解、光解等消除方式，使环境中的多环芳烃的含量始终有一个动态的平衡，从而保持在一个较低的浓度水平上。但是近几十年来，随着人类生产活动的加剧，其在环境中的动态平衡被破坏，使环境中的多环芳烃大量地增加。2014 年，我国环境保护部和国土资源部联合发布的《全国土壤污染状况调查公报》显示多环芳烃的点位超标率为 1.4%，在工业废弃地、工业园区、采油区、采矿区、污水灌溉区、干线公路两侧等典型地块均存在多环芳烃污染。韩金涛等(2019)分析认为我国土壤已普遍受到多环芳烃的污染，但大多是中低污染水平；北京、上海、大连、天津等地土壤受多环芳烃污染较为严重，属严重污染水平，存在较大的生态风险；在同一个研究区，农村、郊区、城区土壤中多环芳烃的污染逐渐加重，而且不同土壤利用情况下多环芳烃的污染也存在差异。

尽管环境对多环芳烃有一定的净化能力，但时时刻刻都有新的多环芳烃产生，环境中多环芳烃的量会越来越多，因而有必要采取一些措施对污染严重的地点实施修复。特别是在石油及其产品的生产和使用过程，不可避免地会带来石油的落地污染问题。全世界每年约有 800 万 t 石油进入环境，而我国每年约有 60 万 t 石油进入环境，带来不同程度的土壤污染(宋莉晖等, 1996；焦海华等, 2012；党志等, 2018)。石油污染土壤的危害是相当严重的，因为石油及石油产品中普遍含有多环芳烃、BTEX(四苯：苯、甲苯、乙苯、二甲苯)和酚类等有毒有害物质，其中多环芳烃类物质被认为是一类具有“三致”作用的物质。近年来世界各国对土壤石油污染，特别是多环芳烃污染的治理问题极为重视。

2.1　多环芳烃污染土壤修复技术

修复技术的选择是土壤污染治理过程的关键，根据实际情况选择合适的修复技术将在很大程度上决定最终的修复效果。人们在选择土壤修复技术时应当在污染特征、土壤特性、修复模式、修复目标、技术成熟度和实用性、时间和成本等方面进行充分考虑。常用的修复技术有物理修复技术、化学修复技术和生物修复技术等。

2.1.1　物理修复技术

物理修复技术采用物理手段将土壤中的有机物去除和分离，主要包括：加热、超临界萃取和蒸气抽提等。该类修复技术成本较高，对目标污染物也只是完成了相转移，并未真正将其从环境中去除。目前较为常见的物理修复技术主要为热脱附和溶液萃取。

热脱附是利用热量将多环芳烃从土壤中分离出来的一种修复技术。该工艺具有原理简单、操作灵活、去除效率高等特点，因此在土壤多环芳烃修复中被广泛应用和研究。热脱附使用载气或真空系统，经过加热系统处理后，将挥发的多环芳烃扫入尾气处理系统进行二次处理或场外处置。夏天翔等(2014)采用滚筒式间接加热设备测试了焦化厂污染场地污染土壤中 16 种多环芳烃的热脱附效率和残留量的变化，结果表明，加热温度对多环芳烃脱附效率影响较大，但温度超过400℃后，脱附效率差异变小，且土壤中各类多环芳烃在温度达到其熔点附近便开始脱附，脱附效率与其有效态密切相关。

溶液萃取/土壤淋洗是基于水、有机溶剂、表面活性剂等非离子和阴离子络合剂的作用，在固体基质中解吸多环芳烃，然后洗脱到萃取液中的方法，多用于处理高环的多环芳烃污染土壤的修复。Lemaire 等(2013)报道天然表面活性剂(腐殖酸)比水和合成表面活性剂(如十二烷基硫酸钠和曲拉通 X100)更适合用于高环的多环芳烃污染土壤的洗涤；脂肪酸甲酯在去除多环芳烃方面表现出很好的效果。Gan 等(2009)发现植物油(花生、向日葵、油菜籽、大豆、棕榈仁、玉米油)对多环芳烃污染土壤也有去除作用。

2.1.2　化学修复技术

化学修复技术是利用一些化学物质的氧化、还原和催化等性质将土壤中的目标污染物转化或降解为低毒或无毒的物质。此类修复方式可以将污染物从环境中去除，因此被广泛运用。但目前对化学转化的中间产物毒性的研究较少，易产生不确定后果。

目前多环芳烃污染土壤的化学修复技术主要有化学氧化修复技术、光催化氧化技术、电化学修复技术、声化学修复技术和机械化学技术等。化学氧化修复技术是最常见的化学修复技术，是利用氧化剂的强氧化性破坏有机污染物的分子结构，使其转化为无毒无害的物质，具有便捷、降解效率高的特点，但在实际修复中对氧化剂的需求量大；光催化氧化技术可以利用太阳能进行土壤修复，但在原位修复中却无法对深层土壤进行修复；电化学修复技术和声化学修复技术属“绿色”修复技术，二次污染风险小，但能源消耗大；机械化学技术已进入研究阶段，但技术尚不成熟。化学氧化修复技术能够在野外尺度上有效降解土壤中的多环芳烃，是我国目前应用较广泛的一项多环芳烃修复技术(王飞, 2019)。常见的化学氧化法包括：Fenton 法、类 Fenton 法、O_3氧化法；此外，H_2O_2氧化法、高锰酸盐氧化法、过硫酸盐氧化法和过氧乙酸氧化法等也有报道。潘栋宇等(2018)对目前土壤多环芳烃化学修复技术进行了系统的总结，认为土壤中多环芳烃的去除效果除与技术本身有关外，还受土壤环境中各种因素的影响，如土壤的酸碱度、湿度、温度、有机质含量等。

2.1.3 生物修复技术

生物修复是指利用特定的生物吸收、转化、清除或降解环境污染物，从而修复被污染环境或消除环境中污染物，实现环境净化。相对于物理修复和化学修复，生物修复有诸多优点，如费用低、效果好、不产生二次污染等，是一类低耗、绿色和安全的环境生物技术，具有良好发展潜力。目前，在多环芳烃污染土壤修复领域，应用较为广泛的生物修复技术包括植物修复、微生物修复和植物-微生物联合修复。

植物修复机理是利用植物吸收、降解和根际利用等方式去除多环芳烃，具有价格低廉、操作方便、二次污染少及可再生利用等优点，目前，已发现能够修复降解土壤中多环芳烃的植物主要有甘蓝型油菜、小麦、黑麦草、蚕豆、苜蓿、樟树、栾树等(张灵利等, 2016)。微生物修复是指在适宜条件下，引入培养驯化的土著或外源微生物，将土壤中的多环芳烃降解为无毒无害物质的过程。近年来，许多学者从多环芳烃污染的土壤和水体中筛选出多环芳烃专性降解菌，研究了其降解特性，有的已将其用于实践中。微生物修复多环芳烃具有效率高、二次污染少、价格低廉等优点，成为修复多环芳烃污染的主要途径。但是，由于在土壤中，多环芳烃生物有效性低、缺乏多环芳烃降解菌、部分外源添加的高效降解菌或土壤动物难以存活等因素的限制，单纯的某一种方式很难一步到位彻底修复多环芳烃污染土壤，因此，生物联合修复成为研究多环芳烃污染土壤生物修复领域中的热点(倪妮等, 2016)。

2.2 多环芳烃的微生物降解研究

微生物在自然环境中无处不在，且繁殖速率快，代谢类型多样，环境适应力强，所以有关多环芳烃污染微生物修复的研究和应用最为广泛。多年来，研究人员围绕着多环芳烃污染环境的生物修复开展了高效降解菌筛选(张杰等, 2003b; 仉磊和袁红莉, 2005)、降解机理(Cerniglia and Gibson, 1979; Narro et al., 1992)、降解基因(Saito et al., 2000; Stingley et al., 2004a)、降解影响因素(欧阳科等, 2004)和共代谢(Herwijnen et al., 2003)等方面的研究工作。

2.2.1　降解多环芳烃微生物的调查

微生物数量庞大，种类繁多，细胞个体微小，易于培养，繁殖快，对环境的变化能迅速作出反应，被认为是环境变化最有效的指示生物(Ronald, 1995)。从环境中分离可降解多环芳烃的微生物的一般方法：单层平板直接分离法、多环芳烃多管发酵法和双层平板分离法等(郭楚玲等, 2000)。单层平板细菌培养技术可提供活的降解菌的数目(Kiyohara et al., 1977; Shiaris and Cooney, 1983)，但一些非降解菌可能依靠污染了的琼脂和实验室空气中的有机物或降解菌的代谢产物而在平板上生长，因此这种计数技术可能会高估降解菌的真正数目。多管发酵计数技术使用一种混有有机污染物成分的液体无机培养基，克服了其他因素的干扰，但这种技术需要大量的玻璃器皿，且培养时间长，需要 1～4 个月才能得到满意的结果(Mills et al., 1978; Geiselbrecht et al., 1996)。双层平板计数技术，是将环境样品接种到冷却的但仍呈溶解状态的琼脂液中，琼脂液中均匀地混有多环芳烃，然后将这种琼脂液倒入已凝固的无机盐琼脂底板表面，这样既避免了污染，又可以通过多环芳烃因消失而产生的透明圈来识别降解菌(Kästner and Mahro, 1994)。因此，选择一种有效的计数技术，不仅可用于生物修复前降解菌的调查以指示多环芳烃的污染程度，也可用于生物修复过程中多环芳烃降解菌数量和活性的监测。

Bogardt(1992)采用双层平板法调查降解多环芳烃的微生物在环境中的分布，在受多环芳烃污染的区域，如汽油、柴油及杂酚油污染的土壤，每克土壤中降解微生物的数量达到 10^5 个以上，而在未受多环芳烃污染的土壤中，如水库、沙漠，降解微生物的数量在检测限以下。田蕴等(2003)采用单层平板法对厦门西海域表层水中多环芳烃的含量及几种常见多环芳烃的降解菌的数量进行调查，表层水中多环芳烃的含量很不稳定，存在明显的时间变化；低分子量的多环芳烃(芴和菲)的含量与其降解菌的数量之间具有明显的正相关性，而高分子量的多环芳烃(荧蒽和芘)的含量与其降解菌的数量之间没有表现出相关性；在相同的水环境中，低分子量的多环芳烃对微生物的诱导作用以及微生物对多环芳烃的适应性相对于高分子量的多环芳烃要强。

随着分子生物学的飞速发展，一些分子手段已被用于鉴定环境样品中降解多环芳烃的微生物，如磷脂脂肪酸(PLFA)谱图分析法、聚合酶链式反应-变性梯度凝胶电泳(PCR-DGGE)法、基于高通量测序的宏基因组学(metagenomics)技术等。

磷脂是构成生物细胞膜的主要组分，在细胞死亡时，细胞膜很快被降解，磷脂脂肪酸被迅速地代谢掉，因此它只在活细胞中存在，十分适合于微生物群落的动态监测。另一个重要原因是脂肪酸具有属的特异性，特殊的甲基脂肪酸已经被作为微生物分类的依据(张洪勋等, 2003)。PLFA 谱图分析法首先将磷脂脂肪酸部分用 Bligh-Dyer 法提取出来(Bligh and Dyer, 1959)，然后用气相色谱分析。若群落的微生物结构发生变化，即可通过 PLFA 谱图的变化进行快速有效的监测。甲基脂肪酸酯(fatty acid methyl ester, FAME)是细胞膜磷脂水解产物，FAME 谱图分析也是研究微生物多样性较为常用的方法之一(Petersen et al., 1997)。PLFA 和 FAME 分析方法不需要对环境微生物进行培养，可以直接提取原位环境微生物群落的脂肪酸。在该方法中，细菌和真菌可根据其磷脂脂肪酸的组成来鉴别，但不同属甚至不同科的微生物 PLFA 和 FAME 有可能重叠，而且该方法只能鉴定到微生物属，不能鉴定到种。同时，该方法强烈地依赖于标记脂肪酸，标记脂肪酸变化可导致错误的群落变化估计(章家恩等, 2004)。Langworthy 等(2002)利用 PLFA 谱图分析了沉积物中降解多环芳烃的微生物，发现受多环芳烃污染的沉积物中富含与异养微生物相关的脂肪酸和需氧革兰氏阴性细菌相关的脂肪酸。

近几十年来，PCR-DGGE 方法已越来越多地用于环境微生物群落的结构和功能的多样性的分析(田蕴, 2002)。PCR-DGGE 方法的原理是直接从环境样品中抽提 DNA，用和 16S rDNA 保守区互补的一套引物进行 PCR，再将 PCR 产物进行变性梯度凝胶电泳，分离产物混合物。PCR-DGGE 方法的最大优点是可不经过分离培养微生物，而直接从自然环境样品中提取 DNA，而且该方法允许多个样品快速粗筛，因此在区别不同种群的最初调查及对数量上占优势群落的鉴定方面很有用。Murray 等(1996)利用 PCR-DGGE 方法对圣弗朗西斯科海湾和 Tomales 海湾的浮游细菌集群的系统发育进行了分析，证实正是细菌种群上的差异，导致了两个海湾多环芳烃代谢能力的差异。Rasmussen 等(2001)提取了湖底沉积层的微生物 DNA，对其进行 PCR-DGGE 分析。他们扩增的是原生动物 *Kinetoplastida* 的特异性 24S rDNA，结果表明，该法也可以用于研究环境中的原生动物的群落结构和多样性。

Handelsman 等(1998)提出的宏基因组学能直接从环境样品中提取所有微生物的总 DNA 进行研究，避开传统分离、培养微生物技术的缺点和困难，可全面分析特定环境中微生物群落的组成多样性、遗传多样性、演替与进化，探究全部微生物的种间联系以及与环境的相互作用。宏基因组学技术包括环境总 DNA 提取，宏基因组文库的构建、筛选、测序及分析。利用直接在土壤中裂解微生物细胞提取 DNA 或先分离细胞再提取 DNA 的方法提取土壤中总微生物的 DNA，根据所获得 DNA 选择合适的载体和宿主细胞，将 DNA 片段连接到载体上并导入宿主菌，构建宏基因组文库，对大量复杂的宏基因组文库筛选有利于快速鉴定功能基因和生物活性物质。随着高通量测序技术应运而生的国际宏基因组大数据库和分析平台的建立和完善，推动着宏基因组学技术的广泛应用。将宏基因组学技术应用到土壤、沉积物等复杂微生物环境中，揭示其中蕴藏的巨大基因、物种、群落资源，可为环境修复提供理论依据(陈亚婷等, 2018)。Mason 等(2014)采集墨西哥湾原油泄漏点深海1500m处表层沉积物，提取样品DNA构建16S rRNA宏基因组文库，并利用Illumina技术测序最终再现了样品碳氢化合物的降解途径及特定化合物的降解基因，发现多环芳烃对表层沉积物中的微生物群落结构有消极影响。Zafra等(2016)向多环芳烃污染土壤中接种能够降解多环芳烃的微生物群落，利用宏基因组学技术发现接种降解微生物群落能够显著提高土著微生物对多环芳烃的降解能力，降解基因丰度也发生明显变化。Zhao等(2016)从北京周边的一个焦化厂土壤中采样，利用高通量测序手段探究了其中荧蒽的降解微生物群落、功能基因及代谢产物，与其他技术结合发现该焦化厂土壤中的α-变形菌(*Alphaproteobacteria*)和γ-变形菌(*Gammaproteobacteria*)相似丰度高于先前研究的受碳氢化合物污染的土壤中的相似丰度，它们对原位降解多环芳烃发挥重要作用，其研究结果为复杂微生物群落构建了第一个多环芳烃降解的协同代谢网。

通过调查多环芳烃在环境中的含量及该条件下降解多环芳烃的微生物的种类、数量及其分布特征，人们能更好地了解多环芳烃在环境中的归宿及其从环境中的去除规律。

2.2.2　降解多环芳烃微生物的筛选

许多细菌和真菌具有降解多环芳烃的能力，一般来说，污染的环境中多环芳烃降解菌的数量比未被污染的多，并且其降解多环芳烃的能力也远远高于未受污染区域(Allison, 1996)。Herbes和Schwall(1978)研究发现受污染环境中多环芳烃的降解率是未受污染的3000倍以上。由于多环芳烃在环境中的存留时间比较长，微生物会逐渐适应污染区的特定条件，因此，为了缩短适应的期限，提高多环芳烃的生物降解速率，常常从受污染的环境中分离并培养降解速率最大的高效菌株，然后再把它们用于污染环境的生物治理。有研究报道，把对某区域适应性特强的优势微生物菌株进行实验室培养后，再将其引入受同类多环芳烃污染的区域，常常能起到有效的作用。Vecchioli等(1990)报道了用这种方法处理受石油污染的土壤，烃的去除率提高了22%。

因此，一般从被多环芳烃污染的土壤(Aitken et al., 1998; Miller et al., 2004)、污水处理厂的污泥(聂麦茜等, 2002)、被污染河流或海洋的沉积物(Dean-Ross et al., 2002)及煤制气废址(Schneider et al., 1996)、采油废址(Heitkamp and Cerniglia, 1988)等处筛选分离降解多环芳烃的混合菌或纯菌。也有学者从未受污染的寡营养的环境中筛选多环芳烃降解菌(扈玉婷等, 2003)，但是其目的是了解多环芳烃降解酶基因的起源。

在采集了含有微生物的土壤、水或泥样后，可以直接对降解菌种进行分离，也可以经过一段时间的驯化再进行分离，为获得降解效果好的优势菌，一般采用后一种方法。驯化就是传统的批式摇瓶培养和不断地接种富集的过程。驯化也是多种机制(如酶的诱导或去阻遏、基因突变或转变、最初的少量有降解能力的微生物的增殖、适应无机营养物不足的环境、在有毒化学品之前优先利用其他有机物、适应毒素或抑制剂、被其他原生动物捕食等)共同作用的结果(Aelio et al., 1987)。

一般驯化培养基中不可或缺的无机盐有：KH_2PO_4、K_2HPO_4(用以提供微生物所需的磷)，镁盐，钙盐和铁盐，无机氮类化合物和一些微量元素(Mn^{2+}、Zn^{2+}、MoO_4^{2-}、Cu^{2+}、Ni^{2+})。镁盐多数使用$MgSO_4$，钙盐和铁盐多数使用它们的盐酸盐(用以提供微生物生长所需的常用金属离子，根据情况有时只加其中一种或两种)；无机氮类化合物有的使用$(NH_4)NO_3$作为氮源，有的则用NH_4Cl或$(NH_4)_2SO_4$。除了这些无机盐，驯化培养基中的碳源是一种或多种多环芳烃。也有研究者在驯化培养基中添加另外一种氮源和碳源酵母膏，以增加降解菌的数量和降解效果(周乐等, 2005)。例如，Grosser等(1991)在含芘无机盐培养基中添加微量的酵母膏、蛋白胨和可溶性淀粉来驯化培养和保存多环芳烃降解菌。然而笔者所在课题组在驯化萘降解菌的过程中就发现，添加了酵母膏的培养基对萘降解菌的筛选反而不利(赵璇等, 2006)。

驯化的方式有多种，最简单的方法是使用单一水相体系进行驯化，就是将含微生物的样品、多环芳烃和无机盐溶液加到一个容器中进行摇床培养，隔一定时间再次接种菌液到新鲜培养基，重复多次。但是由于多环芳烃的低水溶性和对微生物细胞生长有毒害作用，该方法需要很长的驯化期(几个月)。

通过引入某种添加剂(如有机溶剂)来改进和优化培养基的微环境能够加快驯化的过程。当低水溶性的毒性基质加到液体培养基里面的时候，悬浮在水相中的微生物细胞会和低浓度的、溶解到水里的基质接触，同时黏附在不溶性小液滴(或颗粒)上的细胞会和高浓度的、不溶的基质接触。总之，两种情况下细胞都表现为低的代谢活性，要么由低基质浓度引起，要么由液-液(固-液)界面上的毒性造成。相反，如果基质溶解在某种有机溶剂中，其浓度可能会降低到毒害浓度以下，结果细胞活性就会增强。在水-有机双相体系中，基质从有机相扩散到含无机盐的水相中，微生物在水相或两相的界面进行基质的转化，同时代谢产物由于低水溶性又会被萃取到有机相当中。因此，在这个系统中就有可能避免基质或代谢产物产生的毒性作用(Ascon-Cabrera and Lebeault, 1993)。水-有机双相体系技术在实验室规模上也已应用于苯、苯酚、甲苯、二甲苯、萘、混合多环芳烃等的降解及其污染环境修复(任艳红和徐向阳, 2003)。在双相体系中，有机相可以看作输送污染物的工具，不参与其他任何反应。因此，有机溶剂的选取应综合考虑下列因素：①沸点高，水溶性低，不易与水形成乳状液；②不能为微生物所利用降解；③对于特定微生物，应具备适宜的lg P值(P即辛醇-水分配系数K_{ow})；④费用低；⑤不产生二次污染，对环境和人类无毒害作用。目前常用的有机溶剂有：硅油、2,2,4,4,6,8,8-七甲基壬烷、癸烷、十二烷、十六烷、十八烷、二乙基癸二酸酯、十一醇、油醇等。

除了单一水相体系和水-有机双相体系的驯化方法外，Bastiaens 等(2000)又提出一种新的驯化方法，就是先将单一多环芳烃分别吸附于锆砜复合膜、聚乙烯膜和聚四氟乙烯膜的载体上，再加入菌悬液和无机盐溶液一起振荡培养，这样只需一个驯化周期，就可以筛选出具有多环芳烃黏着性的降解菌株。他们认为传统的摇瓶富集方法，是筛选在悬浮液中生长好的微生物，如果微生物和土壤颗粒结合很牢，或生长缓慢，或根本不在悬浮液中，就有可能错失(没有筛选到)，而这种复合膜载体筛选法更加接近实际的土壤环境，能够更快更多地筛选出降解多环芳烃的微生物。由于该方法需要特殊的膜材料，目前应用还较少。

2.2.3　多环芳烃微生物降解特性研究方法

微生物降解多环芳烃的性能可以从两个方面来判断，一方面检测多环芳烃的变化；另一方面是观察微生物的生长情况。而且两方面要互相配合，结果才有充分的说服力。

多环芳烃的变化有两种测定方法：一种是利用 ^{14}C 标记法，多环芳烃的某个或某些碳原子上有标记，如 1-^{14}C-萘、9-^{14}C-蒽、9-^{14}C-菲、环 U-14C-菲、4,5,9,10-^{14}C-芘、7,10-^{14}C-苯并[*a*]芘、12-^{14}C-苯并[*a*]蒽等。一般是将降解菌接种于含未标记的多环芳烃和一部分有 ^{14}C 标记的反应体系中，根据从该体系好氧反应过程中放出的 $^{14}CO_2$ 的总量，计算多环芳烃的矿化率(Sack et al., 1997)。但是标记 $^{14}CO_2$ 的释放量只能说明多环芳烃中被标记的碳原子转化为无机碳的比率，如果被标记的碳原子是分子中最后被转化成 CO_2 的，那么 $^{14}CO_2$ 的测定结果就能反映多环芳烃被彻底降解的程度。所以只有在了解微生物降解多环芳烃的机理之后，^{14}C 标记的测定结果才有说服力。同时，又可以根据 ^{14}C 标记多环芳烃降解中间产物的测定来推导降解的机理。另一种方法是利用各种分析仪器，如气相色谱、高效液相色谱、荧光光谱、紫外分光光度计等，测定反应体系中多环芳烃的浓度随时间的变化趋势，这种方法也是目前最常用的方法，但是它的结果只能说明多环芳烃母体在反应体系中的去除情况，不能说明其矿化的程度。

微生物的生长情况也有几种估算方法，一种是测定体系中的氧利用速率(oxygen uptake rate, OUR)，就是好氧微生物单位时间和体积内消耗的氧气的质量，这一指标把微生物的生长和底物的消耗直接联系起来，根据微生物的生长，判断微生物对底物的降解效果，该方法在水处理工程中应用较多(卢培利等, 2005)。例如，使用较多的经典的瓦尔堡呼吸计，该仪器是一个封闭的体系，里面的总氧量是微少的，加入的有机物和微生物也是少量的，随着氧气的不断消耗，气压会降低，好氧代谢速率也会降低，不能误认为这种趋势是由微生物本身对底物的降解效能的降低引起的，所以用瓦尔堡呼吸计测定时，反应时间不能过长。从最初的瓦尔堡呼吸计发展至今，已经有多种呼吸计产品，其中混合呼吸仪具有很好的应用潜力。其他的估算方法是使用质量法、平板计数法、光密度法和菌体蛋白量法来衡量微生物在含多环芳烃体系中的生长状况。其中平板计数法、光密度法和菌体蛋白量是常用的方法，它们各有优缺点，一般根据实际需要选择其中一种或两种方法(岑沛霖和蔡谨, 2000)。这些测定的结果还能够说明多环芳烃对微生物是否有抑制作用及多环芳烃转化成生物量的情况。

2.2.4 降解多环芳烃的微生物资源

微生物在地球上有着广泛的分布，而且能在很多极端的条件下顽强地生存。Treccani 等(1954)从土壤中分离并鉴定出一株能降解萘的细菌，在此后的半个世纪里，陆续有数以百计的不同菌属的多环芳烃降解菌从不同的环境中被分离和鉴定(侯梅芳等, 2014; 姜岩等, 2014; 陈亚婷等, 2018)。就菲而言分离出的降解菌主要有：假单胞菌属(*Pseudomonas*)、气单胞菌属(*Aeromonas*)、分枝杆菌属(*Mycobacterium*)、红球菌属(*Rhodococcus*)、诺卡氏菌属(*Nocardia*)、黄杆菌属(*Flavobacterium*)、鞘氨醇单胞菌属(*Sphingomonas*)、芽孢杆菌属(*Bacillus*)和黄孢原毛平革菌(*Phanerochaete chrysosporium*)等(陶雪琴等, 2003)。

虽然人们从环境中发现的多环芳烃降解菌几乎在各个菌属中都有分布，但是目前的研究表明，不同细菌对不同多环芳烃的降解能力存在很大的差别，假单胞菌是目前发现的降解菌种类最多、降解范围最广的菌属，已发现的假单胞菌可以降解几乎所有四环以下的多环芳烃。真菌也是多环芳烃生物降解的主要参与者，相比于细菌，真菌网络状的菌丝表面积更广，更易进入土壤孔隙中，且能分泌大量非特异性胞外酶渗透被污染的土壤。相较于细菌而言，真菌能降解多环芳烃的种类并不多，但降解多环芳烃的效率通常高于细菌，特别是在降解高环的多环芳烃方面表现突出，对四环或者更高环数的多环芳烃的降解具有一定的优势，其中白腐菌(White-Rot-Fungi)是真菌中被研究得最多的一类，它可分泌由过氧化物酶和漆酶等组成的胞外木质素降解酶系，形成高效的多环芳烃降解体系(侯梅芳等, 2014)。Field 等(1992)曾报道了 12 种能降解蒽、苯并[*a*]芘的白腐菌。另外，微藻作为水体环境的初级生产者，在多环芳烃污染水体净化方面也起到重要作用，如蓝藻、绿藻、硅藻、颤藻等能够降解萘，骨条藻属和菱形藻属等能够降解菲(姜岩等, 2014)。但是不同种的菌对多环芳烃及其产物的降解能力不同，有些可以将多环芳烃彻底地矿化，有些只能将多环芳烃转化为某些中间产物。

2.2.5　多环芳烃微生物降解的影响因素

环境中微生物对多环芳烃的降解会受到诸如温度、pH、溶解氧、营养盐水平、多环芳烃的理化性质和浓度、微生物的适应性及暴露时间等因素的影响。一般来说，随着多环芳烃苯环数量的增加，其生物有效性越来越低。因此，小分子量的多环芳烃在环境中能较容易被微生物利用；而高分子量的多环芳烃则难于被微生物利用。尽管研究表明大多数的多环芳烃分子能被微生物降解，但它们在实际污染地的降解速率往往远低于实验室的模拟结果。多环芳烃长期存在于环境中的原因主要有以下四点：①溶解度低，不易被生物所利用；②其他多环芳烃或降解产物的毒性作用；③底物的竞争；④多环芳烃浓度太低不至于诱导产生降解酶。

导致生物可利用性较低的主要原因被认为是污染物由固相向水相的释放速率极其缓慢，有一部分多环芳烃被“锁定”(sequestration)在土壤/沉积物中的有机质上(Alexander, 2000)，致使其活动性大大降低。实验发现只有溶于水相的那一部分才能为胞内代谢所利用(Sikkemat et al., 1995)。一方面，有研究通过改变细胞表面性质以加快多环芳烃的降解，把微生物细胞吸附在石蜡上，再加到含芘的水溶液中，发现和分别加入微生物与石蜡相比，芘的降解速率增加了 8.5 倍(Jimenez and Bartha, 1996)。所以微生物的表面与底物分子的相容性在生物降解过程中起着非常重要的作用。另一方面，通过共溶剂或表面活性剂的添加，可以活化被土壤有机质“锁定”的一部分多环芳烃分子，提高微生物的降解效率(Volkering et al., 1995)。但也需要考虑使用表面活性剂会带来的一些新的环境问题，如二次污染、被微生物降解、加速污染物的扩散或本身对细胞有毒而不能很好地发挥作用等。一些微生物自身产生的生物表面活性剂，如鼠李糖脂、脂蛋白、脂肪酸、磷脂和中性脂等活化效果逐渐受到人们的重视(Stucki and Alexander, 1987; Hommel, 1990; Deschěnes et al., 1996; Shin et al., 2004)。但对于给定的土壤来讲，一直也没有一个合适的实验方法来定量生物表面活性剂与多环芳烃生物可利用性之间的关系(Rogers et al., 2002)。

2.2.6　多环芳烃微生物降解途径与机理

了解多环芳烃的微生物降解途径及机理是利用微生物代谢能力进行生物修复的基础和前提。多年来各国研究人员对有机污染物，特别是芳烃化合物的微生物降解途径进行了广泛的研究。

多环芳烃的降解速率取决于其化学结构的复杂性和降解酶的适应程度，在多环芳烃的诱导下，微生物会分泌单加氧酶或双加氧酶(Cerniglia, 1992)。如图 2-1 所示，在这些酶的催化作用下，把氧加到苯环上，形成 C—O 键，再经过脱氢、脱水等作用使 C—C 键断裂，苯环数减少。其中细菌产生双加氧酶(该酶是由还原酶、铁氧还蛋白、铁硫蛋白组成的酶复合物)，真菌产生单加氧酶(Harayama et al., 1992)。

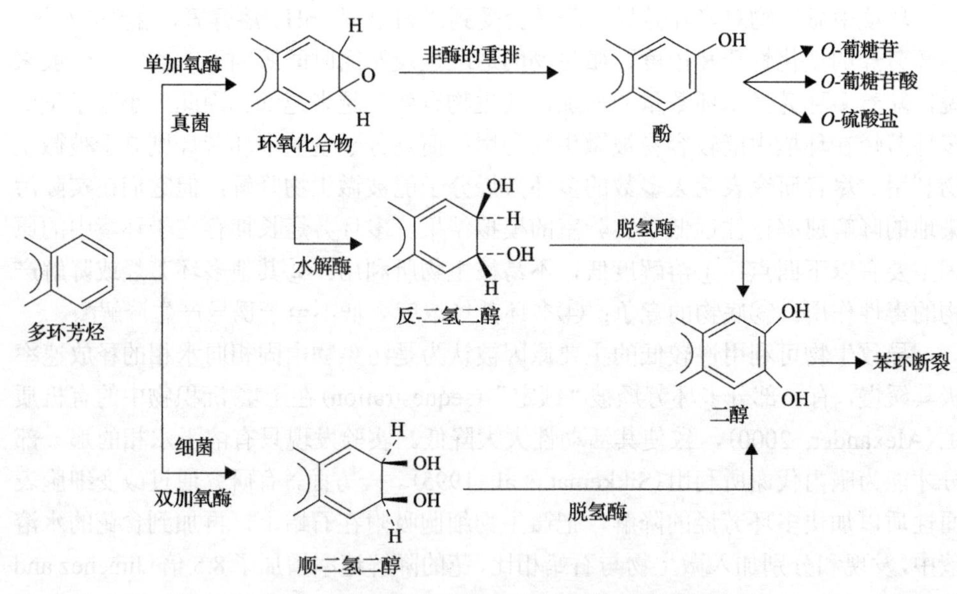

图 2-1　细菌和真菌降解多环芳烃的初始步骤

目前，在降解产物方面，国内外已经对菲的细菌降解途径进行了较多的报道。一般来说，菲的降解过程大致可以分为上游与下游两个阶段：第一阶段，大多是菲经双加氧酶等一系列酶促反应生成 1-羟基-2-萘酸。而第二阶段则存在着两种经典途径，一种是 1-羟基-2-萘酸转化为邻苯二甲酸及 3,4-二羟基苯甲酸(Kiyohara et al., 1976; Ghosh and Mishra, 1983)，另一种是 1-羟基-2-萘酸氧化脱羧形成 1,2-二羟基萘，然后经邻位开环裂解形成水杨酸及邻苯二酚或龙胆酸(Evans et al., 1965)，最后开环并进入三羧酸(TCA)循环。

在降解基因方面，对萘的降解机制已有了相当清楚的了解，研究最多的是含有 NAH 质粒的 *Pseudomonas putida* G7 菌株和含有 PDTG1 质粒的 *Pseudomonas putida* NCIB981624 菌株。对前者主要进行了遗传调控研究，对后者集中研究了生化反应过程。在萘的降解途径中，首先发生作用的酶是萘双加氧酶，已经获得萘双加氧酶的纯化制品，并对该酶的分子结构进行了研究，整个降解步骤见表 2-1(杨永华等, 1995)。

对一些降解萘、菲等低分子多环芳烃的假单胞菌属细菌进行基因分析，结果表明存在一个高度保守的基因序列编码萘和菲的降解(称为 *nah*-like 基因)。这一组的基因和萘降解菌 *Pseudomonas putida* G7 的 *nah* 基因有 90%以上的同源性(Simon et al., 1993)。

表 2-1　萘的降解代谢生化过程

酶促反应	底物	产物	酶	基因
第 1 步	萘	顺-萘二氢二醇	萘双加氧酶	*nah*AaAbAcAd
第 2 步	顺-萘二氢二醇	1,2-二羟基萘	顺-萘二氢二醇脱氢酶	*nah*B
第 3 步	1,2-二羟基萘	2-羟基-色烯基-2-羧酸盐	1,2-二羟基萘氧化酶	*nah*C
第 4 步	2-羟基-色烯基-2-羧酸盐	2-羟基-亚苄基丙酮酸盐	2-羟基-色烯基-2-羧酸盐异构酶	*nah*D
第 5 步	2-羟基-亚苄基丙酮酸盐	水杨醛	2-羟基-亚苄基丙酮酸盐醛缩酶	*nah*E
第 6 步	水杨醛	水杨酸盐	水杨醛脱氢酶	*nah*F
第 7 步	水杨酸盐	邻苯二酚	水杨酸盐羟化酶	*nah*G
第 8 步	邻苯二酚	2-羟基粘康酸半醛	邻苯二酚 2 ,3-加氧酶	*nah*H
第 9 步	2-羟基粘康酸半醛	2-羟基粘康酸盐	2-羟基粘康酸半醛脱氢酶	*nah*I
第 9*步	2-羟基粘康酸半醛	2-氧-4-戊烯酸盐	2-羟基粘康酸半醛水解酶	*nah*N
第 10 步	2-羟基粘康酸盐	草酰巴豆酸盐	2-羟基粘康酸盐异构酶	*nah*J
第 11 步	草酰巴豆酸盐	2-氧-4-戊烯酸盐	草酰巴豆酸盐脱氢酶	*nah*K
第 12 步	2-氧-4-戊烯酸盐	4-氢-2-氧代戊酸盐	2-氧-4-戊烯酸盐酶	*nah*L
第 13 步	4-氢-2-氧代戊酸盐	丙酮酸和已醛	4-氢-2-氧代戊酸盐醛缩酶	未知

＊表示同样底物，在不同酶作用下可产生两种代谢产物。

对多环芳烃中结构比较简单的萘在降解过程中的代谢反应和催化这些反应的酶已经清楚(Williams, 1981)，其编码酶的基因已经被克隆(Eaton and Chapman, 1992; Takizawa et al., 1994)。但是对三环及三环以上芳烃的降解途径和机理的研究还有限，Saito 等(2000)从降解菲的 *Nocadioides* sp. KP7 克隆了一个双加氧酶基因 *phAB*，该酶催化菲的羟基化反应，并且发现该菌降解菲是以邻苯二甲酸为中间代谢产物。Wang 等(2000)从降解芘的 *Mycobactrium* sp. PYR-1 克隆到一个接触酶/过氧化物酶的类似物，但尚不清楚该酶在芘的降解过程中的确切作用。

其实，不同的微生物对各类多环芳烃的降解能力(降解速率、降解程度)和降解途径各不同，而对每种微生物来说，并非只存在一种多环芳烃的降解方式(Pinyakong et al., 2000)。随着多环芳烃环个数的增多，降解时断裂位点相应增多，中间产物会变得非常复杂(崔玉霞和金洪钧, 2001)，很难保证能够将每一个组分都提取出来，而且提取的组分越多，检测的难度也越大；不稳定的过渡态中间产物由于存在时间短暂，难以分离提取，从而给降解产物的准确表征增加了不确定因素；另外，有些中间产物的积累量非常有限，这也给分析测试带来一定的难度。所以一般需要多种检测手段，如紫外分光光度法、红外色谱法、核磁共振法、气相色谱-质谱联用法、液相色谱-质谱联用法等多种方法联合才能确定降解中间产物的结构。

2.2.7 多环芳烃微生物降解研究趋势

人们通过人工富集培养等技术，已经分离出许多具有降解多环芳烃能力的细菌、真菌和放线菌，细菌由于其生化上的多种适应能力及易诱发突变株而占主要地位。但是已分离到的降解菌中高效菌种并不多，它们对多环芳烃的降解效果和效率不是非常理想。例如，Tam 等(2002)分离的菌株 SKY 对 10mg/L 的菲 6d 只降解了 46%；Romero 等(1998)研究的两种菌株，*Rhodotorula glutinis* 和 *Pseudomonas aeruginosa*，要一个月才能完全降解 25mg/L、50mg/L、100mg/L、200mg/L 几种浓度的菲；Yuan 等(2000)筛选出的混合菌要 2d 才能完全降解 5mg/L 菲，而从中分离的六种单菌均需要 6～8d 才能完全降解 5mg/L 菲。另外，已分离到的多环芳烃降解菌中大多数只针对单一污染物，较少有涉及其降解底物范围的研究。因此，寻找高效广谱的降解菌是进行多环芳烃污染生态系统修复的关键。

此外，对 3 环及 3 环以上多环芳烃降解机理的研究还有限。随着多环芳烃环个数的增多，其微生物代谢产物和途径更加多样，给分析测试带来很多困难。同时，由于母体很难被微生物直接代谢成 CO_2 和 H_2O，而是生成各种各样的中间代谢产物，因此可能产生并累积比母体毒性更强的一些物质。尽管已经提出了两种不同的菲生物降解的机理，但是由于中间产物的复杂性，还有一些问题有待解决，如菲及其中间产物，比如邻苯二甲酸有多个氧化位点，可能产生截止式(dead-end)中间产物等(Krishnan et al., 2004)，也可能产生并累积比母体毒性更强的物质。由于多环芳烃结构复杂、性质稳定、污染面广而分散，单纯靠自然微生物降解很慢，所以有必要通过研究多环芳烃微生物降解的影响因素，加强对微生物技术与其他技术进行联合修复的研究，从而通过工程手段控制多环芳烃污染的快速除去。

因此，值得深入研究的方向如下：①充分利用现有资源，将已筛选出的降解菌种作为基础菌种构建高效菌群；②继续寻找高效广谱的多环芳烃降解菌，实现混合多环芳烃的快速降解；③研究能够与高分子量多环芳烃进行共代谢的底物及降解机制，实现对这一环节的有效调控；④深入了解多环芳烃生物降解的影响因素，采取切实可行的措施，提高现有菌种的生物降解能力。

2.3 土壤中多环芳烃微生物降解性能预测

由于多环芳烃的生物降解取决于分子化学结构的复杂性和微生物降解酶的适应程度，降解的难易程度与多环芳烃的溶解度、环的数目、取代基种类、取代基的位置、取代基的数目及杂环原子的性质等有关(谭文捷等, 2007)。因此可通过探寻多环芳烃定量结构与其生物降解之间的关系，建立相应预测模型，探讨对多环芳烃生物降解性能影响较大的因素，以合理预测多环芳烃的生物降解性能。

定量构效关系(QSAR)是一种运用数学和统计学手段构建物质结构与其活性之间的函数关系的方法，具有花费小、耗时短、预测能力强等优点。其研究程序大致可分为收集实验数据、选择结构参数和活性参数、选择建模方法及模型的检验与应用 4 个步骤(王鹏, 2004)。通过建立污染物分子结构参数与污染物活性参数或环境行为参数的定量结构-活性关系模型，可对已知污染物的环境行为研究提供参考，对结构相似的未知污染物的环境行为做出合理的预测(陶雪琴和卢桂宁, 2008)。

2.3.1　多环芳烃微生物降解半衰期预测模型

1. 建模数据获得

研究涉及的多环芳烃包括萘、芴、菲、蒽、荧蒽、芘、苯并[*a*]蒽、苯并[*b*]荧蒽、苯并[*k*]荧蒽、二苯并[*a*,*h*]蒽和苯并[*a*]芘，共 11 种，其微生物降解半衰期($t_{1/2}$)的实验数据取自文献，见表 2-2(Wang et al., 2010)。

表 2-2　11 种多环芳烃微生物降解半衰期实验值

序号	CAS 号	化合物	$t_{1/2}$/d	lg $t_{1/2}$
1	91-20-3	萘	1.0	0.00
2	86-73-7	芴	7.8	0.89
3	120-12-7	蒽	8.3	0.92
4	85-01-8	菲	4.6	0.66
5*	56-55-3	苯并[*a*]蒽	34.0	1.53
6	129-00-0	芘	6.3	0.80
7*	206-44-0	荧蒽	5.0	0.70
8*	50-32-8	苯并[*a*]芘	96.3	1.98
9	207-08-9	苯并[*k*]荧蒽	201.9	2.31
10	53-70-3	二苯并[*a*,*h*]蒽	533.2	2.73
11	205-99-2	苯并[*b*]荧蒽	63.0	1.80

* 表示多环芳烃分子构成模型外部检验的测试集，其余构成模型训练集。

研究中所有量子化学计算均采用 Gaussian 09 软件，输入文件使用内坐标法构建多环芳烃分子，采用密度泛函理论的 B3LYP 方法，构型优化选用了精度较高的基组 6-31G(d)，优化方法为全几何优化 FOPT，并通过频率计算对优化结果进行验证。优化后提取量子化学参数作为结构参数，所涉及的量子化学参数包括最高占有轨道能量(E_{HOMO})、次高占有轨道能量(E_{NHOMO})、最低空轨道能量(E_{LUMO})、次低空轨道能量(E_{NLUMO})、分子总能量(E_T)、电子空间广度(R_e)、分子偶极矩(μ)、最正碳原子电荷(Q_C^+)、最负碳原子电荷(Q_C^-)及最正氢原子电荷(Q_H^+)。以上所有参数均直接从几何全优化输出结果中获得，其数值如表 2-3 所示，表中编号同表 2-2 编号所对应的物质。其中能量、偶极矩、原子电荷和电子空间广度的单位分别是哈特里(hartree，1hartree=2625.5kJ/mol)、德拜(deb，1deb=3.33564×10^{-30}C·m)、电子电荷(e)和原子单位(au，1au=0.5291772083nm)。此外还考察了 $E_{LUMO}-E_{HOMO}$、$(E_{LUMO}-E_{HOMO})^2$ 和 $E_{LUMO}+E_{HOMO}$ 这 3 种前线轨道能量的组合。

表 2-3 B3LYP/6-31G(d)下优化所得的多环芳烃量子化学参数

序号	E_{NHOMO} /hartree	E_{HOMO} /hartree	E_{LUMO} /hartree	E_{NLUMO} /hartree	Q_C^+/e	Q_C^-/e	Q_H^+/e	R_e/au	μ/deb	E_T /hartree
1	−0.24021	−0.21269	−0.03524	−0.00542	0.134495	−0.190872	0.129515	1291.6579	0.0000	−385.892729
2	−0.23919	−0.21147	−0.02627	−0.00745	0.106166	−0.420233	0.172161	2352.2151	0.4821	−501.423201
3	−0.23723	−0.19203	−0.05998	−0.01050	0.148389	−0.297776	0.130200	2860.4927	0.0000	−539.530524
4	−0.22172	−0.21057	−0.03654	−0.03016	0.143186	−0.206652	0.133260	2623.7464	0.0420	−539.538657
5	−0.21865	−0.19556	−0.05695	−0.03286	0.164049	−0.316316	0.134427	4931.8334	0.0654	−693.178964
6	−0.22803	−0.19573	−0.05443	−0.02254	0.163807	−0.225767	0.130149	2991.0566	0.0000	−615.773134
7	−0.21706	−0.21208	−0.06440	−0.01748	0.199163	−0.220530	0.133864	3194.1010	0.3291	−615.750206
8	−0.22276	−0.18749	−0.06383	−0.03087	0.186800	−0.336342	0.134347	5260.0626	0.0455	−769.413783
9	−0.21973	−0.19791	−0.06269	−0.04301	0.198191	−0.285591	0.133271	5863.4789	0.2854	−769.395784
10	−0.21271	−0.19751	−0.05434	−0.04183	0.165142	−0.317178	0.134776	8010.7852	0.0000	−846.826592
11	−0.21569	−0.21029	−0.06307	−0.03634	0.162063	−0.305935	0.134394	5423.9434	0.3820	−769.398769

注：表中未列出 $E_{LUMO}+E_{HOMO}$、$E_{LUMO}-E_{HOMO}$ 及 $(E_{LUMO}-E_{HOMO})^2$。

2. 模型建立与验证

运用 SPSS 19.0 软件进行逐步多元线性回归分析建立 QSAR 模型。研究运用相关系数(R^2)、自由度调整决定系数(R_{adj}^2)、方差检验的 F 统计值(F)、标准误差(SE)、显著性水平(p)等参数来表征模型的显著性水平。

以表 2-2 训练集的 8 种多环芳烃的 $\lg t_{1/2}$ 值为因变量 Y，以表 2-3 中 13 个量化参数及量化参数组合为初始建模自变量 X，采用逐步多元线性回归分析方法进行拟合建模，可得到如下 QSAR 模型：

$$\lg t_{1/2} = 4.00\times10^{-4}\times R_e - 0.307 \tag{2-1}$$

模型的拟合参数见表 2-4。由表可知，模型具有较大的 R^2、R_{adj}^2 和 F，表明模型的显著性高；较小的 SE 表明模型具有较高的预测精度；较小的 p 表明模型稳定性较高。综上，该预测模型具有较高的拟合优度。$\lg t_{1/2}$ 模型拟合值与文献实验值的比较见图 2-2。模型具有较好的稳定性，可有效评估其他多环芳烃的微生物降解半衰期。

表 2-4　QSAR 模型的拟合参数

R	R^2	R^2_{adj}	SE	F	p
0.980	0.960	0.954	0.199	145	1.99×10^{-5}

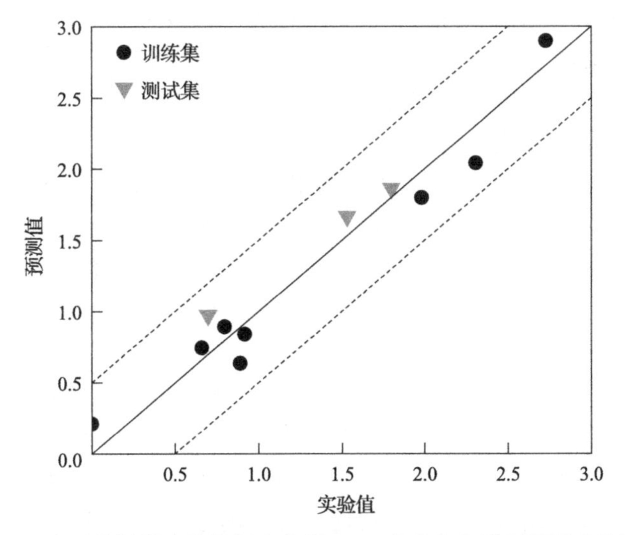

图 2-2　多环芳烃微生物降解半衰期 lg $t_{1/2}$ 实验值与模型预测值的比较

2.3.2　影响多环芳烃微生物降解的结构参数

模型表明，电子空间广度 R_e 对土壤中多环芳烃在微生物作用下的降解过程起着重要作用，具有较大 R_e 值的多环芳烃分子在土壤中更容易被微生物降解。R_e 是算式 $\int r^2\rho(r)\mathrm{d}^3r$（$r$ 为分子中电子云的半径）中算符 ρ 的特征值，虽然 R_e 用于表征分子体积时在数值上并不精确，但对于同系物不同分子与其分子体积的大小呈正相关关系(Lu et al., 2008)。模型的 R_e 与多环芳烃的 lg$t_{1/2}$ 数值存在良好的正相关关系，即对多环芳烃类化合物而言，其在土壤中的微生物降解半衰期随电子空间广度数值的增加而增长。可以认为，分子结构越复杂、分子体积越大，其微生物降解性降低，在土壤中残留时间就越长。这与多环芳烃环数越多其生物降解率越低的实验事实一致(陈海英等, 2010)。

第3章　菲降解菌的筛选及其降解性能与机理

自然条件下，能降解有毒有机污染物的微生物数量少且活性低，因此在对多环芳烃污染地实施生物修复时，通常是先将这部分微生物筛选出来，通过添加无机盐、控制条件进行专门的驯化和富集，然后再把它们加到实地处理系统中以强化修复效果。由于大多数微生物对有机物的降解主要在水相中进行，难溶于水的有机物的降解不易进行或只能在界面进行，多环芳烃类化合物在水中溶解度低且本身对微生物细胞有毒性，微生物要利用它们首先要有承受这类毒性基质的能力。这就使多环芳烃降解菌的筛选和分离有一定困难。考虑到这些，人们就借用了生物技术中介质工程的水-有机双相系统的方法来驯化降解多环芳烃的微生物(Laane, 1987)，这样微生物在两相界面或水相中利用多环芳烃作为唯一碳源(张丛等, 2002; 韩清鹏等, 2003)。有机相一般选用的是疏水性有机溶剂，因为它们的低极性使微生物细胞具有高的活性和稳定性(Harbron et al., 1986)。硅油就是一种很好的疏水性有机溶剂，不仅热稳定性好、难以光解，还不能生物降解。因而选用硅油为有机相，同时用水-硅油双相体系和单一水相体系两种方法来驯化和筛选降解多环芳烃菲的优势菌系，然后比较这两种筛选方法的差异，并从优势菌系中分离出能降解菲的微生物菌株。

菲为一种三环芳烃，在多环芳烃污染点含量较高，而且菲是含有典型多环芳烃结构——K区和湾区的最简单的芳烃化合物，这种K区和湾区结构是使多环芳烃具有可致癌性的特征结构(Bezalel et al., 1996)，对研究多环芳烃降解氧化酶的立体选择性非常重要。此外，菲在特定的情况下是细菌的诱变剂，而且是人类某些超敏反应的外部抗原，有些报道称菲可以诱导染色体的交换，同时是阻断细胞间信号转导的潜在抑制物(Weis et al., 1998)。所以，以菲为研究多环芳烃生物降解的模式化合物具有重要的理论意义及现实意义。

3.1　菲降解菌的筛选、鉴定和保藏

3.1.1　菲降解菌的筛选

1. 样品来源和培养基

以广州石化厂附近农田(S1/S2/S3/S4)、广州油制气厂周边(Y1/Y2)及某木材防腐处理厂处理车间(M1/M2)受多环芳烃污染的土壤为降解菌的来源。表层土去

掉后，取 5～15cm 深度范围的土壤放入密封袋，带回实验室放置于 4℃冰箱，24h 之内进行培养。

采用水-硅油双相体系和单一水相体系两种筛选法，两种体系培养基成分如下。

单一水相驯化无机盐基础培养基一（郭楚玲等，2001）：KH_2PO_4 0.2g，$(NH_4)_2SO_4$ 1.0g，$MgSO_4 \cdot 7H_2O$ 0.2g，$Na_2HPO_4 \cdot 12H_2O$ 0.8g，$CaCl_2 \cdot 2H_2O$ 0.1g，$FeCl_3 \cdot 6H_2O$ 0.005g，$(NH_4)_6Mo_7O_{24} \cdot 4H_2O$ 0.001g，蒸馏水 1L，测得 pH 在 6.8～7.0，调 pH 为 7.2～7.4。在 121℃高压蒸汽灭菌 20min。

水-硅油双相驯化无机盐基础培养基二（陆军等，1996）：磷酸盐缓冲液：KH_2PO_4 8.5g，$K_2HPO_4 \cdot H_2O$ 21.75g，$Na_2HPO_4 \cdot 12H_2O$ 33.4g，NH_4Cl 5.0g，蒸馏水 1L；$MgSO_4$ 水溶液：$MgSO_4 \cdot 7H_2O$ 22.5g，蒸馏水 1L；$CaCl_2$ 水溶液：$CaCl_2 \cdot 2H_2O$ 36.4g，蒸馏水 1L；$FeCl_3$ 水溶液：$FeCl_3 \cdot 6H_2O$ 0.25g，蒸馏水 1L；微量元素溶液：$MnSO_4 \cdot H_2O$ 39.9mg，$ZnSO_4 \cdot H_2O$ 42.8mg，$(NH_4)_6Mo_7O_{24} \cdot 4H_2O$ 34.7mg，蒸馏水 1L。取上述磷酸盐缓冲液 5.0mL、$MgSO_4$ 水溶液 3.0mL、$CaCl_2$ 水溶液 1.0mL、$FeCl_3$ 水溶液 1.0mL、微量元素溶液 1.0mL，蒸馏水定容至 1L（为了防止产生无机盐沉淀，在容量瓶中先加约 800mL 蒸馏水，再加入各种无机盐的浓溶液）。新鲜配制的无机盐基础培养基二的自然 pH 在 7.2～7.4，因此无需调 pH。在 121℃高压蒸汽灭菌 20min。

牛肉膏蛋白胨固体培养基（NR）：牛肉膏 5.0g，蛋白胨 10.0g，NaCl 5.0g，蒸馏水 1L，琼脂 2.0%，调 pH 为 7.2～7.4。高压蒸汽灭菌 20min 后，冷却到 60℃左右倒平板及制作斜面。

样品的预处理方法如下：称取 5g 土壤到 100mL 的三角瓶中，加 50mL 已灭菌的焦磷酸钠溶液（$Na_4P_2O_7 \cdot 7H_2O$，2.8 g/L），用超声波振荡（3min）均匀，置于摇床中振荡过夜，备用。

2. 降解菌系的驯化和筛选

考虑到萘、菲等多环芳烃在水中的溶解度都比较低，特别是菲的溶解度只有 1.15mg/L（25℃），要筛选出对菲有高效降解能力的菌，必须选择一个好的驯化方法。本书主要选用水-硅油双相体系驯化筛选降解多环芳烃菲的优势菌，同时用单一水相体系做对照。水-硅油双相体系有 8 个菌源（S1、S2、S3、S4、Y1、Y2、M1、M2），单一水相选了其中 5 个菌源（S1、S2、S3、Y1、M1），第一阶段为以萘为唯一碳源的驯化，因为萘是多环芳烃中结构最简单的分子，微生物比较容易利用，一般微生物中降解多环芳烃的酶为诱导酶（许华夏等，2005），在萘的诱导下，降解萘及其中间产物的酶大量合成。在驯化 4 个周期之后，摇瓶中萘减少和溶液变浑浊，以及稀释涂布平板上见到大量菌落的生长，说明降解萘的微生物得到了富集，然后进行第二阶段以菲为唯一碳源的驯化。

水-硅油双相体系中(以菲为唯一碳源)不同菌源摇瓶培养2周之后的溶液状态如表 3-1 所示，可以看出多数菌源的硅油相由无色变为浅红(橙黄)或红色，水相由无色变为浅黄色且浑浊。表 3-2 记录了单一水相不同菌源的摇瓶培养 2 周之后的溶液状态，可以看出培养液由初始无色变为浅黄色或黄色，不溶性菲也发生了明显的变化，大量白色漂浮物变为白色漂浮物减少或消失。经7(或8)代的驯化，降解能力强的菌株不断得到富集，形成相对稳定的微生物群落。橙色(红色)物质的积累，不仅在菲的降解体系中存在，在其他多环芳烃的降解中也有报道，如 Grifoll 等(1995)研究芴的生物降解过程时就发现会产生某些橙黄色产物，使培养液的颜色发生变化。

表 3-1　水-硅油双相体系中以菲为唯一碳源驯化不同菌源的摇瓶记录

菌编号	驯化代数	摇瓶培养 2 周的观察结果
GS1	1	油相浅红色，水相浑浊，瓶底一层白丝
	2	油相紫红色，水相较浑浊，有白色絮状物
	3	油相浅红色，有少量絮状物
	4	油相粉红，水相微红，瓶底附有一层丝状物
	5	油相红，水相淡红且浑浊，瓶底附有一层丝状物
	6	油相红，水相浅红，大量浅红丝状物附瓶底
	7	油相微红较分散，水相微红，较多絮状物
GS2	1	油相淡红色，水相淡黄色且浑浊，较多细小沉淀
	2	油相紫红色，水相较浑浊，有白色絮状物
	3	油相微红色，有少量絮状物
	4	油相粉红，水相微红，瓶底附有一层丝状物
	5	油相红，水相黄且浑浊，一些絮状物
	6	油相浅黄，水相黄带点红，较多灰色絮状物
	7	油相粉红，水相白略黄，少量沉淀
GS3	1	水相淡棕红色，较多褐色丝状物
	2	水相略浑浊，有淡黄色絮状物
	3	油相淡红，水相略浑浊，瓶底附着絮状物
	4	水相浅黄且浑浊，一些灰色絮状物
	5	油相很浅的红，水相黄且浑浊，一些黄色絮状物
	6	油相浅黄，水相黄，较多黄色线状物
	7	油相浅红，水相黄色略红，浑浊
GS4	1	水相浑浊，较多 1～2mm 白色线状物
	2	水相乳白浑浊，有少量白色絮状沉淀
	3	水相微白，有少量絮状物

续表

菌编号	驯化代数	摇瓶培养2周的观察结果
GS4	4	油相浅红，水相浅黄且浑浊，一些浅黄丝状物
	5	油相很浅的红，水相很浅的黄，大量白色线状物
	6	油相清，水相浅黄，一些白色絮状物
	7	油相微红，水相乳白，浑浊
GM1	1	油水相均淡黄色，浑浊，淡黄色絮状物
	2	油相浅红，水相略白浑浊，有丝状物
	3	油相浅红，水相微黄，有几个球状物
	4	油相微红，水相浅黄且浑浊，一些黄色丝状物
	5	油相浅红，水相浅黄，略浑浊，一些浅黄絮状物
	6	油相很浅的红，水相黄，大量小絮状物
	7	油相红，水相浅黄
GM2	1	水相较清，较多1～5mm淡红色线状物
	2	水相较清，较多淡红色小球
	3	水相较清，有淡红色絮状物
	4	水相较清，一些白色絮状物
	5	油相水相白，较清，大量白色小絮状物
	6	油相清，水相清，较多白色絮状物
	7	油相清，水相略白，大量粉红细颗粒沉淀
GY1	1	水相浑浊，瓶底一片白丝
	2	水相乳白浑浊，有大小不等白色絮状物
	3	水相乳白，有少量白色沉淀
	4	水相白色浑浊，较多白色絮状物
	5	油相白，水相浅黄，较浑浊，一些白色絮状物
	6	油相浅红，水相浅黄带点红，较多白色小絮状物
	7	油相水相白，浑浊
GY2	1	油相一点黄色，水相浑浊，一些黄褐色絮状物
	2	水相略黄且浑浊，一些淡黄色絮状物
	3	油相浅红，水相微黄，有几个球状物
	4	油相微红，水相浅黄且浑浊，一些灰色絮状物
	5	油相很浅的红，水相黄，有黄色絮状物
	6	油相黄，水相黄，一些黄色絮状物
	7	油相红，水相黄，浑浊

表 3-2　单一水相中以菲为唯一碳源驯化不同菌源的摇瓶记录

菌编号	驯化代数	摇瓶培养 2 周的观察结果
S1	1	浑浊，许多直径约 1mm 的白色小球
	2	浑浊，许多浅土黄色线状物
	3	溶液略浑浊，土黄色絮状物
	4	溶液很浑浊，略带黄色絮状物
	5	溶液淡黄色，较多黄色絮状物
	6	溶液黄，较多土黄色沉淀
	7	黄，较清，黄色絮状物
	8	浑浊，浅黄微红，黄色毛球沉淀
S2	1	较清，无小球，有少量絮状物
	2	较清，一些 2～3mm 土黄色线状沉淀
	3	较清，上面飘有一层菲
	4	较清，上面飘有较多菲，有少量颗粒物
	5	溶液淡黄色，浑浊
	6	溶液较浅橙红，大量非常细小棕色沉淀
	7	橙红，浑浊，一些细小悬浮物
	8	浑浊，乳白，少量黄色不规则沉淀
S3	1	较清，无小球，无絮状物
	2	较清，很细小的浅黄色沉淀
	3	较清，上面飘有一层菲
	4	较清，上面飘有较多菲，有少量颗粒物
	5	溶液淡黄色，浑浊
	6	溶液很深橙红
	7	浅橙红，较清，较多白色片状悬浮物
	8	浑浊，乳白微红，少量白色沉淀
M1	1	较清，无小球，无絮状物
	2	较清，一些细小的浅黄色沉淀
	3	溶液略浑浊，有少量菲
	4	溶液很浑浊，有土黄色不规则沉淀
	5	溶液淡黄色，浑浊
	6	溶液较深橙红
	7	橙红，较清
	8	浑浊，乳白微红，少量沉淀

续表

菌编号	驯化代数	摇瓶培养 2 周的观察结果
Y1	1	浑浊，许多淡红色小球
	2	浑浊，许多 1～3mm 不等淡红色小球
	3	溶液较清，显淡红色，有淡红色絮状物
	4	溶液很浑浊，微红色，有淡黄色絮状物
	5	溶液很浅的黄色，较多淡黄色絮状物
	6	溶液白较清，大量黄色絮状物，瓶壁一圈黄色物质
	7	白，较浑浊，较多很浅的黄色絮状物
	8	浑浊，粉红，大量红色小球及絮状沉淀

通过表 3-1 中混合菌 GS2、GS3、GM1 和表 3-2 中混合菌 S2、S3、M1 的比较可以发现，单一水相的溶液在前面几代(2 代或 4 代)都比较清，说明里面存在的降解菌较少，而同一菌源的水-硅油双相体系中的溶液在第一代就明显变浑浊。这主要是由于菲是疏水性有机物，在硅油中有相对较高的浓度，在水相浓度很低，微生物在水中，可以在两相界面或水相中利用菲，避免了菲对水相微生物产生毒性抑制作用。所以水-硅油双相体系比单一水相对微生物驯化的时间要快几代，而且降解菌的数量和活性也会高一些。

为了初步比较单一水相和水-硅油双相体系筛选出的混合菌系对菲降解效果的差别，将驯化筛选到的 13 种混合菌分别接种到以菲为唯一碳源的无机盐基础培养基二中，观察第 1d 和第 7d 溶液的变化情况。如表 3-3 所示，颜色变化最快、最明显的是从水-硅油双相体系中筛选出的混合菌系 GY2，在第 1d，培养液变橙黄，且有些浑浊，混合菌系 GS3 和 GM2 在第 1d 也有较明显的变化，第 7d 的变化就很明显了。用单一水相筛选出的所有混合菌系及水-硅油筛选出的其他混合菌系的变化相对要滞后一些。

表 3-3　驯化后各混合菌在以菲为唯一碳源的无机盐培养液中生长溶液的变化情况

从单一水相筛选出			从水-硅油双相体系中筛选出		
菌编号	第 1d	第 7d	菌编号	第 1d	第 7d
S1	—	+	GS1	—	+
S2	—	+	GS2	+	+
S3	—	+	GS3	+	++
Y1	—	++	GS4	—	+
M1	—	+	GY1	—	—
			GY2	++	++
			GM1	+	+
			GM2	+	++

++ 表示溶液颜色变化很明显；+表示溶液颜色变化较明显；—表示溶液颜色变化不明显。

观察发现水-硅油双相体系筛选出的三种混合菌系：GY2、GS3 和 GM2 对菲的降解效果明显。接着对这三种混合菌降解菲的效果做了进一步研究。由表 3-4 可知，72h 后，GY2、GS3 和 GM2 三种混合菌系在 MSM（minimal salt medium）培养基中对初始浓度为 100mg/L 的菲的降解率分别达到 99.9%、99.9%和 91.9%，说明在水-硅油二元体系中驯化筛选出的混合菌系，对菲有很好的降解效果，而且在降解菲的同时，它们的生物量也分别增加了 25 倍、33 倍和 90 倍，说明混合菌系中的微生物也能够利用菲进行生长和繁殖。

表 3-4 接种 72h 后三种混合菌系对菲的降解率及生物量比较

菌源	菲降解率/%	72h 后菌密度/(CFU/mL)	初始菌密度/(CFU/mL)	生物量增加倍数
GS3	99.9	9.8×10^7	3.0×10^6	32
GM2	91.9	9.0×10^7	1.0×10^6	89
GY2	99.9	1.5×10^8	6.0×10^6	24
对照	17.7			

在自然界中，微生物种类繁多，作用复杂，它们根据需要组成一个特殊的生态群体，即使采用的生理指标相同，但由于采用的分离策略不同，仍可能分离出不同的细菌。国外学者也有相似的结论，如 Hedlund 等（1999）从华盛顿 Eagle 港被煤焦油及杂酚油污染的海洋沉积物中分离到两株 *Neptunomonas naphthovorans*，采用的方法是沉积物稀释 20000 倍后涂平板，检测得到的细菌数为每克沉积物有 2×10^4 个细胞，尽管该种细菌毫无疑问是优势菌群，但之前该课题组利用多环芳烃-最大可能数（most-probable-number, MPN）技术没能分离出这种细菌，只分离到 *Cycloclasticus*、*Vibrio* 和 *Pseudalteromonas* 属的细菌（Geiselbrecht et al., 1998）。

3. 菌株的划线分离

从前面驯化结果中发现混合菌 GY2 降解菲的现象最明显，所以选择该混合菌最后一个周期的驯化培养液 1mL，按 10 倍稀释法将菌液稀释成 10^{-7}～10^{-1} 梯度的菌悬液，然后取 0.1mL 涂布于牛肉膏固体培养基上，置于 30℃生化培养箱中。3～4d 后，待菌落长好，在平板上选择不同形态特征的菌落，重新转接至 50mL 以菲（100mg/L）为唯一碳源的无机盐基础培养基中，摇床培养以验证其是否具有菲降解能力，选择培养液变色、变浑浊的摇瓶，再纯化三次并在以菲为唯一碳源的无机盐基础培养基中转接三个周期，确保获得菌株的纯度和降解性能的稳定。

从平板上的菌落形态来看，混合菌 GY2 中大致有 4 种不同的菌（表 3-5），其中数目较多的是 B 菌和 D 菌，分别命名为 GY2B 和 GY2D。GY2B 和 GY2D 两种菌降解菲的结果如图 3-1 所示，GY2B 大量繁殖(1.9×10^{8}CFU/mL)并且在 37h 内降解了 98.3%的菲，而 GY2D 也表现出一些生长(8.8×10^{7}CFU/mL)，但只降解了 7.8%的菲，和对照相比，降解率是很小的，说明它不能利用菲为唯一碳源，但能够耐受菲的毒性，并利用 MSM 培养基中极微量的其他碳源生长。它能在混合菌系中大量繁殖，由此认为 GY2D 可以利用 GY2B 降解菲的中间产物为碳源和能源进行生长。因此，下一步将详细研究菌株 GY2B 的特性。

表 3-5　混合菌 GY2 中四种不同菌落的描述

菌株编号	菌落形态	革兰氏染色结果	生长速度	相对数量
A	圆，不光滑，干燥，扁平黄色	阴	快	少
B	圆，光滑，微隆起，不透明，湿润，乳黄	阴	慢	较多
C	圆，光滑，隆起，不透明，乳白	阴	快	较少
D	圆，光滑，扁平，不透明，灰白	阴	快	最多

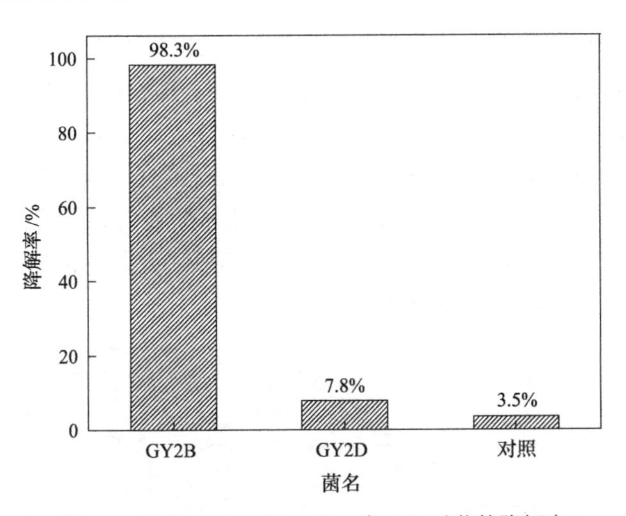

图 3-1　纯菌 GY2B 和 GY2D 在 37h 对菲的降解率

3.1.2　菲降解菌的鉴定

获得纯化的微生物菌株后，首先判定它是原核微生物还是真核微生物，实际上，分离过程中所使用的方法和选择性培养基已经决定了分离菌株大类的归属，从平板菌落的特征和液体培养的性状中都能加以判定。细菌形态学检查是细菌分类和鉴定的基础，其形态、结构和染色反应性等，可为进一步鉴定提供参考依据。

降解微生物的基因组序列让我们从全基因角度来了解生物的代谢能力和降

解能力，其在环境微生物方面的研究中显示出极大的应用前景(Tam et al., 2002)。16S rDNA 寡核苷酸的序列分析是测量各类生物进化和亲缘关系的良好工具。16S rDNA 被称为细菌进化的分子钟，其序列在所有的原核生物中具有极高的保守性，保守的部分使不同序列很容易相互对齐进行比较，它常常作为鉴定细菌的目标区域。通过提取纯菌株的总 DNA，用细菌的通用引物，扩增出菌株的 16S rDNA 的片段，并通过对菌株 16S rDNA 的克隆及序列测定和比较，进一步鉴定出菌株的分类。

1. 形态学和生理生化特性

通过镜检观察菌株 GY2B 的形态，如形状、大小、排列方式、芽孢、革兰氏染色反应，以及通过观察它在 NR 固体培养基上的菌落形态来描述它的培养特征，并通过常用的生理生化特征，如营养类型、氧的需求、是否发酵、触酶及氧化酶等初步确定菌株 GY2B 的特征。

菌株 GY2B 驯化和分离用的无机盐基础培养基二是适合培养细菌的，而且通过平板观察菌株 GY2B 符合细菌的特征，图 3-2 是生长了 4d 的菌落照片，菌落呈乳黄色，圆形，边缘整齐，不透明，光滑，湿润，由此可以判断该菌株是细菌，而不是放线菌或酵母菌。只是该菌株生长比较缓慢，2d 才能看到菌落的形成。同时在显微镜下观察该菌体的形态为无芽孢杆菌(图 3-3)，菌体细胞较小，大小为(0.5～0.8) μm× (1.0～1.5) μm。另外镜检及生化试验表明该菌株为革兰氏染色阴性，触酶阳性，氧化酶阴性，非发酵型，专性需氧。因此，菌株的普通生化试验表明它是一株革兰氏阴性无芽孢杆菌。

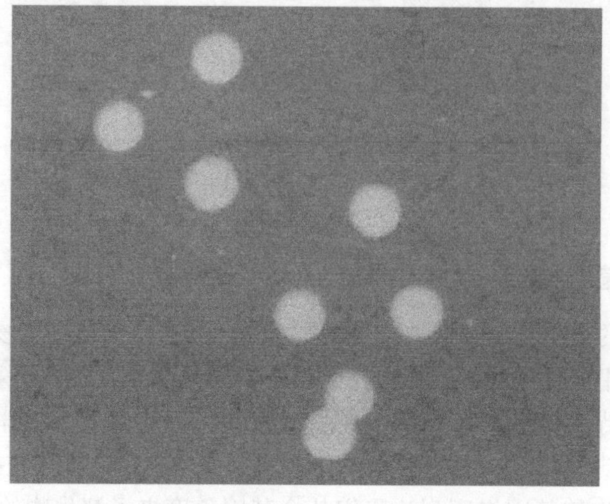

图 3-2　菌株 GY2B 在平板上生长 4d 的菌落照片

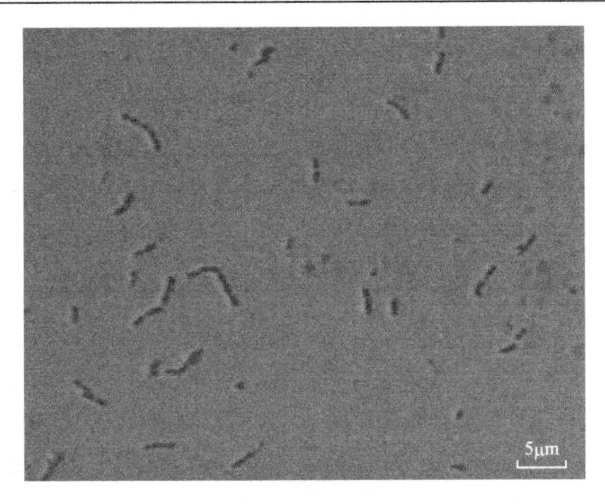

图 3-3　菌株 GY2B 的显微照片(1000 倍)

2. 16S rDNA 序列分析

菌体总 DNA 的提取采用 SDS 高盐沉淀法。提取菌株 GY2B 的总 DNA，采用对细菌 16S rDNA 特异的引物 F27 和 R1522 进行 PCR 扩增，具体步骤如下：从平板中直接挑取一环分离纯化的菌株 GY2B 的细胞，加入约 20μL 无菌双蒸水中，涡旋混匀后，沸水浴 5min，12000r/min 离心 5min，上层清液中即含 16S rDNA 基因，直接用于 PCR 扩增。16S rDNA 基因进行 PCR 扩增的正向引物为 F27：5′-AGAGT TTGAT CCTGG CTCAG-3′；反向引物为 R1522：5′-AAGGA GGTGA TCCAG CCGCA-3′。PCR 反应体系(50μL)为：10×PCR 缓冲液 5.0μL，dNTP 5.0μL，引物 F27 和引物 R1522 各 1.0μL，模板 DNA 1μL，Blend-Taq 0.5μL，重蒸水 36.5μL。PCR 反应程序如下：94℃预变性 3min，94℃变性 1min，54℃退火 1min，72℃延伸 2min，此步骤共进行 30 个循环，最后 72℃延伸 7min。获得了 1406bp(碱基对)大小的 PCR 产物，PCR 产物的纯化和测序在上海博亚生物技术有限公司完成。菌株 GY2B 的 GeneBank 登陆的序列号是 DQ139343，将菌株 GY2B 的 16S rDNA 的序列，通过 Blast 程序与 GeneBank 中核苷酸数据进行序列比对，结果如表 3-6 所示。

由表 3-6 可知，菌株 GY2B 的 16S rDNA 序列与 *Sphingomonas chungbukensis* (AY151392.1) 同源性达 99.15%，与 *Sphingomonas agrestis* (Y12803.1) 同源性达 99.00%，并且与多株 *Sphingomonas* 菌属的菌株同源性在 98%以上。其中 AY151392.1 也具有菲降解能力，Y12803.1 具有降解芳烃和氯代芳烃的能力，X87161.1 具有降解五氯酚的能力(Moore, 1995; Yrjala et al., 1998)。根据国际系统细菌学委员会规定，DNA 同源性在 70%以上为定种的标准(Graham et al., 1991)，16S rDNA 序列差异

≤1.5%的细菌属于同一种。因此菌株 GY2B 可能为 *Sphingomonas chungbukensis*，需进一步验证。

表 3-6　菌株 GY2B 的 16S rDNA 的序列 Blast 程序比对的结果

gi 号	GeneBank 登录号	菌名	序列长度 /bp	相似度/%
gi|25246946	gb|AY151392.1	*Sphingomonas chungbukensis*	1441	99.15
gi|2462662	emb|Y12803.1|SAHV316S	*Sphingomonas agrestis*	1439	99.00
gi|13430187	gb|AF335501.1	*Sphingomonas* sp. LB126	1411	99.14
gi|40794504	gb|AY506539.1	*Sphingomonas agrestis*	1453	98.79
gi|1223811	emb|X87161.1|SPC16SRRN	*Sphingomonas chlorophenolica*	1442	98.44
gi|1223810	emb|X87162.1|SPC16SRRl	*Sphingomonas chlorophenolica*	1428	98.22
gi|54660055	gb|AY771796.1	*Sphingomonas* sp. Alpha16-12	1409	98.56
gi|54660054	gb|AY771795.1	*Sphingomonas* sp. Alpha16-10	1409	98.56
gi|51315357	dbj|AB187215.1	*Sphingomonas* sp. SS86	1400	96.84
gi|4104733	gb|AF039168.1|AF039168	*Sphingomonas paucimobilis*	1450	98.08
gi|54660060	gb|AY771801.1	*Sphingomonas* sp. Alpha16-9	1409	98.28
gi|54660059	gb|AY771800.1	*Sphingomonas* sp. Alpha16-1	1409	98.21
gi|54660058	gb|AY771799.1	*Sphingomonas* sp. Gamma12-7	1409	98.13
gi|303907	dbj|D16148.1|SPP16SRD5	*Sphingomonas* sp.	1449	98.00
gi|6179918	gb|AF191022.1|AF191022	*Sphingomonas* sp.	1453	97.65
gi|62546326	gb|AY973169.1	*Sphingomonas* sp. BHC-A	1447	97.80
gi|61673332	emb|AJ871277.1	*Sphingomonas* sp. DS2-2	1409	97.91
gi|45169793	gb|AY544996.1	*Sphingobiun herbicidovorans* strain FA3g	1473	97.44
gi|1223799	emb|X87164.1|SF16SRRN1	*Sphingobium flava*	1429	97.65
gi|15911913	gb|AY047219.1	*Sphingobium yanoikuyae*	1411	96.89
gi|48256001	gb|AY611716.1	*Sphingomonas xenophaga*	1481	<95
gi|25246976	gb|AY151393.1	*Sphingomonas cloacae*	1460	<95
gi|62529078	gb|AY972869.1	*Alpha proteobacterium* BAL282	1445	<95

将表 3-6 结果中同源性较高的 10 个全序列 16S rDNA 输入到 ClustalX1.8 中以输出比对格式的文件，将此生成的文件输入到 Phylip 3.6a3 软件包和 TreeView 1.6.6 中，采用邻接法生成系统发育树(图 3-4)。由图 3-4 可知，菌株 GY2B 和同源性最高的 *Sphingomonas chungbukensis*(AY151392)不在同一小分枝中，因此判断菌株 GY2B 和 *Sphingomonas chungbukensis* 不属于同一种，有可能是一个新种。

人们对鞘氨醇单胞菌认识较晚，该菌属的一些菌按传统分类都归为假单胞菌属，Yabuuchi 等(1990)根据 16S rDNA 序列分析的结果及细胞含特殊组分鞘糖脂

(glycosphingolipids，GSLs)、辅酶 Q10 等特征，建立鞘氨醇单胞菌属(*Sphingomonas*)，将少动假单胞菌重新划分为少动鞘氨醇单胞菌。同时，按 DNA/DNA 杂交同源性及生物学特征，描述了 3 个新种，1 个新组合种，以后陆续发表新种，至今共 20 多个种。后来 Takeuchi 等(1993; 2001)又做了修正，在 16S rDNA 部分序列的系统进化分析基础上将该属划分为 *Sphingomonas*、*Sphingobium*、*Novosphingobium* 和 *Sphingopyxis* 等四个主要簇群。

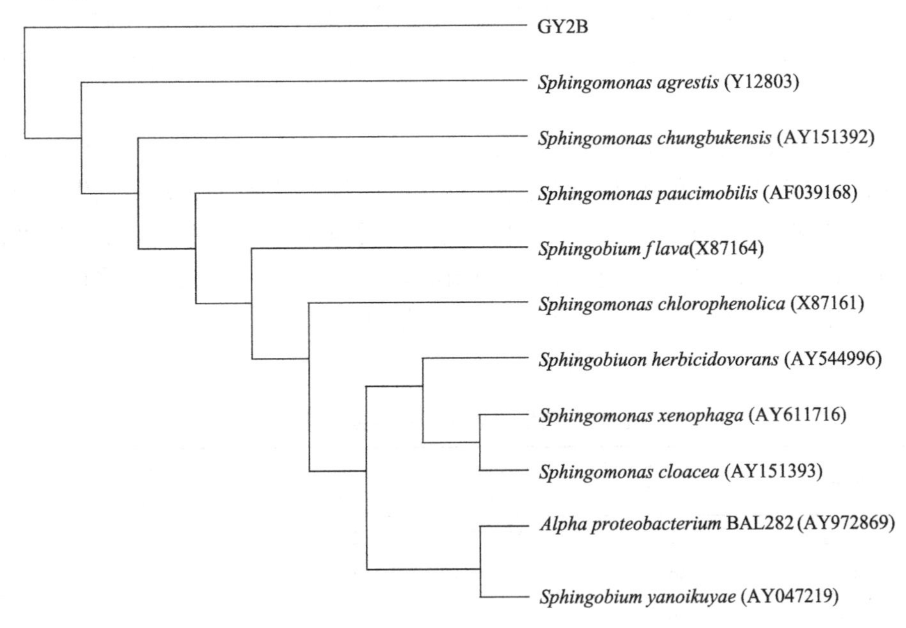

图 3-4　基于 16S rDNA 序列的系统发育树

鞘氨醇单胞菌属的菌株属于变形细菌 α 亚类，其特征如下：严格好氧、化能营养型、产黄色素、无芽孢杆状菌，触酶阳性(东秀珠和蔡妙英, 2001)。鞘氨醇单胞菌属是革兰氏阴性菌，但和典型的革兰氏阴性菌株又不同，其细胞膜不含有脂多糖，而是由鞘糖脂组成，鞘糖脂通常是构成真核细胞细胞膜的成分。菌株 GY2B 的生理生化特性均与鞘氨醇单胞菌属相符，结合 16S rDNA 序列分析结果，初步鉴定命名菌株 GY2B 为鞘氨醇单胞菌 GY2B(*Sphingomonas* sp. GY2B)。

近年研究表明，鞘氨醇单胞菌属的菌株能够降解多种芳香族化学污染物，在去除环境污染物方面发挥着重要的作用(Pinyakong et al., 2003a)，如降解甲苯和萘(Fredrickson et al., 1995)、菲(Kim et al., 2000; Cho and Kim, 2001; Xia et al., 2005)、芳香环杀虫剂虫螨威(又名卡巴呋喃)(Feng et al., 1997)、萘磺酸盐(Riegert et al., 1999)等。

3.1.3 非降解菌的抗生素敏感性测定

抗生素是生物在其生命活动过程中产生的一种次级代谢产物或其人工衍生物，它们在很低浓度时就能抑制或影响其他生物的生命活动。微生物产生抗生素要求培养基中存在过量的底物，在大多数土壤和水环境中，有机物浓度很低，抗生素很难积累，而且抗生素易被吸附于黏土或其他颗粒表面而失去活性。但是，在有机物浓度较高的微环境中，某些微生物能产生抗生素来抑制其他微生物群体的生长，因此具有抗生素抗性的菌株更有利于在土壤环境中与土著微生物竞争生存空间。

菌株 GY2B 的抗生素敏感性可采用纸片扩散法来测定(丁海涛等, 2003)，选择羟氨苄青霉素、头孢呋辛、红霉素、四环素、氯霉素等 5 种常用抗生素药敏纸片(购于 Fluka 公司)。取在含菲 MSM 中培养了 48h 的菌悬液 0.1mL(菌密度在 1×10^8CFU/mL 左右)，用平板涂布法将菌混匀密布于 NR 固体培养基平板上，室温放置 15min 待干，用灭菌镊子取抗生素药敏纸片贴于平板中央。30℃培养 72h 后，用直尺量取抑菌圈直径，结果见表 3-7。

表 3-7 菌株 GY2B 的抗性试验结果

抗生素	纸片的抗生素含量/(μg/片)①	中度敏感范围/mm①	抑制圈直径/mm	敏感(－)、中度敏感(○)或抗药(＋)②
羟氨苄青霉素	25	22～27	22	○
头孢呋辛	30	14～22	37	－
氯霉素	30	23～25	39	－
红霉素	15	23～25	36	－
四环素	30	23～25	40	－

注：①参见抗生素纸片的说明书；②抑制圈的直径大于中度敏感范围的上限值为敏感，小于下限值为抗药，在此值之间为中度敏感。

实验结果表明，菌株 GY2B 对四种常用的抗生素头孢呋辛、氯霉素、红霉素、四环素等敏感，对羟氨苄青霉素中度敏感，可以认为菌株 GY2B 不含耐药因子，当菌体被释放到自然环境中时，不会同时携带耐药因子在土著菌间传播，为下一步研究该菌株的实地生物修复提供了安全保证。

3.1.4 菲降解菌质粒 DNA 提取和检测

目前发现了许多具有特殊降解能力的细菌，其降解化合物所需的酶不是由染色体编码的，而是由染色体以外的遗传物质编码的，这类基因物质被称为降解质粒。降解质粒常见于细菌，但它不是细菌细胞的必要组分。已报道的降解质粒，大多来自假单胞菌属的细菌。本书筛选出的对菲有很好降解效果的菌株 GY2B 是否含有质粒？如果有，该质粒是否和多环芳烃的降解有关？为解答这些问题，首先尝试提取菌株 GY2B 的质粒，采用少量质粒 DNA 提取方法——SDS 碱裂解法(萨姆布鲁克和拉塞尔, 2002)。

根据经典的质粒 DNA 的提取方法，对菌株 GY2B 进行了质粒提取，从图 3-5 中可以看出菌株 GY2B 的 DNA 提取物形成的条带拖得很长，而且不清晰。分析可能有两种原因：一是菌株 GY2B 没有质粒，提取出来的只是一些 RNA，但似乎没有这样的 RNA 条带，所以没办法确认该条带究竟是何物质；二是菌株 GY2B 含有质粒，但是很大或者很小，经典的提取方法不适合，需要改进提取方法。

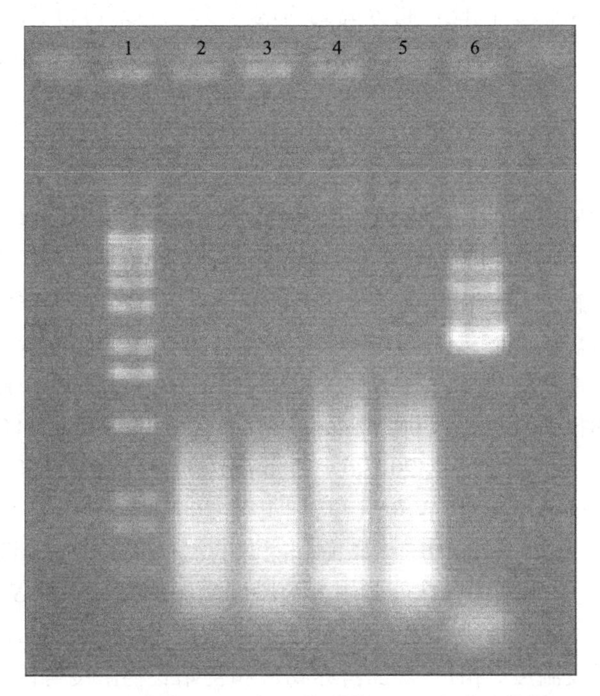

图 3-5　菌株 GY2B 提取的质粒 DNA 凝胶成像图

1 为 1kbp DNA Ladder Marker，是由从 1kbp 到 10kbp 的 10 条带组成，间隔全部为 1kbp；2、3、4、5 为菌株 GY2B 的提取物；6 为大肠杆菌的质粒

3.1.5　菲降解菌的保藏

1. 本实验室保藏

微生物是一个复杂的生态系统，据估计，只有 0.1%～10%的土壤微生物能在传统的 NR 固体培养基上生长(Brock, 1987; Frostegård, 1995)。因此本书筛选到的降解菲的混合菌系不宜用传统的 NR 固体斜面保存，所以采用以菲为唯一碳源的

无机盐液体培养基保存。对分离纯化得到的纯菌株 GY2B，为了保证它高效降解菲的特性不受破坏，也采用以菲为唯一碳源的无机盐液体培养基保存。具体步骤是：取 1mL 的菌液，加到 20mL 含菲(100mg/L)的无机盐基础培养基二中，摇瓶培养 2d(此时菲几乎降解完全)后，放入 4℃冰箱中保藏。每隔 1～2 个月再从冰箱中取出，按上述方法再转接一次。

2. 权威机构保藏

由于申请专利需要将分离到的微生物菌种进行保藏，国家知识产权局认可的包括北京的中国普通微生物菌种保藏管理中心(CGMCC)和武汉的中国典型培养物保藏中心(CCTCC)。因此，将分离到的这株多环芳烃菲降解菌 GY2B 于 2006 年 2 月 24 日在中国典型培养物保藏中心保藏，编号为 CCTCC M 206019。

3.2 降解菌对菲的降解特性研究

利用微生物的降解作用将多环芳烃转化为无害物质的生物修复技术被认为是从环境中去除这类污染物的最佳手段(Samanta et al., 2002)。虽然人们从环境中发现的多环芳烃降解菌几乎在各个菌属中都有分布，但是目前的研究表明，不同细菌对不同多环芳烃的降解能力存在很大的差别，细菌中的鞘氨醇单胞菌是除假单胞菌之外的一类能很好消除多环芳烃的微生物。而关于鞘氨醇单胞菌对多环芳烃降解特性研究的报道有以下菌种：*Sphingomonas paucimobilis* ZX4(夏颖等, 2003)、*Sphingomonas* sp. ZL5(张杰等, 2003a)、*Sphingomonas* sp. PY3(张小凡和小柳津广志, 2003)、*Sphingomonas* sp. WSCⅡ(马迎飞等, 2005)等。

因此在筛选出三种以菲为唯一碳源和能源的混合菌系 GY2、GS3 和 GM2，以及从混合菌 GY2 中分离到一株能利用菲为唯一碳源的高效菌株 *Sphingomonas* sp. GY2B 的基础上，进一步研究混合菌 GY2 和高效菌 *Sphingomonas* sp. GY2B 对菲的降解特性，以及温度、pH、外加营养物质和初始底物浓度等因素对菌株 GY2B 的生长和菲降解率的影响，以确定该菌的生长条件和菲降解的最佳条件。

3.2.1 微生物和菲的测定方法

1. 微生物的生物量的测定方法

微生物形体很小，研究其个体生长存在困难且无实际意义，因此，微生物的生物量就通过测定其群体的生长获得，方法有多种，常用的有显微镜直接计数法、比浊法、平板稀释活菌计数法等。显微镜直接计数法快捷，但是无法区分活细胞和死细胞。比浊法是根据悬液中细胞浓度与浊度成正比，与透光度成反比的原理，用分光光度计测定菌悬液，以光密度表示细胞的浓度，此方法简便，但是样品中不能混有杂质，且颜色不宜过深，否则影响结果，适用于测定细胞数量较大的样品。平板稀释活菌计数法是根据微生物在高度稀释条件下，固体培养基上形成的单个菌落是由一个单细胞繁殖而成的培养特征所设计的计数方法。细菌经培养后，由单个细胞生长繁殖形成菌落，统计菌落数目，即可计算出样品中的含菌数。此法计算得到的菌数是培养基上长出来的菌落数，所以又称活菌计数。

由于本章研究的对象是多环芳烃菲，它在 MSM 中溶解度很小，在设计的浓度下主要为不溶解的悬浮小颗粒和片状晶体，这些颗粒会影响比浊法的测定结果，所以采用平板稀释活菌计数法测定微生物的生物量。为了减小误差和保证数据的准确性，每种待测液选用三个合适的稀释度，每个稀释度做三个平行实验，选择菌落数为 30～300 的平板进行计数。

2. 菲的测定方法

菲的浓度采用 Agilent 6890N 气相色谱仪测定，配置 FID 检测器，HP-5（30m×0.32mm×0.25μm）毛细管柱和 HP 化学工作站。

首先确定用气相色谱测定菲的条件，在参考一些文献（Tian et al., 2002; 周德平等, 2003）的基础上，对进样口温度、柱流量、升温程序等进行了设计，最终确定测定菲的最优化条件如下。进样口的温度 280℃，检测器温度 300℃；升温程序：始温 80℃，恒温 3 min，15℃/min 升到 280℃，恒温 10min。载气 N_2 流量 2mL/min，H_2 流量 40mL/min，空气流量 400mL/min。不分流进样，进样量 1μL。

外标法定量：配制 1mg/L、2mg/L、4mg/L、10mg/L、40mg/L、100mg/L 六个浓度的菲标样，然后分别测定六个浓度的菲的峰面积，最后根据浓度和峰面积做标准曲线。每次开机，仪器的状态都不一样，所以每一次开机做样前，先做菲的标准曲线，然后再测样品。结果表明菲在 1～100mg/L 范围内，其浓度和峰面积之间线性关系很好。

3. 菲的萃取方法及回收率

菲在水中的溶解度只有 1mg/L 左右，实验中采用的浓度均大于其溶解度，因而菲的不溶性晶体在溶液中的分布是不均匀的，其浓度的测定就不能像测可溶性的苯酚或水杨酸那样取一部分溶液萃取，而必须整瓶样品全部萃取。在萃取剂方面，二氯甲烷、三氯甲烷、环己烷、正己烷和乙酸乙酯等都可以用来萃取多环芳烃，在综合参考它们的萃取效率及其对人体的毒害等方面之后，最终选用正己烷作溶剂来萃取培养基中的菲。具体步骤如下：先将培养液倒入梨形分液漏斗中，用 1/2 培养液体积的正己烷洗涤三角瓶之后，溶剂也倒入分液漏斗中，水平振荡 5min。待静置分层后，下层水溶液用原三角瓶收集，有机相用鸡心瓶收集，再用 1/2 培养液体积的正己烷依前法萃取一次，合并有机相于鸡心瓶。有机相通过旋转蒸发在 35℃下减压浓缩到 3mL 左右，然后经无水硫酸钠脱水后（在一个小漏斗底部放一点棉花，上面放约 2g 无水硫酸钠）转入另一个干净的鸡心瓶，再在旋转蒸发仪上减压蒸发、浓缩到一定体积，最后用 5mL 或 25mL 容量瓶定容。如果原培养液中看不到不溶的菲的晶体，其浓度可能小于 1mg/L，那么经过无水硫酸钠脱水之后的有机相需用带 1mL 刻度的鸡心瓶收集，然后蒸发浓缩，在鸡心瓶中定容至 1mL。最后所有样品转移至 2mL 细胞瓶中，用压盖器压好盖子，放置于–20℃冰箱中保存，待分析。

该萃取方法的回收率检验：在 100mL 三角瓶中加入一定量的菲的正己烷溶液，待正己烷挥发完，加入 20mL 的 MSM，使菲的终浓度分别为 0.01mg/L、0.1mg/L、1mg/L、10mg/L、100mg/L，每个浓度做三个平行实验，依前法萃取，根据式(3-1)和式(3-2)计算萃取回收率和标准偏差。

$$萃取回收率=\frac{萃取后实测菲浓度}{萃取前加入菲浓度}\times 100\% \tag{3-1}$$

$$标准偏差(s)=\sqrt{\frac{\sum(x-\bar{x})^2}{n-1}} \tag{3-2}$$

式中，x 为实际浓度值；$\bar{x}$ 为浓度平均值；n 为样品数。

实验的萃取方法对 MSM 中 0.01～100mg/L 菲的回收率在 83.86%～122.55%之间，标准偏差在 2.61%～25.28%，均在误差允许范围内。因此此方法是可行的。

3.2.2 降解菌对菲的降解特性

混合菌 GY2 及菌株 GY2B 降解菲的特性如图 3-6 所示，将菌密度为 1×

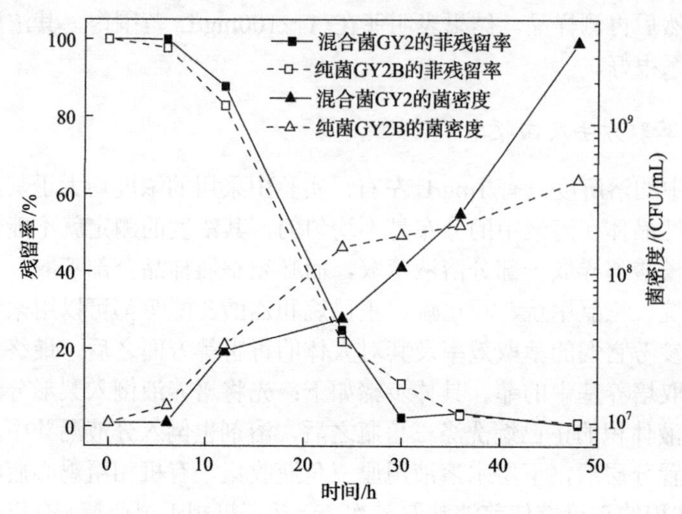

图 3-6 以菲为唯一碳源时混合菌 GY2 和菌株 GY2B 的生长曲线、菲降解曲线

10^7CFU/mL 的微生物加入 100mg/L 的菲溶液中，开始阶段菲未被代谢，混合菌和纯菌的生长在培养初期有一短暂的滞后期(5～6h)，这是微生物对外源异生物质的适应过程，未观察到降解并不是由于降解菲的微生物欠缺，而是由于最初的细菌数量太少而不能对菲的降解产生明显影响。之后 6～48h 内微生物繁殖很快，混合菌 GY2 最终菌密度超过 10^9CFU/mL，菲的降解率达到 99.7%，纯菌 GY2B 菌密度达到 4.2×10^8CFU/mL，菲的降解率也达到 99.1%。

根据式(3-3)，式(3-4)和式(3-5)，分别计算出菲在线性下降期(6～30h)的降解速率(PDR)是 3.45mg/(L·h)，菌株 GY2B 在对数生长期(6～24h)的比生长速率 μ 为 0.135h^{-1} (R^2=0.996)，细胞倍增时间 τ 为 5.1h。

$$\text{PDR}=\frac{C_0-C_t}{t} \tag{3-3}$$

$$\mu=\frac{\text{d}\left(\ln\dfrac{x_t}{x_0}\right)}{\text{d}t} \tag{3-4}$$

$$\tau=\ln2/\mu \tag{3-5}$$

式(3-3)～式(3-5)中，C_0 为初始浓度；C_t 为 t 时刻浓度；x_0 为初始菌密度；x_t 为 t 时刻菌密度。

表 3-8 列举了本章分离到的降解菌和文献报道的其他降解菌在菲降解时间、菲降解率、菲降解速率和细胞比生长速率方面的比较结果，发现在这些菲降解菌中，相同菲初始浓度下，菌株 GY2B 的 PDR 要快，降解百分比高，且细胞的比生长速率 μ 值要大，这些都说明 GY2B 是一个具有高效降解菲能力的菌株。

表 3-8　菲降解菌的性能比较

菲初始浓度/(mg/L)	降解时间/d	菲降解率/%	PDR/[mg/(L·h)]	μ/h^{-1}	分离到的微生物	参考文献
100	2	99.1	3.45	0.135	*Sphingomonas* sp. GY2B	本书研究
100	30	99.5	ND	0.028	*Rhodotorula glutinis*	Romero et al., 1998
100	30	99.8	ND	0.041	*Pseudomonas aeruginosa*	Romero et al., 1998
100	2	95.0	2.61	0.033	*Pseudomonas mendocina*	Tian et al., 2002
10	14	58.0	ND	ND	混合菌	Tam et al., 2002

注：ND 表示没有检测。

3.2.3　菲降解菌的长时间生长曲线

3.2.2 节研究了初始菌密度为 1×10^7CFU/mL 的纯菌 GY2B 加入 100mg/L 菲溶液中培养 48h 过程中菌的生长情况，为了考察菌株 GY2B 在 48h 之后的生长情况，设计了 6d 的培养时间实验，结果如图 3-7 所示。

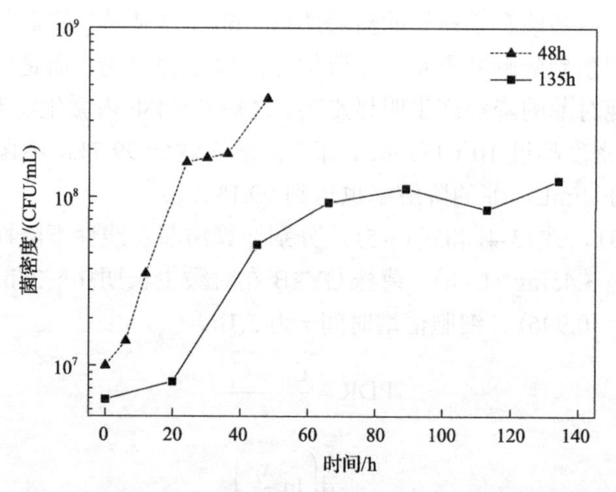

图 3-7 菌株 GY2B 分别培养 48h 和 135h 的细胞生长曲线

本实验中用到的菌液都是预先在菲 MSM 中活化培养 2d 的，根据需要，一般取 1mL 的菌液加入实验样品中，由于精确的微生物的数目是无法控制的，因而不同批次实验的起始菌密度会有一点差别，但范围一般在 1×10^6～1×10^7CFU/mL，且同一批实验的起始菌密度基本是一致的。从图 3-7 可以看出，起始菌密度对微生物的生长过程是有影响的。起始菌密度大(1×10^7CFU/mL)，微生物的生长要迅速，24h 就能够达到稳定生长期，而起始菌密度小(6×10^6CFU/mL)，微生物生长相对滞后，48h 才到达稳定生长期。之前研究表明，48h 后 99%以上的菲被降解了，这里延长培养时间至 134h，几乎没有菲了，但细胞数量还是稳定不减少，这说明还有其他的碳源支持菌的生长，这些其他碳源应该是菲降解的一些中间产物。

3.2.4 环境因素对降解菌生长及菲降解的影响

1. 温度

温度是影响微生物生长的重要因素，不同微生物对温度的敏感程度不同，每种微生物都有自己生长、繁殖的温度范围，包括最适、最低和最高生长温度。在研究温度对菲的降解影响之前，将菌株 GY2B 接种于不含菲的 NR 和含菲的 MSM 两种培养基中，然后分别放置在 10～41℃的摇床中培养 1～2d(不含菲的 NR 液体培养基中微生物生长很快，1d 转接一次)，再次接种，连续转接 3 次后，稀释涂布第 3 次的培养液，观察菌的生长情况(只有四个摇床，本实验是分两批做的，第一批做 20℃、30℃、37℃和 41℃，第二批做 10℃、30℃、32℃和 35℃，其中 32℃、35℃、37℃和 41℃的实验在水浴摇床中完成，其他在空气浴的摇床中完成)。从表 3-9 可以看出菌株 GY2B 在 NR 培养基中生长的温度范围是 20～32℃，在含菲

MSM 培养基中，范围稍微广一些，10℃下还有少量生长，35℃可以生长但不是很好。37℃和 41℃均不能生长。这说明贫营养，即只有菲为碳源的情况下，微生物对温度的耐受范围要宽过营养丰富的环境。

表 3-9　菌株 GY2B 在两种培养基不同温度下的接种培养三代后的生长情况

培养基	温度/℃						
	10	20	30	32	35	37	41
NR 液体培养基	–	++	++	++	–	–	–*
MSM+菲	+/–	++	++	++	+	–	–*

++表示生长很好；+表示可以生长；+/–表示少量生长；–表示不能生长。

* 表示平板上观察不到 GY2B 的菌落，而是一种使培养基变色的棕红色的菌落，应该是污染的杂菌。

进一步研究温度对菲降解和细胞生长的影响，取 1mL 纯菌 GY2B 菌液，到 20mL 含菲 MSM 中，分别在 15℃、25℃、30℃和 35℃不同温度的摇床中振荡培养，48h 后测不同温度条件下菌密度和菲残留量，空白对照只加菲于 MSM，结果如图 3-8 所示。菌在 25～30℃生长较好，菌密度增加 30 倍以上(起始菌密度 1.2×10^6CFU/mL)，高温(35℃)比低温(15℃)更不利于微生物的生长。菲的微生物降解也是在 25～30℃较好，在 30℃菲的降解率达到 99.8%以上，而 35℃下，菲的降解率要比 15℃好一点。从图中的虚线也可以看出，在不加菌的空白样品中，菲的残留浓度与温度成反比，由此判断实验中菲的非生物去除主要是挥发，因为所有实验是在避光的摇床中进行的，避免了光解，而菲的苯环结构很稳定，几乎不可能水解，空白样品中的菲只有通过挥发减少，而挥发作用会随着温度升高而增强，因此残留的菲浓度就减少。

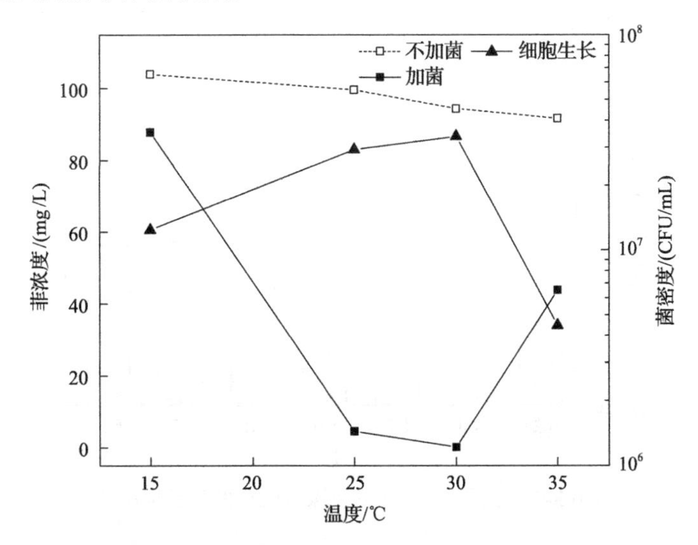

图 3-8　温度对菲降解(加菌、不加菌)和细胞生长的影响

2. pH

环境 pH 对微生物生长的影响很大，pH 主要通过引起细胞膜电荷的变化(一般细菌表面带有负电荷)，以及营养物质离子化程度，影响微生物对营养物(如氨、磷酸盐等)的利用(岑沛霖和蔡谨, 2000)。新鲜配制的 MSM 灭菌前 pH 在 7.2～7.4，灭菌之后有一点降低，在 7.1～7.2。这主要是由于高温灭菌时，培养基里面的 $H_2PO_4^-$ 和 HPO_4^{2-} 解离的 PO_4^{3-} 会与钙、镁、铁等阳离子发生作用，形成难溶性复合物而发生盐类的沉淀(王国惠, 2005)。如果溶液的 pH 越高，OH^- 就越多，解离出的 PO_4^{3-} 就越多，生成难溶性复合物的沉淀会越多，灭菌前后的 pH 变化就越大。而酸性条件下(pH＜7)，PO_4^{3-} 少，不易生成难溶性复合物，pH 也就不会变化。为避免污染，MSM 的 pH 在灭菌之前调好，灭菌后不再调。实验中 pH 为 4、5、6 的 MSM 用 2mol/L HCl 溶液直接按设定的值在灭菌前调好，pH 为 7、8、9、10 和 11 的 MSM 用 2mol/L NaOH 溶液调节 pH 比设定值高 0.5～1.0。然后取 1mL 纯菌 GY2B 菌液，到 20mL pH 不同的含菲 MSM 中，并再次测定各种灭菌后 MSM 的 pH。摇瓶培养 48h 后，测定微生物的生物量和菲残留量。空白对照只加菲于 MSM。

调节 MSM 培养基为不同 pH(4.0～8.7)，在菲浓度为 100mg/L 的条件下，培养 48h，测定微生物的生物量。由图 3-9 可知，中性条件(pH 约为 7.1)下微生物的菌体生长最好，酸性条件和碱性条件相比，碱性条件更好。实验还发现培养后溶液 pH 明显变小(表 3-10)，分析其原因是菲的微生物降解过程会产生一些酸性物质(Mahaffey et al., 1988; Kelly and Cerniglia, 1991)。碱性培养基中 OH^- 正好可以中和这些酸性中间产物的 H^+，使溶液的 pH 趋于中性，而酸性培养基只会积累更多

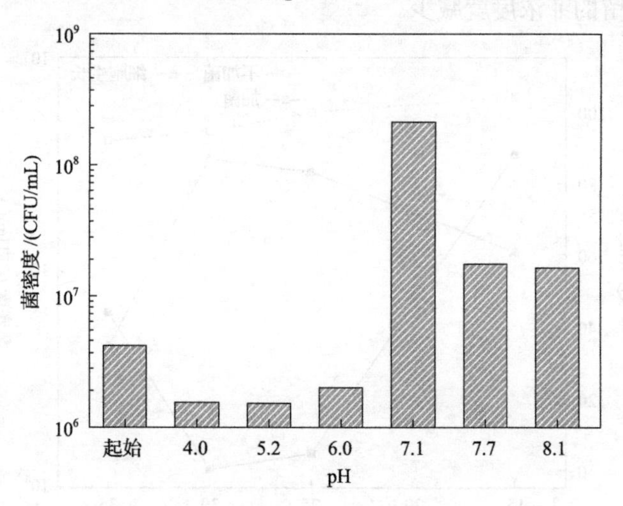

图 3-9 不同 pH 条件下菌株 GY2B 的生长情况

表 3-10　加菌培养 48h 前后溶液的 pH 变化

起始 pH	48h 后 pH(加菌)	48h 后 pH(空白)
4.0	4.2	4.3
5.2	4.1	5.5
6.0	4.5	6.1
7.1	6.2	7.0
7.7	6.7	7.5
8.1	7.0	7.7
8.7	7.3	7.9

的 H^+，细胞生长受到更强烈的抑制。同时不加菌的空白样品 pH 也会变化，酸性的变大，碱性的变小，主要是由于摇瓶培养过程中，空气中 CO_2 会缓慢溶解形成碳酸根，使溶液 pH 发生变化。

进一步研究 pH 对菲降解和细胞生长的影响，如图 3-10 所示(起始菌密度 2×10^6CFU/mL)，在 pH 7.1～7.4 微生物生长最好，pH 在 7.5～8.9 也还可以生长。当 pH<7.0 时，微生物的生长明显受到抑制，同时菲的降解率也很低。然而菲的降解并不是 pH 在 7.1～7.4 最好，而是在 pH 7.9～8.9 更好，原因和前面讨论的一样，碱性培养基中 OH^-正好可以中和菲降解过程产生的酸性中间产物的 H^+，使这个微生物酶催化的反应向着菲降解的方向进行。

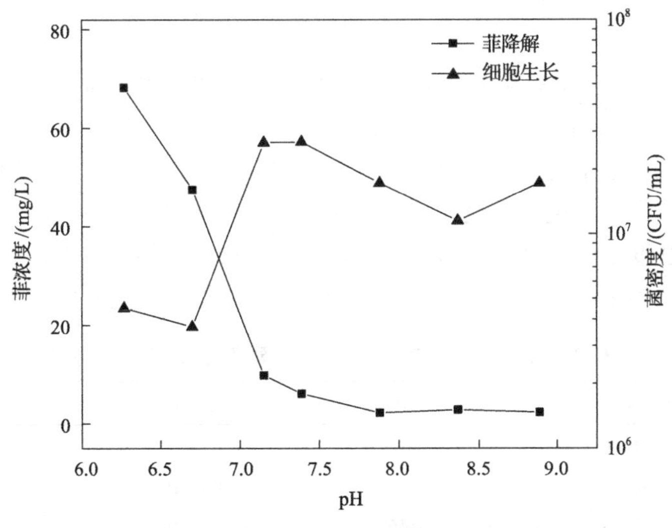

图 3-10　pH 对菲降解和细胞生长的影响

以上实验表明菌株 GY2B 在 pH=9 还能生长，于是进一步探究强碱性条件下其生长状况和菲降解情况，结果如表 3-11 所示(起始菌密度 5.0×10^6CFU/mL)，发现 pH 在 9.7 左右菌株还能很好地生长，当 pH 升至 11.2 时，菌株全部死亡。所以估计菌株 GY2B 生长的最高 pH 在 10 左右。结合前面的实验，适合该菌株生长的 pH 范围较宽，在中性至弱碱性(pH=7～10)范围内不仅生长好，而且菲的降解率也高。

表 3-11 强碱性环境下菌株 GY2B 的生长和菲降解情况

起始 pH	48h 后 pH	48 h 后菌密度/(CFU/mL)	48h 后菲浓度/(mg/L)
7.2	6.6	3.2×10^{8}	0.17
9.1	7.6	1.8×10^{8}	0.08
9.7	7.8	1.1×10^{8}	0.08
11.2	8.6	$<1.0\times10^{4*}$	87.56
12.4	9.3	$<1.0\times10^{4*}$	88.92

* 表示稀释 1000 倍后取 0.1mL 溶液涂布，平板上未见 1 个菌落。

3. 营养条件

虽然纯菌 GY2B 能够以多环芳烃菲为唯一碳源，但由于多环芳烃本身对微生物是有毒害作用的，并不是微生物所必需的，微生物要降解它需要一个适应的过程，为了提高菌的数量同时缩短适应期，或许可以通过添加一些其他的营养物质达到这个目的。这里选择两种常用的物质，一种是天然的培养基原料蛋白胨(由酪素或明胶等蛋白质经酸或酶水解而成)，另一种是自然界分布最广泛的单糖葡萄糖。

在含菲的 MSM 培养基中分别加入 100mg/L 葡萄糖和 100mg/L 蛋白胨，测定 40h 后的 OD_{600}(溶液在 600mm 波长处的吸光值)和菌密度及菲的残留率。从表 3-12 可知，在 100mg/L 初始菲浓度和 1.4×10^{6}CFU/mL 的菌浓度下，添加了葡萄糖的样品的 OD_{600} 和菌密度都是最大的，同时菲的残留率也是最小的，添加了蛋白胨的样品的菌密度比添加葡萄糖的小一点，但比不加营养物质的大，菲的残留率也只有 4.92%，说明 100mg/L 蛋白胨或 100mg/L 葡萄糖对细胞的生长和菲的降解是

表 3-12 葡萄糖或蛋白胨对 OD_{600}、菌密度和菲降解的影响

培养基	OD_{600}	菌密度/(CFU/mL)	菲残留率/%
MSM＋菲＋葡萄糖＋菌	0.235	2.2×10^{8}	2.18
MSM＋菲＋蛋白胨＋菌	0.147	1.9×10^{8}	4.92
MSM＋菲＋菌	0.167	3.3×10^{7}	8.32
MSM＋菌	0.001	1.9×10^{6}	
初始菌	0.001	1.4×10^{6}	
MSM＋菲			96.08

有一定促进作用的，且葡萄糖的促进作用更明显。这说明一定浓度的葡萄糖和蛋白胨等外加碳源对细胞无毒害，对菲的降解也无竞争抑制作用，它们可以促进细胞生长，从而加速菲的降解。Yuan 等(2000)的研究也发现 5mg/L 菲溶液中分别加入 50mg/L 的酵母提取物、乙酸、葡萄糖和丙酮酸都能促进细胞的生长和菲的降解。

从表 3-12 还可以看出，添加了蛋白胨的样品的菌密度比不添加营养物质的大，但是其 OD_{600} 比不添加营养物质的小；而添加葡萄糖的样品的菌密度大，OD_{600} 也大。一般来说，菌密度和 OD_{600} 是成正比的，细胞数量多，菌密度大，OD_{600} 也大。OD_{600} 也受很多因素影响，特别是当样品中含有其他杂质时。本实验添加蛋白胨样品的 OD_{600} 和菌密度变化不一致可能是由于蛋白胨是一种营养丰富的有机氮源，含有多肽、二肽、单肽和各种氨基酸成分，还有若干维生素和糖类，成分很复杂，对 OD_{600} 的测定影响比较大，且有负影响。而葡萄糖则是结构简单、成分单一的营养物质，对 OD_{600} 的测定影响较小。这说明在复杂体系中，OD_{600} 不能真实反映细胞的生长情况，所以用平板稀释活菌计数的方法检测菌体的生长相对可靠些。

前面的实验发现添加 100mg/L 葡萄糖对细胞生长和菲降解的促进作用明显。之后进一步研究了在含菲 MSM 中添加 0～1000mg/L 葡萄糖，培养 40h 后菌株 GY2B 的生长和溶液 pH 变化情况。从图 3-11 可知，添加 10～200mg/L 葡萄糖能促进微生物细胞的生长。Tian 等(2003)同样发现在菲溶液中加入 100mg/L 的葡萄糖或水杨酸均能增加微生物的量。然而，本研究发现高浓度的葡萄糖(＞500mg/L)对细胞生长会产生毒害作用。此时检测到溶液的 pH 已经只有 4.5～5.5，对比前面讨论的 pH 对细胞生长的影响，可知当溶液 pH＜6.5 时，菌株 GY2B 的细胞不能生长。

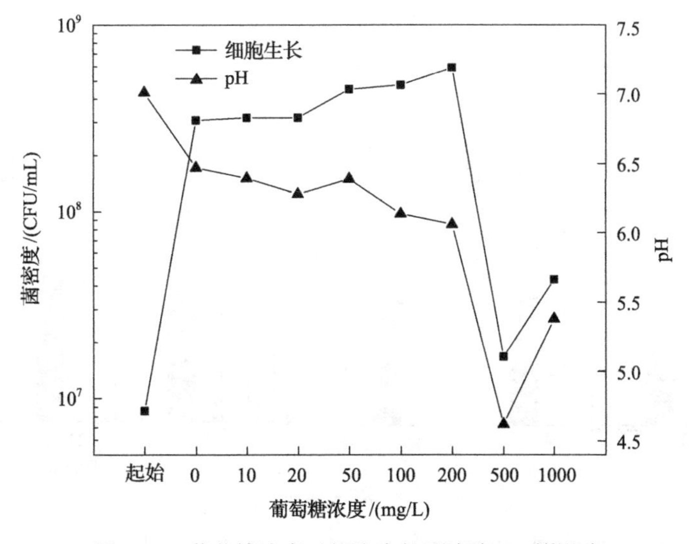

图 3-11　葡萄糖浓度对细胞生长及溶液 pH 的影响

为什么溶液的 pH 会下降得如此厉害？初步推测可能是由于微生物利用葡萄糖的过程会产生酸性物质，在低浓度时酸性物质的产生量少，pH 变化不大。当葡萄糖浓度增加到 500mg/L 时，大量的酸性物质产生，来不及进一步降解，积累在培养基中使 pH 下降很多，造成微生物细胞大量死亡。进一步研究高浓度葡萄糖对细胞生长的影响，如图 3-12 所示。从图 3-12(a)可知，培养 24h 后涂布发现添加两种浓度葡萄糖的样品的菌密度和不加葡萄糖的差不多，和初始菌密度比较都增加了 20 倍左右；培养 48h 后，发现菌密度降低了两个数量级。同时从图 3-12(b)可知，在 24h 时 pH 还在 5.6～5.8，48h 时就降低到了 4.0，说明酸性物质是在 24～48h 这段时间大量产生并积累的。另外，从图 3-12(b)可知，在只含葡萄糖不含菲的培养基中，培养 24h 后菌株 GY2B 的菌密度增加 40 倍左右，48h 后菌密度也减少了约一个数量级。同时溶液的 pH 从初始的 7.1 降到 6.4 左右再降到 6.2 左右。将图 3-12(a)和(b)做一个比较，发现 24h 的含菲样品比不含菲样品的菌密度低一些，pH 也低一些，而到 48h 的样品的菌密度低很多，pH 也低很多。由此

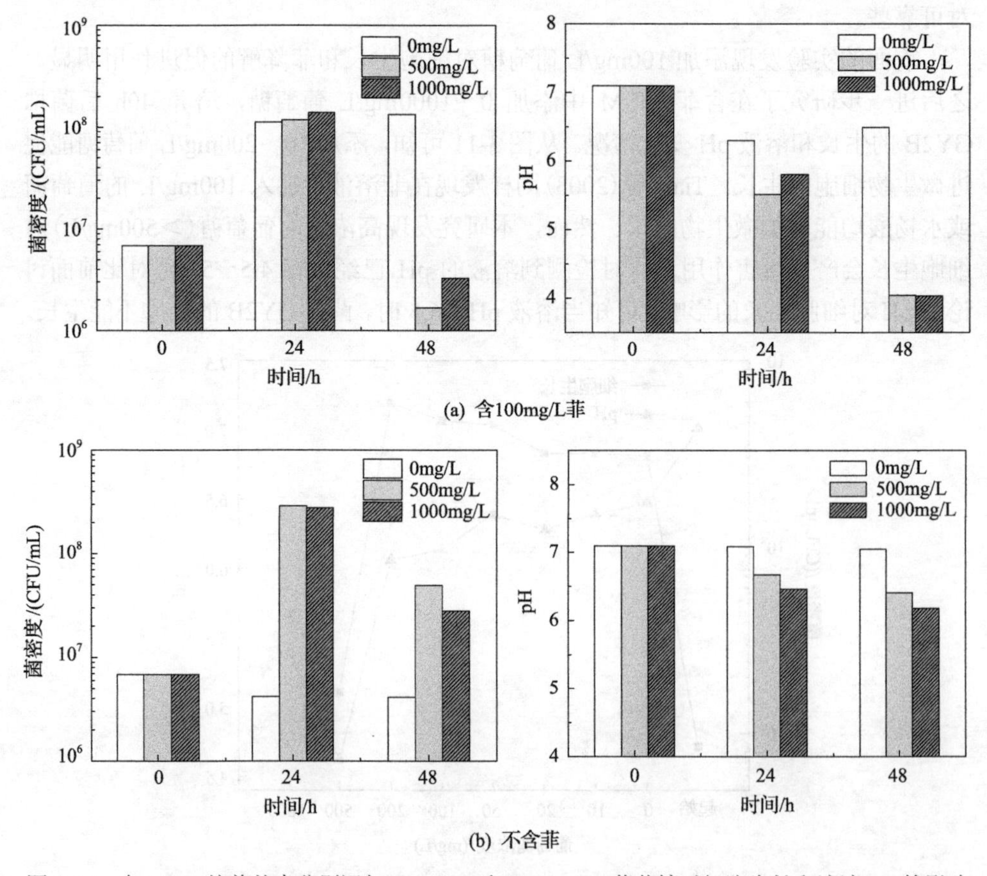

图 3-12 在 MSM 培养基中分别添加 500mg/L 和 1000mg/L 葡萄糖对细胞生长和溶液 pH 的影响

可知，高浓度葡萄糖中，有菲存在更不利于菌株的生长和繁殖。在菲和高浓度的葡萄糖共存的体系中，虽然开始阶段(0～24h)菌株 GY2B 能较好生长，但是到后期(48h)溶液 pH 急剧下降，对菌的生长和繁殖就非常不利了。在以菲为唯一碳源时不存在这种情况，在以葡萄糖为唯一碳源时，后期 pH 也会有所降低，但还不至于引起微生物的大量死亡。

4. 菲初始浓度

在菲降解菌的驯化、分离和前面的实验中，所用的菲浓度均为 100mg/L，为了研究更高和更低的菲的初始浓度条件下的降解规律，选取了 10mg/L、60mg/L 和 230mg/L 三种初始浓度的菲来探究其对微生物的生物量和菲残留量的影响。不同底物初始浓度下，菌株 GY2B 降解菲的曲线如图 3-13 所示，10mg/L 菲的降解率在 12h 就达到 98.8%以上，60mg/L 菲的降解率在 36h 达到 99.7%以上，230mg/L 菲在 48h 降解率达到 70%左右，然而此后菲浓度就基本不再减少，到 120h 仍有大量菲剩余。不同初始浓度下菲在线性下降期的降解速率如表 3-13 所示，菲降解速率(PDR)和初始浓度有很好的线性关系。

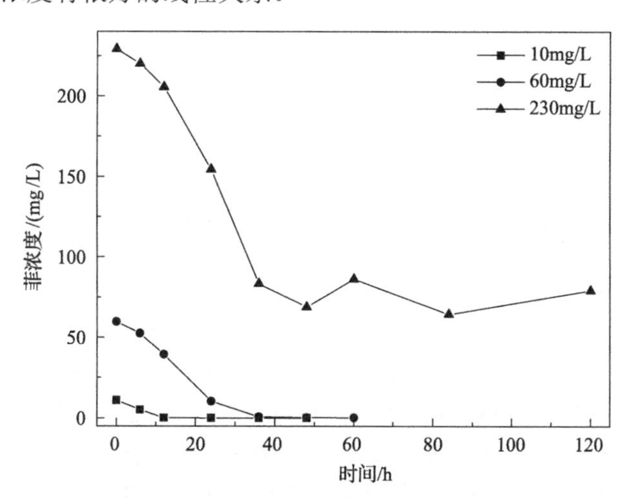

图 3-13　不同初始浓度菲的降解曲线

表 3-13　不同初始浓度下菲在线性下降期的降解速率(PDR)

实际初始菲浓度/(mg/L)	PDR/[mg/(L·h)]	拟合相关系数 R^2	菲线性下降期/h*
10.98	0.90	0.998	0～12
59.87	2.36	0.999	6～24
95.41	3.45	0.978	6～30
229.25	5.69	0.981	6～36

*表示计算 PDR 的时间段。

菌株 GY2B 在不同菲初始浓度下的生长情况见图 3-14。可知在开始的 12h 内，菌密度大小和菲的初始浓度成反比，就是说浓度越大，菌的数目越少。到了 24h，三种菲浓度的菌密度都是差不多的，24h 之后 10mg/L 菲的菌密度慢慢减少，因为此时菲已经完全降解了，培养基里面的碳源不足，而 60mg/L 菲的菌密度缓缓上升，因为培养基中还有少量菲可以供微生物生长繁殖。最惊奇的发现是，230mg/L 菲的菌密度在 36h 后急剧减少，到 120h 时降低了 3 个数量级，也就是说微生物细胞大量死亡。究其原因可能是积累了某种对微生物有毒害作用的代谢产物，该推测还需进一步验证。

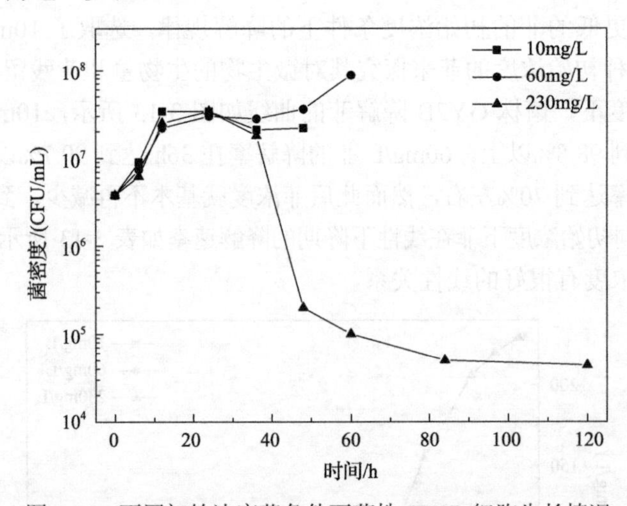

图 3-14 不同初始浓度菲条件下菌株 GY2B 细胞生长情况

由式(3-4)和式(3-5)计算出 GY2B 菌株在不同菲初始浓度下对数生长期的比生长速率 μ 和细胞倍增时间 τ，如表 3-14 所示。约 10mg/L、60mg/L、100mg/L、230mg/L 菲浓度下细胞的比生长速率 μ 分别是 $0.183h^{-1}$ (R^2=0.985)、$0.148h^{-1}$ (R^2=0.983)、$0.135h^{-1}$ (R^2=0.996) 和 $0.156h^{-1}$ (R^2=0.934)，细胞倍增时间分别是 3.8h、4.7h、5.1h 和 4.4h。可以看出不同初始浓度下菌株的比生长速率 μ 在 0.13～$0.19h^{-1}$，差别不大，和初始浓度之间没有显著的相关性。因为微生物只能利用溶解态的有机物，菲在水中的溶解度只有 1mg/L，10～230mg/L 的浓度大大超过了其溶解度，

表 3-14 不同初始菲浓度下菌株在对数生长期的比生长速率

实际初始菲浓度/(mg/L)	比生长速率 μ/h^{-1}	细胞倍增时间/h	拟合相关系数 R^2	对数生长期/h
10.98	0.183	3.8	0.985	0～12
59.87	0.148	4.7	0.983	0～12
95.41	0.135	5.1	0.996	6～24
229.25	0.156	4.4	0.934	0～12

微生物先吸收利用溶解态的菲，然后固体的菲再溶解到水中，菲处于一方面被利用另一方面又溶解的动态平衡过程。因此 10～230mg/L 初始浓度的菲对微生物 μ(对数生长期)影响不大。

菌株 GY2B 对不同浓度菲的降解都会使培养基出现颜色的变化。24h 时 10mg/L 菲溶液的颜色是很浅的黄色，随培养时间的延长颜色变化不大。24h 时 60mg/L 菲溶液的颜色是浅黄，至培养 60h 时，培养基的颜色逐渐加深至橙黄。24h 时 230mg/L 菲溶液的颜色也是浅黄，随培养时间的延长到 120h 时颜色逐渐加深至棕色。这表明初始菲浓度越高其代谢产物在培养基中的累积也越多，而 230mg/L 菲的降解在 36h 后基本停止(图 3-13)，同时菌密度急剧下降(图 3-14)，这说明大量的降解产物的积累可能对菲的降解和菌的生长都有抑制作用。马迎飞等(2005)研究 600mg/L 菲的降解时也发现降解在 4d 后停止，但他们是用光密度法来测定微生物的生长，所以在菲不降解的情况下，OD_{600} 仍然增加。由于 OD_{600} 测的是整个溶液的透光率，一方面，死的或者活的微生物细胞在 600nm 处都有吸收，另一方面，溶液的颜色这时候已经非常深了(深褐色)，在 600nm 处可能也有吸收，所以测出来的值肯定偏大，不能真正反映体系中活的微生物数量的变化。

3.3　降解菌的底物降解范围研究

在实际多环芳烃污染点，不会只存在一种多环芳烃污染物，一般会有多种底物以混合物的形式同时存在，复杂的多底物混合态会影响微生物的生理习性及微生物对混合组分中单个底物的利用，进而影响降解效率(巩宗强等, 2001; 马沛和钟建江, 2003)。因而能够降解和利用多种底物的微生物将是生物修复过程最有用的菌种(Hughes et al., 1997a)。另外，由于多环芳烃及其代谢中间产物结构具有相似性，研究菌株对多种芳香类底物的降解性，可以推测多环芳烃的微生物降解途径(Mueller, 1989)。

3.3.1　不同底物下菌株的生长情况

1. 混合菌在不同底物上的生长情况

混合菌 GY2、GM2 和 GS3 在一定浓度的萘、邻苯二甲酸、水杨酸、1-萘酚、2-萘酚、苯酚、对苯二酚、邻苯二酚、1-羟基-2-萘酸、芘、苯和甲苯中的生长情况如表 3-15 所示。三种混合菌在 100mg/L 的邻苯二甲酸、邻苯二酚和 1-羟基-2-萘酸中都能很好地生长；在 1000mg/L 苯和甲苯中可以生长，但是生长情况一般；在 100mg/L 的 1-萘酚、2-萘酚和对苯二酚及 20mg/L 的芘中不能生长或生长很不好。混合菌 GY2 在 1000mg/L 萘和 100mg/L 苯酚中生长很好，而混合菌 GM2 和

GS3 在这两种底物中的生长一般。混合菌 GY2 和 GM2 在 100mg/L 水杨酸中生长很好，而混合菌 GS3 在水杨酸中的生长一般。

表 3-15 混合菌 GY2、GM2 和 GS3 在多种底物上的生长情况

底物	浓度/(mg/L)	菌系		
		GY2	GM2	GS3
萘	1000	++	+	+
邻苯二甲酸	100	++	++	++
水杨酸	100	++	++	+
1-萘酚	100	–	+/–	+/–
2-萘酚	100	++	+/–	+/–
苯酚	100	++	+	+
对苯二酚	100	–	–	–
邻苯二酚	100	++	++	++
1-羟基-2-萘酸	100	++	++	++
芘*	20	+	+/–	+
苯	1000	+	+	+
甲苯	1000	+	+	+

*表示加芘的底物培养 7d，其他底物培养 2d；++表示生长好，收获时菌密度是初始菌密度的 4 倍以上；+表示可以生长，收获时菌密度是初始菌密度的 1～4 倍；+/–表示仅有少量生长，收获时菌密度比初始菌密度低；–表示不能生长。

尽管三种混合菌都是从以菲为唯一碳源的培养基中驯化得到的，但它们对其他底物的利用情况有相似的地方，也有不一样的地方。从不同污染土壤中驯化筛选出来的混合菌里面的微生物种群有一定的差异，使它们对不同的底物的利用情况也不太一样。

2. 菌株 GY2B 在不同浓度的不同底物中的生长情况

菌株 GY2B 在不同浓度的不同底物中的生长情况如表 3-16 所示，菌株 GY2B 在萘、1-羟基-2-萘酸、水杨酸、邻苯二酚、苯酚、苯和甲苯中能够生长，说明它能分别利用一定浓度范围的这些底物，并以此为唯一碳源和能源进行生长和繁殖，但是当 1-羟基-2-萘酸浓度超过 200mg/L，水杨酸、邻苯二酚和苯酚浓度超过 150mg/L 时，细胞的生长就会受到强烈抑制。另外，发现菌株 GY2B 在最低浓度为 25mg/L 的以对苯二酚、邻苯二甲酸和芘为唯一碳源的培养基中生长很不好，说明它很难利用这三种化合物为唯一碳源和能源生长。

表 3-16　菌株 GY2B 降解底物的多样性

底物	浓度/(mg/L)								
	25	50	75	100	150	200	500	1000	2000
邻苯二甲酸	+	+/–	+/–	+/–	–	–	ND	ND	ND
水杨酸	++	++	++	++	–	–	ND	ND	ND
邻苯二酚	++	++	++	++	+	+/–	ND	ND	ND
1-羟基-2-萘酸	++	++	++	++	++	–	ND	ND	ND
苯酚	++	++	++	++	+	+	+/–	–	ND
对苯二酚	+	+/–	–	–	ND	ND	ND	ND	ND
1-萘酚	+/–	+/–	–	–	ND	ND	ND	ND	ND
2-萘酚	++	+	+	–	ND	ND	ND	ND	ND
芘*	+	+	+	+/–	ND	ND	ND	ND	ND
萘	ND	ND	ND	ND	ND	++	++	++	ND
苯	ND	ND	ND	ND	ND	++	+	+	+/–
甲苯	ND	ND	ND	ND	ND	++	++	+/–	–

*表示加芘的底物培养 7d，其他底物培养 2d；++表示生长好，培养 2d 后菌密度是初始菌密度的 4 倍以上；+表示可以生长，培养 2d 后菌密度是初始菌密度的 0.8～4 倍；+/–表示仅有少量生长，培养 2d 后菌密度比初始菌密度低；–表示不能生长；ND 表示没有做此浓度的试验。

此外，还发现任何浓度范围的 1-萘酚都不能支持菌株 GY2B 的生长，且对细胞有毒害作用(5mg/L 和 12.5mg/L 的 1-萘酚中微生物的菌密度都比初始的低一个数量级以上)。而 25mg/L 的 2-萘酚(1-萘酚的同分异构体)则能支持菌株的生长。这种差异可能与化合物的结构和微生物的代谢酶有关，Balashova 等(1999)研究菲的降解时也发现代谢的中间产物会对微生物的生长和繁殖产生有害的影响。

同时，还检测了各底物中溶液的 pH 变化情况，结果见表 3-17。菌株生长好的样品，其溶液 pH 大都在 6.2～6.9，因为如果 pH<6.2，菌株 GY2B 生长就受限制了，如水杨酸含有强酸性、易电离的羧基，高浓度时培养基的 pH 下降得很厉害，细胞就很难生长了。pH>6.9 说明微生物根本不利用这种化合物，因为像 1-萘酚、2-萘酚、苯酚、1-羟基-2-萘酸、苯和甲苯这类化合物一般都是弱电离或者不电离的，如果被降解，就会产生酸性物质，使溶液 pH 降低。底物被降解得越少，溶液的 pH 变化就越小。溶液的 pH 变化从另一方面说明了底物被利用的情况。

表 3-17　菌株 GY2B 降解各种底物后溶液 pH

底物**	浓度								
	25mg/L	50mg/L	75mg/L	100mg/L	150mg/L	200mg/L	500mg/L	1000mg/L	2000mg/L
邻苯二甲酸	6.74	6.31	6.03	5.01	4.01	3.81	ND	ND	ND
水杨酸	6.86	6.82	6.72	6.62	4.03	3.91	ND	ND	ND
邻苯二酚	6.64	6.88	6.67	6.30	6.44	6.83	ND	ND	ND
1-羟基-2-萘酸	6.99	6.89	6.78	6.62	6.61	6.84	ND	ND	ND
苯酚	6.89	6.82	6.75	6.85	7.02	7.06	7.08	ND	ND
对苯二酚	7.01	7.05	7.02	7.10	ND	ND	ND	ND	ND
1-萘酚	7.06	6.95	7.02	7.08	ND	ND	ND	ND	ND
2-萘酚	6.86	6.86	7.07	7.08	ND	ND	ND	ND	ND
芘*	6.96	7.00	7.06	7.09	ND	ND	ND	ND	ND
萘	ND	ND	ND	ND	ND	6.27	5.74	6.66	ND
苯	ND	ND	ND	ND	ND	6.78	7.08	7.03	7.12
甲苯	ND	ND	ND	ND	ND	6.69	6.16	7.03	6.74

注：ND 表示没有做此浓度的试验。

* 加芘的底物培养 7d，其他底物培养 2d。

**无底物无菌液的 MSM 空白 2d 后的 pH 约为 7.1。

3.3.2　不同浓度底物的降解情况

前面通过测定菌株 GY2B 在不同浓度的不同底物上的菌密度探讨了微生物的生长情况，下面将通过测定底物的 UV-Vis 扫描图谱的变化来探讨化合物被利用和降解的情况。用于 UV-Vis 分析的样品于 4℃、10000*g* 离心 20min，取上层清液用日立 U-3010 紫外-可见分光光度计检测底物降解过程的图谱变化。波长扫描范围：190～600nm；扫描光谱带宽：0.5nm；扫描速度：120nm/min。

1. 邻苯二酚

不同浓度邻苯二酚降解情况的 UV-Vis 扫描图谱见图 3-15。从图 3-15 的空白可知，邻苯二酚在 275nm 处有一个特征吸收峰。通过比较加菌和空白 UV-Vis 扫描图谱发现 25mg/L 邻苯二酚能被菌株 GY2B 完全降解，几乎没有其他产物的吸收峰出现；75mg/L、100mg/L 和 150mg/L 的邻苯二酚在 275nm 处的峰消失，但似乎还有一些其他的中间产物，随着邻苯二酚浓度的增加，产物的吸收峰越来越高。对比前面讨论的菌株生长情况，知道菌株 GY2B 在 25～100mg/L 邻苯二酚中生长是很好的，到 150mg/L 浓度的时候生长就一般了，说明邻苯二酚的中间产物积累到一定量，就会对微生物细胞产生抑制作用。

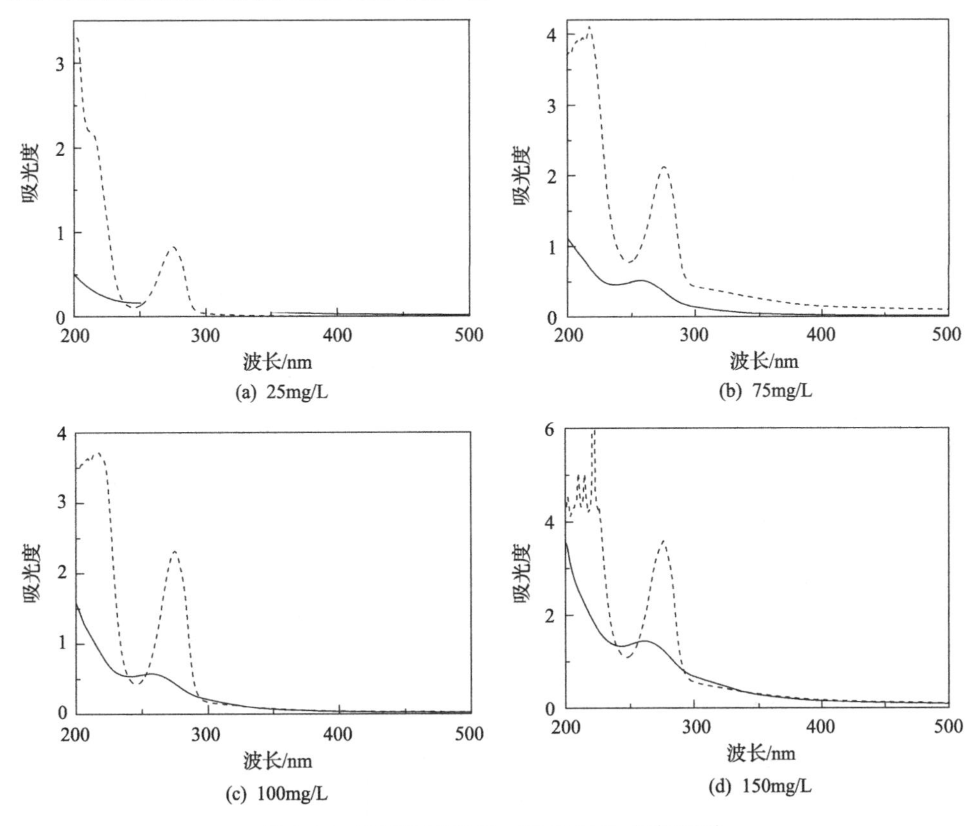

图 3-15　不同浓度邻苯二酚 UV-Vis 扫描图谱

实线表示加菌；虚线表示底物空白

另外，从图 3-15(b)～(d)加菌的 UV-Vis 扫描图谱中发现，在 260nm 处有一个较大的吸收峰，这应该是邻苯二酚降解的中间产物的吸收峰。邻苯二酚的微生物降解有邻位和间位两种裂解途径(任华峰等, 2005)。根据文献的报道，邻苯二酚在 2,3-双加氧酶催化下以间位裂解开环途径会生成产物 2-羟基粘康酸半醛(2-hydroxymuconic semial-dehyde, HMS)，此化合物在 375nm 处有一特征性的吸收峰；另一种途径是邻苯二酚在 1,2-双加氧酶催化下邻位裂解生成产物己二烯二酸，该化合物在 260nm 处有最大吸收峰(Sala-Trepat and Evans, 1971; Fujii et al., 1997)。由此推测 UV-Vis 扫描图谱中检测的 260nm 附近的吸收峰可能是邻苯二酚邻位裂解的产物己二烯二酸的吸收峰。

2. 水杨酸

不同浓度水杨酸降解情况的 UV-Vis 扫描图谱见图 3-16。从图 3-16(a)中的空白可以看出 25mg/L 的水杨酸在 233nm 和 296nm 处有两个特征吸收峰。从图 3-16(b)～(d)中可知，当水杨酸浓度在 75mg/L 以上，空白只出现 296nm 一个特征吸收峰，200～240nm 的吸收峰由于浓度过高，超过了仪器的测试范围而分辨不出来，不过这不会影响实验结果。比较加菌和空白的 UV-Vis 扫描图谱发现 25mg/L、70mg/L、100mg/L 的水杨酸几乎被降解完全，而 150mg/L 的吸收峰没有什么变化。对比前面讨论的菌株生长情况和溶液 pH，可知菌株 GY2B 在 150mg/L 的水杨酸中需要耐受 pH=4.03 的酸度，因而细胞全部死亡，高浓度的水杨酸因其较强的酸性而难以被菌株 GY2B 利用。

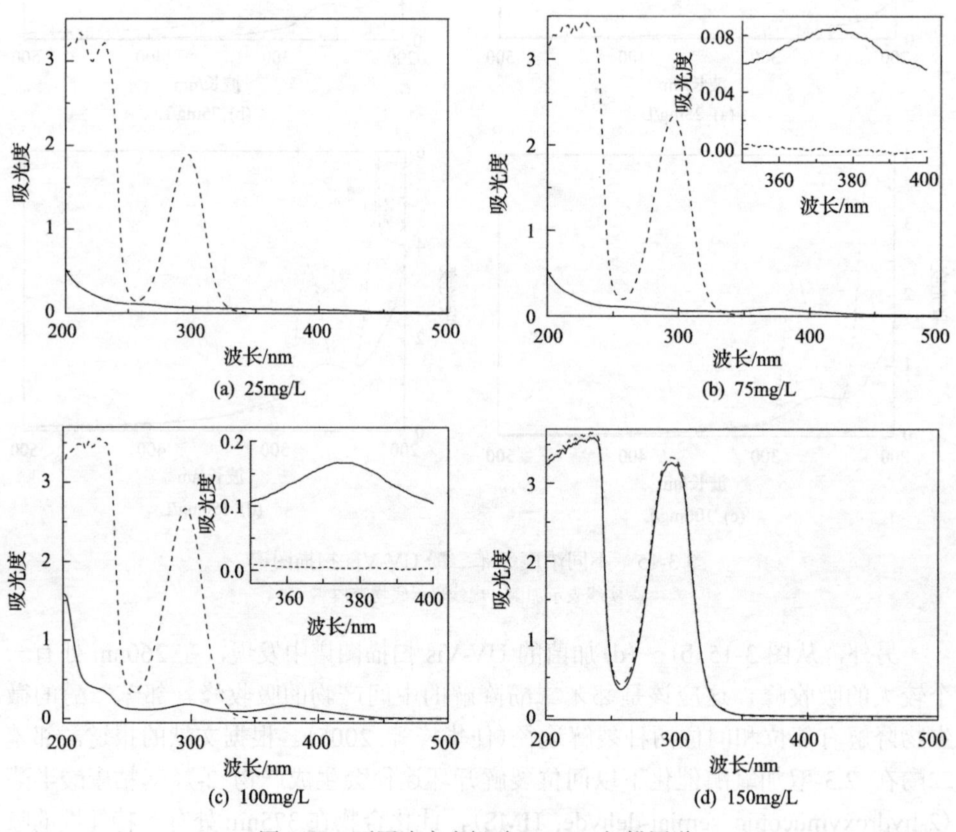

图 3-16 不同浓度水杨酸 UV-Vis 扫描图谱

实线表示加菌；虚线表示底物空白

另外从图 3-16(b)和(c)中放大的小图中看出，加菌的 UV-Vis 扫描图谱中在 375nm 处有一个较小的吸收峰，这是水杨酸降解中间产物的吸收峰，邻苯二酚有两种代谢途径，其间位裂解产物 2-羟基粘康酸半醛在 375nm 处有特征性吸收峰，说明水杨酸的降解也是经过邻苯二酚这一步，然后是间位裂解开环生成 2-羟基粘康酸半醛，再逐步降解为 CO_2 和 H_2O 及转化为微生物细胞内的物质。

3. 1-羟基-2-萘酸

不同浓度 1-羟基-2-萘酸降解情况的 UV-Vis 扫描图谱见图 3-17。从图 3-17(a)中的空白可以看出 25mg/L 的 1-羟基-2-萘酸在 219nm、244nm、289nm 和 342nm 四处有特征吸收峰。从图 3-17(b)～(d)可知，当 1-羟基-2-萘酸浓度在 50mg/L 以上，空白只出现 289nm 和 342nm 两个特征吸收峰，200～250nm 的吸收峰也由于浓度过高而分辨不出来，不过这不会影响实验结果。比较加菌和空白的 UV-Vis 扫描图谱发现 25mg/L、50mg/L、100mg/L 的 1-羟基-2-萘酸都能够被菌株 GY2B 降解完全，而 200mg/L 的 1-羟基-2-萘酸几乎没有什么变化。对比前面讨论的菌株生长情况，可知菌株 GY2B 在 200mg/L 的 1-羟基-2-萘酸中已经不生长了，和水杨酸不一样，并非是溶液 pH(6.84)太低，而可能是高浓度的 1-羟基-2-萘酸本身对菌株 GY2B 细胞有毒害作用，导致了细胞全部死亡，因而难以被利用和降解。

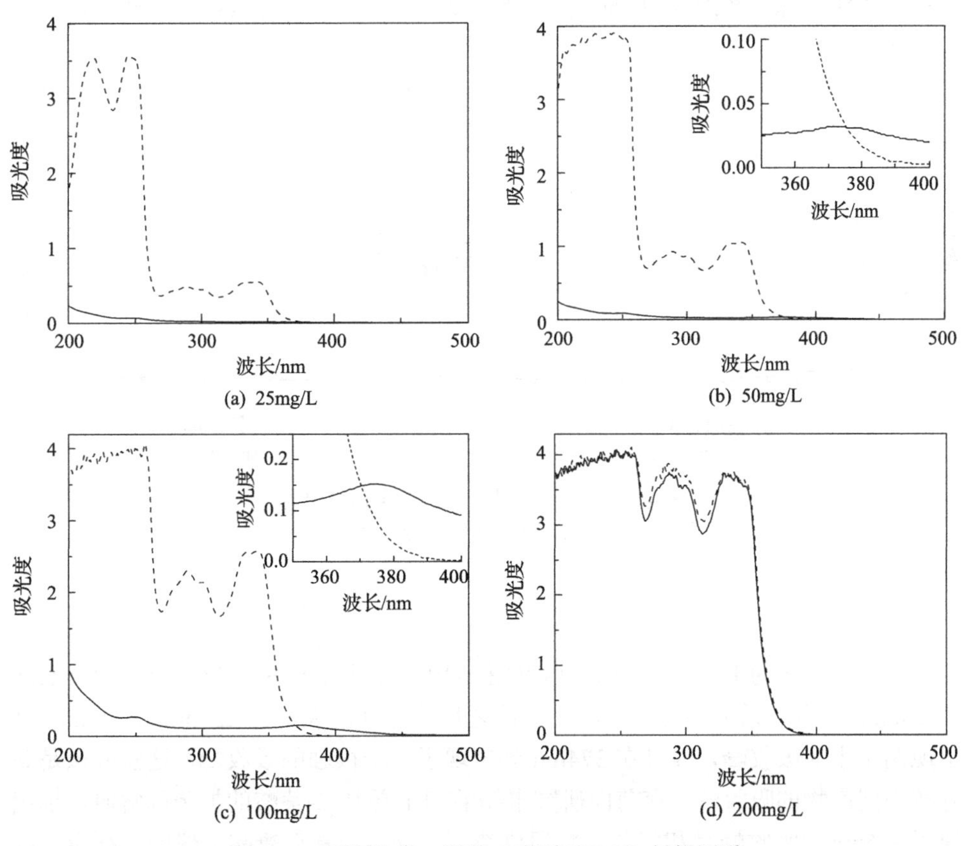

图 3-17　不同浓度 1-羟基-2-萘酸 UV-Vis 扫描图谱

实线表示加菌；虚线表示底物空白

另外从图 3-17(b) 和 (c) 的放大图中可以看到，加菌的扫描图谱在 375nm 处有一个较小的吸收峰，这应该是 1-羟基-2-萘酸降解中间产物的吸收峰，可以推断 1-羟基-2-萘酸首先降解成单环的化合物，前面研究发现水杨酸降解产物在 375nm 有吸收峰，而且推测它可能是邻苯二酚间位裂解途径产物 2-羟基粘康酸半醛，由此进一步推断 1-羟基-2-萘酸的降解过程先是生成水杨酸，再生成邻苯二酚，然后邻苯二酚进一步降解生成 2-羟基粘康酸半醛。所以 UV-Vis 扫描到的 375nm 处的峰应该是 2-羟基粘康酸半醛的吸收峰。

4. 苯酚

不同浓度苯酚降解情况的 UV-Vis 扫描图谱见图 3-18，可以看出苯酚在 210nm 和 269nm 处有两个特征吸收峰。比较加菌和空白的 UV-Vis 扫描图谱发现，培养 2d 后，加菌样品中苯酚的两个吸收峰均消失，而且也没有出现其他明显的吸收峰，说明菌株 GY2B 对于 50mg/L 及其以下浓度的苯酚降解比较彻底，没有中间产物的积累。

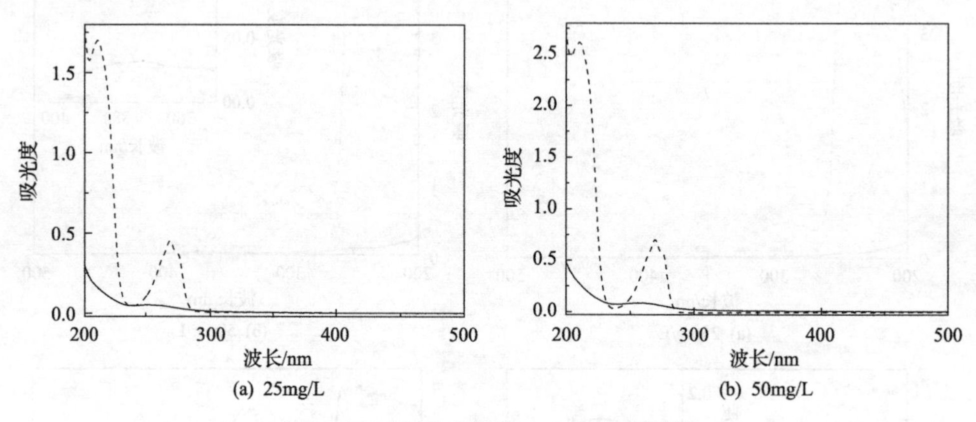

图 3-18 不同浓度苯酚 UV-Vis 扫描图谱

实线表示加菌；虚线表示底物空白

5. 萘

萘降解情况的 UV-Vis 扫描图谱见图 3-19，可以看出萘在 283.5nm、275.5nm 和 266nm 处有一系列特征吸收峰。加菌之后这些峰消失，在 253nm 和 298nm 处出现两个小的吸收峰，并且在 374nm 处出现了一个很强的吸收峰，这些应该是萘降解中间产物的吸收峰。在前面研究水杨酸和 1-羟基-2-萘酸的加菌降解时，也出现了 375nm 的吸收峰且和邻苯二酚间位裂解产物 2-羟基粘康酸半醛的特征吸收峰一致。由此推测萘的微生物降解过程也是先经过水杨酸途径，然后经由邻苯二酚间位裂解途径生成了 2-羟基粘康酸半醛。

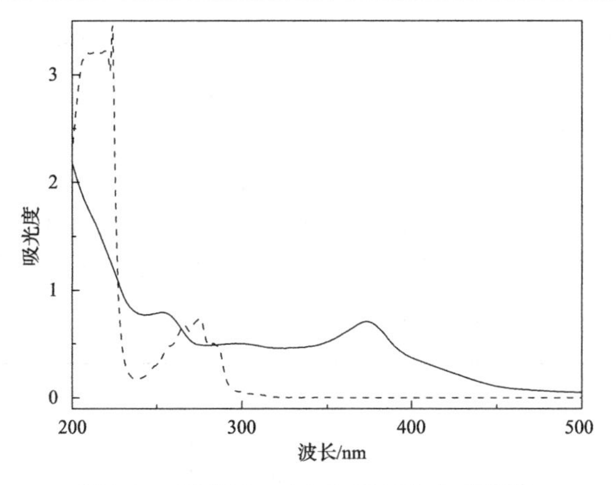

图 3-19　萘(500mg/L)的 UV-Vis 扫描图谱
实线表示加菌；虚线表示底物空白

6. 2-萘酚

2-萘酚降解情况的 UV-Vis 扫描图谱见图 3-20。从图 3-20 可以看出，2-萘酚在 231nm、273nm、285nm、316nm 和 327nm 处有五个特征吸收峰。其中 273nm 处的吸收峰最强。培养 2d 后，加菌样品中 2-萘酚的这些峰都消失了，说明菌株 GY2B 能很好地利用和降解 25mg/L 的 2-萘酚。

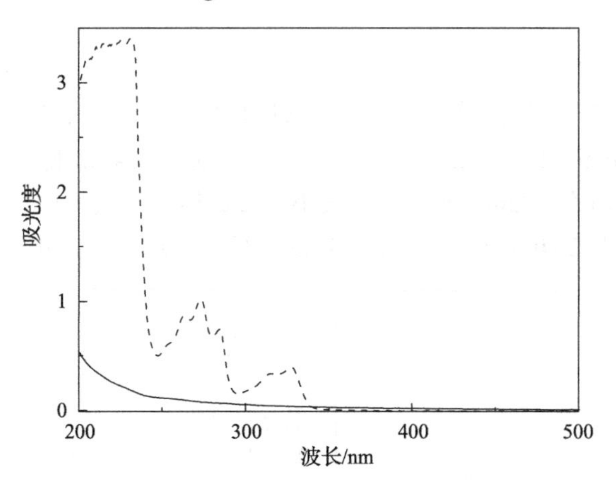

图 3-20　2-萘酚(25mg/L)的 UV-Vis 扫描图谱
实线表示加菌；虚线表示底物空白

7. 1-萘酚

不同浓度 1-萘酚降解情况的 UV-Vis 扫描图谱见图 3-21。从图 3-21(a)可以看出 5mg/L 的 1-萘酚空白在 211nm、228nm、293nm 和 321nm 处有四个特征吸收峰。

从图 3-21(b)可以看出 25mg/L 的 1-萘酚只有 293nm 和 321nm 处两个吸收峰，在 200～250nm 之间的吸收峰也是由于浓度的原因导致仪器无法分辨。通过比较加菌和空白的 UV-Vis 扫描图谱发现，5mg/L 和 25mg/L 的 1-萘酚加菌之后吸收峰变化很小，只有些许降低，可能并非由微生物降解导致，而是由菌体的吸附作用引起的，因为前面研究已经发现无论是在 5mg/L 还是 25mg/L 的 1-萘酚中，细胞的菌密度都比初始的还低两个数量级以上，说明菌株 GY2B 不但不能利用 1-萘酚，而且 1-萘酚对微生物细胞还有一定的毒害作用。

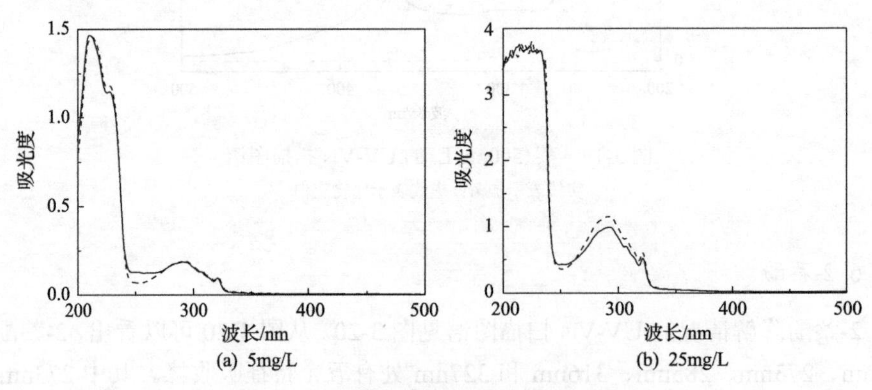

图 3-21 不同浓度 1-萘酚 UV-Vis 扫描图谱

实线表示加菌；虚线表示底物空白

8. 邻苯二甲酸

不同浓度邻苯二甲酸降解情况的 UV-Vis 扫描图谱见图 3-22。从图 3-22(a)和(b)可以看出 25mg/L 和 50mg/L 的邻苯二甲酸分别在 204nm 和 208nm 处有一个较大的吸收峰，同时在 272nm 处有一个很小的峰。然后比较空白和加菌的扫描图谱发现，加菌样品中 204nm 和 208nm 处的吸收峰有一点降低，可能是微生物菌体的

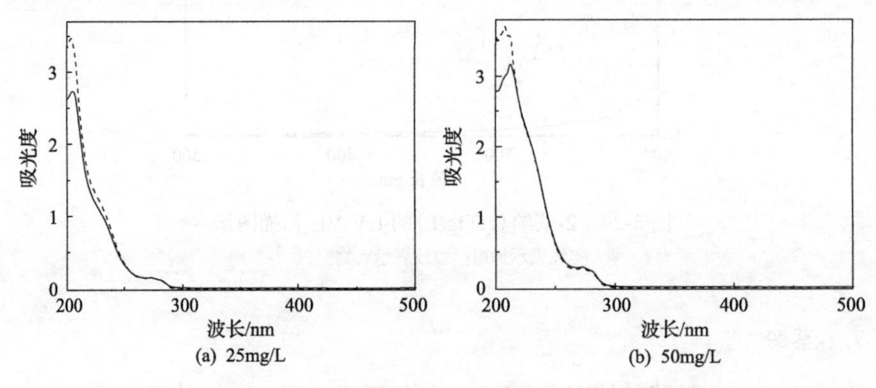

图 3-22 不同浓度邻苯二甲酸 UV-Vis 扫描图谱

实线表示加菌；虚线表示底物空白

吸附引起的，而其他波长范围内的吸光度没有变化，同时观察到在两种浓度的邻苯二甲酸中细胞的菌密度和初始的在一个数量级(比初始的稍微小一点)，说明邻苯二甲酸虽然不能被菌株 GY2B 降解和利用，但不像 1-萘酚那样对细胞有毒害作用。

9. 对苯二酚

对苯二酚降解情况的 UV-Vis 扫描图谱见图 3-23，可以看出空白的对苯二酚在 288nm 处有一特征吸收峰，加菌之后该峰红移到 293～295nm 的位置，且强度增加。由菌株的生长情况可知，对苯二酚不能支持微生物的生长，且对细胞有一定的毒害，同时观察到加菌和空白的溶液都由无色变成棕黄色。对苯二酚水溶液在空气中易被氧化而呈褐色，主要是生成了对苯醌，该化合物在 245nm 处有最大吸收，在 293nm 和 363nm 处也有一定吸收(李伟等, 2002)。因此初步判断本实验中的对苯二酚在空气中被氧化成了醌类化合物。

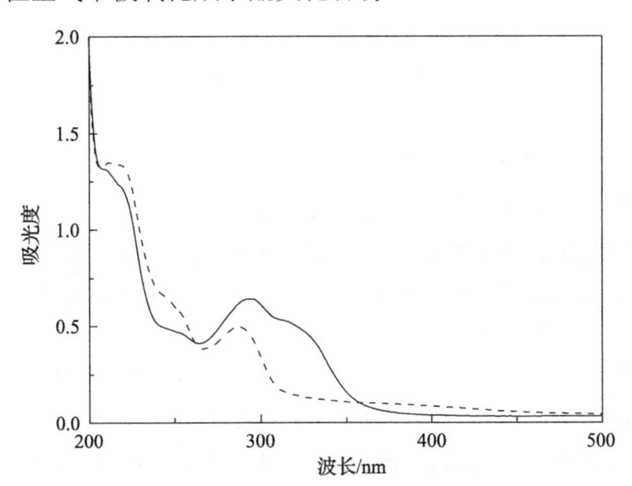

图 3-23　对苯二酚(25mg/L)的 UV-Vis 扫描图谱

实线表示加菌；虚线表示底物空白

10. 芘

不同浓度芘降解情况的 UV-Vis 扫描图谱见图 3-24。由于芘在水中的溶解度非常低(约 0.1mg/L)，因而其空白的 UV-Vis 扫描几乎看不出什么峰，但是如果将图谱放大，可以看到在 251nm 处有一个很小的峰，这是芘的特征吸收峰。从图 3-24 两个浓度的芘加菌之后扫描图谱的放大图中可以看到，在 271nm 和 334nm 处都出现了两个小的吸收峰，而且 10mg/L 的比 25mg/L 的峰值要稍高一些，同时，涂布发现两种浓度芘中的菌密度都与初始的菌密度在一个数量级(比初始稍高一点)，且 10mg/L 芘中的菌密度是 25mg/L 芘中的 2 倍。分析其原因可能是微生物能利用微量的芘，从而生成了微量的中间产物，有一点吸收峰，且芘的浓度越低，其对微生物的毒害作用就越小，因此微生物的菌密度就高一点，生成的中间产物也多一些。

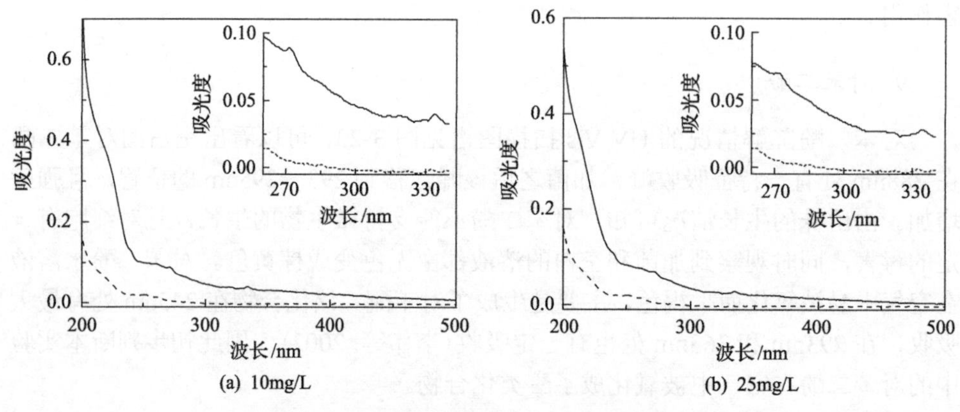

图 3-24 不同浓度芘 UV-Vis 扫描图谱

实线表示加菌；虚线表示底物空白

3.3.3 菲对菌株降解 1-萘酚的影响

前述研究菌株 GY2B 降解 5mg/L 和 25mg/L 的 1-萘酚的时候发现 1-萘酚不能被利用，且对细胞生长很不利，由于 1-萘酚可能是菲代谢的中间产物，对它的研究将有助于了解菲的降解过程。因此研究在一定浓度的菲存在时，1-萘酚被利用和降解的情况以及菌株的生长情况，结果如图 3-25 所示。

1-萘酚在 211nm、228nm、293nm 和 321nm 处有四个特征吸收峰。由图 3-25(a)可知，菲在 250nm 处有一特征吸收峰，另外在 293nm 处也有一个小的吸收峰。但由于菲在水中的溶解度很低(约 1mg/L)，这两个峰的强度都很小。由图 3-25(a)可知，在不含 1-萘酚只含 25mg/L 的菲的样品中，2d 的时候，375～377nm 处出

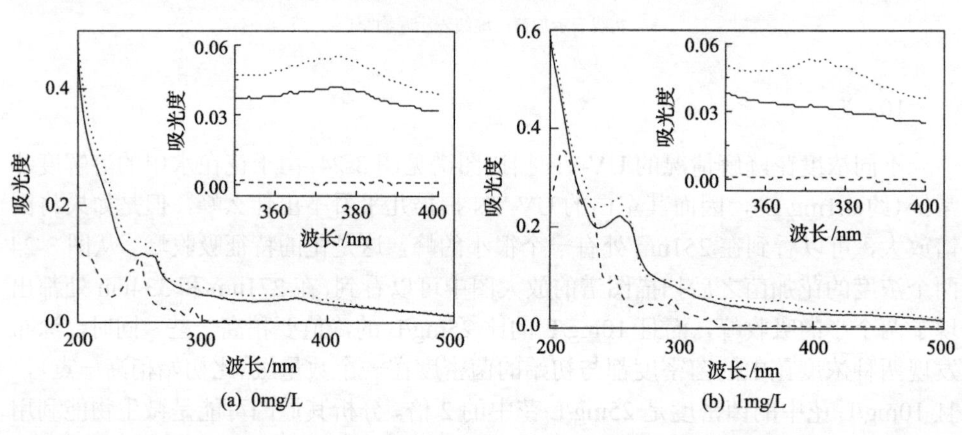

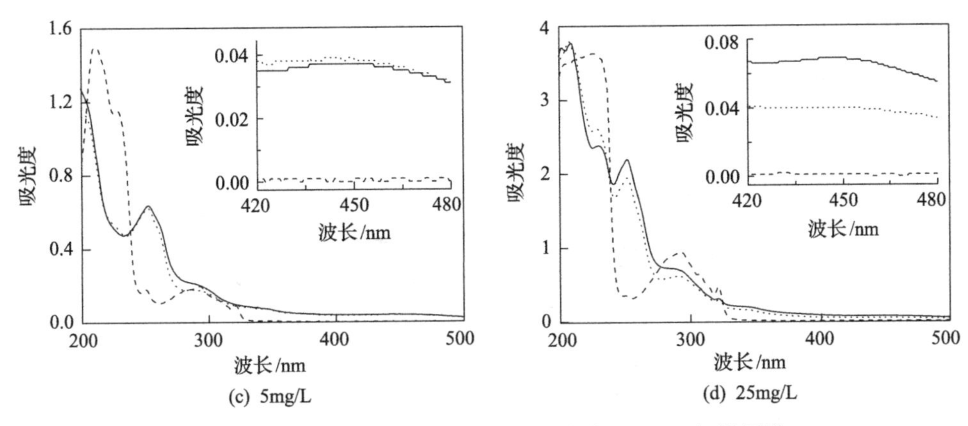

图 3-25 不同浓度的 1-萘酚+25mg/L 菲的 UV-Vis 扫描图谱

实线表示加菌培养 6d；点线表示加菌培养 2d；虚线表示底物空白

现一小的吸收峰，6d 的时候该峰几乎消失。这说明在菲的降解过程中生成了某种中间产物，后来被降解了。这种物质极有可能是 2-羟基粘康酸半醛，因为该物质在 375nm 处有一个特征性吸收峰。

由图 3-25(b)可知，6d 的时候 1mg/L 1-萘酚在 228nm 处的特征吸收峰有所降低，而其他特征峰和菲的降解产物的峰互相重叠，被掩盖了，看不出变化。和图 3-25(a)一样，2d 的时候，375nm 处也出现一个小的吸收峰，6d 的时候该峰消失，推测它可能是菲的降解中间产物 2-羟基粘康酸半醛的峰。由图 3-25(c)可知，2d 和 6d 的时候 5mg/L 1-萘酚在 211nm 和 228nm 两处吸收峰明显降低，293nm 和 321nm 两处吸收峰同样和菲的降解产物的峰互相重叠。而且 6d 后在 441～450nm 位置出现一个小的吸收峰。由图 3-25(d)可知，2d 和 6d 的时候 25mg/L 的 1-萘酚加菲样品在 213～238nm、293nm 和 321nm 处吸收峰都有明显降低，而且 6d 后在 445～451nm 位置也出现一个小的吸收峰。比较图 3-25(b)～(d)，发现它们在 250nm 处的吸收峰逐渐增强，说明溶液中残留的菲随 1-萘酚浓度增加而增大。另外，在 1mg/L 的 1-萘酚中，6d 时菲的特征吸收峰比 2d 时低一点，而在 5mg/L 和 25mg/L 的 1-萘酚中，6d 时菲的特征吸收峰比 2d 时的还高一点，说明在 5mg/L 和 25mg/L 两种浓度的 1-萘酚中菲的降解受到明显抑制。菌株 GY2B 的生长情况可以更好地说明这一点。

菌株 GY2B 在不同浓度的 1-萘酚加 25mg/L 菲中的生长情况如图 3-26 所示，0mg/L、1mg/L、5mg/L 和 25mg/L 的 1-萘酚加菲样品在 2d 的时候菌密度分别增加了 54、24、15、1.6 倍。随着 1-萘酚浓度的增加，微生物的菌密度减小，并且在 4d 的时候，5mg/L 和 25mg/L 1-萘酚加菲样品中的细胞数量急剧下降到比初始的菌密度还低很多，说明高浓度的 1-萘酚(≥5mg/L)对菌株 GY2B 的细胞有极强的毒害作用。而后面的研究中发现 1-萘酚确实是菲的降解中间产物之一，为什么其他的中间产物(如水杨酸、1-羟基-2-萘酸等)没有这种现象呢？这可能是由菌株本身决定的，但是具体的原因还不清楚。

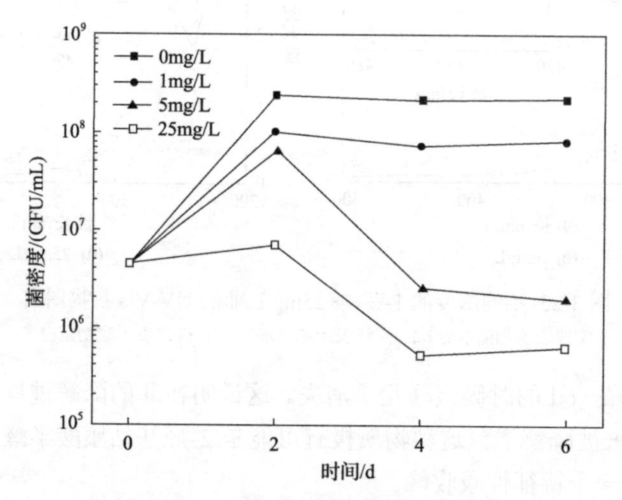

图 3-26　菌株 GY2B 在不同浓度的 1-萘酚+25mg/L 菲的生长情况

以上分析可以得出两点结论：一是低浓度的 1-萘酚在菲存在时能够被菌株 GY2B 利用和降解一部分，由此推测降解 1-萘酚的酶需要菲的诱导。二是菲的降解受到 1-萘酚的影响，主要是菌体细胞受到 1-萘酚抑制，导致活性降低，菌密度减小。

3.4　菲降解中间产物和代谢途径研究

鞘氨醇单胞菌是除假单胞菌之外的一类能很好消除多环芳烃污染物的微生物。已有许多关于鞘氨醇单胞菌对多环芳烃降解途径和机理的报道，如 *Sphingomonas yanoikuyae* B1(Gibson et al., 1973; Khan et al., 1996; Gibson, 1999; Kim and Zylstra, 1999; Cho et al., 2005)、*Novosphingobium aromaticivorans* F199(Romine et al., 1999)、*Spingobium* sp. P2(Pinyakong et al., 2003b)、*Sphingomonas paucimobilis* EPA505(Muller et al., 1990; Story et al., 2000; 2001)，研究表明该菌属的微生物降解多环芳烃(如萘、菲、蒽、联苯、苯、二甲苯)的途径和其他菌属的有差别(仉磊等, 2005)。实验主要通过 UV-Vis 和 GC-MS 分析手段，比较混合菌 GY2 和菌株 *Sphingomonas* sp. GY2B 降解菲的中间产物的差异，然后重点研究菌株 GY2B 降解菲的中间产物，结合前面底物降解范围的结果，推导出菌株 GY2B 代谢菲的途径。

3.4.1 菌株降解菲过程的 UV-Vis 分析

1. 混合菌与纯菌降解菲过程的 UV-Vis 图谱比较

用于 UV-Vis 分析的样品于 4℃、10000*g* 离心 20min，取上层清液分别用 2mol/L NaOH 调节 pH 至 12 和用 2mol/L HCl 调节 pH 至 2，然后用日立 U-3010 紫外-可见分光光度计检测菲降解中间产物物理化学性质(图 3-27)。波长扫描范围：190～600nm；扫描光谱带宽：0.5nm；扫描速度：120nm/min。

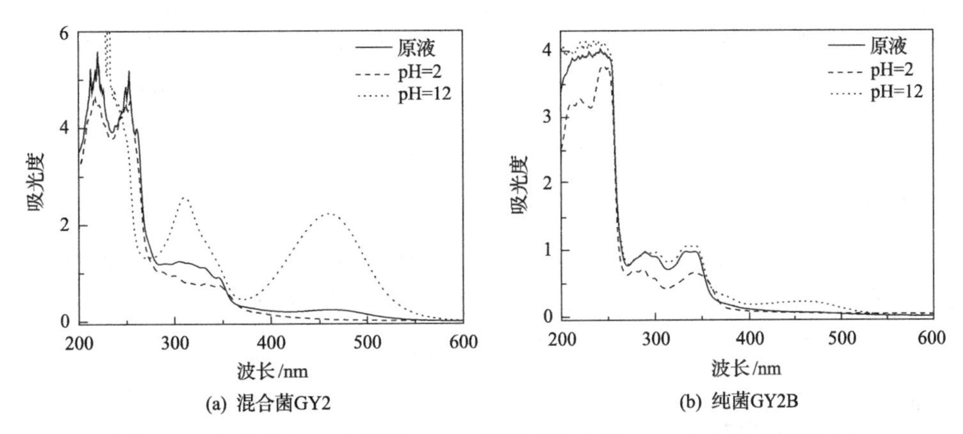

图 3-27 混合菌 GY2 和纯菌 GY2B 降解菲产物的 UV-Vis 扫描图谱(24h)

从图 3-27(a)可知，培养 24h 后，混合菌 GY2 的原液在 462nm、345nm、305nm、261nm 四处有较弱的吸收峰，253nm 和 220nm 附近有两个强的尖峰；pH 为 12 的碱性溶液在 460nm 和 310nm 处的吸收峰增强很多，在 200～227nm 有非常强的一个吸收包；pH 为 2 的酸性溶液在 462nm 处的吸收峰消失了，346nm 和 331nm 两处有较弱的吸收峰，而 254nm、249nm 和 218nm 处有强的吸收峰，但比原液的吸收峰都低。另外还观察到碱性溶液的颜色呈现亮黄色，比原液的要深很多，而酸性溶液颜色最浅，呈浅黄色。

从图 3-27(b)可知，纯菌 GY2B 的原液在 333nm、289nm 处有吸收峰，在 213～243nm 有一系列的强吸收峰，而 pH 为 12 的碱性溶液吸收峰由原来的 333nm 处红移到 343nm 处，且在 457.5nm 处增加一个较大的吸收峰；pH 为 2 的酸性溶液中，除 341nm 和 287nm 处有吸收，277nm 处增加一弱吸收峰，而 246nm、221nm、212nm 处吸收峰比原液的和碱性溶液的吸收峰都要弱，但是峰型明显很多。同样也观察到碱性溶液为亮黄色，比原液的深，但没有混合菌的颜色深，而酸性溶液颜色是最浅的。

初始的含菲溶液在 250nm 处有一特征吸收峰，另外在 292～293nm 处也有一个小的吸收峰，这两个峰的强度都很小[图 3-25(a)]。对比混合菌和纯菌降解菲

24h 后的 UV-Vis 图谱和初始菲的图谱发现吸收峰变化很大。这说明混合菌和纯菌降解菲的过程都生成了一些中间产物，但两种微生物菌群生成的产物是有差别的。而且产物在碱性、中性和酸性条件下的吸收波长和强度都会变化，暗示菲的降解中间产物可能有酮基-烯醇互变异构的特征，以及有羟基与芳香环相连的结构(Grifoll et al., 1995)。而且混合菌的溶液在碱性环境中 460nm 处的吸收峰特别强。根据文献报道，一些含有苯并酚酮结构的物质在 460nm 左右有最大吸收峰，像茶黄素这类物质在 380nm 和 460nm 有最大吸收峰，而且其溶液呈鲜明的橙黄色(梁月荣, 1998)。另外辣椒红素在 460nm 处也有最大吸收峰，它属于类胡萝卜素中的复烯酮类(张继民和胡林华, 1999)。由此可见混合菌 GY2 和纯菌 GY2B 降解菲的产物中都含有具有酚酮结构的化合物，并且混合菌中的含酚酮基结构的物质更多。

2. 菌株 GY2B 降解菲过程的 UV-Vis 图谱分析

1) 100mg/L 菲的降解

为了对菌株 GY2B 降解 100mg/L 菲的过程有一个清楚的了解，在 5d 的培养中一共取了 15 个样品进行紫外-可见扫描分析，如图 3-28 所示。

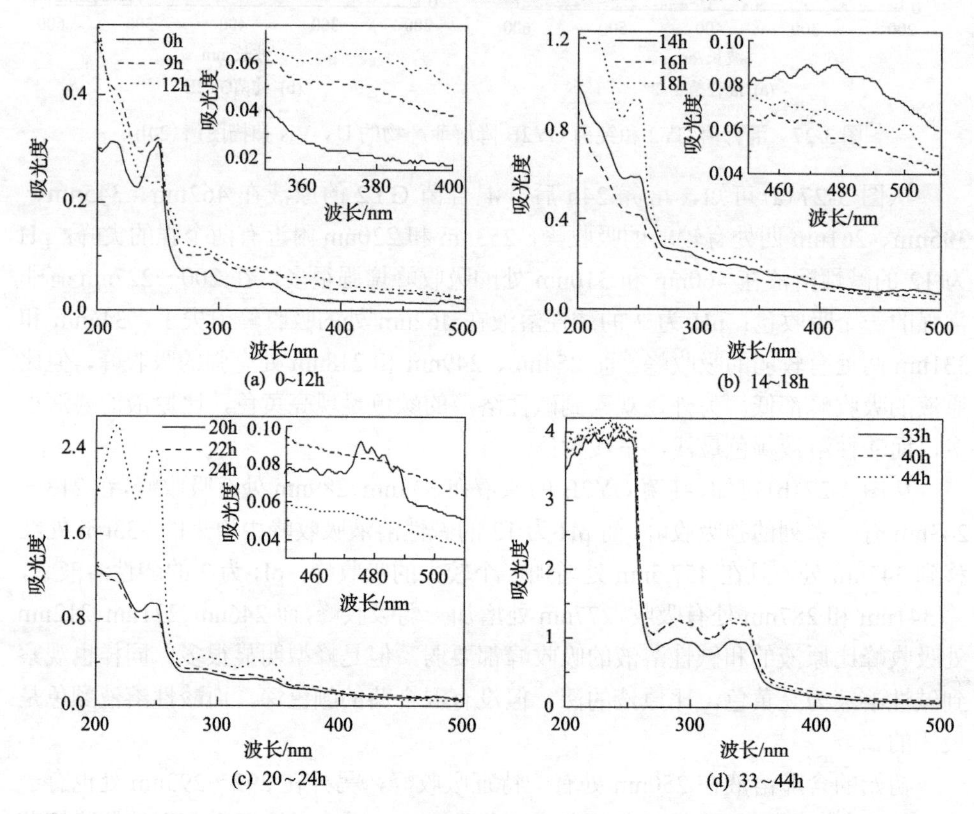

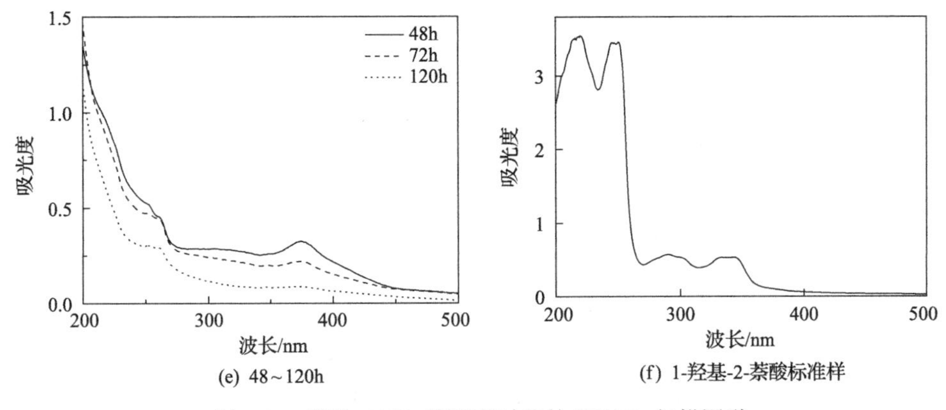

(e) 48～120h　　(f) 1-羟基-2-萘酸标准样

图 3-28　菌株 GY2B 降解菲过程的 UV-Vis 扫描图谱

从图 3-28(a)可知，在降解的前 12h，吸收峰的变化很小，因为前面研究中发现这个时候降解的菲较少，只是从右上角放大的图谱中观察到 12h 的样品在 370～380nm 处有一个小的吸收峰。从图 3-28(b)可知，在 14～18h，吸收峰变化加大，说明开始生成较多的中间产物，从放大的图谱中可知，14h 的时候，在 460～480nm 有一些微小的吸收峰，18h 的时候吸收峰变化较大，且在 500nm 处有一个小吸收峰。从图 3-28(c)可知，在 20～24h，吸收峰变化继续加大，从放大的小图中可以看到 20h 的时候，475nm 处出现了一些小的吸收峰。在 24h 的时候出现了四个明显的特征吸收峰，将它和 1-羟基-2-萘酸的标准样的吸收峰作对比[图 3-28(f)]，发现它们几乎是重合的，因此判断在 24h 的时候，菲降解开始出现大量的 1-羟基-2-萘酸。从图 3-28(d)可知，在 33～44h，吸收峰达到最大，在 200～260nm 之间更是由于浓度过高，超过了仪器的测试范围，吸收峰成了倒刺的形状。但在 289nm 和 333nm 处的吸收峰清晰可辨，和 24h 吸收峰的形状是一样的，只是强度增大。这说明在这个阶段，继续有大量 1-羟基-2-萘酸生成。

从图 3-28(e)可知，在 48～120h，1-羟基-2-萘酸的吸收峰已经消失，在 48h 的时候，375nm 处出现一个较强的吸收峰，72h 的时候，该吸收峰强度减弱，到 120h 的时候在 200～500nm 几乎看不到明显的吸收峰。由前面的分析可知，375nm 是邻苯二酚间位裂解产物 2-羟基粘康酸半醛的特征性吸收峰。为进一步了解 375nm 这个吸收峰的性质，对 48h 的样品的 pH 进行了调整，然后做紫外-可见扫描。如图 3-29 所示，pH 为 12 的碱性环境中 375nm 处的吸收峰增强，而 pH 为 2 的酸性环境该位置的吸收峰消失，并且在 310nm 处增加一个小的吸收峰。这个结果与 Hamzah 和 Al-Baharna(1994)报道的 2-羟基粘康酸半醛的特性完全一致。由此判断在降解的中后期，溶液中生成了中间产物 2-羟基粘康酸半醛。

2) 高浓度菲的降解

前面研究不同初始浓度菲的降解时发现，230mg/L 菲的降解在 36h 后基本停

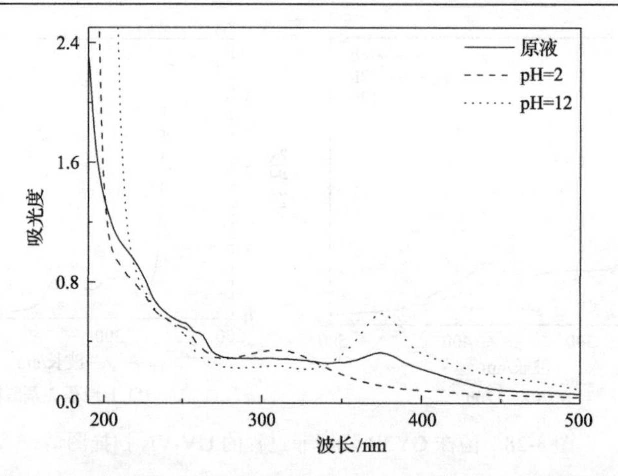

图 3-29 48h 的样品调整溶液 pH 为 2 或 12 的 UV-Vis 扫描图谱

止，同时菌株 GY2B 的菌密度急剧下降。初步估计是由其代谢产物的累积造成的，为证实推测，通过 UV-Vis 分析进一步研究了 200mg/L 和 250mg/L 初始浓度的菲降解 2d 和 4d 后的溶液中的产物积累情况（图 3-30）。

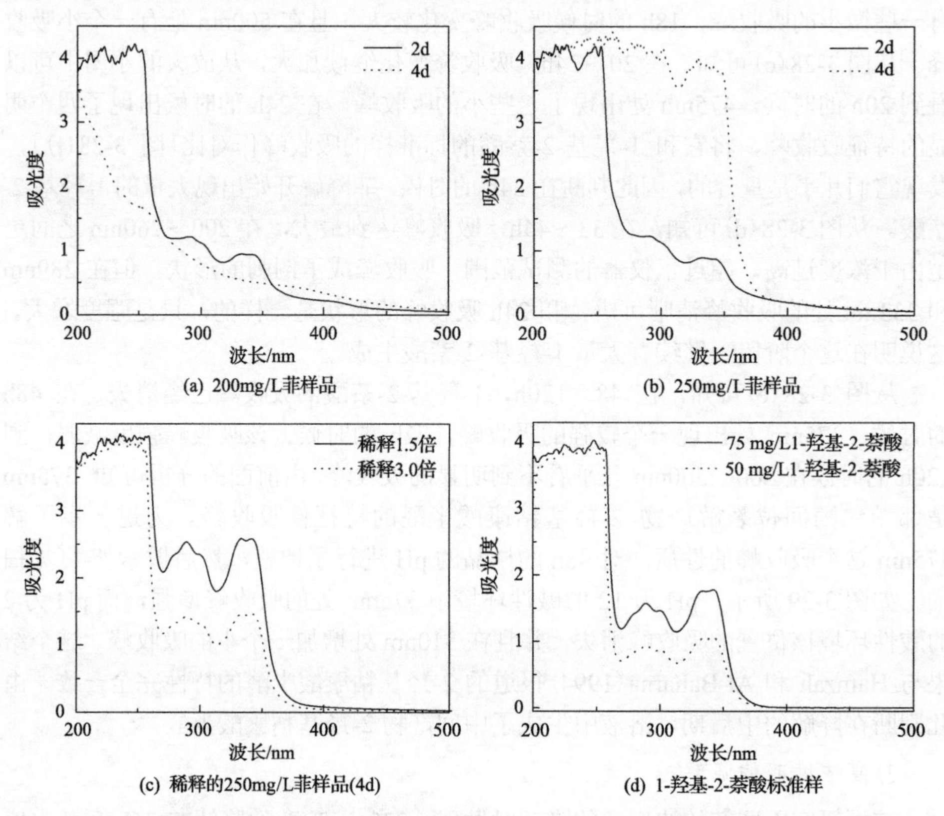

图 3-30 高浓度菲降解 2d、4d 的样品及 1-羟基-2-萘酸标样的 UV-Vis 扫描图谱

由图 3-30(a)和(b)可知，200mg/L 和 250mg/L 菲在降解到第 2d 的时候有相似的紫外吸收峰，但是第 4d 的时候 200mg/L 菲的紫外吸收峰降低了很多，而 250mg/L 菲的紫外吸收峰却增强了很多，说明菌株 GY2B 降解 250mg/L 菲积累了很高浓度的中间产物。为了了解该产物的性质，用蒸馏水稀释 4d 时的 250mg/L 菲样品，其 UV-Vis 扫描分析图谱见图 3-30(c)，将该图和 1-羟基-2-萘酸标准样的图谱对照[图 3-30(d)]，发现稀释 3.0 倍后的样品的特征吸收峰和 50mg/L 1-羟基-2-萘酸标样的吸收峰几乎重合，说明溶液中积累的中间产物正好是 1-羟基-2-萘酸标样，浓度在 200mg/L 左右，根据前面研究底物降解范围可知，当 1-羟基-2-萘酸达到 200mg/L 时，菌株 GY2B 就不能降解和利用了，所以可以判断高初始浓度(≥250mg/L)菲样品中积累了大量 1-羟基-2-萘酸，使得微生物细胞大量死亡。

3.4.2　菌株降解菲过程的质谱分析

1. 混合菌与纯菌降解菲过程的质谱比较

用于 GC-MS 分析的样品用 2mol/L HCl 酸化至 pH=2，然后加培养液等体积的乙酸乙酯混合振荡 5min，静置，待分层后将乙酸乙酯层收集至鸡心瓶，依前法再萃取一次，合并两次萃取液，在 35℃下减压旋转蒸发，将萃取液浓缩到 3～5mL，然后经无水硫酸钠脱水后，再减压蒸发、浓缩到 1mL 左右，并转移到 2mL 细胞瓶，接着用柔和氮气吹至近干，最后加 100μL 甲醇，压好盖之后，放置于–20℃冰箱中保存待分析。

菲降解中间产物的 GC-MS 分析使用 HP5890Ⅱ GC-5972 MSD 质谱仪，HP-5MS (30m×0.25mm×0.25μm) 毛细管柱，进样口温度 280℃，离子源 EI，电离能量 70eV，离子源温度 200℃，接口温度 260℃，扫描质量范围为 50～550。柱升温程序为始温 80℃，恒温 5min，10℃/min 升到 250℃，再以 15℃/min 升到 300℃，恒温 20min，进样量 1μL。以不加菲的培养液萃取物为对照。

参考质谱数据库和已有的研究报道(Iwabuchi et al., 1998; Prabhu and Phale, 2003)，对谱图中与菲降解有关的化合物进行了初步鉴定。

由图 3-31(a)可知，混合菌 GY2 代谢菲主要中间产物 1-羟基-2-萘酸，t_R=18.015min，母离子 m/z(质荷比)为 188，离子碎片 m/z=170(M^+：脱 H_2O)，m/z=142(M^+：脱 H_2O 和—CO—)，m/z=114(M^+：脱 H_2O、2 个—CO—)；1-萘酚，t_R=14.094min，母离子 m/z 为 144，离子碎片 m/z=115($M^{+\cdot}$：脱 OCH) 和 m/z=89(M^+：脱—CHO 和—CH=CH—)。由图 3-31(b)可知，纯菌 GY2B 代谢菲的主要中间产物除了 1-羟基-2-萘酸和 1-萘酚，还有大量水杨酸，t_R=10.985min，母离子 m/z 为 138，离子碎片 m/z=120($M^{+\cdot}$：脱 H_2O)，m/z=92(M^+：脱 H_2O 和—CO—)。

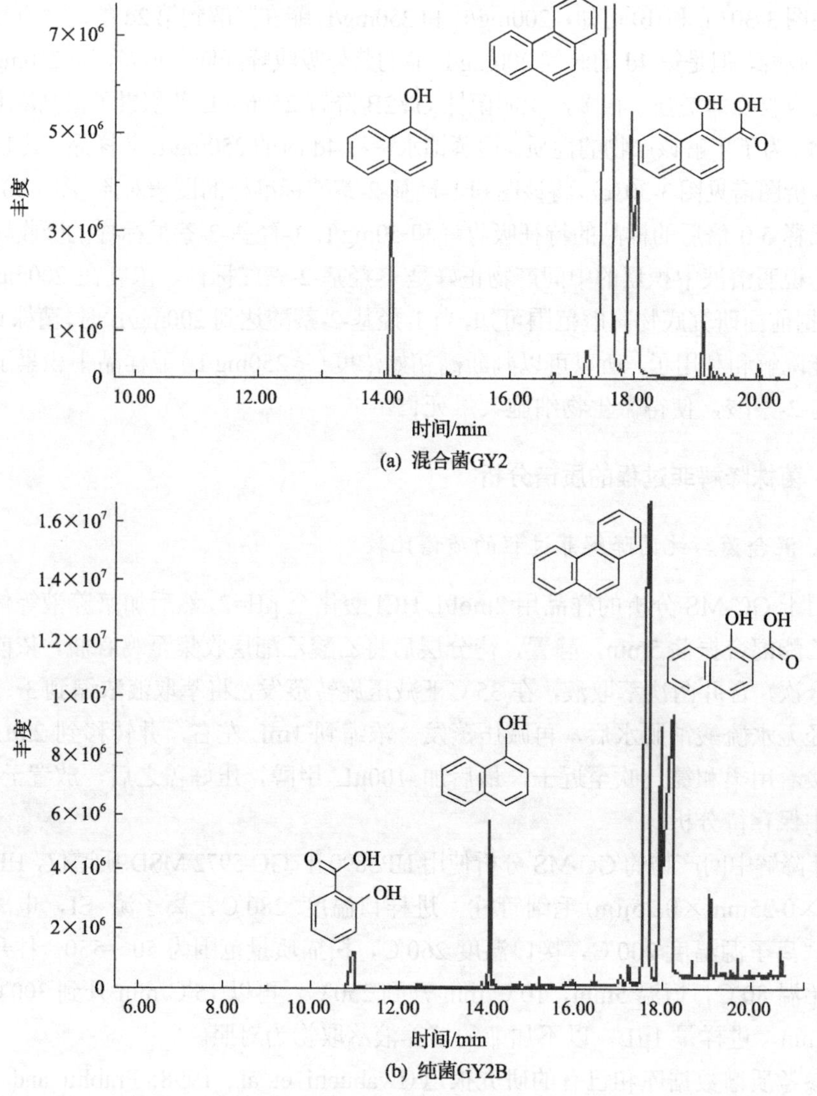

图 3-31 混合菌 GY2 和纯菌 GY2B 降解菲产物的总离子流色谱图分析结果(24h)

其他中间产物因浓度太低需要通过放大图谱进行进一步分析，如图 3-32 所示。在混合菌 GY2 谱图 t_R=15.034min 位置，发现母离子 m/z 为 172 的峰，其离子碎片 m/z=144($M^{+\cdot}$：脱—CO—)，m/z=115($M^{+\cdot}$：脱—CO—和—CHO)，该物质为 1-羟基-2-萘醛。在 t_R=16.716min 位置，发现母离子 m/z 为 202 的峰，离子碎片 m/z=170($M^{+\cdot}$：脱—OH 和—CH_3)，m/z=142($M^{+\cdot}$：脱—OH、—CH_3 和—CO—)，m/z=114($M^{+\cdot}$：脱—OH、—CH_3、2 个—CO—)，该物质为 1-羟基-2-萘酸甲酯。在纯菌中同样也发现这两个物质的峰。

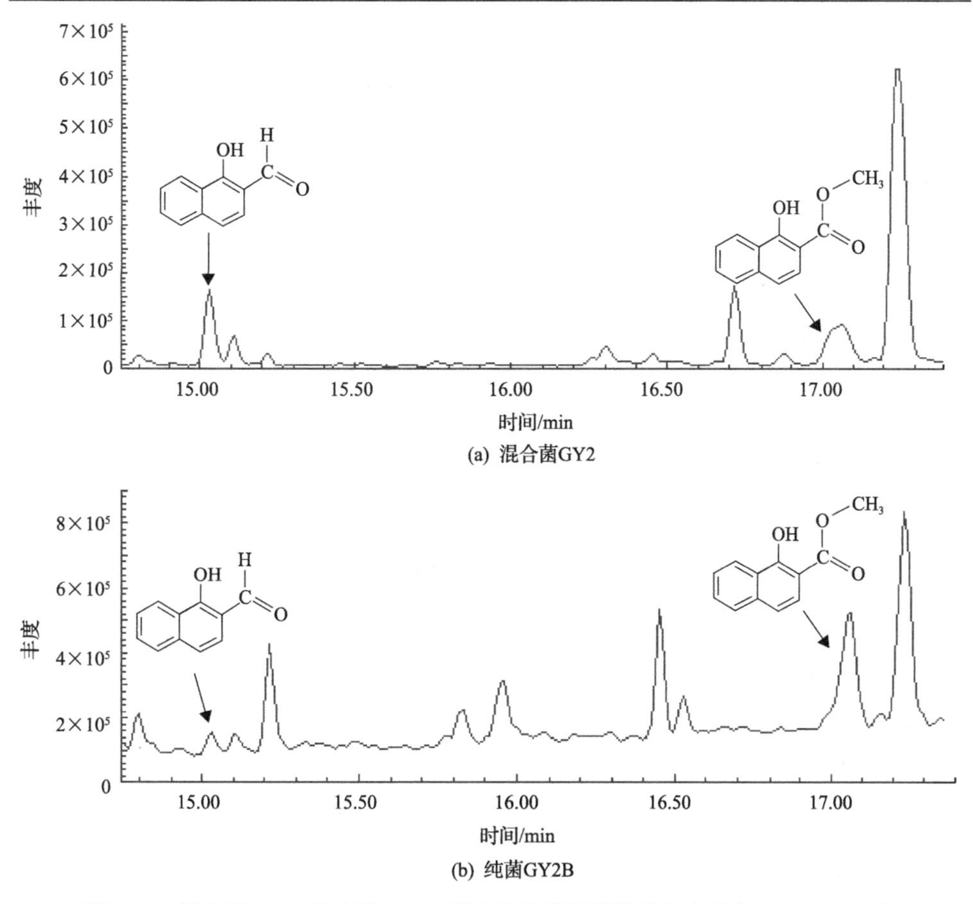

图 3-32　混合菌 GY2 和纯菌 GY2B 样品的总离子流色谱放大图(14.8～17.2min)

本书研究发现纯菌 GY2B 代谢菲的时候有中间产物水杨酸生成，而混合菌 GY2 的代谢物中没有水杨酸，混合菌 GY2 和纯菌 GY2B 样品中都检测到大量的 1-羟基-2-萘酸和 1-萘酚，且这两种物质在纯菌中的浓度比在混合菌中高，并且混合菌和纯菌样品中都有微量的 1-羟基-2-萘醛和 1-羟基-2-萘酸甲酯。可以从两方面来分析，一是混合菌降解菲的过程可能产生了水杨酸，由于里面的微生物种类多，一些微生物能很快地利用水杨酸，从而检测不到这种物质。二是由于混合菌是一个微生物群落，微生物间有复杂的相互作用，积累的中间产物会比纯菌少一些。因此在实际的生物修复中，偏向于使用混合菌而不是纯菌，但在研究某种污染物的降解途径和机理时，一般用纯菌更理想。

2. 菌株 GY2B 降解菲过程的质谱分析

为了更清楚地了解菌株 GY2B 降解菲的途径，对前期的降解产物和后期的降解产物分别做了质谱鉴定。

1) 前期的降解产物质谱分析

图 3-33 是菌株 GY2B 降解菲过程 9h、12h 和 40h 的色谱图，在图 3-33(a)～(c)中都发现有保留时间在 15.4min 左右的峰，和前面发现的一样，母离子 *m/z* 为 144，离子碎片 *m/z*=115(M$^{+\cdot}$：脱－CHO) 和 *m/z*=89(M^{+}：脱－CHO 和－CH=CH－)。

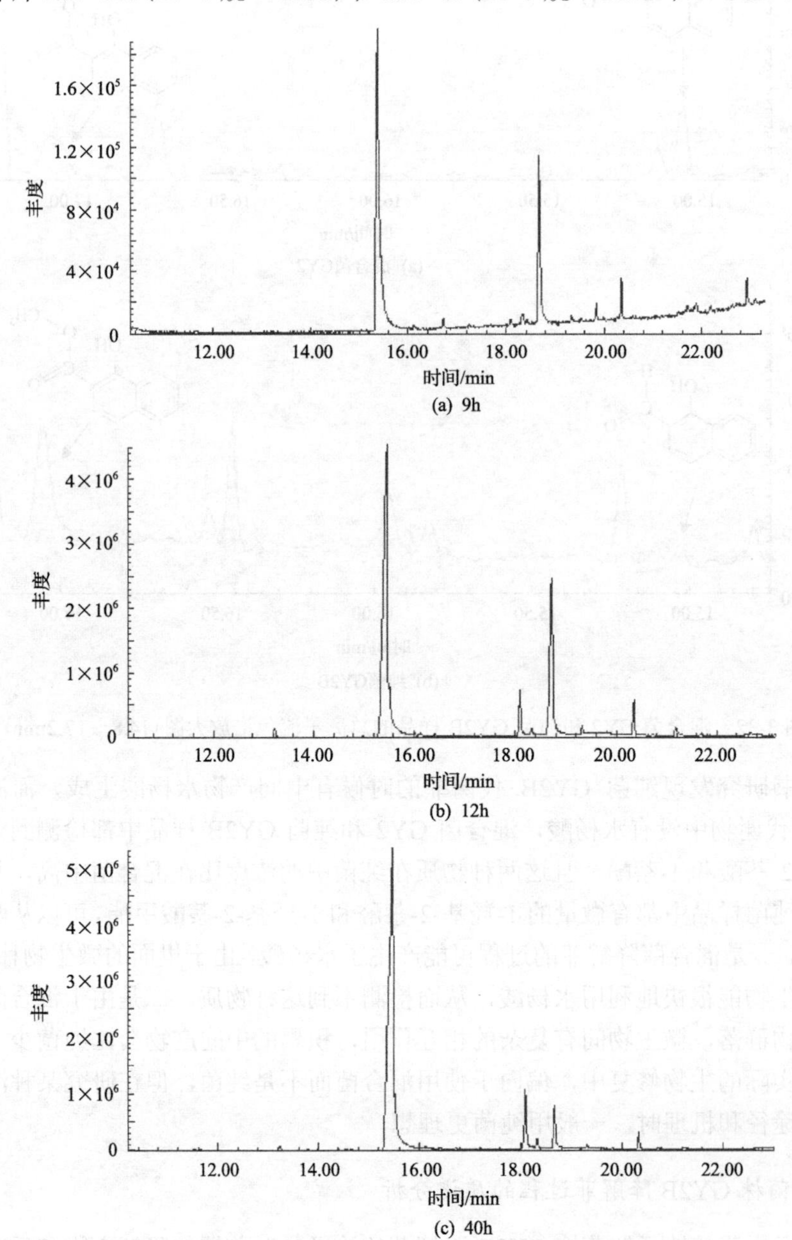

图 3-33 纯菌 GY2B 降解菲中间产物的总离子流色谱图

如图 3-34 所示，该物质峰和谱库中 1-萘酚的标准谱图对照相似度达到 94%。

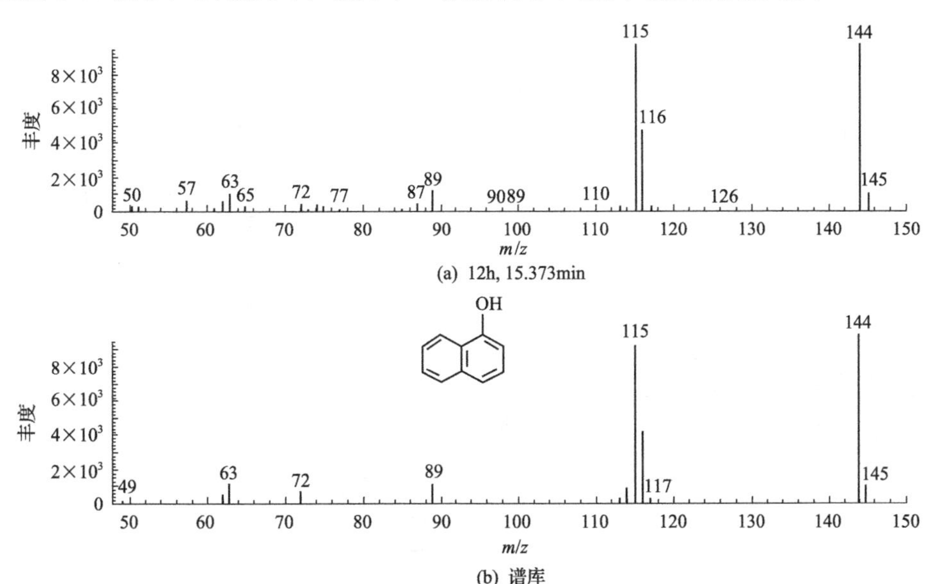

(a) 12h, 15.373min

(b) 谱库

图 3-34　1-萘酚质谱图(12h 样品/标准图)

图 3-33(a)～(c)中除了 1-萘酚的强峰，在保留时间 18.7min 左右还有底物菲的峰。另外，在图 3-33(b)和(c)中保留时间 18.1min 左右，有一个比较大的峰，图 3-33(a)中该位置也有一个小峰，要放大才能看清楚(图 3-35)。该峰的母离子 m/z 为 202，离子碎片 m/z=170($M^{+\cdot}$：脱—OH 和—CH_3)，m/z=142($M^{+\cdot}$：脱—OH、—CH_3 和—CO—)，m/z=114($M^{+\cdot}$：脱—OH、—CH_3、2 个—CO—)，将该峰的质谱图和谱库中的标准谱图对照，发现它和 1-羟基-2-萘酸甲酯最相似，如图 3-36 所示。

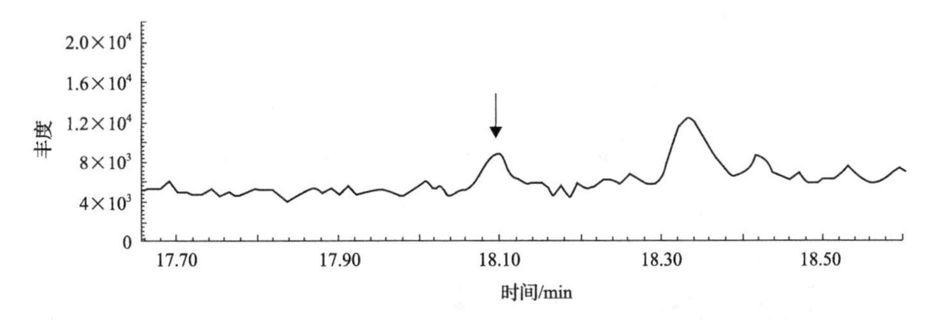

图 3-35　9h 样品的总离子流色谱放大图(保留时间 17.7～18.6min)

其他的中间产物由于浓度很低，在图 3-33(a)～(c)中几乎看不到，需通过放大图谱进一步搜索。首先找到的是在保留时间 16.1min 左右一个和菲降解有关的产物峰(图 3-37)。该峰的母离子 m/z 为 172，离子碎片 m/z=144($M^{+\cdot}$：—CO—)，m/z=115($M^{+\cdot}$：脱—CO—和—CHO)，它和谱库中 1-羟基-2-萘醛的标准谱图的相似度达到97%，如图3-38所示。

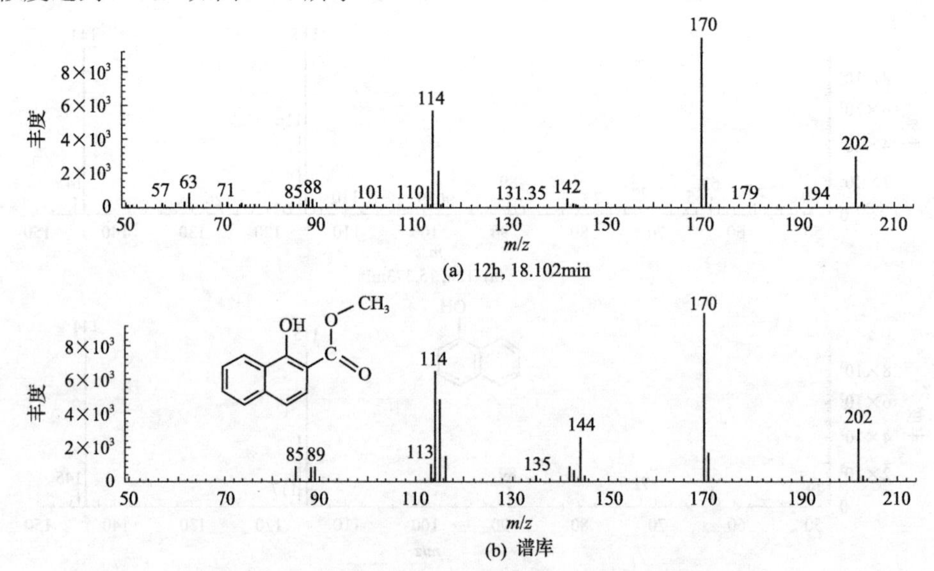

图3-36　1-羟基-2-萘酸甲酯质谱图（12h样品/标准图）

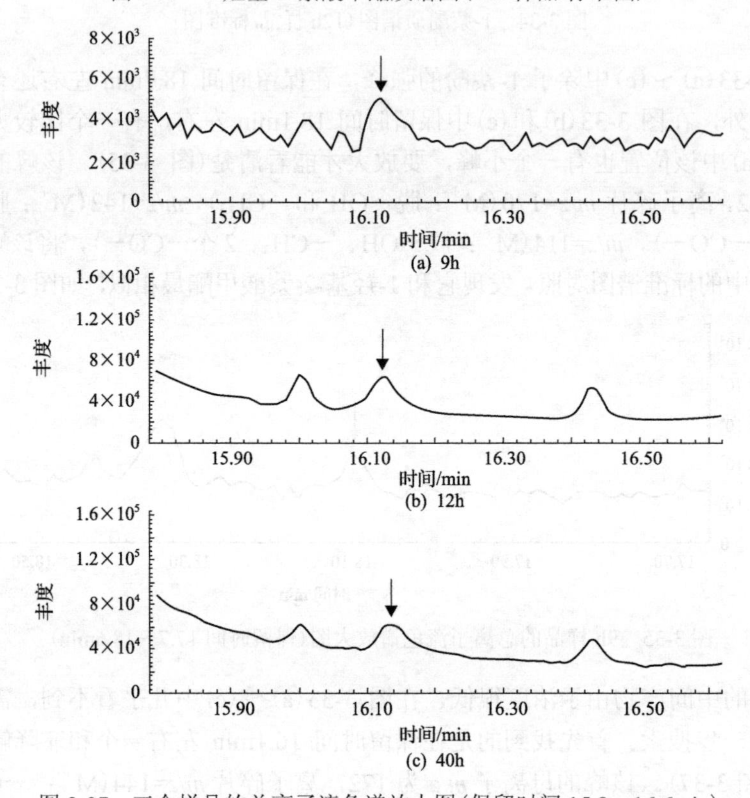

图3-37　三个样品的总离子流色谱放大图（保留时间15.8～16.6min）

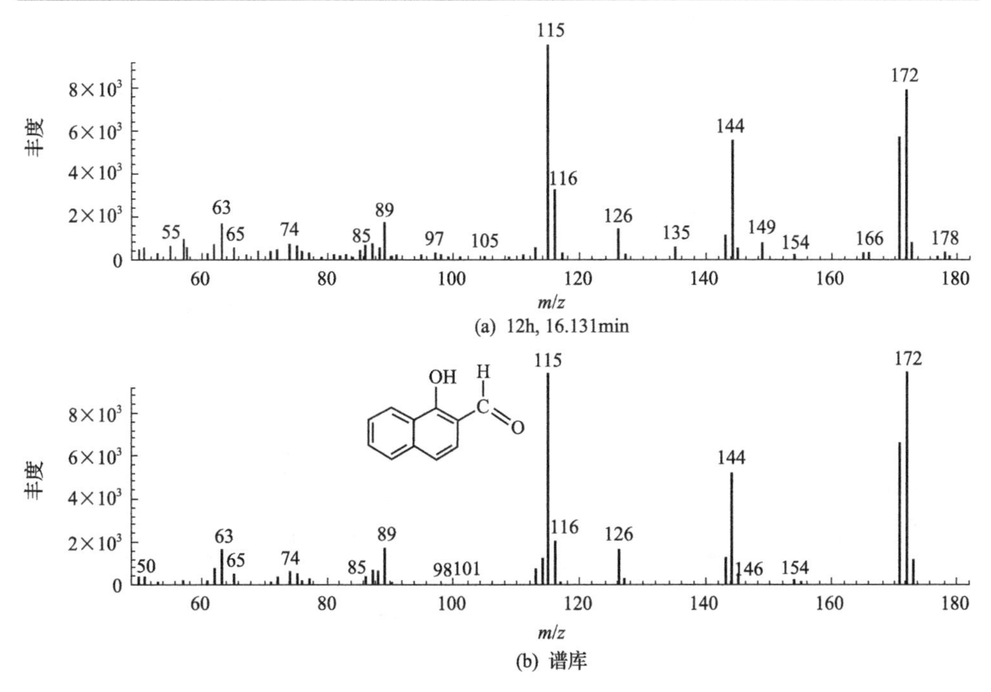

图 3-38　1-羟基-2-萘醛质谱图(12h 样品/标准图)

另外，发现 12h 的样品在保留时间 22.6min 左右还有一个和菲降解有关的产物峰，而 9h 和 40h 样品都没有该位置的峰(图 3-39)。该峰的母离子 *m/z* 为 194，离子碎片 *m/z*=165($M^{+\cdot}$：脱－CHO)，它和谱库中 1-菲酚的标准谱图很相似，如图 3-40 所示。1-菲酚一般是真菌降解菲过程的中间产物，而菌株 GY2B 是革兰氏

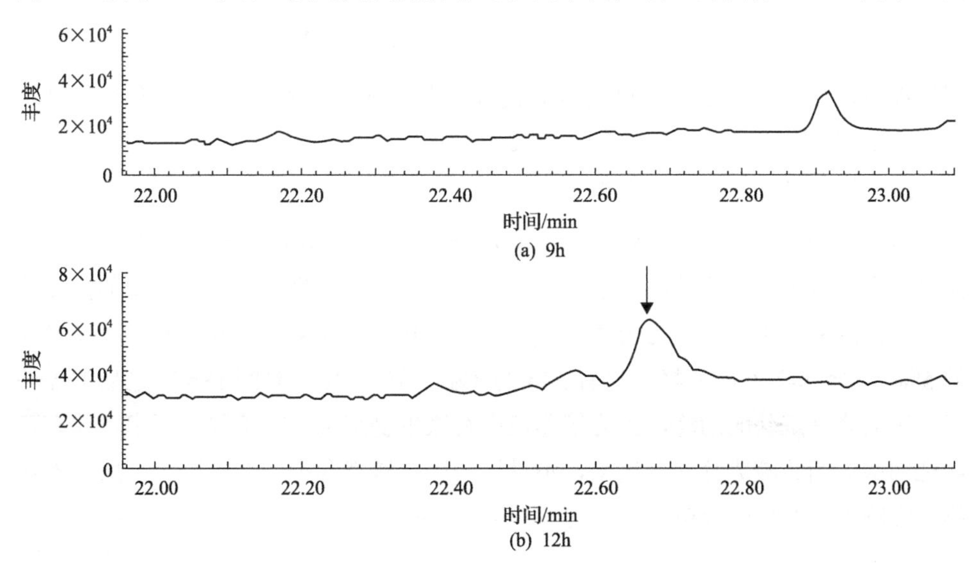

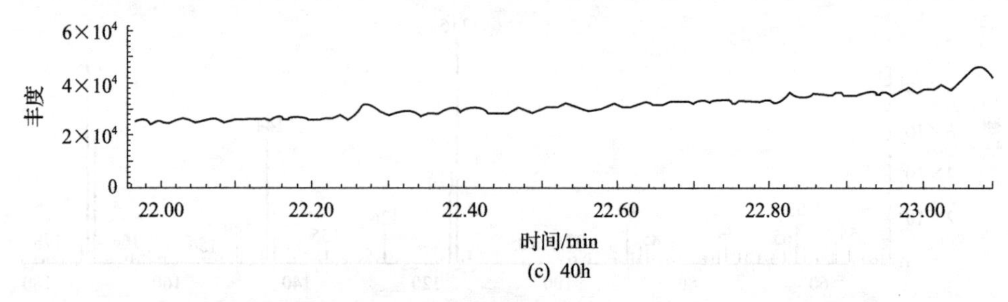

(c) 40h

图 3-39 三个样品的总离子流色谱放大图(保留时间 22.0～23.1min)

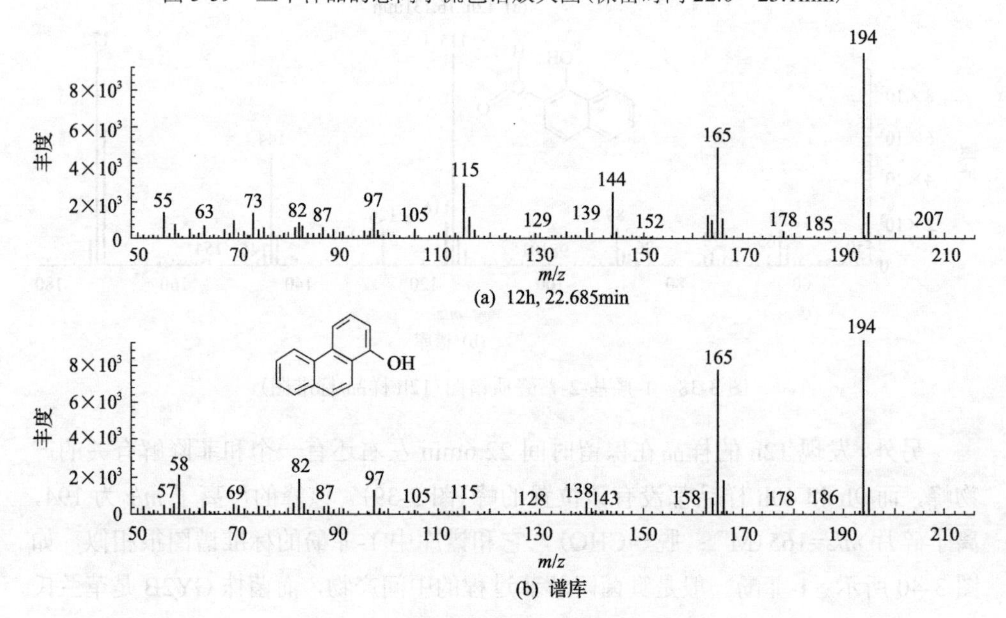

图 3-40 1-菲酚质谱图(12h 样品/标准图)

阴性细菌，仅仅在 12 h 样品里面检测到这种化合物，浓度也很低，该化合物是否为菌株 GY2B 代谢菲的中间产物还需要进一步证实。

2)后期的降解产物质谱分析

后期(120h)的降解产物质谱如图 3-41 所示。从图 3-41 可知，降解 120h 的样品已经完全看不到底物菲的峰了，虽然还有一些中间产物的峰，但残留的浓度非常低。和图 3-31(b)相比，水杨酸的峰高只有 24h 的 0.3%，1-萘酚的峰高只有 24h 的 5%，1-羟基-2-萘酸的峰高只有 24h 的 8%。另外，保留时间 18min 之后的那些等间距的峰是烷基酸的峰，因为培养液中有微生物细胞，在萃取过程中，就有可能把细胞的脂肪酸成分提取出来，不过这些脂肪酸都含十四个碳以上，所以不影响菲降解中间产物的分析。

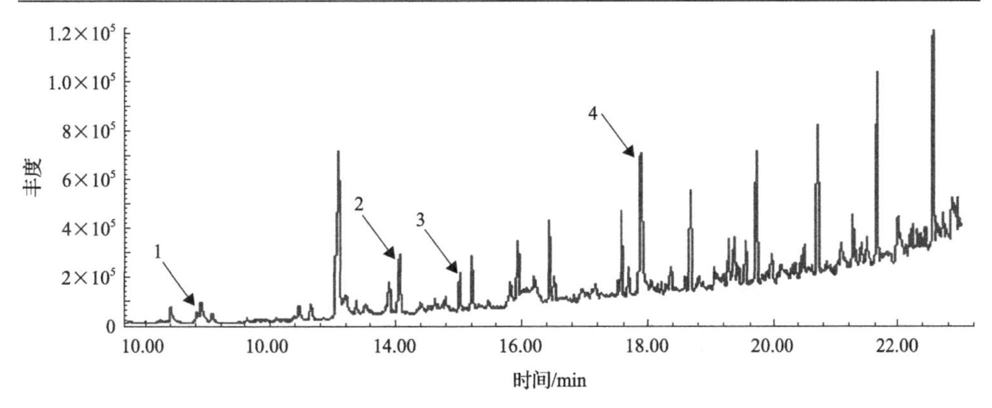

图 3-41　纯菌 GY2B 降解菲 120h 的中间产物总离子流色谱图

1. 水杨酸；2. 1-萘酚；3. 1-羟基-2-萘醛；4. 1-羟基-2-萘酸

3.4.3　菌株降解菲的途径探讨

前人的研究表明，1-羟基-2-萘酸是微生物降解菲过程中普遍存在的中间产物(Kiyohara and Nagao, 1977; Stringfellow and Attken, 1994)。而该物质之后的降解有两条不同途径，一条为邻苯二甲酸和原儿茶酚途径，另一条为水杨酸和邻苯二酚途径。

研究菌株 GY2B 的底物降解范围时，发现该菌株能降解和利用 1-羟基-2-萘酸、水杨酸、邻苯二酚等化合物生长繁殖，但是不能利用邻苯二甲酸。由此可以初步推断菌株 GY2B 是通过水杨酸途径降解菲。利用 UV-Vis 图谱分析研究菌株 GY2B 降解菲的过程，得到两点发现：一是通过和标样谱图对照，证明降解过程产生了 1-羟基-2-萘酸；二是通过和文献比较，证明有邻苯二酚间位裂解产物 2-羟基粘康酸半醛的存在，同时推测降解的过程中还有其他的苯并酚酮结构的物质存在。利用 GC-MS 分析菌株 GY2B 降解菲的过程，发现中间产物有水杨酸、1-萘酚和 1-羟基-2-萘酸，以及少量的 1-羟基-2-萘酸甲酯和 1-羟基-2-萘醛。

通过以上分析，对菌株 GY2B 降解菲的过程做一个推导(图 3-42)：在菌株 GY2B 降解酶的作用下，菲生成开环产物 1-羟基-2-萘酸甲酯和 1-羟基-2-萘醛，然后转化成 1-羟基-2-萘酸，再脱羧形成 1-萘酚，开环后生成水杨酸，然后通过邻苯二酚间位途径裂解生成 2-羟基粘康酸半醛，最后进入三羧酸(TCA)循环彻底降解为 CO_2 和 H_2O。

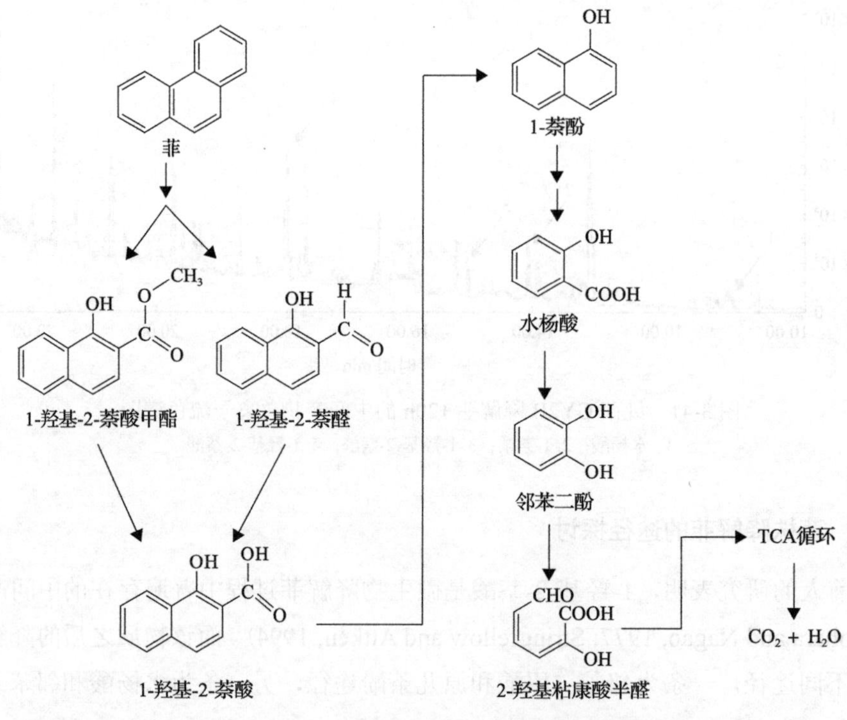

图 3-42　菌株 GY2B 代谢菲的途径

3.5　菲降解过程中菌株表面性质及活性变化研究

目前，微生物降解的研究重点更多集中在污染物降解和降解效率等方面，而降解菌自身的变化主要采用细胞干重法、培养体系浊度测量(吸光度)等传统方法来反映。但是这类方法通常只是从宏观的角度了解降解过程中微生物的生长状况，无法反映降解过程中微生物个体细胞的变化特征(Allen et al., 2004)。微生物个体细胞的生理状态、代谢功能及繁殖能力，对污染物降解过程的效果起决定性的作用(Steen, 2000)。因此，对降解过程中细菌个体细胞的状态进行研究能进一步了解微生物的降解机制，更好地控制细菌细胞状态和生长，从而充分发挥微生物的降解能力。

3.5.1　底物条件的影响

对不同的底物条件下 GY2B 的性质变化进行检测，从膜通透性的变化、表面官能团的改变及细胞的活性等方面进行研究。重点考察营养肉汤(营养丰富条件)、以不同浓度的菲为底物时对 GY2B 的变化的影响。

1. 不同底物条件下 GY2B 膜通透性变化

在降解过程中，微生物与污染物的接触是其进行降解的第一步，污染物对细菌细胞壁及质膜的作用会改变微生物的质膜通透性、表面官能团组成及 Zeta 电位等，从而改变细菌的各项性能，进而影响细菌的降解能力(Hewitt and Nebe-Von-Caron, 2004)。Ramos 等(2001)就曾报道当有机溶剂的 lg K_{ow} 在 1.5～3 时，细菌细胞膜的脂肪酸成分将会发生改变，细胞膜的结构和通透性被破坏，细菌出现大量溶解和死亡，导致降解率锐减。Baumgarten 等(2012)发现 *Pseudomonas putida* DOT-T1E 在 1-癸醇为碳源的条件下，其 Zeta 电位及水相接触角发生变化，导致疏水性增强，使其形成生物膜，从而能更好地适应生长环境的改变。因此，探究降解过程中污染物对菌体细胞表面性质的影响，有助于了解微生物对污染物的适应机制，提高污染物的降解效率。

细胞膜的半透性使其在阻止细胞内物质释放到胞外的同时，也阻碍了营养物质的进入，这也导致了生物催化、发酵及生物修复等生物过程的效率的降低。在不同的底物条件下，细菌的细胞膜通透性的变化将会导致不同营养条件下细菌生长情况的不同，因此为了解菲对 GY2B 的影响，对不同的底物条件下 GY2B 所产生的变化进行检测，以期确认菲对鞘氨醇单胞菌的毒害作用。本实验检测了营养肉汤(NB)、100mg/L 菲和无机盐培养基(MSM，不含碳源)这 3 种底物条件下 GY2B 菌膜通透性变化，通过对比，了解降解过程中菲对 GY2B 的影响。

不同底物培养条件下 GY2B 膜通透性变化如图 3-43 所示，当底物为无机盐

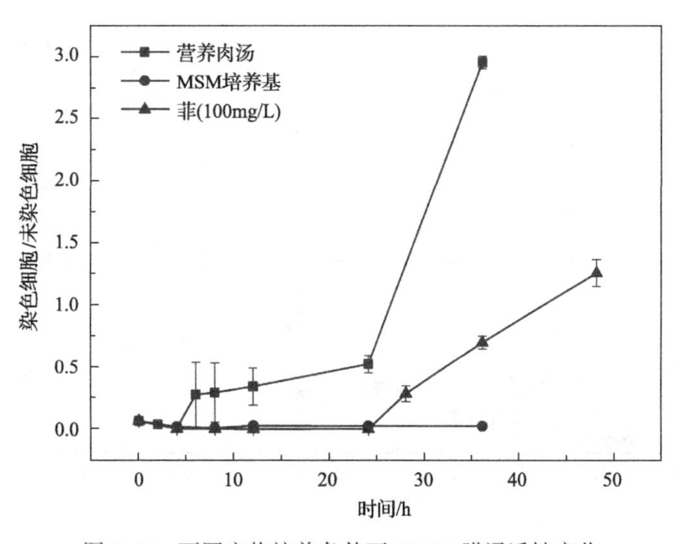

图 3-43　不同底物培养条件下 GY2B 膜通透性变化

培养基时，染色细胞与未染色细胞比值除了在最初有一定下降之外，一直处于较为稳定的状态，这说明在无机盐培养条件下 GY2B 细胞的细胞膜通透性并无较大改变。因此，推测在没有碳源存在的条件下，GY2B 细胞处于一种休眠状态。但是，通过对图 3-43 的分析发现，在营养肉汤为底物的条件下，其膜受损细胞(PI 染色细胞数)所占比例不断增大，且较 MSM 培养条件及菲培养条件均要高。针对这一现象，对营养肉汤条件下的 GY2B 进行进一步的检测分析。

2. 营养肉汤条件下 GY2B 膜表面官能团变化

为进一步了解营养肉汤培养条件下 GY2B 细胞表面所发生的变化，对 GY2B 细胞表面官能团进行了检测，在 6000r/min、20℃条件下离心 10min 收集菌体，PBS 缓冲液洗涤 3 次，冷冻干燥 24h 后进行检测(Al-Qadiri et al., 2008)。实验中采用傅里叶红外光谱(检测波段为 4000～600cm^{-1})对不同时期的 GY2B 细胞表面物质进行检测，结果如图 3-44 所示。在稳定期及衰亡期，可以检测到代表核酸分子的光谱(1715～1680cm^{-1})，而在对数期却未能检测到该光谱。而在营养肉汤培养条件下的各个时期均可检测到代表细胞膜结构的多糖、脂多糖光谱信号(1200～900cm^{-1})的存在(Pinkart et al., 1996)。这一结果表明，在营养肉汤条件下，培养过程中 GY2B 细胞的膜骨架结构并未被破坏，细菌细胞膜依然存在完整的骨架结构。在细菌细胞表面可检测到代表核酸分子的官能团，原因可能是膜通透性大大增加，细胞膜质子通道受到了破坏，导致核酸分子泄漏。

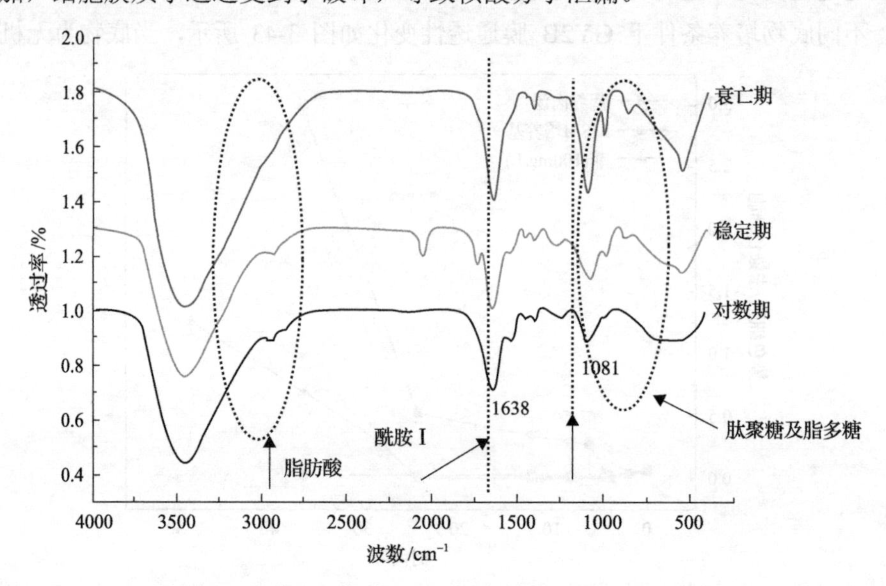

图 3-44 营养肉汤条件下不同时期的傅里叶红外光谱检测

3. 营养肉汤条件下 GY2B 活性的变化

一般研究对活性细胞的定义：应具有完整的膜结构、可变的遗传信息、新陈代谢或功能活动及繁殖和生长的能力。然而，在本书研究中，GY2B 的膜完整性检测实验表明，营养肉汤条件下 GY2B 细胞大多处于通透性增大、膜结构受损的状态。为了解此种状态下细胞的生理状态，研究膜结构的损失是否会导致 GY2B 细胞大量失活，实验中对该条件下 GY2B 的细胞活性进行检测，同时进行了生长曲线测定以对比分析其增殖能力。由图 3-45 和图 3-46 可知，随着培养过程的进

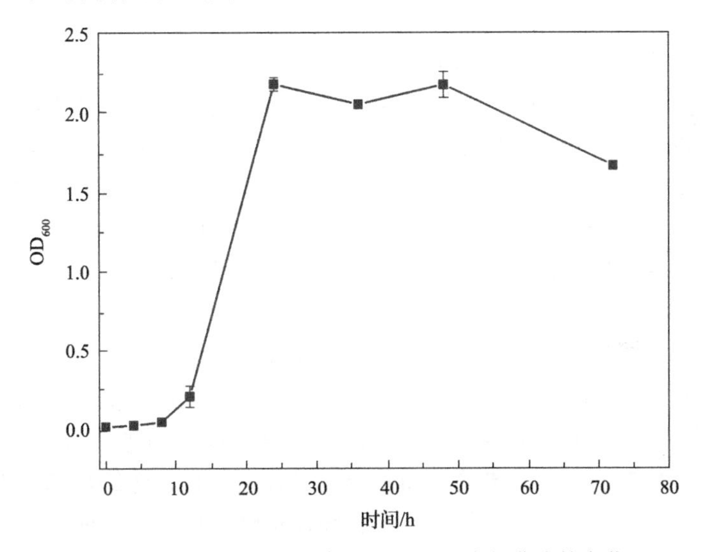

图 3-45　营养肉汤培养条件下 GY2B 生长曲线的变化

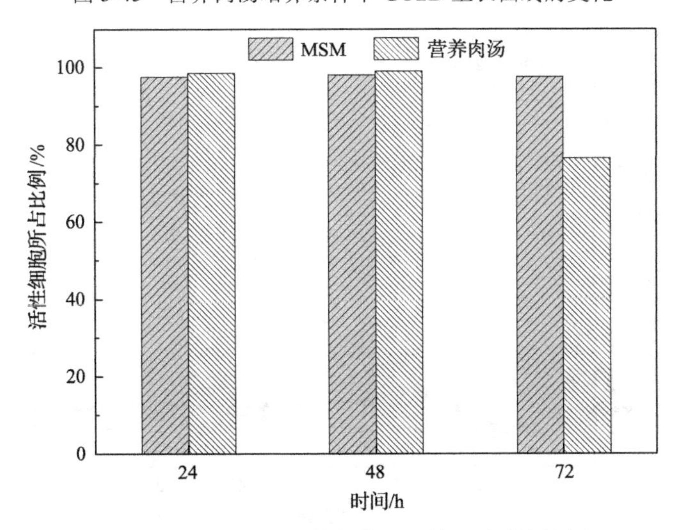

图 3-46　营养肉汤培养条件下活性细胞所占比例

行，整个体系中具有活性的细胞始终占据着主要位置。到生长过程的后期，由于营养物质的大量损耗及细胞通透性的急剧增大，GY2B 细胞出现死亡，从而使活性细胞的比例下降，但其中活性细胞比例仍占 76.56%。这也进一步证明营养肉汤条件下，GY2B 在生长的过程中，细菌细胞膜发生的变化并不会导致 GY2B 的死亡，相反其通透性的增大使其能更好地吸收营养物质，加快了代谢，从而使该条件下 GY2B 生长相对于以菲为碳源时更为迅速。

4. 不同浓度菲条件下 GY2B 膜完整性的变化

从图 3-43 的结果可以看出，当无机盐培养液中菲的初始浓度为 100mg/L 时，GY2B 的细胞膜通透性会逐渐增大。这一现象说明在降解的过程中菲会对 GY2B 的表面性质造成一定影响。为进一步了解菲是如何作用于 GY2B 的，选取了 1.2mg/L、100mg/L、300mg/L 三种菲初始浓度条件，其分别代表了寡污染、最适浓度及高浓度三种状态。图 3-47 为不同浓度污染物对菌体膜通透性的影响。结果表明，不同浓度的菲均会对 GY2B 的细胞膜通透性产生影响。当菲的浓度为 1.2mg/L 及 100mg/L 时，随着时间的变化，GY2B 的染色细胞所占比例在最初时有一定的下降，但最终其比例均会大于未染色细胞。其染色细胞/未染色细胞的最大比值分别为 1.11 和 1.95。而在菲初始浓度为 300mg/L 时，其对 GY2B 膜通透性的作用最为显著，在降解进行 8h 后，染色细胞/未染色细胞两者间的比值急剧升高，并最终达到 12.44。由此推测，在降解的过程中，菲主要作用于 GY2B 细胞的表面，而对其产生一定的影响。随着降解过程的进行，污染物菲对细胞，尤其是细胞膜结构产生了巨大破坏作用，导致膜通透性的增大，从而增大染色细胞所占的比例。

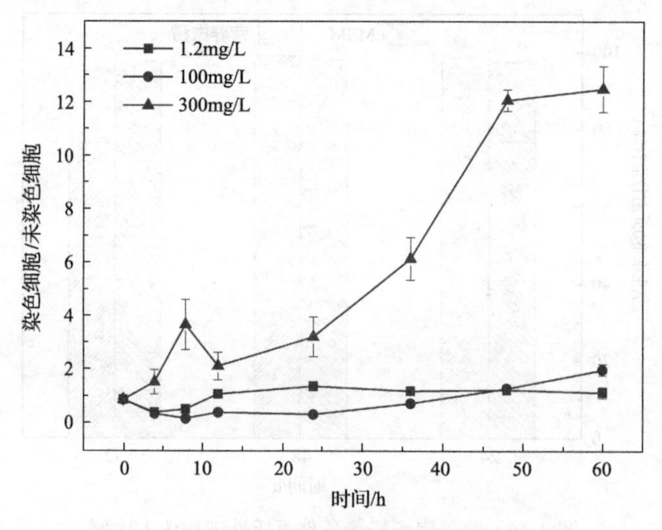

图 3-47　不同浓度菲对 GY2B 膜通透性的影响

5. 不同浓度菲条件下 GY2B 表面 Zeta 电位的变化

污染物降解过程中，污染物与细菌细胞的相互作用会改变细菌细胞表面的电荷，而 Zeta 电荷在污染物与细菌之间的相互作用中起到了一定的作用，Zeta 电位越低将越不利于黏附作用，从而导致降解效率的降低(Lin et al., 2004)。Wick 等(2002)曾研究发现当以固态蒽(anthracene)为唯一碳源时，菌株表面疏水性及所带负电荷程度相较于以葡萄糖为碳源培养条件下更高，这促进了菌株 LB501T 对固态蒽的降解。因此，本实验通过对细菌 Zeta 电位值进行测定来了解细菌表面所带电荷的量的变化，以进一步探究菲对 GY2B 的表面结构的影响。培养液在 6000r/min，20℃条件下，离心 10min 收集菌体，用 10mmol/L 磷酸盐缓冲溶液洗涤，重悬于缓冲液，振荡使得菌悬液均匀，然后用 Zeta 电位仪(马尔文 NANO ZS90)测定 Zeta 电位的变化；同时检测离心后的上层清液 Zeta 电位的变化(Abbasnezhad et al., 2008)。

不同浓度菲条件下菌体表面 Zeta 电位随时间的变化如图 3-48 所示。在菲初始浓度为 1.2mg/L 的条件下，随着降解的进行，GY2B 的 Zeta 电位先有一定的增高，并在 12h 时达到最大值，此时疏水性有机物菲与 GY2B 细胞表面最大程度黏附，48h 后其表面所带负电荷减少。其原因可能是菲的毒性作用使革兰氏阴性菌细胞膜结构被破坏，大量水分子及亲水性物质更易进入细胞内，从而增大了细菌细胞的体积和质量，细胞电泳速度明显减小，进而使得 Zeta 电位不断向正极方向趋近。根据膜通透性实验也发现 12h 时膜结构受损细胞(PI 染色细胞)的比例明显上升，进一步说明在降解过程中污染物对细胞膜结构产生影响。

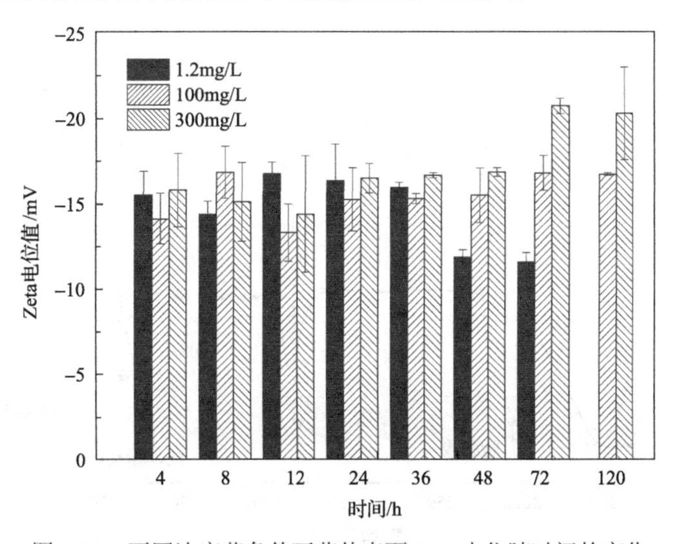

图 3-48 不同浓度菲条件下菌体表面 Zeta 电位随时间的变化

此外，从图 3-48 中还可以发现，在初始浓度为 100mg/L 和 300mg/L 培养条件下，其 Zeta 电位的绝对值分别在 12h 开始增大，并最终有趋于稳定的趋势。实验中 Zeta 电位逐渐向负值趋近，可能是由于菲不断地累积于脂质双层导致 GY2B 细胞膜肿胀。初始菲浓度越大，其表面电势减少的数值越大。Sikkema 等(1994)在对环烃类有机物对大肠杆菌(*Escherichia coli*)膜结构作用的研究中就曾发现，亲脂性有机物会累积于脂质双层导致细胞膜肿胀，这使 pH 及表面电势降低，其中表面电势由–54mV 降低到–60mV，使质子渗透率增大。这也进一步说明，在一定的浓度范围内，菲会使 GY2B 表面的 Zeta 电位降低，这将有利于对污染物及营养物质的吸收，促进降解的进行。但菲浓度过大，则会导致细菌细胞的过度膨胀以致破裂，使细菌细胞死亡，从而阻碍降解的进行。

6. 不同浓度菲条件下 GY2B 膜表面官能团变化

为进一步了解细菌细胞膜表面的性质的改变，对 100mg/L、300mg/L 菲初始浓度条件下的 GY2B 细菌细胞进行了傅里叶红外检测，结果见图 3-49 和图 3-50。

随着降解的进行，100mg/L 浓度条件下 GY2B 细胞表面官能团的变化与营养肉汤培养条件下相似。而在 300mg/L 浓度条件下，随着降解的进行，代表肽聚糖、脂多糖及磷酸分子结构的光谱区域(1200～900cm^{-1})的峰型发生了明显变化。在此条件下，当 GY2B 进入稳定期及衰亡期时已不再能检测到这些代表细胞膜结构的峰型存在。此外，此浓度条件下也未能检测到代表 DNA/RNA、脂肪酸及酰胺Ⅱ的峰型(LaPolla et al., 1991)，结合 Zeta 电位及膜通透性实验结果进行分

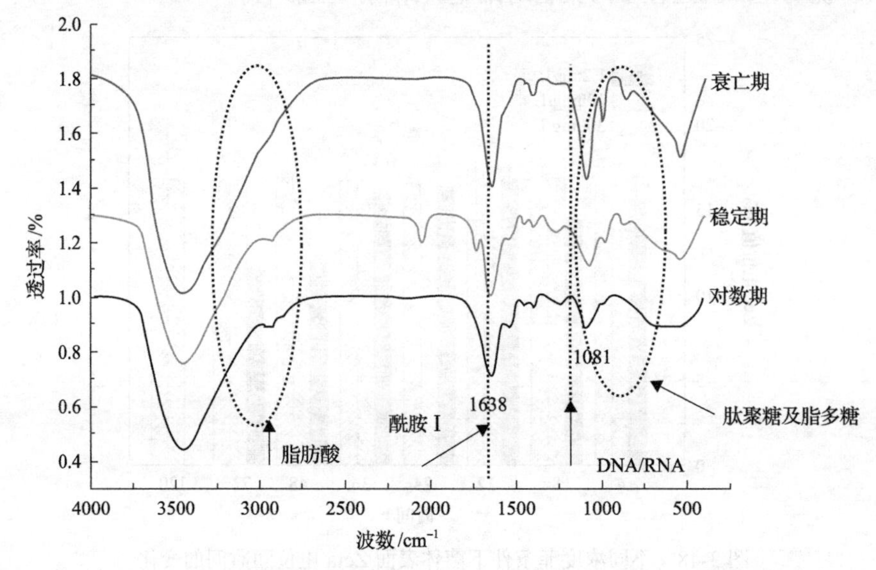

图 3-49　100mg/L 菲初始浓度条件下不同时期的傅里叶红外光谱检测

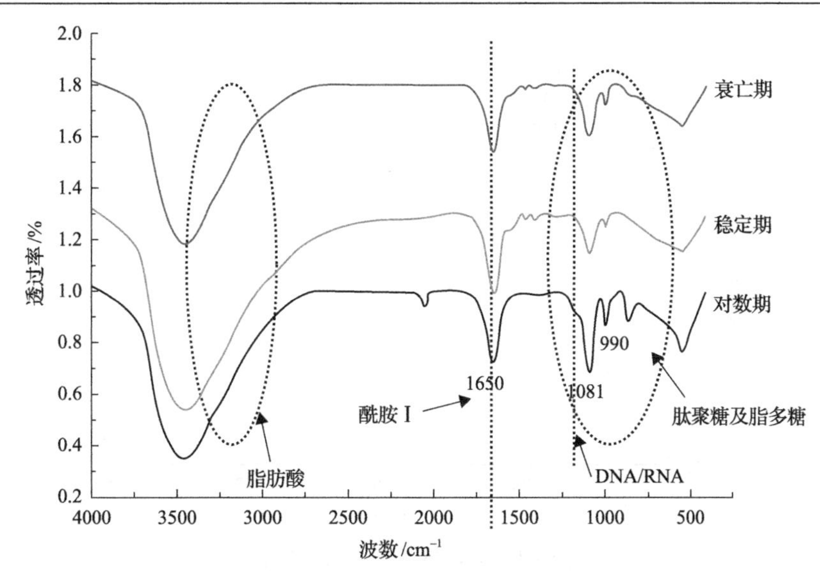

图 3-50　300mg/L 菲初始浓度条件下不同时期的傅里叶红外光谱检测

析(图 3-48)，可推断在高浓度条件下，细胞膜结构的磷酸分子骨架、脂肪酸及蛋白质等发生改变，细胞膜的结构被完全破坏，出现细胞溶解现象。陈烁娜等(2012)在研究苯并[a]芘-铜使嗜麦芽窄食单胞菌细胞表面特性变化时发现高浓度苯并[a]芘单独存在时，细胞表面形成孔洞，导致细胞膜通透性瞬间增大。这也进一步验证了高浓度的多环芳烃化合物会使细胞表面的结构被破坏，从而导致细胞膜通透性瞬间增大这一推论。

7. 不同浓度菲条件下 GY2B 活性特征

为对比说明菲对 GY2B 存在毒性作用，对不同菲初始浓度下的 GY2B 生长曲线及不同时期的 GY2B 活性细胞比例进行了测定，其结果如图 3-51 和图 3-52 所示。

通过对不同时期的 GY2B 细胞活性进行检测(图 3-52)发现，随着降解的进行，当菲初始浓度为 100mg/L 时，其活性细胞的比例到 48h 时有一定的下降，但最终趋于平衡，为 72%左右。而在 300mg/L 菲初始浓度条件下，其营养肉汤培养条件均可使 GY2B 细胞的膜通透性增大，但 300mg/L 条件下活性细胞所占的比例较营养肉汤条件下大大下降，到 48h 时即降低到 38.91%，到 72h 时已低至 7.79%。对比其生长曲线(图 3-51)，也产生了相同的规律。这进一步说明，在高浓度的菲初始浓度下，菲对 GY2B 的细胞膜有不利作用，膜结构被完全破坏，从而使细胞大量死亡，阻碍降解的进行。

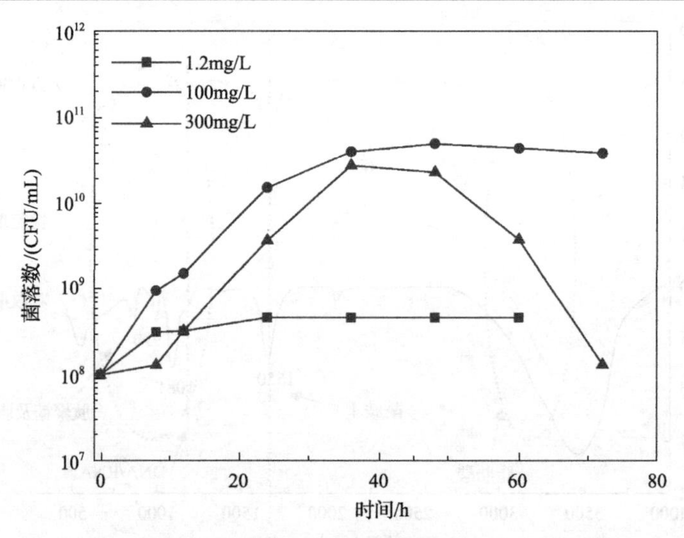

图 3-51 不同菲初始浓度条件下 GY2B 的生长曲线

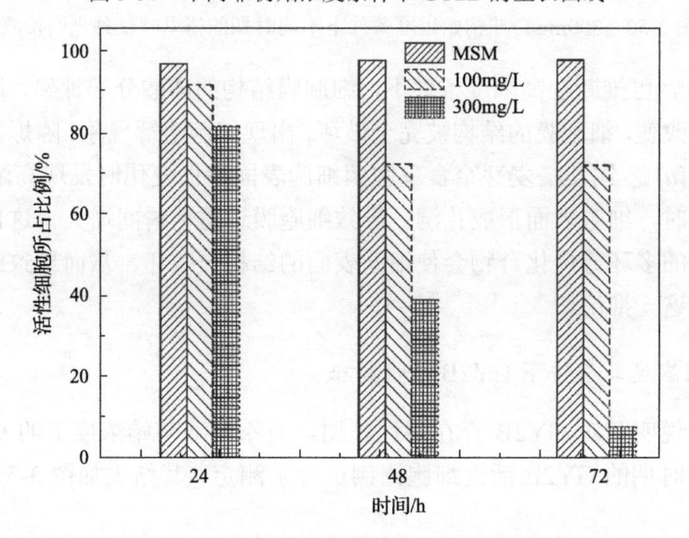

图 3-52 不同菲初始浓度条件下活性细胞所占比例

3.5.2 降解中间产物的影响

菌株 GY2B 作为一株菲高效降解菌，对 10mg/L 和 60mg/L 初始浓度的菲可分别在 24h 和 60h 几乎降解完全。当菲初始浓度为 100mg/L 时，48h 内 GY2B 对菲降解率可达 99.1%。而当菲初始浓度为 230mg/L 时，经过 48h 降解率可达到 70%左右(Tao et al., 2007a)。研究表明，菌株 GY2B 对菲的降解为水杨酸途径，其代谢中间产物包括：1-萘酚、1-羟基-2-萘酸、水杨酸、邻苯二酚等。研究发现，当 GY2B 降解初始浓度为 200mg/L 的菲时，降解过程中不会积累中间产物，而当菲的初始浓度达到250mg/L时则会在2～4d积累大量的中间产物1-羟基-2-萘酸(Tao et al., 2007b)。为探究中间代谢产物对GY2B的影响，以进一步了解降解过程中污染物对其降解菌的作用，选取了1-羟基-2-萘酸及水杨酸这两种代表性中间代谢产物来进行研究，以期更好地了解污染物与菌株间的相互作用。

1. 低浓度中间产物对GY2B的作用

利用高效液相色谱(HPLC)法来检测降解过程中的代谢产物浓度及菲浓度的变化(王建刚等, 2005; 周蓓瀛等, 2009)。菲与1-羟基-2-萘酸的浓度检测采用HP-Extender-C_{18}柱，流动相为甲醇∶0.2%磷酸=80∶20(体积比)，流速为1.0mL/min，检测波长为254nm。水杨酸的检测同样采用HP-Extender-C_{18}柱，但其流动相为甲醇∶0.2%磷酸=58∶42，流速为1.0mL/min，检测波长为298nm。菲在水中的溶解度为1mg/L左右，1-羟基-2-萘酸与水杨酸也多溶于乙醇等有机溶剂。实验中采用甲醇(色谱纯)作为溶剂，等体积加入并超声20～25min(超声过程中应注意水温，水温不宜过高)，待其冷却后用容量瓶定容。待测样品在进样之前需用0.22μm的有机相滤膜进行过滤，以避免堵塞管道。

从图3-53可以看出，在菲初始浓度为100mg/L条件下，1-羟基-2-萘酸和水杨酸最终均被完全降解。在24h时两者均出现最大值，其中1-羟基-2-萘酸的浓度为4.23mg/L，水杨酸的浓度为4.01mg/L。因此，后续实验中选择10mg/L的初始浓度作为低浓度降解中间产物进行实验，通过检测在降解过程中*Sphingomonas* sp. GY2B的活性变化来探究低浓度降解中间产物对GY2B的影响。

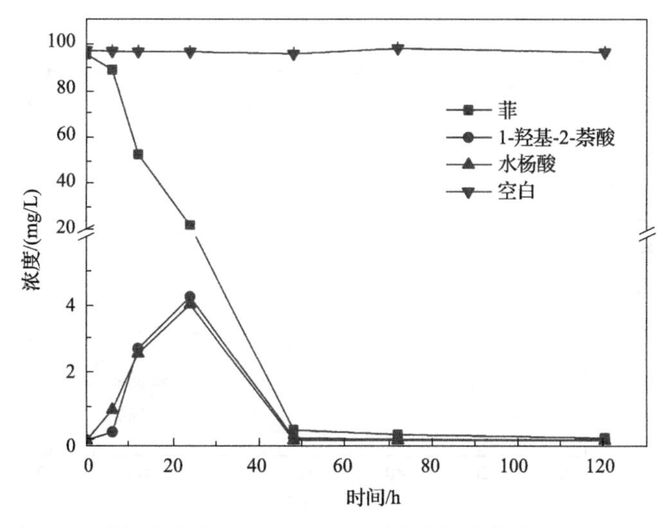

图3-53　常规浓度菲(100mg/L)降解过程中间产物生成与积累情况

测定以 1g/L 葡萄糖、10mg/L 水杨酸和 1-羟基-2-萘酸为碳源的条件下 GY2B 生长曲线，如图 3-54 所示，其中以葡萄糖为碳源的实验作对比。从图 3-54 可知，GY2B 可利用水杨酸、1-羟基-2-萘酸作为碳源进行生长，且当以 1-羟基-2-萘酸作为碳源时，GY2B 的生长比水杨酸条件下更好。这一结果表明，在低浓度条件下，这两种中间产物对 GY2B 的繁殖能力不会造成影响，反而是作为碳源促进 GY2B 的繁殖。

此外，实验中还对这两种代谢产物条件下菌株 GY2B 细胞的活性进行分析，检测不同时期，菌株中活性细胞所占的比例，结果如图 3-55 所示。不管是在葡萄糖条件下，还是在 1-羟基-2-萘酸和水杨酸条件下，GY2B 的活性曲线呈现出先下

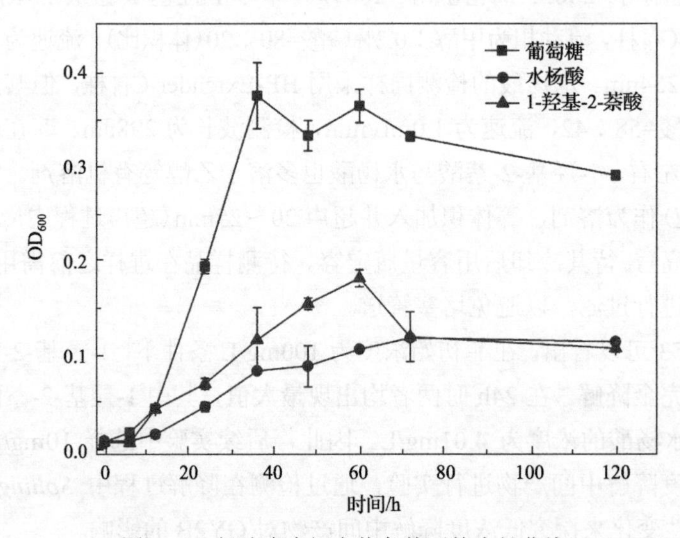

图 3-54 低浓度中间产物条件下的生长曲线

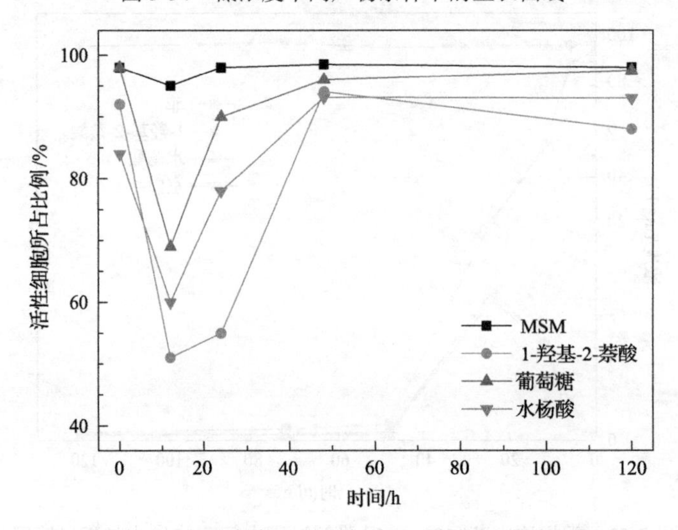

图 3-55 低浓度中间产物条件下活性细胞所占比例

降再上升的过程。产生这一现象的原因是，当 GY2B 加入后，需经过一段时间适应，此时的 GY2B 增长较为缓慢，一部分的细菌细胞进入休眠，因而活性细胞所占的比例较低。到 24h 后，大部分的细菌细胞已经适应当前环境，进入对数期，从而利用 1-羟基-2-萘酸、水杨酸等为碳源，快速繁殖，活性细胞比例大大增加，其中在 1-羟基-2-萘酸条件下活性细胞所占的最大比例为 94.05%、水杨酸条件下为 93.13%。

2. 高浓度中间产物对 GY2B 的作用

此前研究发现，当菲初始浓度高于 200mg/L 时，GY2B 在降解菲过程中会积累大量的中间产物 1-羟基-2-萘酸，到降解过程的后期，菲浓度基本不再变化，至 120h 时仍有大量菲残留，而此时体系中菌株 GY2B 细胞也大量死亡(陶雪琴等, 2007)。因此，为探究是否是中间代谢产物的毒性作用导致 GY2B 的大量死亡，同时了解 1-羟基-2-萘酸的大量累积是否为造成 GY2B 降解能力受阻的主要因素，对处于高浓度降解产物条件下的菌株 GY2B 进行了研究，通过对其生殖能力及细胞活性的检测，以期说明这一现象产生的原因及进一步了解代谢过程中中间代谢产物对 GY2B 的影响。

高浓度菲(300mg/L)降解过程中中间产物的生成与积累情况如图 3-56 所示。在 300mg/L 菲的初始浓度下，随着降解的进行，1-羟基-2-萘酸大量累积，到 48h 其浓度到达最大值，为 161.8mg/L。水杨酸在降解的过程中也会不断地积累，但其浓度较低，最高浓度为 41.96mg/L。由图 3-51 可知，当菲初始浓度为 300mg/L 时，GY2B 在 48h 大量死亡，菌落数大大减少。而如图 3-56 所示，1-羟基-2-萘酸

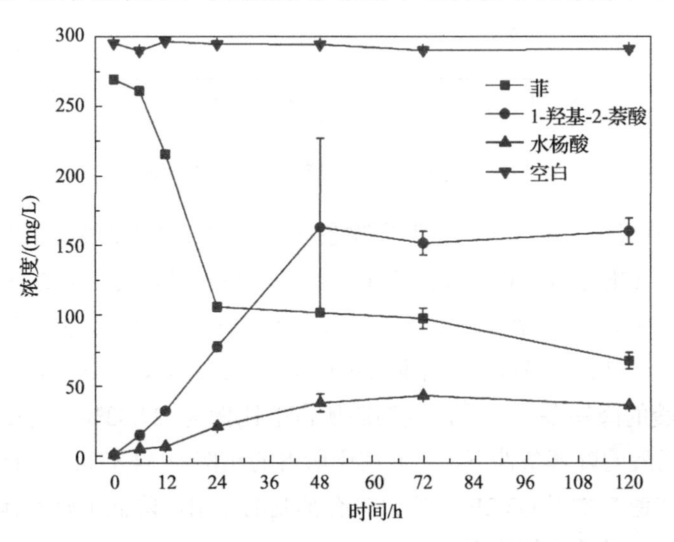

图 3-56　高浓度菲(300mg/L)降解过程中间产物生成与积累情况

在此过程中大量累积，则推断 GY2B 在降解 300mg/L 菲的过程中，由于它的累积作用导致 GY2B 大量死亡。水杨酸的积累是否也对 GY2B 的降解性能和细胞活性造成损害，有待进一步证明。

图 3-54 和图 3-55 的结果表明，在低初始浓度条件下，1-羟基-2-萘酸及水杨酸不会对 GY2B 的活性造成影响，反之，其可作为碳源促进 GY2B 的繁殖。为了说明高浓度的 1-羟基-2-萘酸、水杨酸对 GY2B 可能存在抑制作用，对 1-羟基-2-萘酸、水杨酸初始浓度为 200mg/L 时，GY2B 的菌活性及增殖能力进行了检测。结果如图 3-57 所示。当 1-羟基-2-萘酸与水杨酸的初始浓度为 200mg/L 时，GY2B 可利用其为碳源生长，但菌量较低，最大 OD_{600} 值为 0.20 左右。GY2B 的菌密度分别在 48h 和 36h 达到最大值，其后 OD_{600} 值迅速降低，菌体细胞大量死亡。

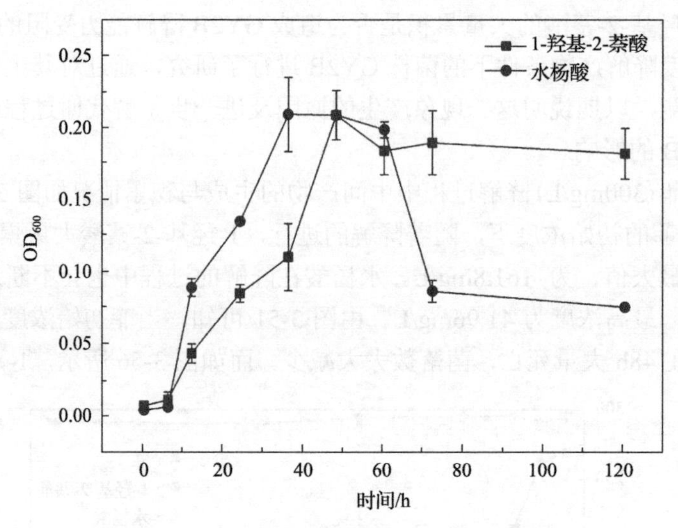

图 3-57 高浓度中间产物条件下的生长曲线

图 3-58 为高初始浓度中间代谢产物条件下 GY2B 活性细胞所占的比例，从图中可看出，在 12h 之前，GY2B 活性细胞比例出现上升，这说明在初期 GY2B 能够以高浓度的 1-羟基-2-萘酸、水杨酸作为碳源进行生长繁殖。但此后，活性细胞所占比例大大降低，并持续出现下降的趋势。至 120h 时，在初始浓度为 200mg/L 1-羟基-2-萘酸的降解条件下，活性细胞所占的比例为 24.83%，而在初始浓度为 200mg/L 水杨酸的降解条件下，活性细胞所占的比例为 34.87%。由此说明，较高浓度的中间代谢产物对 GY2B 的增殖具有抑制的作用，降低了降解体系中活性细胞所占的比例，导致降解的中断。

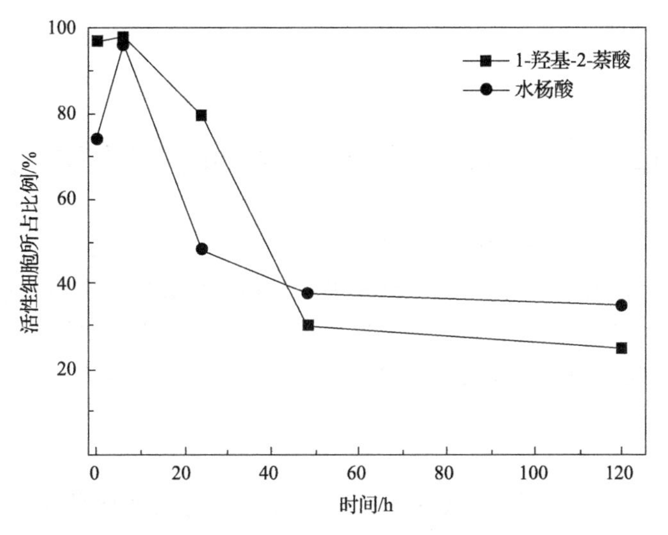

图 3-58　高浓度中间产物条件下活性细胞所占比例

此外，从图 3-57 看出，在 1-羟基-2-萘酸条件下 GY2B 稳定期(60～120h)的 OD_{600} 值比水杨酸条件下更大，说明 GY2B 能更好地利用 1-羟基-2-萘酸。如图 3-58 所示，在此时间段内的降解的过程中，1-羟基-2-萘酸体系中活性细胞所占的比例比水杨酸条件下小，这说明 1-羟基-2-萘酸对 GY2B 的毒性较水杨酸更强。通过对 300mg/L 菲浓度条件下的活性细胞比例及生长曲线进行分析发现，48h 时 GY2B 细胞出现大量死亡，具有活性的细胞比例大大下降。而此时在该体系中，1-羟基-2-萘酸大量累积，并且通过后续的浓度实验发现，当 1-羟基-2-萘酸为较高浓度时，GY2B 细胞中活性细胞比例大大下降(图 3-58)。这进一步证实降解过程中 1-羟基-2-萘酸的累积作用导致了 GY2B 大量死亡。水杨酸的累积浓度虽然较 1-羟基-2-萘酸低，但其对 GY2B 也会产生一定的毒性作用，导致 GY2B 死亡，从而使得降解效率降低。

第4章　芘降解菌的筛选及其降解性能与机理

在多环芳烃污染环境中比较常见、难以降解、浓度较高的多为含有3～4个苯环结构的多环芳烃，其中芘是四环结构多环芳烃的代表物。虽然芘本身不具遗传毒性，但是它的醌类代谢物比母体毒性更大且有致突变性，可以作为监测多环芳烃污染的指示物，因此，以芘为研究多环芳烃生物降解的模式化合物具有重要的理论意义及现实意义。

4.1　混合菌GP3的筛选及其芘降解性能

4.1.1　混合菌GP3的筛选、鉴定和保藏

1. 样品来源和培养基

以广州石化总厂隔油池附近排水沟的含油污泥(GP1、GP2)和受多环芳烃污染的绿化土壤(GP3、GP4)为优势降解菌的来源。将表层土去掉后，取5～15cm深度范围的土壤放入密封袋，带回实验室放置于4℃冰箱保存，尽快进行驯化试验。无机盐基础培养基同3.1.1节。

2. 降解菌系的驯化和筛选

称取5g土壤至100mL的三角瓶，加50mL已灭菌的焦磷酸钠溶液($Na_4P_2O_7\cdot 7H_2O$，2.8g/L)，用超声波振荡(3min)均匀，置于转速为150r/min的30℃摇床中振荡过夜，备用。

用芘为唯一碳源，采用水-硅油双相体系和单一水相体系两种筛选法。先取1mL上述备用菌液接种到含有一定浓度芘的新鲜液体培养基中，培养一个周期，然后从中取1mL菌液转接至新鲜培养基，如此重复几个周期。单一水相驯化采用的一直是单纯的无机盐液体培养基，水-硅油双相驯化采用的是先水-硅油双相培养基，后单一液体无机盐培养基。最后一周期的培养液用于菌种的划线分离。微生物的培养温度均为30℃，培养条件为150r/min避光振荡培养。

选用水-硅油双相体系结合单一无机盐体系驯化筛选降解芘的优势菌。在驯化12个周期之后，当观察到摇瓶中芘的减少和溶液变浑浊(其中水-硅油双相体系驯化的混合菌GP3的变化情况见表4-1)，以及稀释涂布平板上大量菌落的生长，说明降解芘的微生物得到了富集。分析表4-1中混合菌GP3的变化情况，可知采用

水-硅油双相体系驯化出来的混合菌降解芘明显。这主要是由于芘是疏水性的，在硅油中有相对较高的浓度，而在水相中浓度很低，微生物在水中，可以在两相界面或水相中利用芘，避免了芘对水相微生物产生毒性抑制作用。经过水-硅油双相体系驯化后的微生物对芘产生了一定的适应性。

表 4-1　混合菌 GP3 在以芘为唯一碳源的无机盐培养液的变化情况

时间	摇瓶中现象
第 0 d	溶液澄清，透明，瓶底有大量片状晶体
第 1 d	溶液较清，透明，瓶底有大量片状晶体
第 2 d	溶液略浑浊，较透明，瓶底有较多片状晶体
第 3 d	溶液略浑浊，透明度降低，瓶底片状晶体减少
第 4 d	溶液略浑浊，透明度降低，瓶底片状晶体减少
第 5 d	溶液浑浊，瓶底有少量固体残留
第 6 d	溶液浑浊，瓶底无固体残留
第 7 d	溶液浑浊，瓶底无固体残留

3. 菌株的划线分离

驯化中发现水-硅油双相体系驯化的混合菌 GP3 对芘有明显的降解，通过富集培养 GP3 从而分离到 2 种菌株 GP3A 和 GP3B，其中数目较多的是 B 菌。此两株菌均为革兰氏染色阴性，它们的菌落形态分别见图 4-1。GP3A 菌落淡黄色，表面光滑不透明，边缘整齐，有光泽；GP3B 菌落较小，表面光滑不透明，边缘整齐。在光学显微镜下可见 GP3A 菌体呈红色，为短杆状，GP3B 菌体为红色，杆状。

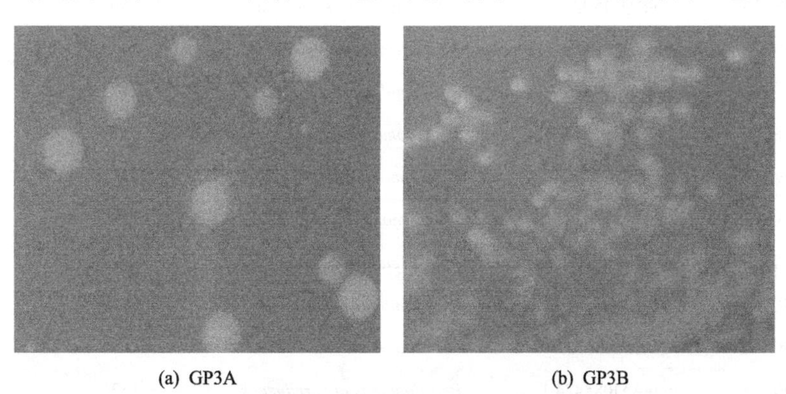

(a) GP3A　　(b) GP3B

图 4-1　菌株 GP3A 和 GP3B 的菌落形态

4. 菌株 16S rDNA 序列分析结果

通过提取菌株 GP3A、GP3B 的总 DNA，采用对细菌 16S rDNA 特异的引物

F27 和 R1522 进行 PCR 扩增，分别获得了 1522bp 和 1417bp 大小的 PCR 产物。菌株 GP3A 的 16S rDNA 的 GeneBank 登录号为 EU233280，菌株 GP3B 的 16S rDNA 的 GeneBank 的登录号为 EU233279。表 4-2 和表 4-3 分别列举了 GP3A、GP3B 一部分同源性比较结果，发现菌株 GP3A 的 16S rDNA 序列与硝酸还原假单胞菌（*Pseudomonas nitroreducens*，EF107515.1）同源性达 95%，并且和多株假单胞菌属（*Pseudomonas*）的菌株同源性在 95%以上，其中 EF107515.1 具有降解 1,2,4-三氯苯的能力，EU233276.1 能够以原油为碳源。菌株 GP3B 的 16S rDNA 序列与 *Pandoraea pnomenusa* strain B-356（EF596910）同源性达 100%。根据国际系统细菌学委员会规定，DNA 同源性在 70%以上为定种的标准，16S rDNA 序列差异<1.5%的细菌属于同一种。因此菌株 GP3A 可能为假单胞菌属的一种，而菌株 GP3B 与 *Pandoraea pnomenusa* 最相似，需进一步验证。

表 4-2　菌株 GP3A 的 Blast 程序比对结果

gi 号	GeneBank 登录号	菌名	序列长度/bp	相似度/%
gi|116119192	gb|DQ989290.1	*Pseudomonas* sp. Q3	1573	95
gi|165970299	gb|EU375659.1	*Pseudomonas* sp. M41	1406	95
gi|146411701	gb|EF026998.2	*Pseudomonas* sp. SW4	1499	95
gi|117582141	gb|EF030726.1	*Pseudomonas* sp. Lh1-2	1410	95
gi|156573053	gb|EU099380.1	*Pseudomonas* sp. J14	1535	95
gi|161089232	gb|EU281630.1	*Bacillus* sp. B4	1501	95
gi|156573051	gb|EU099378.1	*Pseudomonas* sp. J12	1535	95
gi|72385400	gb|DQ118954.1	*Pseudomonas* sp. JQ2-6	1501	95
gi|160918111	gb|EU287482.1	*Pseudomonas* sp. J17	1413	95
gi|156573049	gb|EU099376.1	*Pseudomonas* sp. J8	1535	95
gi|83416688	gb|DQ305283.1	*Pseudomonas* sp. BCA5-1	1521	95
gi|119067589	gb|EF107515.1	*Pseudomonas nitroreducens*	1413	95
gi|109942167	emb|AM184301.1	*Pseudomonas* sp. WAB1963	1469	95
gi|17974205	emb|AJ306834.1	*Pseudomonas* sp.	1492	95
gi|82940298	emb|AM088473.1	*Pseudomonas nitroreducens*	1523	95
gi|117582533	gb|EF080875.1	*Pseudomonas* sp. Lm-1	1411	95
gi|82940299	emb|AM088474.1	*Pseudomonas nitroreducens*	1521	94
gi|159131951	gb|EU233276.1	*Pseudomonas* sp. GD	1529	94
gi|70959219	gb|DQ127529.1	*Pseudomonas* sp. F24	1501	94

表 4-3　菌株 GP3B 的 Blast 程序比对结果

gi 号	GeneBank 登录号	菌名	相似度/%	序列长度/bp
gi|148724059	gb|EF596910.1	*Pandoraea pnomenusa* strain B-356	100	1434
gi|58294214	gb|AY741155.1	*Pandoraea* sp. S14	100	1480
gi|32348949	gb|AY268169.1	*Pandoraea* sp. 2001032141	100	1461
gi|71142912	dhj|AB222022.1	*Pandoraea* sp. Y1	100	1525
gi|16943651	emb|AJ313026.1	*Burkholderia* sp. MN	100	1476
gi|38567558	emb|AJ536672.1	*Bacterium* RBS3-61	100	1455
gi|110931877	gb|DQ831002.1	*Pandoraea* sp. LB-7	99	1560
gi|32348948	gb|AY268168.1	*Parnoraea pmomeusa* strain	100	1461
gi|13506930	gb|AF247695.1	*Pandoraea* sp. G8107	99	1514
gi|13506927	gb|AF247692.1	*Pandoraea* sp. G5056	99	1516
gi|15306929	gb|AF247694.1	*Pandoraea* sp. G7835	99	1518
gi|134143164	gb|EF467849.1	*Pandoraea* sp. B2-9	99	1494
gi|118139430	gb|EF076032.1	*Pandoraea* sp. Brij30	99	1494
gi|110931876	gb|DQ831001.1	*Pandoraea* sp. LB-3	99	1497
gi|32348950	gb|AY268170.1	*Pandoraea pmomeusa* strain CCUG 38742	99	1461
gi|7381231	gb|AF139174.1	*Pandoraea pnomenusa*	99	1474
gi|162949686	gb|EU306911.1	*Pandoraea* sp. L1-4	99	1492
gi|122893298	gb|EF191351.1	*Pandoraea* sp. LA-1	99	1453
gi|122893299	gb|EF191352.1	*Pandoraea pnomenusa* strain LA-2	99	1453

用 NCBI 网站中 Blast 软件与 GenBlank 中的 16S rDNA 序列进行同源性比较，将菌株 GP3A 和 GP3B 的 16S rDNA 序列与 Blast 得到的相似性较高的 16S rDNA 序列及与其生理生化分类接近的属的模式菌株的 16S rDNA 序列进行聚类分析，得到菌株的系统发育树。16S rDNA 在细胞中相对稳定，具有在所有生物中都包含的高度保守序列的优点，目前公认，当某 2 个细菌的 16S rDNA 的同源性大于 95%时，可将其归为同一属。

从 16S rDNA 聚类分析来看(图 4-2)，菌株 GP3A 的 16S rDNA 序列和假单胞菌属(*Pseudomonas*)的菌株同源性在 95%以上，其与 *Pseudomonas* 的其他菌株系统发育关系很近；菌株 GP3B 与 *Pandoraea pnomenusa* 归于同一簇群，和菌株 *Pandoraea pnomenusa* strain B-356(EF596910)的同源性达到 100%。结合分离菌株的生理生化特性和 16S rDNA 序列比对分析结果，初步鉴定菌株 GP3A 的 16S rDNA 序列与 *Pseudomonas nitroreducens* 的同源性达 95%，其生理生化特性与假单胞菌属最符合，但找不到与之相符合的种，可能是假单胞菌属的一种新种；菌株 GP3B 的 16S rDNA 序列与 *Pandoraea pnomenusa* 的同源性达 100%，其生理生

化特性与 *Pandoraea pnomenusa* 最相似。

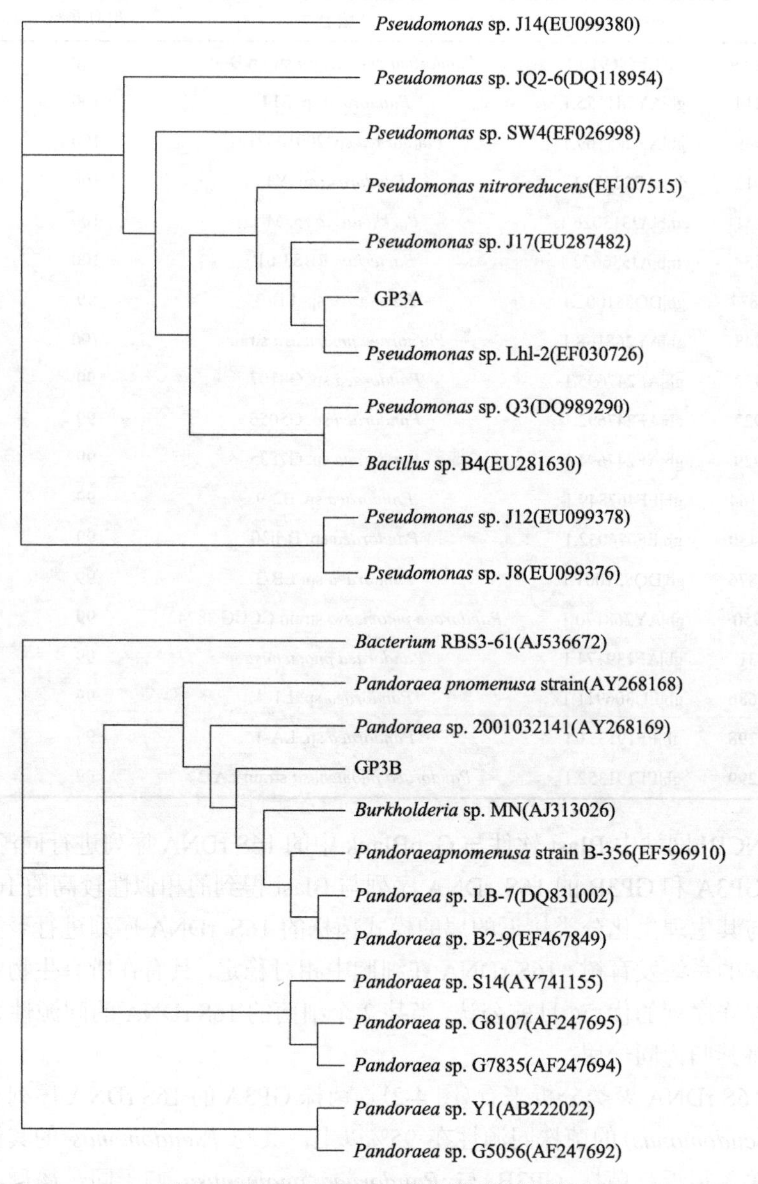

图 4-2 基于 16S rDNA 序列的系统发育树

假单胞菌属为直或微弯的杆菌，不呈螺旋状，(0.5～1.0μm)×(1.5～5.0μm)。许多种能积累聚 β-羟基丁酸盐为储藏物质，没有菌柄也没有鞘，不产芽孢，革兰氏阴性，以单极毛或数根极毛运动，罕见不运动者。有的种还具短波长的侧毛，需氧，进行严格的呼吸型代谢，以氧为最终电子受体。在某些情况下，有些种以硝酸盐为替代的电子受体进行厌氧呼吸，不产生黄单胞色素。大多数种作为化能营养异养菌不需要有机生长因子，有的种是兼性化能自养，利用 H_2 或 CO 为能源，氧化酶阳性或阴性，接触酶阳性。其广泛存在于自然界的土壤、水和污物中。近年研究表明，假单胞菌属的菌株在去除环境污染物方面发挥着重要的作用。

5. 混合菌系 GP3 的抗生素敏感性

混合菌系 GP3 的抗生素敏感性测试方法同 3.1.3 节，选择头孢呋辛、四环素、红霉素、氯霉素、羟氨苄青霉素等 5 种常用抗生素药敏纸片(购于瑞士的 Fluka 公司)。混合菌系 GP3 的抗生素敏感性实验结果见表 4-4，它对四种常用的抗生素头孢呋辛、四环素、氯霉素、羟氨苄青霉素抗药，对红霉素敏感，可以认为混合菌系 GP3 环境适应性较强，当菌体被释放到自然环境中时能够生长；同时对红霉素敏感，可在有需要时选择性控制其繁殖，避免耐药因子在土著菌之间传播，为下一步研究该菌株的实地生物修复提供了安全保证。

表 4-4 混合菌系 GP3 的抗生素敏感性实验结果

抗生素	纸片的抗生素含量/(μg/片)①	中度敏感范围/mm①	抑制圈直径/mm	敏感(−)、中度敏感(O)或抗药(+)②
头孢呋辛	30	14～22	0	+
四环素	30	23～25	13	+
红霉素	15	23～25	31	−
氯霉素	30	23～25	0	+
羟氨苄青霉素	25	22～27	0	+

注：① 参见抗生素纸片的说明书；② 抑制圈的直径大于中度敏感范围的上限值为敏感，小于下限值为抗药，在此值之间为中度敏感。

6. 菌种的保藏

菌株保藏方法同 3.1.5 节，芘降解菌 GP3A 和 GP3B 于 2006 年 10 月 30 日在中国典型培养物保藏中心(CCTCC)保藏，菌株 GP3A 的保藏编号为 CCTCC M 207166，菌株 GP3B 的保藏编号为 CCTCC M 207167。

4.1.2 混合菌 GP3 的生长与芘降解特性

在筛选出能以 4 环芳烃芘为唯一碳源和能源的混合菌系 GP3，并从混合菌 GP3 中分离到菌株 GP3A(*Pseudomonas* sp. GP3A)和 GP3B(*Pandoraea pnomenusa* GP3B)的基础上，深入研究混合菌 GP3、纯菌 GP3A 和 GP3B 对芘的降解特性，考察温度、pH、外加营养物质和初始底物浓度等环境因子对混合菌系 GP3 生长和芘降解能力的影响，以期为芘的实地生物修复提供依据。

1. 混合菌 GP3 的生长与芘降解情况

筛选到的混合菌群 GP3 在 7d 内对初始浓度 15mg/L 芘的降解率达到 90.6%。进一步研究混合菌 GP3 降解芘的残留率和细胞生长的相关性(图 4-3)。

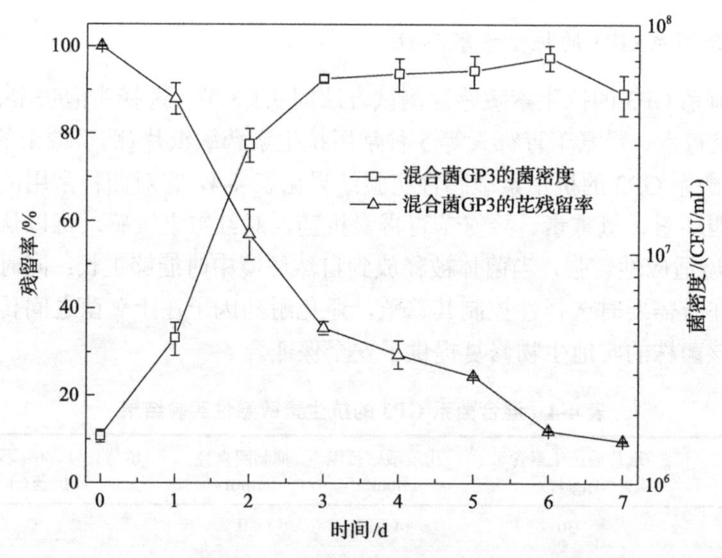

图 4-3　以芘为唯一碳源时混合菌 GP3 的生长-芘残留曲线

由图 4-3 的生长曲线可以看出，在培养初期(0～1d)，混合菌 GP3 生长相对缓慢，这是微生物对外源异生物质的适应过程。随着培养时间的延长(1～4d)，微生物进入对数生长期，对芘的降解作用增强。到 4d 时，GP3 对芘的降解率达到 70.6%，生物量增加了 38 倍。到降解的后期(4～7d)，微生物进入稳定期，混合菌对芘的降解曲线趋于平缓，残留的芘得到进一步的降解。到 7d 时，GP3 的菌密度达到 5×10^7CFU/mL，芘的去除率达到 90%以上。

芘具有四个苯环的稳定结构及在水中的溶解度低，所以在自然界中一般难于降解，其降解菌在不另外提供碳源与能源时，对芘的降解率通常比较低。在巩宗强等(2001)的研究中，芘的降解率仅为 57%；而在 Nubia 等(2001)的研究中芘的降解率为 63%。与以往的报道相比，本研究筛选的混合菌对芘的降解效果显然更好，具有稳定的种群和降解性能，可以作为生物修复多环芳烃芘污染土壤的菌源。

2. 纯菌 GP3A 和 GP3B 的生长与芘降解情况

经过多次分离纯化，从混合菌 GP3 中分离出的 2 株细菌 GP3A、GP3B 均能以芘为唯一碳源生长，在 7d 内将 15mg/L 的芘大概降解 50%，其降解曲线和生长曲线如图 4-4 所示。比较混合菌 GP3 与纯菌的效果可知，混合菌 GP3 的降解效果明显要好于纯菌 GP3A 和 GP3B。一些研究者认为，与纯菌种相比较，许多混合微生物对多环芳烃降解效率更高，可能涉及以共同代谢为基础的协同作用。单一菌株能代谢的底物范围是有限的，并且单一微生物对有机化合物的生物降解往往会产生有毒的终端产物，这种毒物对微生物的生长有抑制作用，而混合菌能利用多种底物，产生利用多种底物的酶，它们共同的代谢作用可以促进多环芳烃的快速降解，适宜对多环芳烃污染的环境进行生物修复。

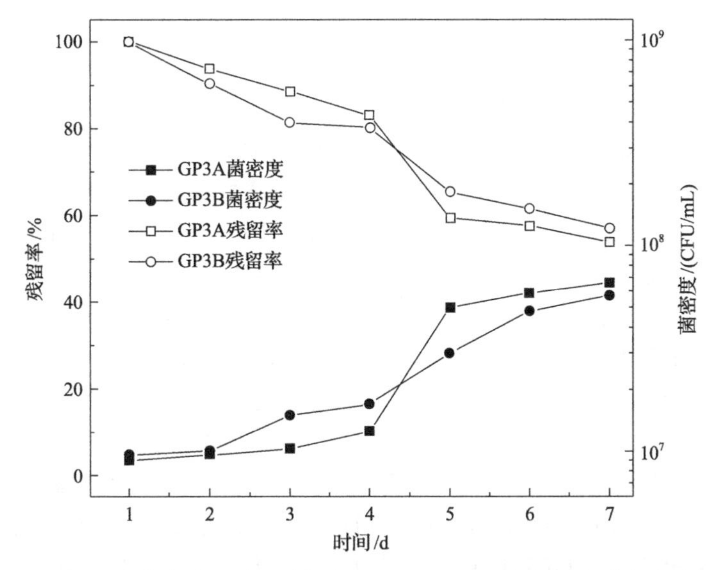

图 4-4　以芘为唯一碳源时纯菌 GP3A、GP3B 的生长-芘残留曲线

表 4-5 列举了本研究分离到的降解菌和文献报道的其他降解菌对芘的降解率，发现在这些芘降解菌中，相同芘初始浓度下混合菌系 GP3 降解更快，这都说明 GP3 是一个具有高效降解芘能力的稳定的微生物菌系。

表 4-5　不同降解菌的芘降解率比较

芘初始浓度/(mg/L)	降解时间/d	芘降解率/%	微生物	参考文献
15	7	90.6	混合菌 GP3	本书研究
15	7	44.7	GP3B(*Pandoraea pnomenusa*)	本书研究
10	12	19	混合菌 F2	Trzesicka-Mlynarz and Ward, 1995
0.5	14	25	海洋细菌	Heitkamp and Cerniglia, 1989
0.4	32	40	*Mycobacterium* sp. strain RGJ Ⅱ-135	Schneider et al., 1996

4.1.3　环境条件对混合菌降解芘的影响

目前，国内外已经针对多环芳烃生物降解做了大量的工作，主要包括高效降解菌株的筛选、降解动力学及酶促机理和降解途径等方面。在受污染环境的实际修复过程中，各种环境条件对微生物生长和降解作用的影响也不容忽视。为给生物修复芘污染环境提供科学依据，进一步研究了温度、pH、芘初始浓度、添加外源物质和重金属离子等不同环境条件对混合菌 GP3 的生长及其对芘降解效果的影响。

1. pH

微生物降解过程都是在一定的 pH 条件下进行的，酸、碱既能影响其稳定性，也能直接影响由微生物产生的酶的催化活性。过高或过低的 pH 对微生物的生长是不利的。pH 的变化首先引起微生物细胞表面特征的变化，从而影响微生物对营养物(如氨、磷酸盐等)的利用性，最终导致微生物代谢与生长的变化。本实验研究不同 pH 对菌生长和芘降解的影响。调节 MSM 培养基为不同 pH(3.8～10.2)，在芘浓度为 15mg/L 的条件下，培养 7d，测定微生物的生物量和芘的残留量。

MSM 培养基灭菌前后及培养 7d 后的 pH 变化见表 4-6。从表 4-6 可知，配制的 MSM 的 pH 在灭菌之后有一点降低，研究发现培养液 pH 随培养时间增加而下降，说明芘降解过程中产生了酸性官能团，与郭楚玲等(2000)报道的一致。在 pH 为 6.2 时，GP3 对芘的降解作用最强，在 7d 后其降解率达 97.0%；在 pH 为 10.2 时，降解率受到较大的抑制，仅为 2.6%，说明 GP3 在偏酸性环境中更有利于降解芘。GP3 在不同 pH 下的菌密度表明，pH 对微生物生长的影响与降解率相一致。在 pH 为 3.8～8.3 时，GP3 的生长受到的影响不大，而当 pH 为 10.2 时，微生物已经不能存活。在酸性到弱碱性环境中，GP3 对芘的降解率均较高，在这样宽广的范围内能够高效地发挥降解芘的能力，表明 GP3 在实际污染物处理中能够适应复杂的环境条件。

表 4-6　培养基 pH 变化及芘降解情况

灭菌前 pH	灭菌后 pH	加菌 7d 后 pH	空白 7d 后 pH	降解率/%	菌密度/(CFU/mL)
3.8	3.9	4.0	4.1	89.3 ± 1.8	7.9×10^6
6.2	6.3	6.1	6.3	97.0 ± 1.0	1.1×10^7
7.1	7.1	6.9	7.0	90.6 ± 2.3	8.2×10^6
8.3	7.9	7.7	7.9	74.1 ± 13.9	4.0×10^6
10.2	9.8	8.6	9.4	2.6 ± 0.2	

2. 温度

温度是影响微生物生长的重要因素，不同微生物对温度的敏感程度不同，每种微生物都有自己生长、繁殖的温度范围，包括最适、最低和最高生长温度。为确定在实验体系中不同温度对 GP3 降解芘效能的影响，分别在不同温度(15℃、25℃、30℃、35℃和 40℃)下测定芘的降解率，结果如图 4-5 所示，混合菌 GP3 对温度的适应范围较广，在 25～40℃范围内，GP3 的菌密度都大于 1.0×10^7CFU/mL，芘都能得到很好的降解。GP3 降解芘的最适宜温度为 35℃，其降解率达到 98.9%，30～40℃时，GP3 对芘的降解率均在 90%以上。当温度低于 25℃时，芘的降解率显著下降，这与低温时微生物的生长受到抑制有关，其菌密度比 30℃以上时低一个数量级。

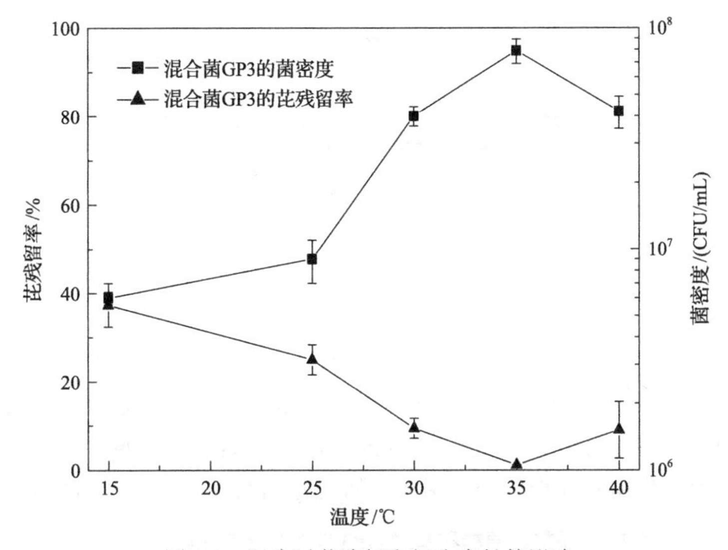

图 4-5　温度对芘降解和细胞生长的影响

综合分析 pH 和温度影响可知，微生物对外界环境条件的适应性受各种环境因子的协同影响。在一定程度上，环境因子对生物对外界环境的适应能力起决定作用。因此，适宜微生物生长的环境因子，可以增强其对外界环境的适应能力，反之，则对其对外界环境的适应能力产生负面影响。

3. 芘初始浓度

在芘浓度分别为 5mg/L、10mg/L、15mg/L、20mg/L 和 30mg/L 的 MSM 中，7d 后混合菌 GP3 对芘的去除率分别为 99.5%、94.8%、87.6%、79.1%与 75.7%(图 4-6)。由图 4-6 可知，GP3 能将初始浓度为 5mg/L 的芘几乎完全降解，但是当芘的初始浓度增加时，残留芘的浓度便显著增加。当芘浓度达到 30mg/L 时，其降解效能受到一定的抑制，这可能是因为高浓度芘在降解过程中积累了某种有害的中间产物，对微生物产生了一定的反馈抑制作用。微生物对芘的绝对降解量随着初始浓度的升高而升高，可能是由降解芘的酶的活性随之升高引起的。

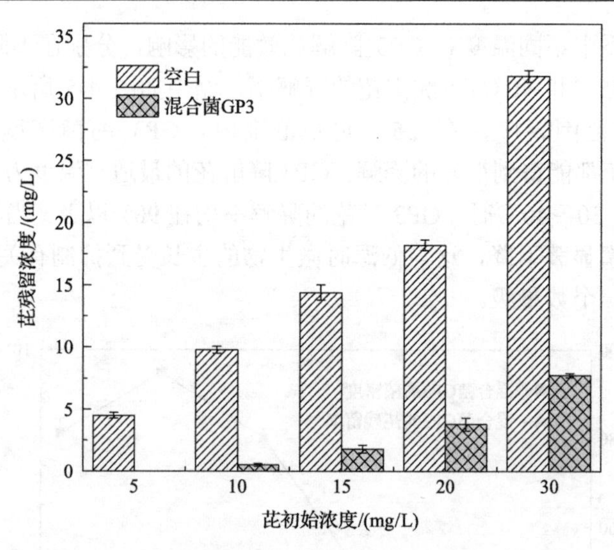

图 4-6 初始浓度对芘降解的影响

4. 外加碳源

多环芳烃是一类难降解有机物，尤其是高分子量多环芳烃的生物降解大多以共代谢的方式进行(Kanaly and Harayama, 2000)。常见的共代谢底物是和其本身结构相似的有机物，或是其中间代谢产物(Tongpim and Pickard, 1999; 巩宗强等, 2001)。本书研究选取葡萄糖和菲作为外加碳源，研究芘的共代谢作用，结果见表 4-7。

表 4-7 添加葡萄糖和菲对 GP3 细胞生长与芘降解的影响

葡萄糖/(mg/L)	降解率/%	菌密度/(CFU/mL)	菲/(mg/L)	降解率/%	菌密度/(CFU/mL)
100	91.0±5.2	3.2×10^8	10	92.5±1.8	2.1×10^8
500	65.9±1.1	5.1×10^8	50	72.4±0.5	3.1×10^7
1000	29.6±3.2	6.9×10^8	100	71.8±1.1	1.9×10^7
MSM＋菌＋芘	90.2±0.7	6.6×10^7	MSM＋芘	0	

由表 4-7 可知，当葡萄糖浓度为 100mg/L 时，芘的降解效率与不加葡萄糖对照相差不大；但当葡萄糖的浓度增加到 1000mg/L 时，芘的降解率急剧下降至 29.6%。添加了 500～1000mg/L 的葡萄糖会抑制混合菌 GP3 对芘的利用，同时 GP3 的菌密度比只加芘时要高，这可能是由于 GP3 较容易利用速效碳源物质葡萄糖，高浓度葡萄糖抑制了微生物对芘的利用，从而造成了降解率下降。

此外，从表 4-7 可知，添加低浓度的菲(10mg/L)有利于促进混合菌系 GP3 的生长，提高其对芘的降解效率。但当菲的浓度达到 50～100mg/L 时，GP3 的菌密度则降低，其对芘的降解也受到抑制。结果表明，当菲浓度较低时，由于菲比芘易于降解，会产生共代谢作用，诱导降解芘的酶的产生，从而促进对芘的降解；高浓度的菲会对抑制芘的降解，这可能是因为高浓度的菲对微生物细胞有一定的毒害。

5. 重金属离子

在实际的污染点，不会只存在一种污染物，一般会有多种有机和无机污染物同时存在(周乐和盛下放, 2006)。重金属是一类对环境微生物影响广泛的无机污染物，目前土壤中大多存在多环芳烃与重金属复合污染的状况，复杂的复合污染会影响微生物的生理习性及其对污染物的利用，进而影响降解效率。因而考察不同浓度的 Zn^{2+}、Cu^{2+}和 Cd^{2+}对混合菌 GP3 降解芘活性的影响，结果见表 4-8。GP3 对 Cd^{2+}的耐性较差，MSM 中 Cd^{2+}的浓度为 2～10mg/L 时，芘的降解均受到明显的抑制，说明 Cd^{2+}对 GP3 有较大的毒害作用；当 Zn^{2+}浓度为 10mg/L 时，芘的降解没有受到影响，但当 Zn^{2+}浓度在 30mg/L 以上时，GP3 对芘的降解率也显著下降；与不加重金属对照相比，Cu^{2+}对芘的降解也有明显的抑制，而且 Cu^{2+}浓度越高，其对芘降解的抑制作用越强。

表 4-8　重金属离子对菌株降解芘的影响

Zn^{2+}浓度/(mg/L)	降解率/%	Cu^{2+}浓度/(mg/L)	降解率/%	Cd^{2+}浓度/(mg/L)	降解率/%
10	87.8±4.8	10	30.6±1.9	2	13.7±0.5
30	28.4±2.0	30	23.1±0.5	5	14.9±2.1
50	23.6±1.1	50	15.8±5.1	10	17.2±1.5
100	29.5±3.5	100	7.4±1.5	0(对照)	90.2±0.7

4.1.4　混合菌降解芘的中间产物分析

在有机污染物的生物降解中，研究其被微生物降解的途径，有利于明确污染物降解机理，开发出更有效的生物工程技术。生物降解的程度分为三种：①初始生物降解，是指有机污染物在微生物的作用下，母体化合物的化学结构发生变化，原污染物分子的完整性被改变；②环境容许的生物降解，是指可去除有机污染物的毒性或者人们不希望的特性的生物降解作用，如在有毒有机污染物降解过程中降低其毒性或者完全去除其对水生生物毒性的降解作用；③最终生物降解，是指有机污染物通过生物降解，从有机物向无机物转化，完全被降解成二氧化碳、水和其他无机物，并被同化为微生物的一部分。

不同浓度的芘 UV-Vis 图如图 4-7 所示。由于芘在水中的溶解度非常低(约 0.1mg/L)，其空白的 UV-Vis 扫描几乎看不出峰，但将图谱放大，可以看到在 251nm 处有一个很小的峰，这是芘的特征吸收峰。从图 4-7 的放大图中可以看到，两个浓度的芘加菌之后在 271nm 和 334nm 处都出现了两个小的吸收峰，而且 10mg/L 的吸收峰比 25mg/L 的峰值要稍高一些，同时涂布发现两种浓度芘中的菌密度和初始的在一个数量级(比初始稍高)，且 10mg/L 芘中的菌密度是 25mg/L 芘的 2 倍。分析其原因可能是微生物能利用微量的芘，然后生成了微量的中间产物，产生吸收峰，且芘的浓度越低，其对微生物的毒害作用就越小，因此微生物的菌密度就高一点，生成的中间产物也多一些。

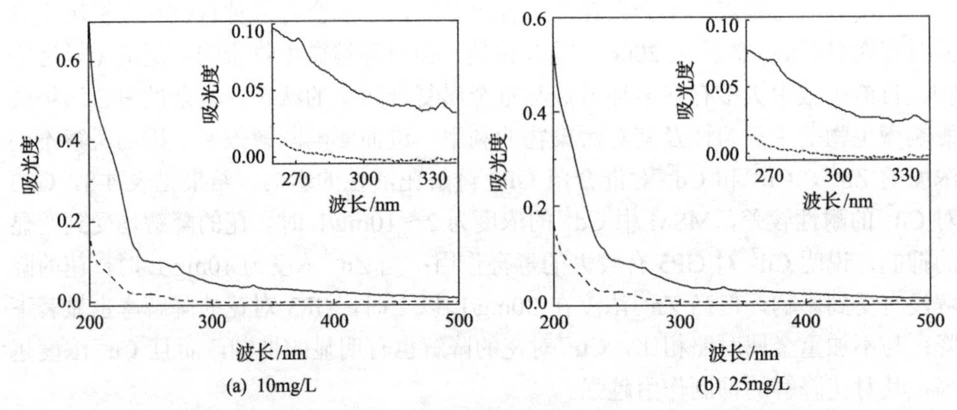

图 4-7　不同浓度的芘 UV-Vis 扫描图谱（实线为加菌；虚线为底物空白）

为了对混合菌 GP3 降解 15mg/L 芘的过程有一个清楚的了解，在 7d 的培养中一共取了 8 个样品进行紫外可见扫描分析，结果见图 4-8。从图 4-8 的混合菌 GP3 降解芘过程的 UV-Vis 扫描图谱可以发现，在 0d 的时候，由于芘在水中的溶解度非常小，紫外扫描图中几乎见不到明显的吸收峰。从 1d 开始，在 255nm 处出现了一个较强的吸收峰，可能是芘的特征吸收峰，在 297nm 处还有一个较弱的小吸收峰；到 2d 的时候，255nm 处的吸收峰减弱，而在 265nm 出现了一个新的吸收峰，说明出现了降解的中间产物；前 4d 吸收峰的形状是一样的，只是其强度明显增大，4d 吸收峰的峰值达到最高，说明在这个阶段，有大量降解中间产物继续积累。其后，吸收峰的峰值逐步下降，到 7d 时，265nm 处的吸收峰已经很弱，而 297nm 处的吸收峰几乎消失，表明在 4d 之后，积累的中间产物逐步得到进一步的降解。

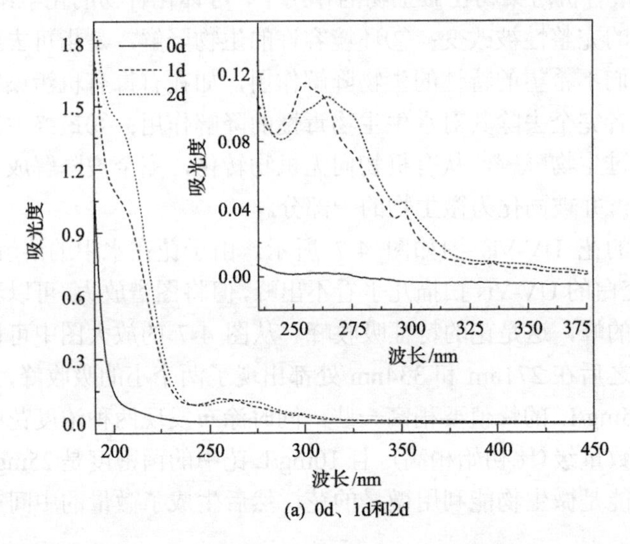

(a) 0d、1d和2d

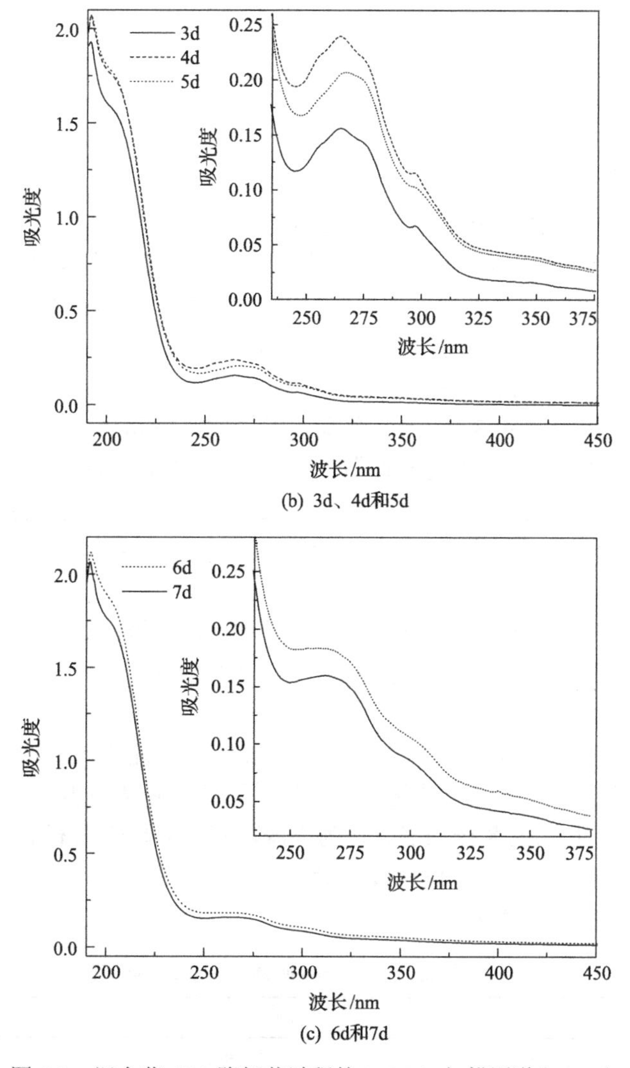

(b) 3d、4d和5d

(c) 6d和7d

图 4-8　混合菌 GP3 降解芘过程的 UV-Vis 扫描图谱(0～7d)

4.2　高效降解菌 CP13 的筛选及其芘降解性能

从微生物生存环境来看，含有多环芳烃的环境皆有可能存在多环芳烃降解菌。多环芳烃是石油中最难降解的组分之一，而焦化废水富含多种多环芳烃及杂环芳烃(王蕾等, 2010)，因此石油污染土壤和焦化废水活性污泥均可成为筛选多环芳烃降解菌的理想来源。本书拟从石油污染土壤和焦化废水活性污泥中分离筛选多环芳烃降解菌，对比不同菌源所筛出的多环芳烃降解菌的异同，对筛选出来的菌种进行鉴定并研究其降解能力，拓宽高效降解多环芳烃菌株的来源，为微生物修复多环芳烃环境污染提供科学的理论依据。

4.2.1 高效降解菌的筛选、鉴定和保藏

1. 降解菌的驯化和筛选

实验用菌源样品有两种，一种为采自广州石化厂附近石油污染的农田土壤(S)，去掉表层土后，在 0～10cm 深度范围内挖取适量的土壤放入密封袋保存；另一种为韶钢焦化厂焦化废水处理车间曝气池中的活性污泥(C)，用瓶子于曝气池出水口处接取适量的活性污泥混合液。两个菌源带回实验室后均放置于 4℃冰箱保存，并尽快进行驯化实验。

无机盐基础培养基同 3.1.1 节。分别取适量的土壤和活性污泥于 500mL 的烧杯中，加入去离子水，对样品进行曝气 5h 后，取上层清液备用。按 10%(体积比)的比例在含芘无机盐培养液的三角瓶中加入 5mL 上述样品上层清液，避光振荡培养。7d 后移取 10%(体积比)菌液加入含芘的灭菌 MSM 培养液中，重复以上步骤，富集培养 5 次。

富集菌液进行适当稀释后，取 0.1mL 稀释液涂布于含芘的平板上，置于 30℃生化培养箱中。待菌落长好后，选择具有透明圈且形态特征不同的菌落，在 NB 平板上进行多次划线分离，得到纯种菌株。通过筛选，从选择性平板培养基中挑选出可产生透明圈、形态不一的菌落进行划线分离和纯化，两种菌源共获得 10 株纯菌(表 4-9)。进一步检验纯化后的菌株是否能以芘为碳源生长，发现除菌株 SP1 和 CP17 外，其余的 8 株均能以芘为碳源，其中 4 株来自石油污染土壤(SP2、SP4、SP5 和 SP8)，4 株来自焦化废水活性污泥(CP12、CP13、CP14 和 CP16)。各菌落的外表形态如表 4-9 所示。

表 4-9 以芘作为唯一碳源菌株筛选及其形态

菌源	菌株	颜色	菌落形态	菌株的生长
石油污染土壤样品	SP1	白	圆形，表面粗糙	—
	SP2	橘黄	圆形，凸起，表面光滑	++
	SP4	绿	圆形，中部凸起，表面光滑	++
	SP5	红	圆形，中部凸起，表面光滑	++
	SP8	暗黄	圆形，凸起，表面光滑	+
焦化废水活性污泥样品	CP12	绿	圆形，表面光滑	+
	CP13	橘黄	圆形，凸起，表面光滑	++
	CP14	暗黄	圆形，凸起，表面光滑	+
	CP16	橘黄	圆形，凸起，表面光滑	++
	CP17	白	圆形，表面光滑	

—表示摇瓶中液体不浑浊，代表菌株不生长；+表示摇瓶中液体稍微浑浊，代表菌株可生长；++表示摇瓶中液体浑浊明显，代表菌株生长良好。

2. 菌种鉴定及系统发育树的构建

对所分离纯化的 8 株菌分别提取 DNA，对筛选得到 G$^-$细菌采用细菌基因组 DNA 提取试剂盒[天根生化科技(北京)有限公司]提取 DNA。对筛选得到的 G$^+$细菌则需采用针对革兰氏阳性菌的 G$^+$细菌基因组 DNA 小量提取试剂盒(北京庄盟国际生物基因科技有限公司)来提取 DNA。PCR 扩增的引物为 27F(5′-AGAGTTTGATCCTGGCTCAG-3′)和 1492R(5′-TACCTTGTTACGACTT-3′)。PCR 产物经 1%琼脂糖凝胶电泳显示为单一条带，切割纯化后进行序列测定。PCR 产物的纯化和测序委托北京六合华大基因科技有限公司完成。

将测序结果输入到 GenBank，采用 Blast 软件分析，与 GenBank 中 16S rDNA 序列进行同源性比较，以确定该菌种属。应用 MEGA(Molecular Evolutionary Genetics Analysis) 6.0 软件计算遗传距离，采用邻结(neighbor-joining)法构建系统发育树状图，结果见图 4-9 和图 4-10。

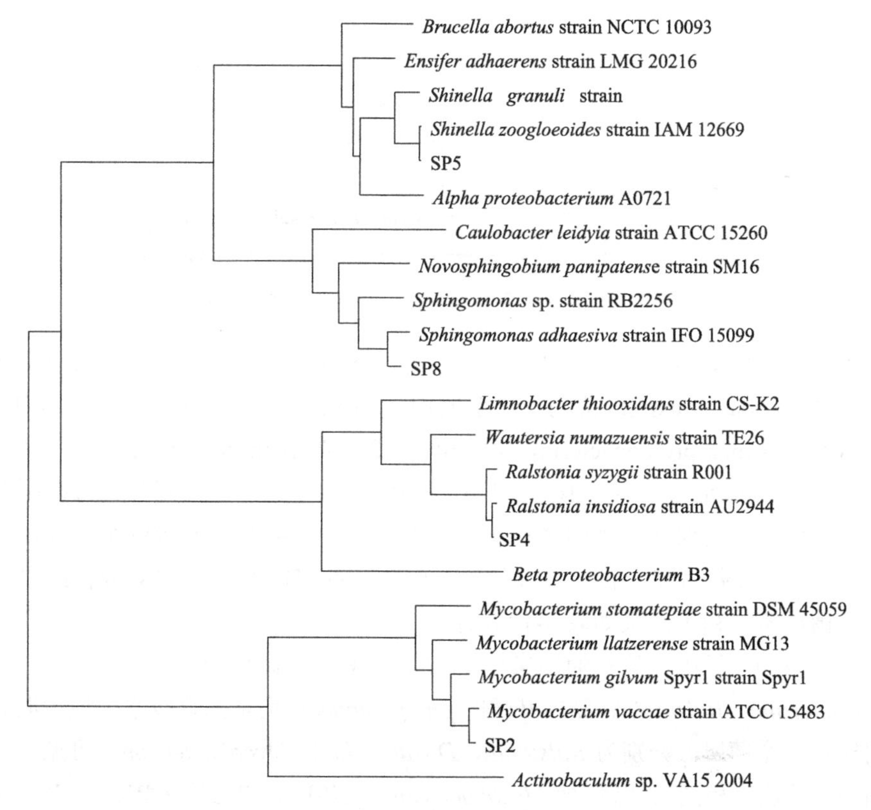

图 4-9　石油污染土壤中芘降解菌的系统发育树

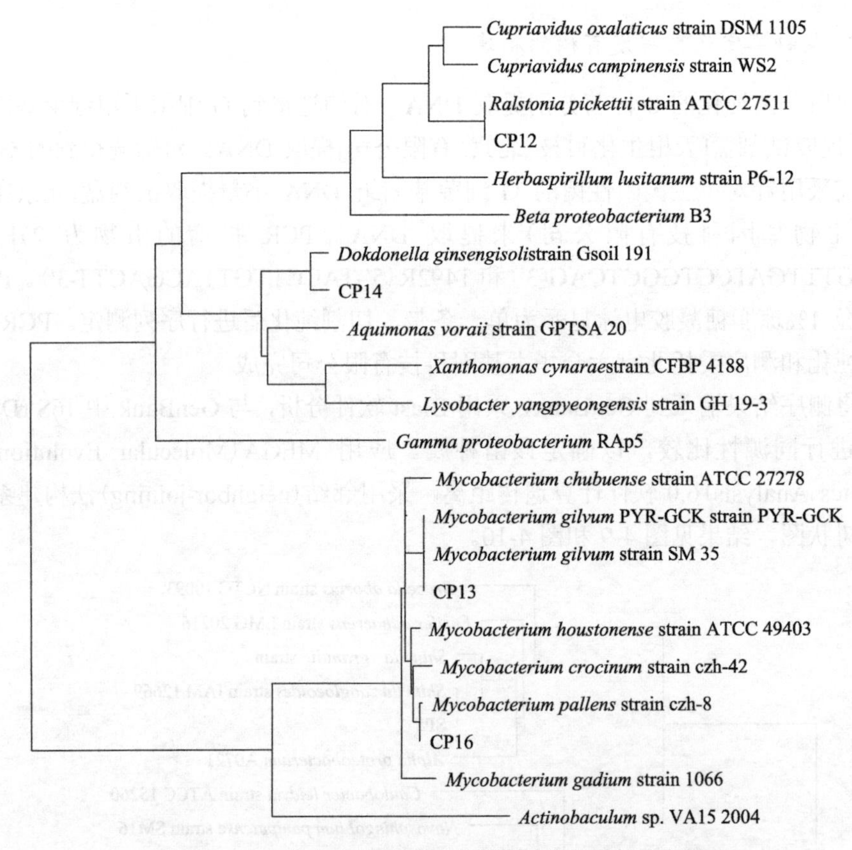

图 4-10 焦化废水活性污泥中芘降解菌的系统发育树

由图 4-9 和图 4-10 可知，在筛选得到的 8 株降解菌中，SP2、CP13 和 CP16 均属于 Actinobacteria（放线菌门）；其余的均为 Proteobacteria（变形菌门），其中 SP5 和 SP8 均为 Alpha proteobacteria，SP4 和 CP12 均为 Beta proteobacteria，CP14 为 Gamma proteobacteria。由于 16S rDNA 在细胞中相对稳定，并同时具有在所有生物中都包含的高度保守序列的优点，因此当某 2 个细菌的 16S rDNA 同源性大于 95%时，可将其归为同一属。结合分离菌株的 16S rDNA 序列比对分析结果，各菌株的菌属鉴定初步结果如表 4-10 所示。

由表 4-10 可知，从石油污染土壤中筛选得到的菌株有 4 个菌属，分别为 *Mycobacterium*、*Ralstonia*、*Shinella* 和 *Sphingomonas*；而从焦化废水活性污泥获得的菌株有 3 个菌属，分别为 *Ralstonia*、*Dokdonella* 和 *Mycobacterium*。可见，不同的菌源可筛选出相同的菌属，如 *Mycobacterium* sp.（SP2、CP13 和 CP16）和 *Ralstonia* sp.（SP4 和 CP12）。因此，可以推断这两种菌属在石油污染土壤和焦化废水活性污泥中可能是普遍存在的。在已有的报道中，可降解多环芳烃的 *Sphingomonas* sp.（Tao et al., 2007a) 和 *Ralstonia* sp. (Dionisi et al., 2004) 常从石油污染土壤中筛选出来；可降解多环芳烃的 *Mycobacterium* sp.既可从石油污染土壤中筛选出来(Heitkamp et al., 1988; 李全霞等, 2008)，也可从焦化厂附近的污染土壤(孙翼飞等, 2011)或焦化废水活性污泥(唐玉斌等, 2011)中筛选出来；而关于可降解多环芳烃的 *Shinella* sp.的报道则较少。

表 4-10　菌属鉴定结果

菌源	菌株(GenBank No.)	革兰氏染色	序列长度/bp	最相似菌种	16S rDNA 同源性
石油污染土壤样品	SP2(KF378750)	G^+	1408	*Mycobacterium vaccae* strain ATCC 15483	99%
	SP4(KF378751)	G^-	1442	*Ralstonia insidiosa* strain AU2944	99%
	SP5(KF378752)	G^-	1382	*Shinella zoogloeoides* strain IAM 12669	99%
	SP8(KF378753)	G^-	1379	*Sphingomonas adhaesiva* strain IFO 15099	99%
焦化废水活性污泥样品	CP12(KF378754)	G^-	1427	*Ralstonia pickettii* strain ATCC 27511	99%
	CP13 (KF378755)	G^+	1408	*Mycobacterium gilvum* strain SM 35	99%
	CP14(KF378756)	G^-	1429	*Dokdonella ginsengisoli* strain Gsoil 191	98%
	CP16(KF378757)	G^+	1415	*Mycobacterium pallens* strain czh-8	99%

3. 降解菌对芘降解效果的比较

把各降解菌接种到含芘(终浓度 50mg/L)的 MSM 液体培养基中，摇床避光培养 7d 后比较各菌株的降解效果。各降解菌的降解效率如图 4-11 所示，8 株降解菌

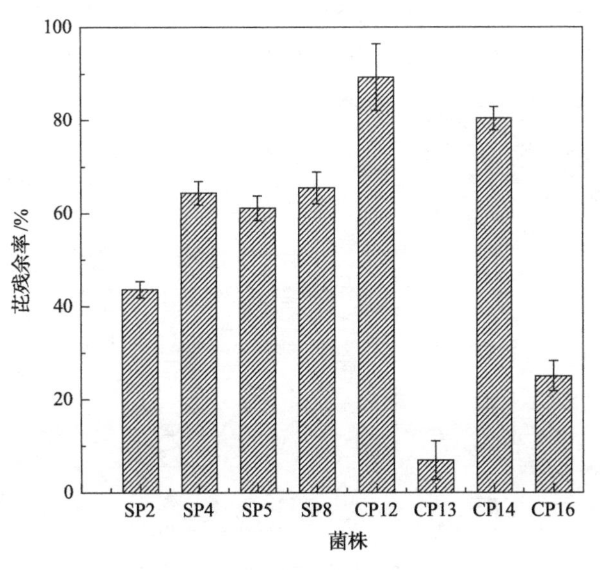

图 4-11　各菌株对芘的降解效果

对芘的降解效果与筛选后进行的降解能力检验的实验结果(表 4-9)是一致的。来源于石油污染土壤的芘降解菌(SP2、SP4、SP5 和 SP8)的降解能力比较均匀，其中 SP2 的降解率较高，为 56.37%；相比而言，来源于焦化废水活性污泥的芘降解菌(CP12、CP13、CP14 和 CP16)的降解能力有较大的差异，CP13 的降解率最高，达到 93.08%。由此可见，从焦化废水活性污泥中可以筛选得到更加高效的芘降解菌，原因可能是焦化废水的成分比较复杂、污染物浓度高且毒性较大，能够适应此环境生长的菌株，其多环芳烃的降解能力也相应较强(徐云等, 2004)。因此，焦化废水活性污泥可作为筛选高效的多环芳烃降解菌的一个理想菌源。

多环芳烃的水溶性差、辛醇-水分配系数高是阻碍微生物对其有效利用的重要因素，报道显示 *Mycobacterium* sp.具有提高细胞表面疏水性的能力(Wick et al., 2002)，从而提高其对烃类物质的利用率。在本书研究筛选得到的降解菌中，SP2、CP13 和 CP16 皆属于 *Mycobacterium* sp.，从降解效果来看，该类降解菌对污染物的利用比其他菌属的都高，尤其是从焦化废水活性污泥中筛选到的菌株 CP13，体现出 *Mycobacterium* sp.降解性能的优越性。由此可见，针对微生物降解多环芳烃，*Mycobacterium* sp.是一类高效菌。

4. 菌株 CP13 的形态观察及其保藏

分离得到的芘降解菌 *Mycobacterium* sp. CP13 在平板上的菌落形态及其在扫描电镜下观察到的形态如图 4-12 和图 4-13 所示。CP13 的菌落呈橘黄色、球形，边缘平整，菌落表面光滑湿润，其菌体形态为短杆状，长度 0.4～0.7μm。菌株 CP13 的实验室和权威机构保藏方法见 3.1.5 节。菌株 CP13 于 2013 年 7 月 22 日保藏在中国普通微生物菌种保藏管理中心(CGMCC)，保藏编号为 CGMCC No. 7963。

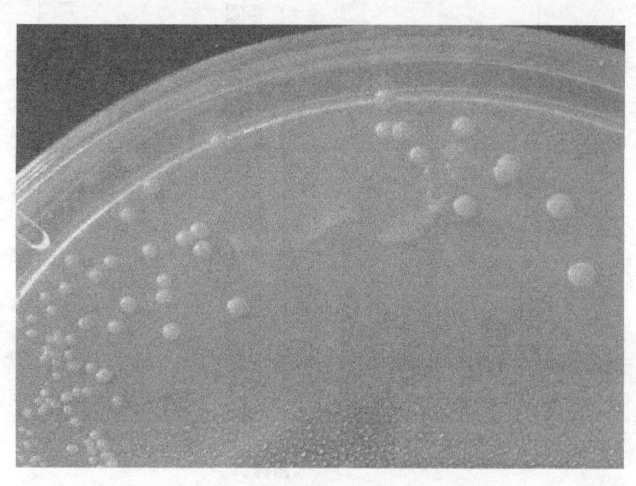

图 4-12 菌株 CP13 的菌落形态

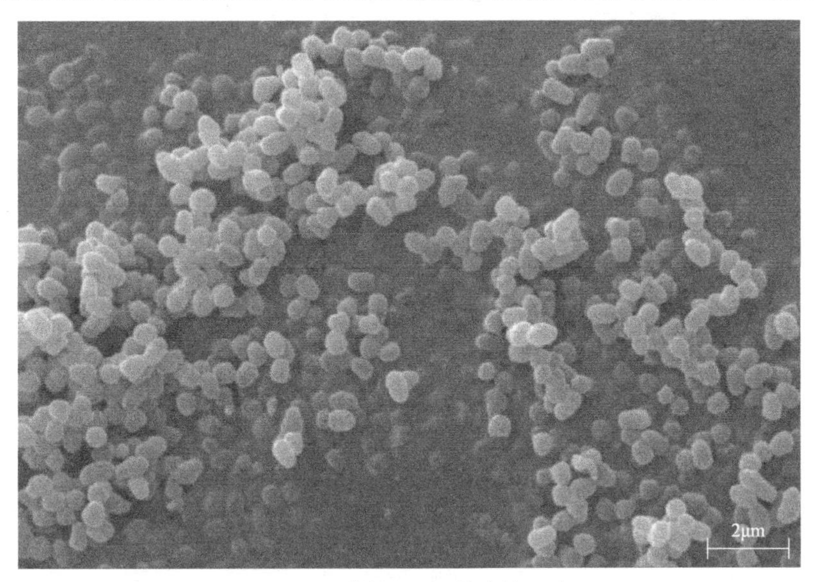

图 4-13　菌株 CP13 的电镜照片

4.2.2　高效降解菌 CP13 降解芘的性能

1. 菌株 CP13 的芘降解曲线

芘在自然界中一般很难被生物利用，在不提供外加碳源与能源的情况下，芘的降解率通常都会较低，而且微生物要对芘进行降解需要较长的时间才能完成。李全霞等(2008)从多环芳烃污染土壤中筛选到的 *Mycobacterium* sp. M11 对 50mg/L 芘的降解率达 76.9%；Wongwongsee 等(2013)从红树林的沉积物中分离出 *Microbacterium* sp. strain BPW，培养 14d 对 100mg/L 芘的降解率为 71.1%；Tiwari 等(2010)从受炼油厂排水污染的污泥中获得一株可降解芘的菌株 *Achromobacter xylooxidans*，其 21d 对芘(200mg/L)的去除率达 80%。在菌株 *Mycobacterium* sp. CP13 降解芘的过程中，芘残余率随时间的变化见图 4-14。在培养初期，菌株 CP13 对芘的降解效果不明显，摇瓶中残余大量的芘；但从 4d 开始，CP13 对芘的降解作用迅速增强，降解速率呈对数增长；到 6d 时，CP13 对芘的降解率达 88.91%，到 7d 摇瓶中的芘几乎被完全降解，降解率达 96.62%，菌株 CP13 具有高效的芘降解性能。

2. 不同芘初始浓度对 CP13 降解芘的影响

在芘浓度分别为 25mg/L、50mg/L、75mg/L、100mg/L 和 150mg/L 的 MSM 培养液中，7d 后菌株 CP13 对芘的去除率分别为 95.40%、96.79%、92.79%、84.99% 和 68.94%，见图 4-15。菌株 CP13 对初始浓度≤75mg/L 的芘有十分高效的降解效

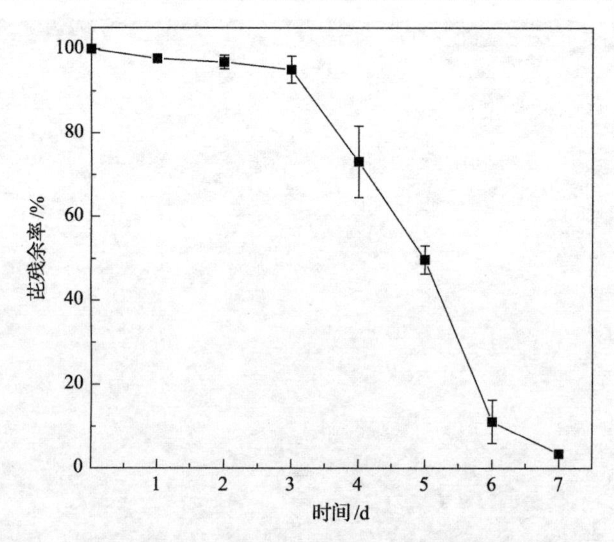

图 4-14　以芘为唯一碳源时 CP13 的芘残留曲线

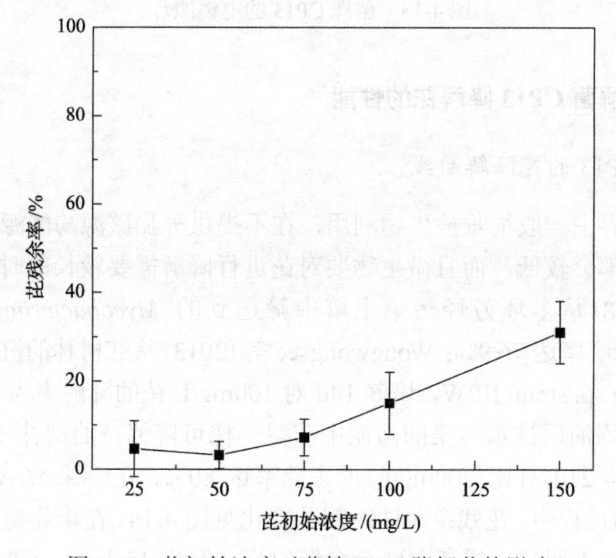

图 4-15　芘初始浓度对菌株 CP13 降解芘的影响

果，但是随着芘的初始浓度增加，培养液中芘的残留量增加。当芘浓度达到 150mg/L 时，菌株 CP13 对芘的降解效果明显降低，这可能是由于有毒有害的代谢产物在高浓度芘降解过程中积累，对微生物的生长及对芘的利用产生了一定的抑制作用。

另外由图 4-15 可以看出，菌株 CP13 对芘具有较强的耐受能力，对于培养液中 150mg/L 以内的芘，菌株 CP13 仍能保持 60%以上的降解效率。由此可见，菌株 CP13 在高浓度芘的环境中具有很强的耐受能力和稳定的降解能力，预示着该菌在受多环芳烃污染的点或区域(如受焦化废水、炼油废水污染的环境等)的生物修复过程中具有较高的应用价值。

3. 温度对 CP13 降解芘的影响

温度对微生物的生长有着重要的影响，不同的微生物其生长的适宜温度范围会有所差异，只有在适宜的温度范围内生长的降解菌株才能在多环芳烃代谢中发挥其本身所具有的能力。为确定不同温度对菌株 CP13 降解芘的影响，把菌株 CP13 分别置于 25℃、30℃、35℃、40℃和 45℃下避光培养，7d 后测定摇瓶中芘的残余量，结果如图 4-16 所示。

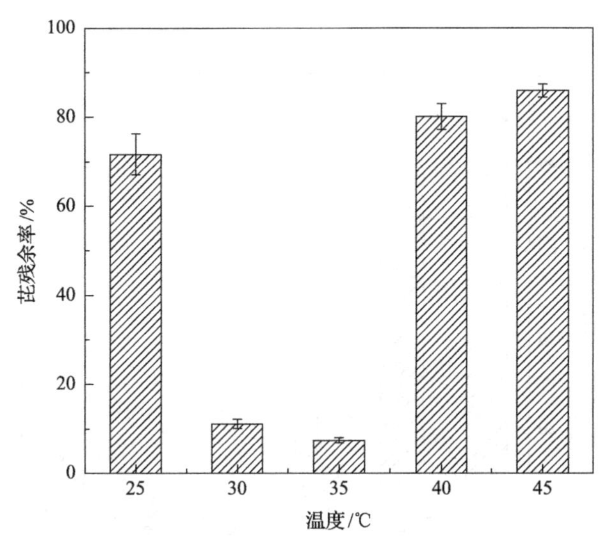

图 4-16　温度对菌株 CP13 降解芘影响

在 25℃、40℃和 45℃时，菌株 CP13 对芘的降解率仅为 28.37%、19.85%和 14.07%。在 30～35℃时，菌株 CP13 对芘的降解效果显著升高，降解率分别达 88.87%和 92.63%，因此，菌株 CP13 的最适宜降解温度为 35℃。当温度低于 30℃时或高于 35℃时，芘的降解率显著下降，这可能是由于低温或高温对微生物体内的酶活性产生影响，从而抑制微生物对芘的降解。以上说明该菌对温度的适应范围处于中温阶段，其生物修复的最适条件为夏季高温季节。

4. pH

pH 对菌株 CP13 降解芘效果的影响见图 4-17，菌株 CP13 在 pH 5～6 的条件下对芘的降解率偏低，这可能是由于酸性条件对菌株 CP13 的生长有抑制作用。但当 pH≥7 时，菌株 CP13 对芘具有良好的降解效果，其中，pH 为 8～9

时，菌株 CP13 对芘的降解效果最佳，达 95%以上，说明碱性条件有利于菌株 CP13 对芘的降解。这与李哲斐等(2011)从油田井口附近土壤分离出 *Mycobacteriurn* sp. b2 的研究结果相似，其在 pH 为 8～10 时对芘有很高的降解效果，在 pH 为 10 时，降解率达 90%，效果最佳。这可能是由于碱性培养基中的 OH^-可以中和芘降解过程产生的酸性物质所释放出来的 H^+，使微生物酶催化的反应向着芘降解的方向进行。然而也有研究表明，弱酸性的环境条件可增加细胞膜的渗透性(Kim et al., 2005)，从而促进微生物对芘的降解。Badejo 等(2013)研究 pH 对 *Mycobacterium gilvum* PYR-GCK 降解效果的影响，发现其最佳 pH 为 6.5，呈弱酸性，58h 对 25μmol/L 芘的降解率达 100%。因此，不同菌株对环境的 pH 分别有其适应的范围。

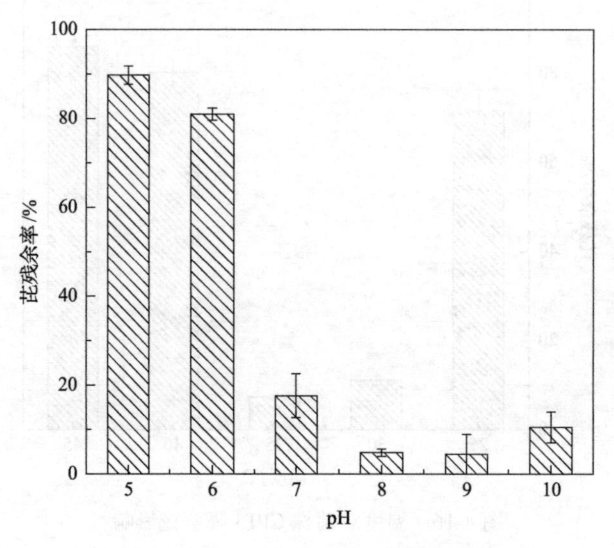

图 4-17 pH 对菌株 CP13 降解芘影响

5. 盐度对 CP13 降解芘的影响

向 MSM 培养基中加入不同量的 NaCl(质量分数为 0、1%、2%、3%和 4%)，按 10%(体积比)的比例将菌悬液接种至不同 NaCl 含量的 MSM 培养液中，置于摇床中避光振荡培养 7d，测定芘残留量，结果如图 4-18 所示。菌株 CP13 最适宜的 NaCl 含量为 0，此时，其对芘的降解率为 90%。当 NaCl 含量为 1%时，菌株 CP13 对芘仍具有较为明显的降解作用，降解率为 75%，因此具有一定的耐盐性。当 NaCl 含量为 2%时，CP13 对芘的降解率仅有 NaCl 含量为 1%时的 1/3；而在 NaCl 含量为 3%和 4%的条件下，菌株 CP13 几乎不降解。菌株 CP13 对芘的降解率随盐度的增加而降低，这可能是由于 NaCl 含量升高使溶液的渗透压升高，从而引起微生物细胞脱水并与原生质分离，对菌体的生长和降解效果产生严重影响(张培玉等, 2009)。

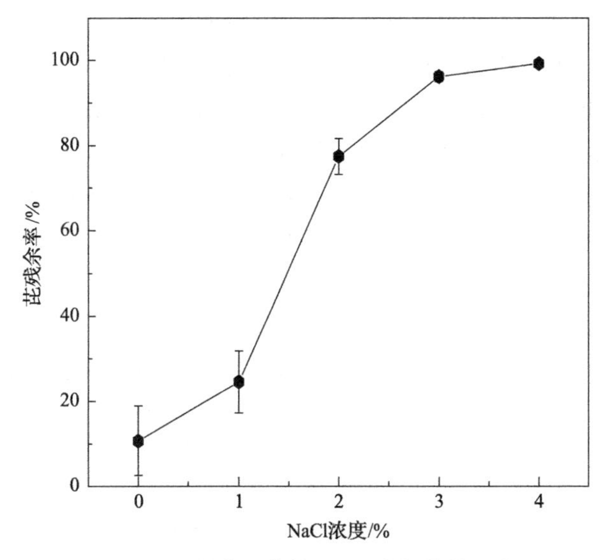

图 4-18　盐度对菌株 CP13 降解芘的影响

综合分析环境条件对菌株 CP13 降解效果的影响可知，微生物由于自身特有的性质，对外界环境条件具有一定的适应性。在一定程度上，环境因子对生物对外界环境的适应能力起决定作用。因此，将微生物置于适宜的环境中培养，在各种积极的环境因子的协同作用下，可以增强微生物对污染物的降解能力。

4.2.3　高效降解菌 CP13 降解芘的蛋白质鉴定

多环芳烃的微生物代谢过程会涉及一系列具有催化氧化作用的蛋白质/酶，利用蛋白质组学研究手段可测定这些蛋白质/酶的氨基酸序列，从而推测出其表达的基因组(Liang et al., 2006; Kim et al., 2009)。蛋白质组学在环境微生物学中的应用主要体现在：细菌分离、关键蛋白质/酶的鉴定和群落结构分析，其中双向凝胶电泳(two-dimensional electrophoresis, 2DE)是蛋白质组学研究手段中应用最广泛的技术(Chauhan and Jain, 2010)。

菌株 CP13 经含芘 MSM 培养液培养后，离心 5min(1200r/min)收集菌体，进行蛋白质的提取和蛋白质双向凝胶电泳分析实验。由于山梨醇的代谢途径与多环芳烃无关(Kim et al., 2007)，所以空白对照组采用山梨醇为唯一碳源进行培养。微生物的全蛋白提取、双向凝胶电泳及蛋白质相的鉴定等相关实验委托广州金锋生物科技有限公司完成。菌株 CP13 分别在山梨醇和芘诱导条件下得到的全蛋白提取物在 pH 4～7 时进行 2DE 技术分析，通过银染，将凝胶上多肽斑点可视化。图 4-19 为凝胶上多肽斑点可视化后的扫描图像，其中图 4-19(a)为菌株 CP13 以山梨醇为碳源时的全蛋白空白对照组，图 4-19(b)和图 4-19(c)为菌株 CP13 以芘为碳源时，分别在 pH=7 和 pH=9 条件下诱导的全蛋白样品组。

运用计算机图像分析软件 ImageMaster 2D Platinum 7.0 将样品组凝胶上多肽斑点与空白对照组的进行对比，找出在芘诱导下产生的差异多肽斑点。图 4-19(b)和(c)中圈出了诱导后产生的差异蛋白质点。结果发现，仅在 pH=7 的诱导条件下，与对照组的表达差异达 2 倍或以上的蛋白质点有 6 个；仅在 pH=9 的诱导条件下，与对照组的表达差异达 2 倍或以上的蛋白质点有 7 个；而在两种 pH 培养条件下均与对照组的表达差异达 2 倍或以上的蛋白质点有 6 个。

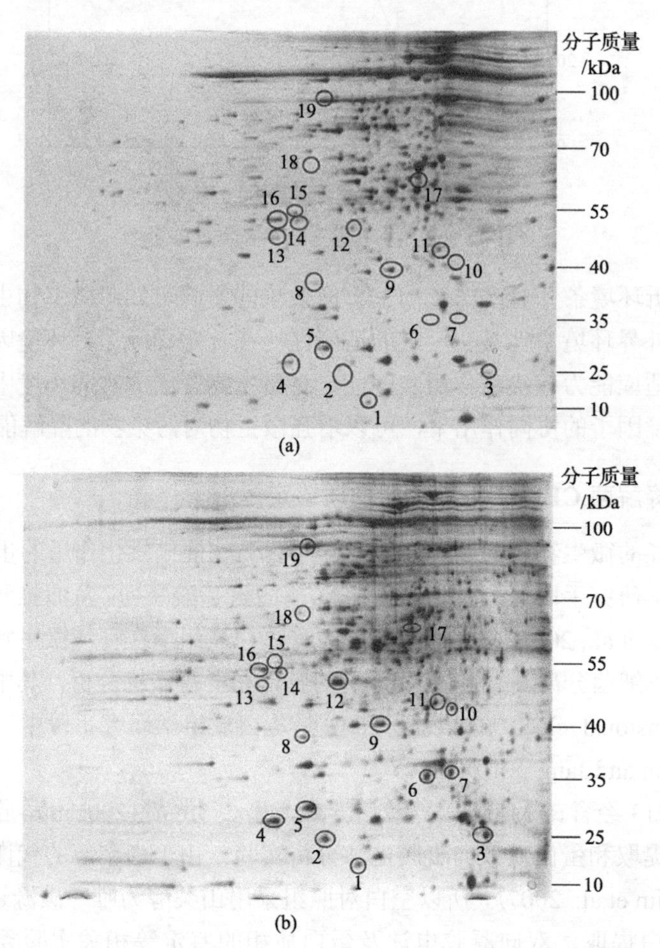

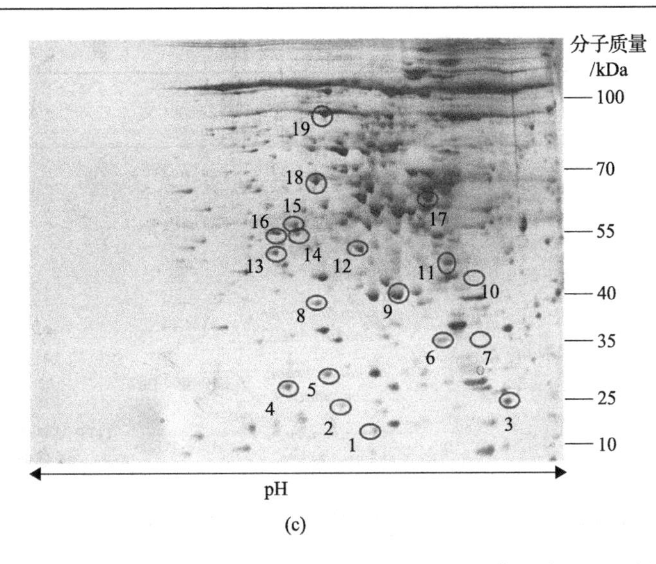

图 4-19　菌株 CP13 以山梨醇为碳源的空白对照的全蛋白 2DE 图(a)和以芘为碳源分别在 pH=7(b)与 pH=9(c)的条件下培养的全蛋白 2DE 图

$1Da=1u=1.66054\times10^{-27}kg$

当以芘为碳源时，不同 pH 培养所诱导产生的差异蛋白之间也存在一定的差异：在 pH=7 条件下诱导产生的差异蛋白主要为分子质量小于 48kDa 的蛋白质；而在 pH=9 条件下诱导产生的差异蛋白主要为分子质量大于 48kDa 的蛋白质。微生物为维持自身的生理需要，根据不同外界环境条件而产生相应的蛋白质。

所获得的 19 个蛋白质差异点经过切割、酶解等步骤后，利用 MALDI-TOF/TOF 质谱仪进行分析，得到的肽序列利用 Mascot search 与现有数据库中的蛋白质进行匹配，从而确定该差异点的蛋白质类别。各差异点的蛋白质鉴定结果如表 4-11 所示。蛋白质点号为 5、7、8、10、18 和 19 的对应功能如表 4-11 所示，其余蛋白质的功能由于缺少相关的文献资料而暂时无法知道。

表 4-11　各蛋白质差异点的鉴定

点号	蛋白质	变化的倍数*		微生物	NCBI gi 号	功能
		pH=7	pH=9			
信号值在两种培养条件下均增加 2 倍或以上的蛋白质点						
2	假定蛋白	18.1	3.1	*Mycobacterium smegmatis*	gi|489991805	未知
3	Gp117	5.9	3.1	*Mycobacterium phage* Optimus	gi|339752138	未知
6	Gp47	∞	∞	*Mycobacterium phage* Zemanar	gi|339755717	未知
8	糖基转移酶 1 组	2.8	3.2	*Mycobacterium smegmatis* strain MC2 155	gi|399990169	转移酶活性

续表

点号	蛋白质	变化的倍数*		微生物	NCBI gi 号	功能
		pH=7	pH=9			
9	RES 结构域蛋白	2.0	3.6	*Mycobacterium smegmatis* JS623	gi|433644573	未知
16	Gp94	2.1	3.8	*Mycobacterium phage* Marvin	gi|339755367	未知
信号值仅在 pH=7 的培养条件下增加 2 倍或以上的蛋白质点						
1	RES 结构域蛋白	2.2	1.2	*Mycobacterium smegmatis* JS623	gi|433644573	未知
4	LacI 家族周质结合与糖结合域	3.5	1.3	*Mycobacterium smegmatis*	gi|489994386	未知
5	延伸因子	2.2	0.6	*Mycobacterium smegmatis* JS623	gi|433645805	GTP 酶活性、核苷酸结合翻译延伸、GTP 结合
7	DNA/RNA 解旋酶	∞	0.0	*Mycobacterium smegmatis* JS623	gi|433644703	DNA 结合、ATP 结合、解旋酶活性、核苷酸结合、核酸结合
10	GMC 氧化还原酶家族	∞	0.0	*Mycobacterium smegmatis* strain MC2 155	gi|399990162	黄素腺嘌呤二核苷酸结合、氧化还原活性、CH—OH 基团作用供体、糖苷 3-脱氢酶活性
12	假定蛋白	28.3	1.0	*Mycobacterium smegmatis*	gi|489989134	未知
信号值仅在 pH=9 的培养条件下增加 2 倍或以上的蛋白质点						
11	Gp117	1.6	5.7	*Mycobacterium phage* Optimus	gi|339752138	未知
13	Gp47	0.0	∞	*Mycobacterium phage* Spartacus	gi|375281881	未知
14	Gp52	1.0	3.3	*Mycobacterium phage* Konstantine	gi|206600035	未知
15	假定蛋白 WIVsmall_32	0.5	3.1	*Mycobacterium phage* WIVsmall	gi|485727204	未知
17	RES 结构域蛋白	0.9	2.0	*Mycobacterium smegmatis* JS623	gi|433644573	未知
18	雌二醇双加氧酶	0.0	∞	*Mycobacterium* sp. SNP11	gi|116805451	催化活性、双加氧酶活性，亚铁结合、氧化还原活性
19	延伸因子 Tu	1.1	2.2	*Mycobacterium smegmatis* JS623	gi|433645805	GTP 酶活性、核苷酸结合翻译延伸、GTP 结合

*表示与空白对比信号值上调的倍数；∞表示该点密度与空白相比显著增加；0.0 表示凝胶上没有检测到该点。

经鉴定，蛋白质点 5 和 19 均为延伸因子，核蛋白体的延伸循环需消耗由延伸因子水解其复合的 GTP 所产生的能量来完成(Rodnina and Wintermeyer, 1995)。蛋白质点 7 为 DNA/RNA 解旋酶，具备与核酸结合的能力，由于解旋过程需要消耗 ATP，所以具备与 ATP 结合的能力(Singleton et al., 2007)。蛋白质点 8 为糖基转移酶，可把循环单元的糖连接到脂质载体上(van Kranenbarg et al., 1999; Drummelsmith and

Whitfield, 2000)。蛋白质点 10 为 GMC 氧化还原酶，这家族的酶包括葡萄糖脱氢酶、葡萄糖氧化酶、甲醇氧化酶和胆碱脱氢酶等，这类酶参与葡萄糖和胆碱的代谢活动(Zámocký et al., 2004)。蛋白质点 18 为雌二醇双加氧酶，与多环芳烃的生物代谢相关，对应的基因编码为 phdF，可分别催化 4,5-二羟基芘和 3,4-二羟基菲转化为苯环数更小的物质(Kim et al., 2009; Badejo et al., 2013)。

目前存在三种不同的酶降解多环芳烃机制：①以多环芳烃为碳源和能源，由原核生物分泌出特有的双加氧酶使苯环氧化；②白腐菌分泌的锰过氧化物酶与木质素对多环芳烃进行共代谢；③原核生物与真核生物体内共有的细胞色素 P450 单加氧酶对多环芳烃进行氧化(Ortega-Calvo et al., 2013)。本实验检测到的异蛋白雌二醇双加氧酶属于第一种氧化机制，在芘的氧化过程中起到重要作用。另外，该差异蛋白在 pH=9 条件下诱导产生，这可能是菌株 CP13 在碱性条件时仍能维持高效的降解效果的原因。在雌二醇双加氧酶或 phdF 的作用下，可以使 4,5-二羟基芘和 3,4-二羟基菲氧化为苯环数更小的化合物(Krivobok et al., 2003; Kim et al., 2007)。

4.2.4　高效降解菌 CP13 降解芘的中间产物与途径

污染物降解过程中真正发挥作用的是微生物分泌的蛋白质/酶，其可以对污染物进行氧化分解。通过微生物蛋白质组学研究，能够鉴定与微生物活动有关的蛋白质/酶，为代谢机制提供相关的依据。菌株 CP13 代谢芘过程中必然伴随着特异性蛋白质的出现，这些蛋白质/酶与代谢产物有密切关系，因此了解微生物在不同环境下的蛋白质的表达情况，有助于阐明其适应环境的相关机制。本实验通过 GC-MS 对降解过程中间产物和最终产物进行分析，结合蛋白质 2DE 分析代谢过程中涉及的相关蛋白质/酶，探讨高效芘降解株 CP13 降解芘的途径。

1. 芘中间产物的提取与分析方法

把菌株 CP13 配制成菌悬液，按 10%(体积比)的比例接种于含 50mg/L 芘的 MSM 培养液中，摇瓶培养不同的时间。固相萃取操作步骤：①C_{18}柱子的活化。依次加入 5mL 二氯甲烷、5mL 甲醇和 5mL 超纯水，以 1～2mL/min 的速率通过柱子，以除去小柱中的杂质和残留物，真空抽滤。②过样。用 2mol/L HCl 把样品调节为 pH≤2，将酸化后的样品以大约 3mL/min 的速率通过小柱，让待测组分保留在吸附柱上，真空抽干柱子上的水分。③洗脱。先后用 7mL 二氯甲烷、3mL 乙腈以 1～2mL/min 的速率通过吸附柱，将待测组分从柱子中洗脱出来。待测组分收集至鸡心瓶，在 35℃下减压旋转蒸发至将萃取液浓缩到 3～5mL，然后经无水硫酸钠脱水后，再减压蒸发、浓缩到 1mL 左右，并转移到 2mL 细胞瓶，再用柔和的氮气吹干，加入 100μL 甲醇定容，在转移至内衬管后，注入到 GC-MS 中进行分析。

芘降解中间产物的结构表征使用的是DSQ Ⅲ质谱仪，CD-5 30m×0.25mm×0.25μm 毛细管柱，进样口温度 280℃，离子源 EI，电离能量 70eV，离子源温度 200℃，接口温度 260℃，扫描质量范围为 50～550u。柱升温程序为始温 70℃，恒温 5min，先以 15℃/min 升到 200℃，再以 5℃/min 升到 280℃，最后以 10℃/min 升到 300℃恒温 20min。进样量为 1μL。

2. 芘降解过程中的代谢产物分析

菌株 CP13 在不同时间降解芘的代谢产物的总离子流色谱图如图 4-20 所示。有些中间产物浓度很低，出峰很小，需要通过放大图谱来进行搜索。在菌株 CP13 降解芘的过程中，通过 GC-MS 检测到了 4 种中间产物，如表 4-12 所示。

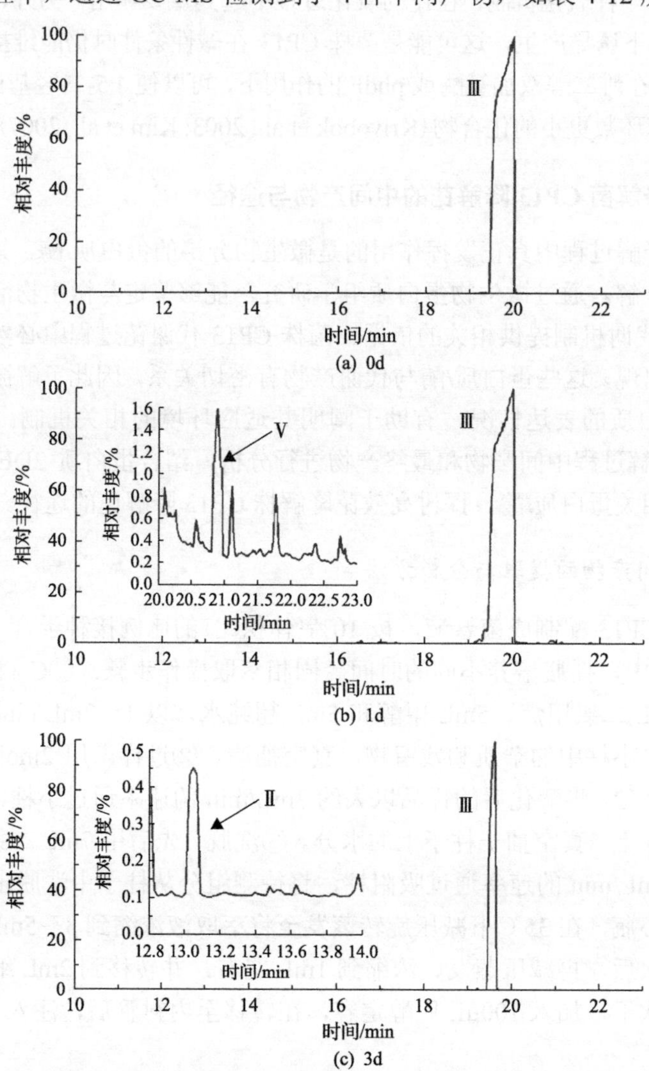

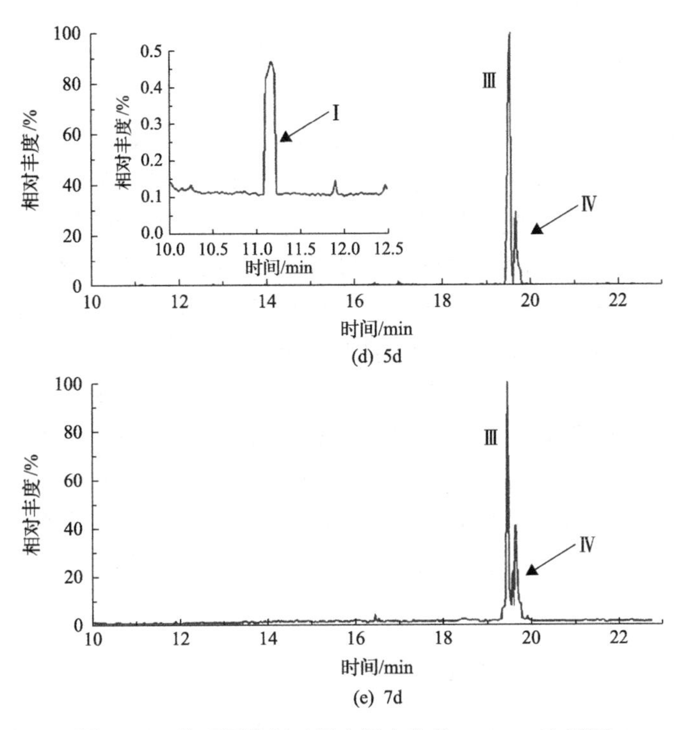

图 4-20　芘不同降解时间中间产物的 GC-MS 分析图

表 4-12　芘降解过程中代谢产物的 GC-MS 分析结果

物质峰	停留时间/min	离子碎片质荷比 m/z 和相对强度/%	对应物质
I	11.17	148 (M^+,17), 104 (100), 76 (53)	邻苯二甲酸
II	13.05	144 (M^+,100), 115 (76), 89 (17), 83 (21)	1-萘酚
III	19.47	202 (M^+,100), 101 (21)	芘
IV	19.68	194 (M^+,100), 165 (99), 139 (10), 82 (18)	4-羟基菲
V	20.90	222 (M^+,100), 176 (7), 110 (16)	4-羧基菲

物质峰 I 在 11.17min 出峰，其母离子 m/z 为 148 (M^+)，离子碎片 m/z=104 (M^+–44) 和 76 (M^+–72)，相应地损失了基团—COO—和—CO—。将峰 I 在谱库中查找，发现它和谱库中的邻苯二甲酸酐很相似，这可能是由于样品在提取的过程中发生反应，使邻苯二甲酸发生分子内部脱水反应。因此初步推测该物质为邻苯二甲酸。

物质峰 II 的停留时间在 13.05min，母离子 m/z 为 144 (M^+)，离子碎片 m/z=115 (M^+–29)，丢失了一个基团—CO—和一个 H^+。将其与标准品 1-萘酚的质谱图对比，发现二者相似，因此确定物质 II 为 1-萘酚。

物质峰Ⅲ的停留时间在 19.47min，母离子 *m*/*z* 为 202，离子碎片 *m*/*z*=101（M^+–101），说明芘被电离成质荷比相等的两部分。物质峰Ⅲ的质谱图与标准品芘的质谱图很相似，所以可以确定物质Ⅲ为芘。

物质峰Ⅳ的停留时间为 19.68min，母离子 *m*/*z* = 194（M^+），离子碎片 *m*/*z* = 165（M^+–29）和 139（M^+–55），很可能是分别丢失了基团—CHO 和—HC═CH—。将物质峰Ⅳ在谱库中查找，发现它跟 4-羟基菲很相似，所以初步推测该物质为 4-羟基菲。

物质峰Ⅴ的出峰时间为 20.90min，母离子 *m*/*z* = 222（M^+），离子碎片 *m*/*z* =176（M^+–46），丢失了—COOH 并伴随着一个 H^+的迁移。将物质峰Ⅴ在谱库中查找，发现它跟 4-羧基菲很相似，所以初步推测该物质为 4-羧基菲。

从图 4-20 可以看出，当培养刚开始时只有芘（Ⅲ）一种物质存在。随着培养时间的增加，从 3d 开始，芘的出峰强度明显降低。在菌株 CP13 降解芘的过程中，中间产物 4-羧基菲（Ⅴ）、1-萘酚（Ⅱ）和邻苯二甲酸（Ⅰ）分别在培养的 1d、3d 和 5d 出现，但在随后的检测中没有检测到。另外，在培养的 5d 和 7d 都检测出物质 4-羟基菲（Ⅳ），并且强度较大，可以看出 4-羟基菲在芘代谢过程中有一定的积累。

3. 菌株 CP13 降解芘的途径推导

分枝杆菌（*Mycobacterium* sp.）作为一种能以芘为唯一碳源和能源的革兰氏阳性菌，常被作为研究对象开展如降解产物和蛋白质鉴定等关于芘降解机理的探讨（Seo et al., 2009）。综合前人相关研究，在芘的降解过程中，C4 和 C5 位置最先受到攻击：在雌二醇双加氧酶的作用下，形成顺式-4,5-二氢二醇芘；在单加氧酶的作用下水解生成反式-4,5-二氢二醇芘。*Mycobacterium vanbaalenii* PYR-1 已被报道在多环芳烃降解过程中，同时具有单加氧酶和双加氧酶（Stingley et al., 2004b）。芘的 C4 和 C5 受到攻击后通过邻位或对位裂解方式进行开环（Vila et al., 2001; Zhong et al., 2006）。

本书研究利用 GC-MS 检测到的 4-羟基菲、4-羧基菲和邻苯二甲酸皆为芘降解过程中的常见中间产物，根据已报道的芘降解途径（Dean-Ross and Cerniglia, 1996; Vila et al., 2001; Kim et al., 2005; Liang et al., 2006; Zhong et al., 2006, 2011; Seo et al., 2009; Kweon et al., 2014），结合 GC-MS 对产物的检测结果及蛋白质组学的鉴定结果进行分析，对菌株 CP13 降解芘的过程进行推导（图 4-21）：芘在相关酶的作用下氧化成 4,5-二羟基芘，随后开环形成产物 4-羧基菲，脱羧转化成 4-羟基菲或 3,4-二羟基菲，然后 3,4-二羟基菲经过开环形成 1-萘酚，再裂解生成邻苯二甲酸，最后进入三羧酸（TCA）循环彻底降解为 CO_2 和 H_2O。

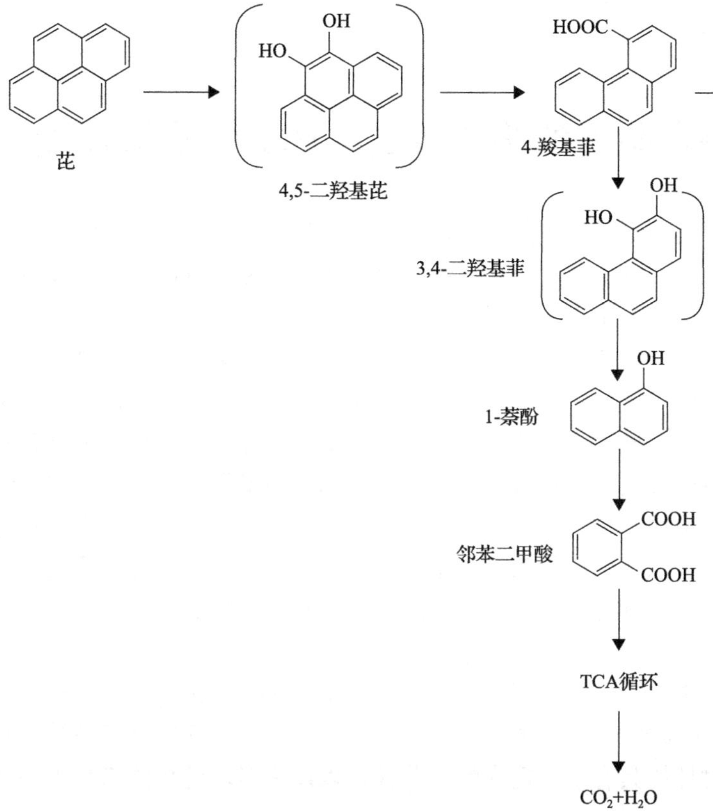

芘

OH
HO
4,5-二羟基芘

HOOC
4-羧基菲

HO
4-羟基菲

OH
HO
3,4-二羟基菲

OH
1-萘酚

COOH
COOH
邻苯二甲酸

TCA循环

CO_2+H_2O

图 4-21　菌株 CP13 芘代谢途径(括号里为文献中报道过的物质)

第 5 章　融合菌株的构建及其多环芳烃降解性能

生物修复，特别是利用微生物降解，被认为是去除环境中多环芳烃的主要途径，具有处理形式多样、成本低、对环境影响小等优点。尽管目前已发现环境中存在许多可降解多环芳烃的微生物，但也存在一些问题：一些以某种多环芳烃为唯一碳源筛选出来的单一优势菌种往往只能降解特定类型污染物且微生物活性受各种环境因素(如温度、酸度、盐度和湿度)的影响较大；或者将几种优势菌简单地混合构建高效菌群，多种菌的优化组合是一个很复杂的课题，这样的菌群有时因为种间的抑制作用很难实现作用最大化，有些菌株代谢多环芳烃的途径中产生了比母本毒性更高的中间产物。因此，如何获得能高效降解多环芳烃、作用底物范围广、环境适应性更强、具有积累少甚至不积累有毒中间代谢产物降解途径的菌株是值得研究的课题，将有助于多环芳烃污染环境的生物修复。

本章通过使用前期筛选到的多环芳烃降解菌——芘降解菌假单胞菌(*Pseudomonas* sp.) GP3A 和菲降解菌鞘氨醇单胞菌(*Sphingomonas* sp.) GY2B(二者皆为革兰氏阴性菌)作为亲本，利用原生质体融合技术构建一株新的对多环芳烃具有高效降解性能和对环境具有广泛适应性的菌株，以期为多环芳烃的修复提供新的方法。

5.1　原生质体融合技术及原生质体形成与再生

原生质体融合就是用破壁酶除去遗传物质转移的最大障碍——细胞壁，释放出只有原生质膜包被着的球状原生质体，然后用物理或化学方法诱导遗传特性不同的两亲本原生质体融合，经染色体交换、重组而达到杂交的目的，经筛选获得集双亲优良性状于一体的稳定融合子(谭周进等, 2005)。原生质体融合技术应用最为诱人之处，就是可用来产生体细胞杂种，创造新的作物类型。原生质体融合技术由于可以构建不属于“转基因生物”的生物新品种，不产生基因污染和安全性问题，会在微生物降解污染物方面应用越来越广，越来越受到重视，尤其是环境污染日益严重的今天，更显示出其他技术无法比拟的优越性。

进行原生质体融合，获得有活力、去壁较为完全的原生质体是关键。原生质体通常是由溶菌酶溶解细胞壁的肽聚糖产生的(Weiss, 1976; Hopwood, 1981)，这种原生质体的形成方法对革兰氏阳性菌是非常有效的，但是对革兰氏阴性菌的作用却不大，这是因为革兰氏阴性菌的细胞壁肽聚糖的外侧还包有脂多糖，阻止了溶菌酶对肽聚糖的作用(Dai et al., 2005)。所以用革兰氏阴性菌进行原生质体融合比较难是共识。早期的研究已经证明了这点，Tsenin 等(1978)研究报道了两种营养缺陷型大肠杆菌 K12 的融合数只有 1×10^5，并且在其中只有 10%是真正的融合子。本研究中用的鞘氨醇单胞菌和假单胞菌都是革兰氏阴性菌，为能获得更多所需性状可供挑选的融合菌株，进行这两种菌原生质体形成和再生的影响因素的研究是十分必要的，同时也为鞘氨醇单胞菌属和假单胞菌的原生质体技术提供了理论支持。

影响原生质体制备的因素有许多，主要是菌体的性质、酶的性质及反应环境。为了使酶的作用效果更好一些，可对菌体做一些前处理，主要是在培养基中加入一些物质，加入这些物质的目的，就是使菌体的细胞壁对酶的敏感性增加。微生物能否较好地形成原生质体与微生物的生理状态有一定的关系。为了使菌体细胞易于原生质体化，一般选择对数生长期的菌体。这时的细胞正在生长，代谢旺盛，细胞壁对酶解作用最为敏感，由其得到的原生质体，形成率高，再生率也高。对于不同种属的微生物来说，不仅对酶的种类要求不同，对酶的浓度的要求也有差异。一般酶浓度增加，原生质体的形成率也增加，超过一定浓度范围，则原生质体形成率的提高不明显。酶浓度过低，则不利于原生质体的形成；酶浓度过高，则导致原生质体再生率降低。因此酶浓度的选择对于原生质体融合的过程来说也是非常重要的。另外，酶解温度对原生质体再生的影响很大。因此，在选择最佳酶解温度时，除了要考虑酶的最适温度外，还要用原生质体再生率加以校正。酶解时间对原生质体的形成也是有重要影响的，酶解时间过短，原生质体形成不完全，会影响原生质体间的融合；酶解时间过长，原生质体脱壁太完全，原生质体的质膜也易受到损伤，从而影响原生质体的再生，最终也不利于原生质体融合。因此，为了使融合实验成功，必须选择合适的酶浓度、酶解温度和酶解时间。

酶解去壁后得到的原生质体应具有再生能力，即能重建细胞壁，恢复细胞完整形态，并能生长、分裂，这是原生质体融合育种的必要条件。在进行融合实验前，一般先要对原生质体再生率进行测定，否则就很难确定不能融合或融合频率低是由于双亲原生质体本来就没有活性或再生率很低，还是由于融合条件不适合。因此，测定原生质体形成率和再生率不仅可作为检查、改善原生质体形成和再生条件的指标，还是分析融合结果、改善融合条件的一个重要指标。

5.1.1 原生质体形成及再生方法

1. 材料

1) 菌株

本实验室筛选保藏的菲降解菌鞘氨醇单胞菌(*Sphingomonas* sp.) GY2B (GenBank：DQ139343)和芘降解菌假单胞菌(*Pseudomonas* sp.) GP3A (GeneBank：EU233280)。

2）培养基和试剂

研究中使用的无机盐培养基和牛肉膏蛋白胨固体培养基（NR）同 3.1.1 节。

完全培养基（CM）：蛋白胨 10g，牛肉膏 5g，葡萄糖 10g，NaCl 5g，酵母粉 5g，蒸馏水 1L，调 pH 7.0～7.2，121℃灭菌 20min。

高渗再生培养基：牛肉膏 5.0g，葡萄糖 10g，蛋白胨 10.0g，NaCl 5.0g，蒸馏水 1L，琼脂 2.0%，调 pH 为 7.2～7.4。高压蒸汽灭菌 20min 后，冷却到 60℃左右倒平板及制作斜面。

高渗液（SMM）：蔗糖 0.5mol/L，顺丁烯二酸 0.02mol/L，调整 pH 为 6.5，再加入 $MgCl_2 \cdot 6H_2O$ 0.02mol/L，121℃高温灭菌 15min。

磷酸缓冲液：取 0.2mol/L 磷酸二氢钠水溶液 72mL，与 0.2mol/L 的磷酸氢二钠水溶液 28mL 混合均匀，使其 pH 为 7.2，121℃灭菌 20min。

聚乙二醇 PEG 6000 融合液：PEG 6000 40%（质量浓度），$CaCl_2$ 10mmol/L，二甲基亚砜 15%，用 SMM 稳定液配制，0.45μm 膜过滤除菌，常温储藏。

青霉素 G 钠：终浓度为 20mg/mL，青霉素 G 钠的单位为 1500 U/mg，–20℃保存。

2. 生长曲线的测定

从菌种斜面上挑取少量 GY2B 和 GP3A 菌种，分别接种于 50mL 牛肉膏蛋白胨培养基中，30℃、150r/min 振荡培养 12h；取 1mL 活化后的菌种接种于新鲜的液体完全培养基中，30℃、150r/min 振荡培养。每小时取 0.5mL 培养液加入到 4.5mL 液体完全培养基中，以液体完全培养基作空白，在 600nm 的波长下用紫外-可见分光光度计测培养液的吸光度值，将该值作为衡量菌体生长量的间接指标。

3. EDTA 和青霉素 G 钠预处理的研究

菌株 GP3A 和 GY2B 为革兰氏阴性菌，在菌体生长前期，向菌液中加入青霉素，最终浓度为 0.05U[①]/mL、0.1U/mL、0.3U/mL、0.5U/mL、0.8U/mL、1.0U/mL、10U/mL、50U/mL，0U/mL 为不加青霉素 G 钠的对照，测定青霉素 G 钠处理对菌液活性的影响。

收集菌体并洗涤后加入终浓度为 0.01mol/L 的 EDTA，36℃水浴振荡培养 20min，然后洗涤并悬浮于高渗液中，再加入溶菌酶制备原生质体。其中一个实验是在酶解之后再加入 EDTA，观察对原生质体形成率的影响。

4. 收集菌体及酶解前计数

将菌液以 4000r/min 在 4℃离心 10min，弃去上层清液并将菌体悬浮于磷酸缓

① U 为酶活性单位，1μg/mL=0.01U/mL。

冲液中，如此洗涤两次。将菌体悬浮于 10mL SMM 中，各取菌液 0.5mL，用无菌水稀释，取稀释 10^5、10^6、10^7 倍的菌液各 0.1mL，涂布于完全培养基固体平板上，37℃培养 24h，计数为 A。

5. 原生质体形成率与再生率计算方法

在二亲本菌株菌悬液中加入溶菌酶液，混匀后于 36℃水浴处理。定时取样，镜检观察原生质体形成情况，当 95%以上细胞变为球状原生质体时，终止酶的作用。以 4000r/min 离心 10min，弃去上层清液。用高渗液缓冲液洗涤除酶，然后将原生质体悬浮于高渗缓冲液中。取 0.5mL 上述原生质体悬浮液，用无菌水稀释，使原生质体裂解，取稀释 10^3、10^4、10^5 倍的稀释液各 0.1mL，涂布于完全培养基平板上，36℃培养 24～48h，计数为 B。取 0.1mL 菌悬液涂布在再生培养基上，采用夹层培养的方式，计数为 C。按照下式计算原生质体形成率和再生率：

$$\text{原生质体形成率}(\%)=\frac{A-B}{A}\times 100\% \tag{5-1}$$

$$\text{原生质体再生率}(\%)=\frac{C-B}{A-B}\times 100\% \tag{5-2}$$

5.1.2　亲本菌株的生长与预处理

1. 菌株 GP3A 和 GY2B 的生长曲线

取活化后的菌株 GP3A 和 GY2B 菌液 1mL 接种于新鲜的液体完全培养基中，30℃、150r/min 振荡培养，测定其 OD_{600} 来间接表示其生长状况，结果见图 5-1。从图 5-1 可看出，由于接种量大，两株菌的延滞期都较短，GY2B 从 4h 开始进入

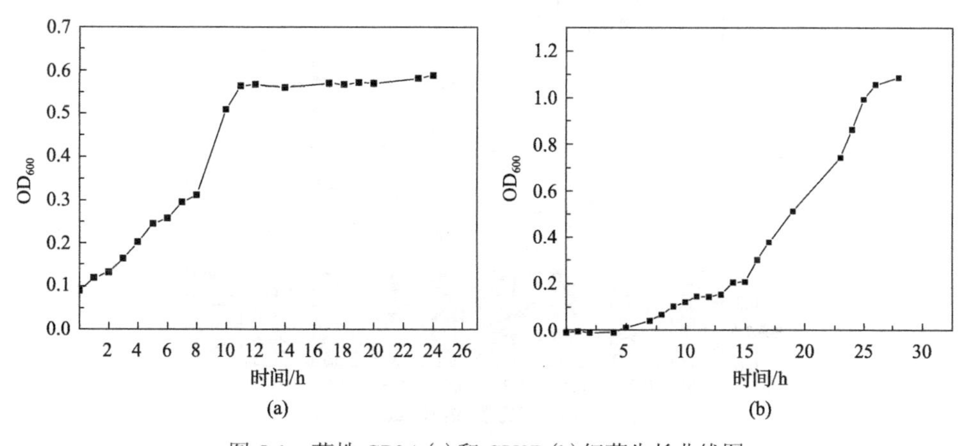

图 5-1　菌株 GP3A(a)和 GY2B(b)细菌生长曲线图

对数生长期，一直到 28h 都处于对数生长期。GP3A 从一开始就进入了对数生长期，一直到 11h 才进入了静止期。

2. EDTA 和青霉素 G 钠预处理对原生质体形成和再生的影响

由于菌株 GP3A 和 GY2B 均为革兰氏阴性菌，革兰氏阴性菌和革兰氏阳性菌细胞壁结构不同，革兰氏阳性菌细胞壁主要由肽聚糖组成，而革兰氏阴性菌细胞壁主要由脂多糖和肽聚糖组成，革兰氏阴性菌细胞壁中的肽聚糖层远比革兰氏阳性菌薄，但是革兰氏阴性菌的细胞壁结构复杂，细胞壁有一层较厚的脂类、多糖和蛋白质组成的复杂外层，一般溶菌酶对它没有作用。所以革兰氏阴性菌原生质体的形成比革兰氏阳性菌原生质体的形成复杂和困难得多。革兰氏阴性菌细胞壁酶解难度大，只用溶菌酶处理细胞难以形成原生质体。为了提高细胞壁对酶的敏感性，提高原生质体形成率，在酶解前需对菌体进行适当处理(Stal and Blaschek, 1985; 陈代杰和朱宝泉, 1995)。

在青霉素 G 钠预处理时，加入不同剂量的青霉素 G 钠对细胞形成原生质体有很大的影响。由图 5-2 可见，0.3U/mL 为菌株 GY2B 菌液最适的青霉素 G 钠浓度；0.8U/mL 为菌株 GP3A 菌液最适的青霉素 G 钠浓度。图 5-3 为 EDTA 对菌株 GP3A 和 GY2B 原生质体形成的影响，从图中可以看出，添加 EDTA 时，两种菌的原生质体形成率比不添加 EDTA 的要高，而在酶解之前添加 EDTA，两种菌的原生质体形成率明显高于酶解之后添加 EDTA。

青霉素可以抑制细胞壁中黏肽等大分子的生物合成，从而抑制肽聚糖的合成，破坏了细胞壁的完整结构。而 EDTA 为金属螯合剂，能够螯合 Ca^{2+}，使脂多糖结构解体，因此对破坏革兰氏阴性菌细胞壁的正常结构也起到了一定作用。利用青

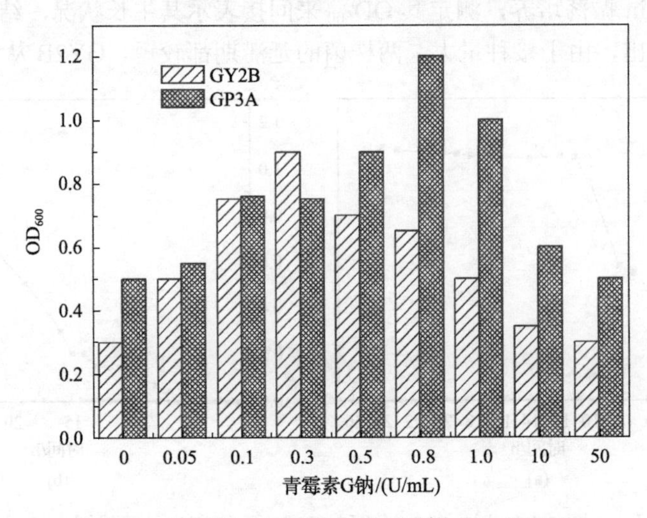

图 5-2 不同浓度青霉素 G 钠对菌体生长的影响

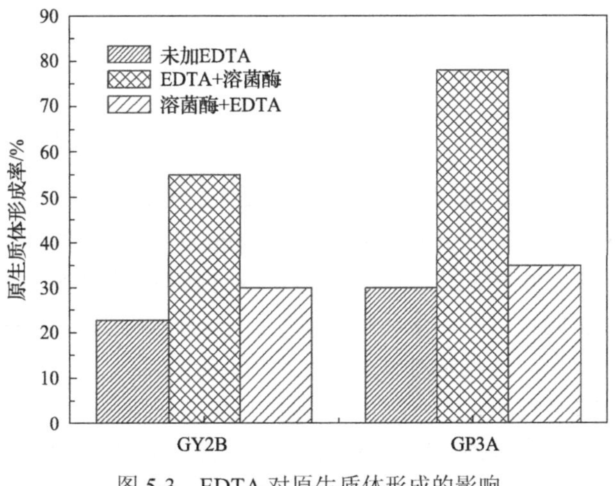

图 5-3　EDTA 对原生质体形成的影响

霉素 G 钠预处理，接着用 EDTA 处理，再用溶菌酶处理，可以在较短的酶解时间内得到原生质体。

5.1.3　原生质体形成和再生的影响因素

1. 菌龄对原生质体形成和再生的影响

分别利用对数生长前期、对数生长中期及对数生长后期的细菌制备原生质体，考察这三个时期菌体的原生质体的形成率和再生率，结果见表 5-1。可以看出菌株 GP3A 在 4h 时原生质体的形成率高于 10h 和 18h 的原生质体的形成率，再生率低于 10h 和 18h 的再生率；菌株 GY2B 在 4h 时原生质体的形成率也高于 18h 和 28h 的原生质体的形成率，再生率低于 18h 和 28h 的再生率。4h 是菌株的对数生长初期，此时的细胞生长代谢旺盛，细胞壁对酶解作用最敏感。因此此时的细胞分离原生质体形成率高。细胞的生理状态是决定原生质体形成率的主要因素，尤其是菌龄，会影响溶壁酶渗入细胞壁及溶壁效果。一般认为对数期细胞的细胞壁中，物质代谢较为活跃，对酶的敏感性提高，溶壁酶较易渗入其中，与专一性底物作

表 5-1　菌龄对原生质体形成率和再生率的影响

菌株	菌龄/h	原生质体形成率/%	原生质体再生率/%
GP3A	4	92.6	47.6
	10	60.2	53.2
	18	52.7	56.8
GY2B	4	95.8	30.2
	18	84.3	35.5
	28	69.7	39.4

用进而瓦解细胞壁。在这个时期，微生物高速增长，对外界理化因子敏感。制备原生质体时，选用处于对数生长期或迅速生长期的菌体细胞比较好。

2. 酶解浓度、酶解时间和酶解温度对原生质体形成和再生的影响

固定菌龄(4h)，考察酶解浓度分别为 1mg/L、5mg/L、10mg/L，酶解温度分别为 25℃、37℃，酶解时间分别为 60min、80min 和 100min 对原生质体形成率和再生率的影响，结果见表 5-2。酶解温度过低或过高都不利于原生质体再生，过低可能会延长获得相同数量的原生质体需要的酶解时间，从而增加酶对早先形成的原生质体的抑制作用，过高则对酶的活性造成不利影响，从表 5-2 可以看出，菌株 GP3A 和 GY2B 在酶解温度 37℃时的原生质体的形成率和再生率要高于 25℃。所以实验中的酶解温度选为 37℃。从表 5-2 可以看出随着溶菌酶浓度的升高，菌株 GP3A 和 GY2B 原生质体的形成率升高，但是菌株 GP3A 和 GY2B 原生质体的再生率却是先升高再降低，在 10mg/L 时的再生率要低于 5mg/L 时的再生率。当溶菌酶浓度过低时，细菌的细胞壁不能被充分水解破坏，原生质体释放数量少，导致脱壁不彻底，给融合造成障碍。但是当溶菌酶浓度过高时，原生质体的再生率下降，这可能是由酶浓度过高使原生质体脱水皱缩，活性下降引起的，所以实验中选取 5mg/L 作为菌株 GP3A 和 GY2B 的酶解浓度。

表 5-2 酶解条件对原生质体形成和再生的影响

酶解浓度/(mg/L)	酶解时间/min	酶解温度/℃	GP3A		GY2B	
			形成率/%	再生率/%	形成率/%	再生率/%
1	60	25	36.5	15.3	55.6	8.3
1	60	37	55.4	21.3	70.2	15.7
1	100	37	60.2	23.2	75.5	20.3
5	60	37	63.5	40.2	93.2	30.2
5	80	37	91.2	45.7	99.8	37.6
5	100	37	95.2	56.2	99.8	34.3
10	60	37	98.7	34.4	99.9	23.9

原生质体的形成和再生与酶解时间密切相关。酶解时间过短，原生质体形成不完全，影响原生质体的融合效果；酶解时间过长，原生质膜受到损伤，甚至出现原生质体破裂，导致再生率下降，同样影响原生质体的融合效果。酶解时间越短，细胞壁脱壁越不完全，越易再生出细胞壁，酶解时间越长，脱壁越完全。有报道指出，当原生质体去壁过于彻底时，其再生率非常低；当脱壁不完全，留有少部分残壁时，原生质体的再生率明显高于去壁完全时的再生率。在酶解浓度为 5mg/L，酶解温度为 37℃时，研究了在 60min、80min 和 100min 的酶解时间下菌株 GP3A 和 GY2B 原生质体的形成率和再生率。从表 5-2 中可以看出，随着酶解时间的增加，菌株 GP3A 的原生质体形成率和再生率都是增加的；但是对于 GY2B

来说，酶解时间从 80min 延长到 100min，原生质体形成率没有增加，但是再生率稍有下降，这可能是由于酶解时间过长对原生质体造成损伤，不利于再生。所以后续实验中菌株 GP3A 的酶解时间选为 100min，GY2B 的酶解时间选为 80min。

通过光学显微镜观察，可以看到菌株 GP3A 的形状为长杆状[图 5-4(a)]，经过酶解后形成的原生质体小球见图 5-4(b)。菌株 GY2B 的形状为短杆状[图 5-5(a)]，经过酶解后形成的原生质体小球见图 5-5(b)。

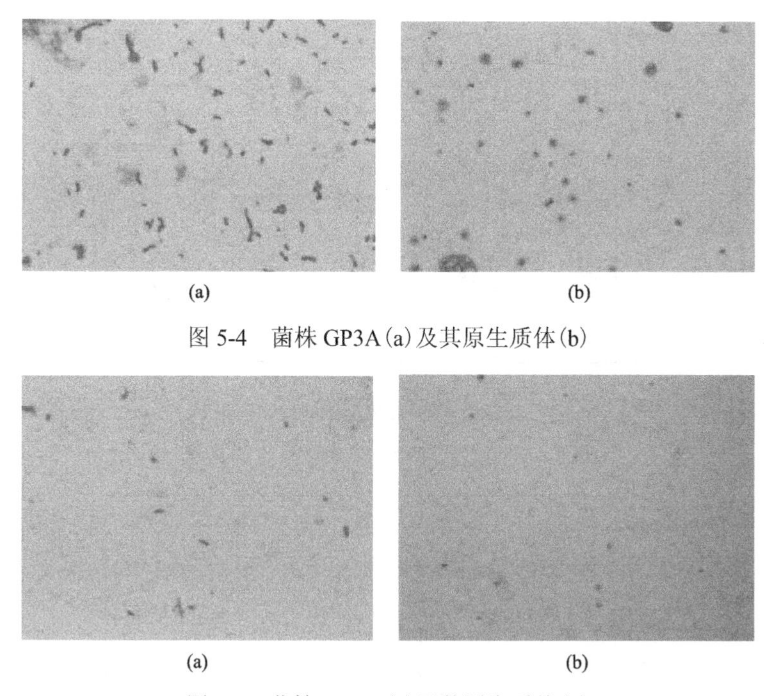

图 5-4　菌株 GP3A(a)及其原生质体(b)

图 5-5　菌株 GY2B(a)及其原生质体(b)

3. 酶解方式对原生质体形成和再生的影响

酶解方式会影响原生质体的形成率，采用轻微摇动和水浴静置两种方式分别研究其对原生质体形成率和再生率的影响，采用轻微摇动和水浴静置两种方式时，GP3A 原生质体形成率分别为 92%和 65%，原生质体再生率分别为 75%和 45%，采用轻微摇动的酶解方式时，菌株的原生质体形成率和再生率明显比采用水浴静置的方式高。菌株 GY2B 的结果与菌株 GP3A 的类似。轻微摇动可使菌体不断接触新鲜酶液，而且能补充氧气，保持良好的通气条件，可促进原生质体的释放和分离。

4. Mg^{2+}和 Ca^{2+}浓度对原生质体再生的影响

Mg^{2+}和 Ca^{2+}的存在有利于原生质体的再生和融合。Reaveley 和 Rogers(1969)

曾报道 Mg^{2+}可以防止细胞膜中的脂类物质和中膜体从芽孢杆菌的原生质体中释放出来。Pigac 等(1982)也曾报道 Mg^{2+}和 Ca^{2+}可以稳定原生质体，防止泄漏。在再生培养基中分别添加 0.01mol/L、0.02mol/L、0.03mol/L、0.04mol/L 的 $MgCl_2$ 和 $CaCl_2$，考察其对原生质体再生的影响，结果如图 5-6 和图 5-7 所示。

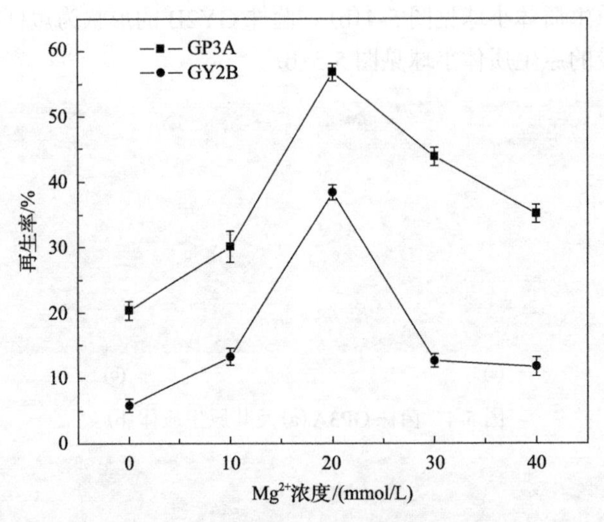

图 5-6 Mg^{2+}浓度对原生质体再生的影响

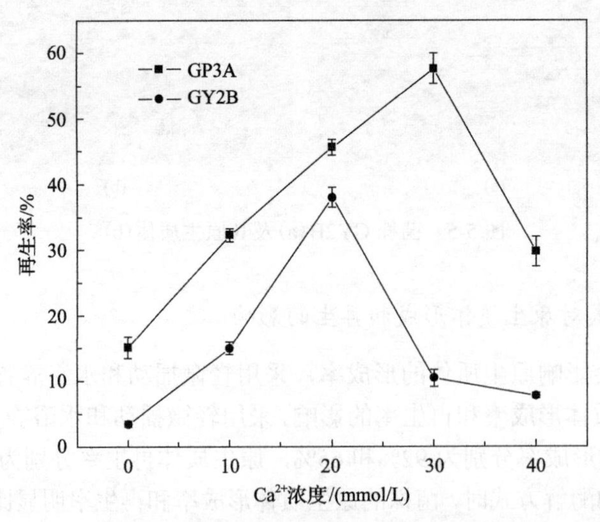

图 5-7 Ca^{2+}浓度对原生质体再生的影响

由图 5-6 可知，当 Mg^{2+}浓度为 20mmol/L 时，菌株 GP3A 和 GY2B 原生质体再生率最高，分别为 56.8%和 38.4%。Mg^{2+}浓度高于 20mmol/L 时，菌株 GP3A 和 GY2B 原生质体再生率下降较明显。由图 5-7 可知，Ca^{2+}浓度为 30mmol/L 时，菌株 GP3A 的原生质体再生率最高，而菌株 GY2B 在 Ca^{2+}浓度为 20mmol/L 时再生率最高，Ca^{2+}

浓度为 40mmol/L 时，GP3A 株和 GY2B 株原生质体再生率都明显降低。

5. L-丝氨酸对原生质体再生的影响

氨基酸在再生培养基中作为营养因子，可能作为细胞壁合成的前体物质，也可能通过代谢转化成细胞壁的前体物质，起到促进代谢、加速细胞壁合成的作用。在再生培养基中分别添加 0.05mol/L、0.1mol/L、0.2mol/L、0.3mol/L 的 L-丝氨酸，考察其对原生质体再生的影响，结果如图 5-8 所示。不添加 L-丝氨酸时，菌株 GP3A 再生率仅有 23.4%，随着 L-丝氨酸浓度上升，其再生率上升，并在 L-丝氨酸浓度为 100mmol/L 时达到最高值，这时菌株 GP3A 再生率为 57.3%。菌株 GY2B 在不添加 L-丝氨酸时再生率仅有 5.5%，当 L-丝氨酸浓度为 50mmol/L 时再生率为 38.7%，继续提高 L-丝氨酸浓度，再生率基本保持不变。

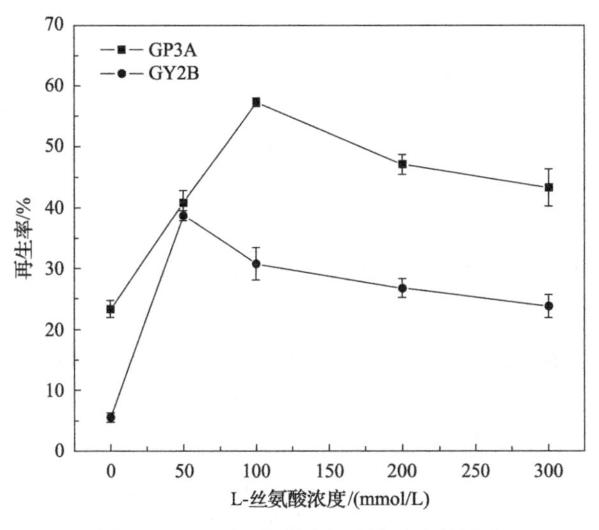

图 5-8　L-丝氨酸对原生质体再生的影响

6. 再生方式对原生质体再生的影响

去壁后的原生质体易破裂，一般采用夹层培养或混合培养方式进行再生，以提高原生质体的再生率。①单层培养：在含 2%琼脂的再生培养基平板上加入 0.1mL 原生质体悬浮液，涂布再生。②夹层培养：下层为琼脂含量为 2%的再生培养基 10mL，倾倒或涂布 0.1mL 原生质体悬浮液，然后加琼脂含量为 0.8%的半固体再生培养基 3～5mL。③混合培养：培养皿中加入原生质体悬浮液 0.1mL，加入 40℃含 0.8%琼脂的再生培养基，混匀培养，考察不同的再生方式对原生质体再生的影响。

本实验比较三种再生方式对菌株 GP3A 和 GY2B 原生质体再生率的影响，结果见表 5-3。采用夹层培养时，菌株 GP3A 和 GY2B 原生质体再生率分别达到了 57.6%和 38.7%，采用单层培养时 GP3A 和 GY2B 原生质体再生率分别是 23.1%和 19.7%，采用夹层培养的再生方式明显优于其他两种再生方式。

表 5-3　再生方式对原生质体形成和再生的影响

培养方式	再生率/%	
	GP3A	GY2B
混合培养	11.3	9.8
夹层培养	57.6	38.7
单层培养	23.1	19.7

5.2　原生质体的融合及融合菌株的筛选与鉴定

如何将亲本菌株与杂种细胞有效地分离是原生质体融合技术中十分关键的一步。亲本的标记是否适当与融合子的检出效率和融合子优良性状的保持有很大的关系。目前采用的亲本标记主要有：营养缺陷型标记、抗药性标记、荧光色素标记、灭活原生质体法。其中，营养缺陷型标记易引起菌体活力降低，导致优良性状丢失；荧光色素标记需在显微镜下操作，难以获得大量融合子。而微生物抗药性是其菌种的特性，是由遗传物质决定的，因此不同的微生物对某一种药物的抗性存在差异。

微生物的抗药性是由遗传物质决定的，不同种的微生物对同一种药物的抗性不同，利用这种差异可对融合子进行选择(辛明秀和马玉娥, 1995; 孙剑秋和周东坡, 2002; 钟蕾和肖克宇, 2002; 陈光荣等, 2004)。但利用此法筛选融合子应注意：药物使用浓度不宜过高，否则会降低融合频率；也不可过低，浓度过低不足以抑制亲本的生长，从而降低筛选效率。谭悠久等(2010)用这种方法筛选出成功转化新霉素磷酸转移酶基因的球毛壳菌菌株。常玉广等(2008)也利用抗药性标记进行了絮凝菌株 F2 和 F6 的原生质体融合子的筛选。

抗生素(antibiotics)是微生物的代谢产物或合成的类似物，在低浓度下就能抑制他种微生物的生长和活动，甚至杀死他种微生物。抗生素的抗菌作用和一般消毒剂有所不同。一般的消毒剂，如石炭酸、乙醇等，主要通过化学变化作用，使菌体蛋白沉淀或变性，从而把细菌杀死。抗生素则主要是作用到菌类的生理方面，通过生物化学方式干扰菌类的一种或几种代谢机能，使菌类受到抑制或死亡。作为抗菌剂使用的抗生素主要分为以下几个类别：①β-内酰胺类抗生素(β-lactam)，其中包括青霉素(penicillin)、头孢菌素(cephalosporin)、非典型的β-内酰胺类抗生素；②氨基糖苷(aminoglycoside)类抗生素；③大环内酯(macrolide)类抗生素；④四环素(tetracycline)类抗生素；⑤氯霉素(chloramphenicol)。另外，既不是微生物分泌物又不是其类似物的人工全合成抗菌剂有喹诺酮(quinolone)和磺胺类(sulfonamides)抗生素。

已知的抗生素作用机制有四种：①抑制细菌细胞壁的合成。细菌细胞质的浓度常大于细胞生存环境中的溶液浓度，渗透压差使细胞外的水分不断扩散进入细胞。细胞壁的存在则可防止细胞因不断膨胀而使细胞膜破裂导致细菌死亡。细菌细胞壁的主要组成为形成网状结构的肽聚糖、抗生素(如青霉素类和头孢菌素类)，会阻止细菌合成完整的肽聚糖，如此将使得由残缺的肽聚糖组成的细胞壁变得脆弱。②与细胞膜相互作用。一些抗生素与细胞的细胞膜相互作用而影响膜的渗透性，导致细胞内的重要物质从菌体流失，这对细胞具有致命的作用。以这种方式作用的抗生素有多黏菌素和短杆菌素。③干扰蛋白质的合成。由于蛋白质合成是所有细胞都具备的基本功能，因此这类抗生素看似不具备选择性毒性(selective toxicity，即意味着会杀死微生物但对于受微生物感染的宿主生物则无害)。然而原核细胞和真核细胞在核糖体的结构上有显著的差异，原核细胞具备的是 70S 核糖体，真核细胞则主要是 80S 核糖体，因此以 70S 核糖体为作用目标的抗生素可以杀死细菌，但不会杀死真核细胞。干扰蛋白质合成的抗生素包括福霉素类、氨基糖苷类、四环素类和氯霉素。④抑制核酸的转录和复制。抑制核酸(nucleic acid)的功能，阻止细胞分裂和/或所需酶的合成。以这种方式作用的抗生素包括利福平、萘啶酸和二氯基吖啶。

5.2.1　原生质体融合及融合子初筛

1. 菌株 GP3A 和 GY2B 菌种抗药性检测

根据不同的抗生素对细菌有不同程度的杀伤力、抗生素的作用方式及分类的不同选择了 16 种抗生素(链霉素、四环素、红霉素、氨苄青霉素、庆大霉素、氯霉素、头孢哌酮、头孢他啶、氨曲南、环丙沙星、哌拉西林、美罗培南、妥布霉素、新霉素、青霉素 G 钠、卡那霉素)进行菌株 GP3A 及 GY2B 的抗药性实验。取一定质量抗生素，用乙醇或去离子水溶解，配成浓度为 2.5mg/mL 的母液。过滤除菌，用一次性注射器使抗生素溶液通过孔径为 0.22μm 的滤膜，过滤后的抗生素置于–20℃或者常温的环境下保存备用。

在 100mL 锥形瓶中配制 50mL 牛肉膏蛋白胨固体培养基溶液。灭菌后，将固体培养基置于 55℃水浴锅中待用。向冷却到 50～60℃的固体培养基溶液中分别加入不同体积的抗生素储备液，冷却制成一系列浓度的含有不同抗生素的固体培养基和 1 个空白对照。取活化后的菌株 GP3A 和 GY2B 菌液 1mL，用去离子水稀释为 10^3 倍，将其涂布于抗生素固体培养基上。30℃培养 48h 后观察结果。

2. 利用抗生素筛选融合子

菌株 GP3A 的抗生素敏感性结果见表 5-4。本实验选的 16 种抗生素，浓度范围为 40～300μg/mL。在此浓度范围内可以看出菌株 GP3A 对新霉素和氨曲南具有抗性，对庆大霉素和妥布霉素敏感，当环丙沙星浓度大于 50μg/mL，氨苄青霉素的浓度大于 60μg/mL 时，也对菌株 GP3A 有抑制作用。菌株 GP3A 在链霉素、庆大霉素、妥布霉素、氨苄青霉素、红霉素、头孢他啶、环丙沙星的浓度大于或等于 100μg/mL 的抗生素平板中不能生长。而菌株 GP3A 在卡那霉素、青霉素、四环素、美罗培南和氯霉素的浓度小于或等于 100μg/mL 的抗生素平板中则可以生长。

表 5-4　芘降解菌 GP3A 的抗生素敏感性

抗生素浓度/(μg/mL)	40	50	60	75	80	100	150	200	300
链霉素	+	+	\	\	\	—	—	—	—
庆大霉素	\	—	—	—	—	—	—	—	—
新霉素	+	+	+	+	+	+	+	+	+
妥布霉素	—	—	—	—	—	—	—	—	—
卡那霉素	+	+	+	+	+	+	\	\	\
青霉素	+	+	+	+	+	+	\	\	\
氨苄青霉素	+	+	\	—	—	—	—	—	—
哌拉西林	+	+	+	+	+	\	\	\	\
四环素	+	+	+	+	+	+	—	—	
红霉素	+	+	\	\	\	—	—	—	—
头孢哌酮	+	+	+	+	+	\	\	\	\
头孢他啶	+	+	+	+	—	—	—	—	—
氨曲南	+	+	+	+	+	+	+	+	+
环丙沙星	+	+	—	—	—	—	—	—	—
美罗培南	+	+	+	+	+	+	+	—	—
氯霉素	+	+	+	+	+	+	\		\

+表示在此浓度的抗生素平板中菌株 GP3A 可以生长；— 表示在此浓度的抗生素平板中菌株 GP3A 不可以生长；\ 表示没有做过菌株 GP3A 能否在此抗生素浓度下生长的实验。

菌株 GY2B 的抗生素敏感性结果见表 5-5。本实验选的 16 种抗生素，浓度范围从 40～300μg/mL。在此浓度范围内可以看出 GY2B 对新霉素和氨曲南具有抗药性，对妥布霉素敏感。当链霉素浓度大于 100μg/mL，红霉素浓度大于 100μg/mL 和头孢他啶浓度大于 100μg/mL 时，对菌株 GY2B 有抑制作用，其他浓度时则对菌株 GY2B 没有抑制作用。

表 5-5　非降解菌 GY2B 的抗生素敏感性

	抗生素浓度/(μg/mL)								
	40	50	60	75	80	100	150	200	300
链霉素	+	+	\	\	\	—	—	—	—
庆大霉素	\	\	\	\	\	\	\	\	\
新霉素	+	+	+	+	+	+	+	+	+
妥布霉素	—	—	—	—	—	—	—	—	—
卡那霉素	+	+	+	+	+	+	\	\	\
青霉素	+	+	+	+	+	+	\	\	\
氨苄青霉素	\	\	\	\	\	\	\	\	\
哌拉西林	\	\	\	\	—	—	—	—	—
四环素	+	+	+	+	+	+	—	—	—
红霉素	+	+	+	+	+	+	+	—	—
头孢哌酮	+	+	+	+	+	\	\	\	\
头孢他啶	+	+	+	+	+	—	—	—	—
氨曲南	+	+	+	+	+	+	+	+	+
环丙沙星	\	\	—	—	—	—	—	—	—
美罗培南	\	\	\	\	\	\	\	—	—
氯霉素	+	+	+	+	+	+	\	\	\

注：+ 表示在此浓度的抗生素平板中菌株 GY2B 可以生长；— 表示在此浓度的抗生素平板中菌株 GY2B 不可以生长；\ 表示没有做过菌株 GY2B 能否在此抗生素浓度下生长的实验。

通过对菌株做抗生素的敏感试验，选取只对菌株 GP3A 有抗性的抗生素和只对菌株 GY2B 有抗性的抗生素，以用于对融合细胞的筛选，使筛选出来的融合子具有菌株 GP3A、GY2B 的共同特征。避免筛选出来的融合子是一种细胞融合或未融合的单个细胞。将表 5-4 与表 5-5 的同种抗生素和同样浓度的数据合并，再剔除有“\”符号的数据后，得到表 5-6。在表 5-6 中，“++”表示菌株 GP3A 和 GY2B 在相应抗生素的相应浓度下同时可以生长；“– –”表示菌株 GP3A 和 GY2B 在相应抗生素的相应浓度下都不可以生长；“+–”表示在相应抗生素的相应浓度下菌株 GP3A 可以生长，而菌株 GY2B 不能生长；“–+”表示在相应抗生素的相应浓度下菌株 GP3A 不能生长，而菌株 GY2B 可以生长。比较可知：在哌拉西林浓度等于 80μg/mL 时，菌株 GP3A 可以生长但菌株 GY2B 不能生长；而在头孢他啶浓度等于 80μg/mL，或在红霉素的浓度等于 100μg/mL 或 150μg/mL 时，菌株 GP3A 不能生长但 GY2B 可以生长。

表 5-6　菌株 GP3A 和 GY2B 抗生素敏感性综合比较

抗生素/(μg/mL)	40	50	60	75	80	100	150	200	300
链霉素	++	++	\\	\\	\\	––	––	––	––
庆大霉素	\\	–\	–\	–\	–\	–\	–\	–\	–\
新霉素	++	++	++	++	++	++	++	++	++
妥布霉素	––	––	––	––	––	––	––	––	––
卡那霉素	++	++	++	++	++	++	\\	\\	\\
青霉素	++	++	++	++	++	++	\\	\\	\\
氨苄青霉素	+\	+\	\\	–\	–\	–\	–\	–\	–\
哌拉西林	+\	+\	+\	+\	+–	\–	\–	\–	\–
四环素	++	++	++	++	++	++	––	––	––
红霉素	++	++	\+	\+	\+	–+	–+	––	––
头孢哌酮	++	++	++	++	++	\\	\\	\\	\\
头孢他啶	++	++	++	++	–+	––	––	––	––
氨曲南	++	++	++	++	++	++	++	++	++
环丙沙星	+\	+\	––	––	––	––	––	––	––
美罗培南	+\	+\	+\	+\	+\	+\	+\	––	––
氯霉素	++	++	++	++	++	++	\\	\\	\\

注：每个单元格中，左边的符号属于菌株 GP3A，右边的符号属于菌株 GY2B。+ 表示在此浓度的抗生素平板中相应菌种可以生长；— 表示在此浓度的抗生素平板中相应菌种不可以生长；\ 表示没有做过该实验。

由于所选用抗生素之间可能存在拮抗作用，所以表 5-6 中的实验结果并不能证明在同时存在 80μg/mL 哌拉西林和 80μg/mL 头孢他啶的抗生素平板中，或者同时存在 80μg/mL 哌拉西林和 100～150μg/mL 红霉素的抗生素平板中，菌株 GP3A 和 GY2B 不可以生长。如果拮抗作用存在，导致菌株 GP3A 和 GY2B 可以生长，那么在融合子的再生培养基中，将不能筛选出融合子。因此将菌株 GP3A 和 GY2B 涂布于同时存在 80μg/mL 哌拉西林和 80μg/mL 头孢他啶的抗生素平板，和同时存在 80μg/mL 哌拉西林和 100μg/mL 红霉素的抗生素平板中。在 30℃下经过 48h 的培养，菌株 GP3A 和 GY2B 在两个平板中都不能生长。因此可以认为在同时存在 80μg/mL 哌拉西林和 80μg/mL 头孢他啶的再生平板，或同时存在 80μg/mL 哌拉西林和 100μg/mL 红霉素的再生平板上生长出来的菌体，即是 GP3A 和 GY2B 的融合子。

取等量（1mL）的亲株 1 鞘氨醇细菌 GY2B 和亲株 2 假单胞细菌 GP3A 的原生质体悬浮液混合均匀，3000r/min 离心 10min，弃上层清液，加入少许 SMM 高渗溶液悬浮，加入 1mL 40%的聚乙二醇、10mmol $CaCl_2$、15%二甲基亚砜的 PEG 6000 溶液在 36℃下诱导融合 5min，收集融合子。

为初步筛选融合子，选用固体鉴别夹层培养基（SIM）来进行筛选：SIM=CMR+头孢他啶（80μg/mL）+哌拉西林钠（80μg/mL），SIM 的下层为含有两种抗生素和 2%

琼脂的固体培养基，上层为含有两种抗生素和 0.8%琼脂的半固体培养基。将收集到的融合产物，用 SMM 清洗并将其接种在 SIM 培养基上，在 35℃条件下培养 7d。7d 后在培养基上长出的菌落即为菌株 GP3A 和 GY2B 的融合产物。

5.2.2　具有降解功能融合子的筛选

经过选择性再生培养基筛选出融合菌株后，通过第 2 轮筛选实验进一步筛选出具有降解菲和芘性能的菌种：随机挑取 39 株从再生固体培养基上长出的菌株，分别编号(1～39)并接种于液体培养基中振荡培养。取培养后的菌液分别涂布于含有菲或芘的无机盐固体培养基，30℃培养 72h；传代培养 8 代。挑取同时能在含有菲和芘的无机盐固体培养基上生长并产生透明圈的菌株。

由于期望获得能够同时降解菲和芘的高效降解菌，继续进行第 3 轮的筛选，通过摇瓶实验筛选出降解效果好的菌株。取经过第 2 轮筛选出的菌株，分别接种于含有 50mg/L 菲或 10mg/L 芘的无机盐液体培养基，降解菲 2d、降解芘 10d，最后测出剩余的菲和芘的含量，得到各菌的菲和芘降解率。挑取降解效果最好的菌株做后续研究。

经过含有抗生素的选择性再生培养基的筛选，随机选取 39 株菌进行第 2 轮的筛选，随后选出 9 株菌株能在含有菲和芘的无机盐固体培养基上产生透明圈，说明该菌株对菲或芘有降解能力。将这 9 株菌分别接种于含有 50mg/L 菲或 10mg/L 芘的无机盐液体培养基，降解菲 2d、降解芘 10d，最后测出剩余的菲和芘的含量，得到各菌的菲和芘降解率，见表 5-7。从表 5-7 可知，第 14 号融合子对菲的降解率为 80.5%，是挑取出来的融合子中对菲的降解效率最好的一株融合子。第 8 号融合子和第 14 号融合子对芘的降解率分别为 50.6%和 37.0%，为对芘的降解率最高的两株，但是由于第 8 号融合子对菲的降解率只有 41.5%，因此选取第 14 号菌株进行后续研究，并命名这株菌为 F14。

表 5-7　融合子对菲和芘的降解率

融合子编号	菲降解率/%	芘降解率/%
7	41.0	19.7
8	41.5	50.6
10	43.0	8.2
11	39.6	10.0
14	80.5	37.0
18	46.5	32.1
23	27.4	28.6
37	41.3	13.6
38	48.6	29.4

5.2.3 融合菌株 F14 的特征与鉴定

1. 菌落特征观察

原始亲本菌株 GY2B、GP3A 和融合菌株 F14 的菌落照片如图 5-9 所示。菌株 GY2B 菌落[图 5-9(a)]颜色为乳黄色、圆形、边缘整齐、不透明、光滑、湿润。菌株 GP3A 菌落[图 5-9(b)]颜色为淡黄色、表面光滑不透明、边缘整齐，有光泽。融合菌株 F14 的菌落[图 5-9(c)]为规则的圆形、隆起，边缘整齐，表面光滑，有黏稠感，菌落颜色为白色，不透明。

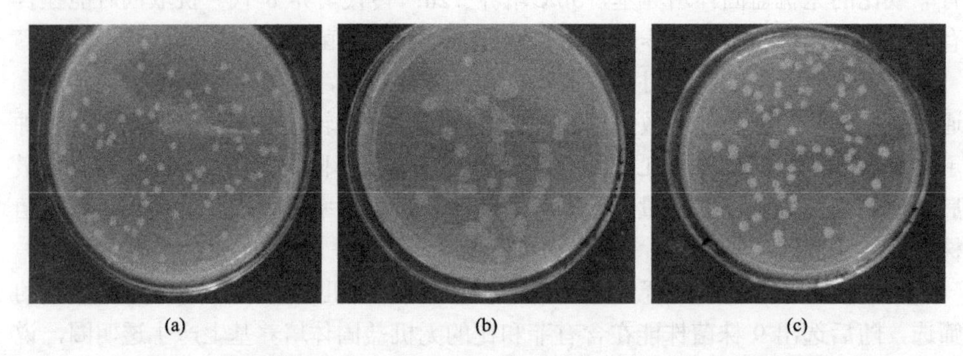

图 5-9 亲本菌株 GY2B(a)、GP3A(b)和融合菌株 F14(c)的菌落形态

2. 光学显微镜观察

在光学显微镜下观察对比融合子 F14、亲本 GP3A 和 GY2B 的形态(图 5-10)，发现融合子 F14 比菌株 GP3A 短，比 GY2B 稍长，并且 F14 明显比 GP3A 和 GY2B 粗。

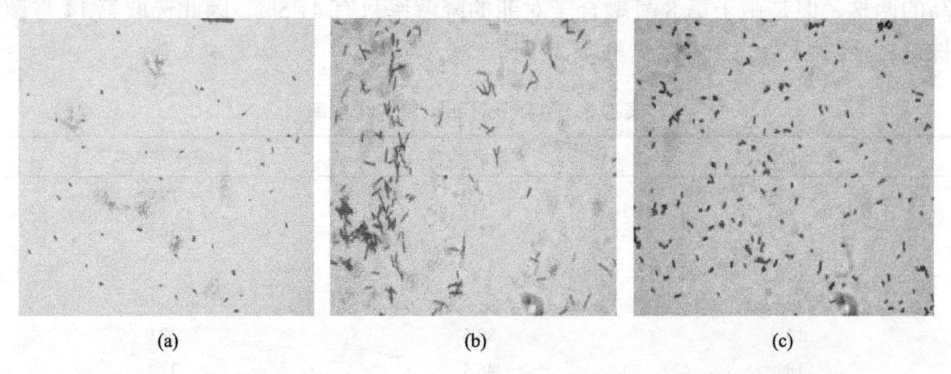

图 5-10 亲本菌株 GY2B(a)、GP3A(b)和融合菌株 F14(c)的显微镜照片

3. 扫描电镜观察

原始亲本菌株 GY2B、GP3A 和融合菌株 F14 的扫描电镜照片如图 5-11 所示。

用电子显微镜测微尺分别测定两亲株及融合子的细胞长轴(a)和短轴(b)，按式(5-3)计算细胞的平均体积，每种菌取 20 个平行样，结果见表 5-8。从图 5-11 和表 5-8 的数据可以看出，融合菌株 F14 比双亲都短，而直径却大于双亲。融合子体积为 0.184μm^3，约为 GP3A 体积 0.096μm^3 和 GY2B 体积 0.078μm^3 之和。

$$V=\frac{4}{3}\pi\left(\frac{a}{2}\right)\left(\frac{b}{2}\right)^2 \tag{5-3}$$

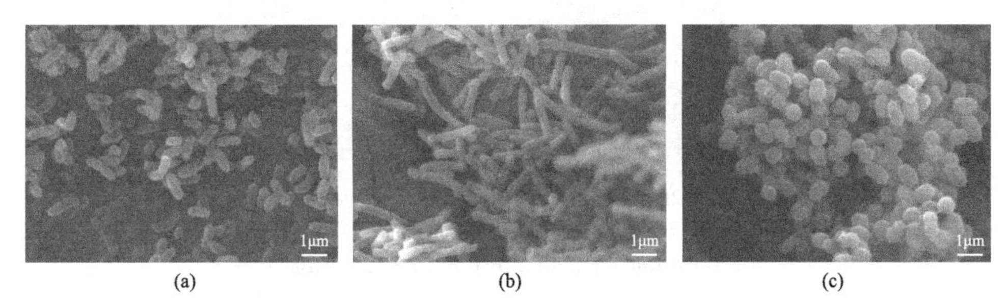

图 5-11　亲本菌株 GY2B(a)、GP3A(b)和融合菌株 F14(c)的扫描电镜照片

表 5-8　融合子和亲本菌株细胞体积比较

	GY2B	GP3A	F14
长/μm	1.107±0.124	1.590±0.202	0.948±0.087
直径/μm	0.367±0.033	0.340±0.039	0.609±0.077
体积/μm^3	0.078±0.024	0.096±0.047	0.184±0.056

4. PCR-RFLP 分析

限制性片段长度多态性(restriction fragment length polymorphism, RFLP)是发展最早的分子标记技术之一，其原理是检测 DNA 在限制性内切酶酶切后形成的特定 DNA 片段的大小。凡是可以引起酶切位点变异的突变位点(新产生和去除酶切位点)和一段 DNA 的重组(如插入和缺失造成酶切位点间的长度发生变化)等均可导致 RFLP 的产生(魏晓棠等, 2010)。不同的菌种在不同的限制性内切酶作用下产生的酶切片段的大小和数目有一定的差异。

为进一步鉴定融合菌株 F14 是不同于亲本的菌株，应用 *Afa* Ⅰ和 *Msp* Ⅰ限制性内切酶对扩增得到的 PCR 产物进行酶切，采用 PCR-RFLP 对其进行分析。图 5-12 是菌株 GP3A、GY2B 和 F14 rDNA 用限制性内切酶进行酶切的结果图。可以看出，酶切产物通过 2.5%琼脂糖凝胶电泳显示酶切位点有显著差异，三种菌产生的酶切片段数目和大小都不一样，说明融合菌株 F14 是不同于亲本菌株 GP3A 和 GY2B 的菌株。

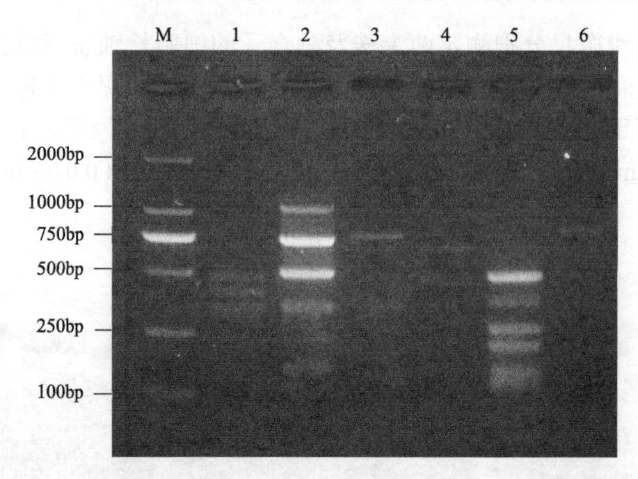

图 5-12 菌株 GP3A、GY2B 和 F14 rDNA PCR-RFLP 用 *Afa* Ⅰ和 *Msp* Ⅰ酶切的结果

M 为 Marker；1 为 GP3A/*Afa* Ⅰ；2 为 GY2B/*Afa* Ⅰ；3 为 F14/*Afa* Ⅰ；
4 为 GP3A/*Msp* Ⅰ；5 为 GY2B/*Msp* Ⅰ；6 为 F14/*Msp* Ⅰ

5.3 融合菌株 F14 降解菲和芘的性能

虽然筛选出了很多高效降解多环芳烃的菌，但是这些菌都是以某种多环芳烃为唯一碳源筛选出来的，这些菌种只能降解特定类型的污染物，微生物受环境因素的影响比较大。例如，融合菌株 F14 的亲本之一的 *Sphingomonas* sp. GY2B 是一株菲降解菌，但是它对芘的降解效果微乎其微，甚至不能降解。融合菌株 F14 的另外一个亲本 GP3A(*Pseudomonas* sp.)是降解芘的混合菌群 GP3 里的一株菌，它对芘有一定的降解效果，但是对菲也是基本上不降解。但是在实际多环芳烃污染的环境中，多环芳烃都是以混合物的形式存在，而不是以单一的物质存在(Frysinger et al., 2003; Johnsen et al., 2005)。因此，期望能够获得一株不仅能高效降解多环芳烃的菌株，也希望它能够同时降解不同分子量的多环芳烃，以期能够更好地应用于实际。

5.3.1 融合菌株 F14 对菲的降解特性

1. 融合菌株 F14 的生长与菲降解特性

将初始菌密度为 8.9×10^6CFU/mL 的融合菌株 F14 菌液加入 100mg/L 的菲溶液中，其生长和降解菲效果如图 5-13 所示。

融合菌株 F14 对污染物的降解在刚开始时一般有一个短暂的滞后期，这是微生物对外源异生物质的适应过程，由于初期的微生物数量较少而不能对污染物的降解产生一个明显的影响(Babaee et al., 2010; Lin et al., 2010a; Hongsawat and Vangnai,

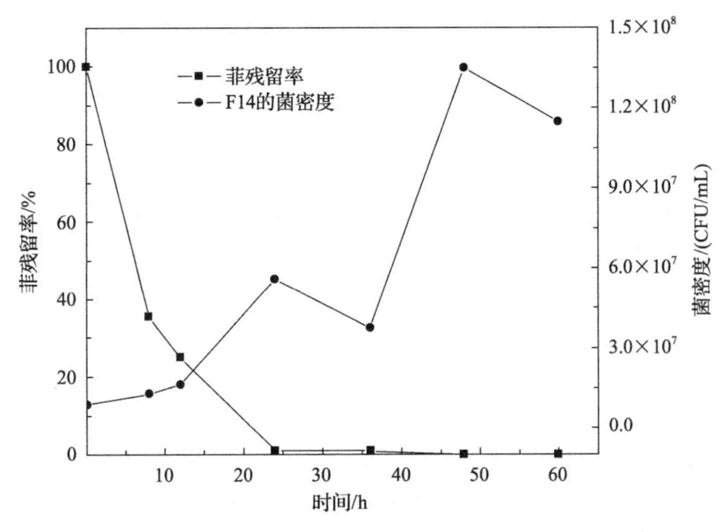

图 5-13　以菲为唯一碳源时融合菌株 F14 的生长-菲降解曲线

2011）。但是从图 5-13 可以看出，在融合菌株 F14 培养期的初期，细菌的个数增加不是很明显，但是菲的降解曲线却有一个急剧的下降，这可能是由细胞对菲的吸收或者细胞壁对菲的吸附作用造成的(Tian et al., 2002)。12h 以后微生物繁殖很快，最终菌密度超过 10^8CFU/mL，菲的降解率在 36h 达到 99.1%，在 48h 达到了 99.9%。表 5-9 列举了本研究得到的降解菌和文献报道的其他降解菌在菲降解时间、菲降解率和细胞比生长速率方面的比较结果，发现在这些菲降解菌中，相同菲初始浓度下，融合菌株 F14 的菲降解时间短，菲降解率高，且细胞的比生长速率 μ 值大，这些都说明融合菌株 F14 是一个具有高效降解菲能力的菌株。并且在和亲本之一的菌株 GY2B 比较时发现，将菲降解 99%时，GY2B 所需的时间为 2d，而 F14 所需的时间仅为 1d，这说明融合菌株 F14 比其亲本 GY2B 具有更快的降解速率。

表 5-9　不同菌株菲降解性能的比较

菲浓度 /(mg/L)	降解时间 /d	菲降解率 /%	比生长速率 μ/h^{-1}	菌株	参考文献
100	1	99	0.146	Fusant F14	本书研究
100	2	99.1	0.135	*Sphingomonas* sp. GY2B	Tao et al., 2007a
100	30	99.5	0.028	*Rhodotorula glutinis*	Romero et al., 1998
100	30	99.8	0.041	*Pseudomonas aeruginosa*	Romero et al., 1998
100	2	95.0	0.033	*Pseudomonas mendocina*	Tian et al., 2002
100	14	58.0	ND	混合菌	Tam et al., 2002
100	14	100%	ND	混合菌	Janbandhu and Fulekar, 2011
100	6	50%	ND	*Ganoderma lucidum*	Ting et al., 2011

注：ND 表示没有检测。

2. 环境因素对 F14 生长及菲降解的影响

1) 温度

取 1mL 融合菌株 F14 的菌液(降解影响因素实验所用菌液，均为在 100mg/L 菲中预先活化培养了 2 天的菌液)到 20mL 含菲 MSM 中，分别在 20℃、25℃、30℃、32℃、36℃和 40℃不同温度的摇床中振荡培养，48h 后测不同温度条件下菌密度和菲残留量。每种温度取三个平行样，空白对照只加菲于 MSM。结果如图 5-14 所示。结果表明：融合子对温度的适应范围较广，在 20～36℃范围内，融合子的菌密度都大于 1.0×10^7CFU/mL。融合子在温度范围为 30～36℃之间生长较好，菌密度增加 30 倍以上(初始菌密度 8.9×10^6CFU/mL)，温度降低或升高都会不利于融合子的生长，高温(40℃)比低温(20℃)更不利于微生物的生长。融合子在 20～40℃时对菲的降解率均在 80%以上，25～36℃时的平均降解率达到 99.8%，在 30℃时降解率达到最高的 99.99%。而 F14 的亲本之一，菌株 GY2B，对菲的微生物降解则在 25～30℃之间较好，降解率可以达到 99%以上，在 20℃和 35℃时对菲的降解率只有 45%左右。

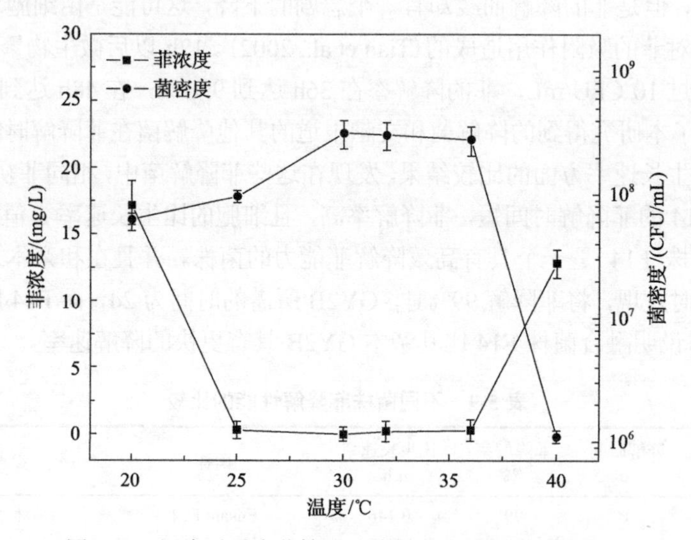

图 5-14　温度对融合菌株 F14 降解菲和细胞生长的影响

融合菌株 F14 的降解率在高温(40℃)时比低温(20℃)时要好，但是菌密度却相对较小，这可能是由菲的挥发作用随着温度升高而增强造成的，因为所有实验是在避光的摇床中进行的，避免了光解，而菲的苯环结构很稳定，几乎不可能水解，从而造成高温(40℃)比低温(20℃)的降解率要高。

2) pH

pH 对融合菌株 F14 的生长及其对菲降解效果的影响如图 5-15 所示。融合菌株 F14 在 pH 为 6.5～9 时生长最好，在 pH 6～6.5 也还可以生长，当 pH＜6.0 时，微生物的生长明显受到抑制。融合菌株 F14 在不同 pH 下的降解率表明，pH 对降解率的影响与对微生物生长的影响相一致。在 pH 为 8 时，融合子对菲的降解作用最强，其降解率达 99.99%；在 pH 为 4 时菲的降解受到较大的抑制，降解率仅为 63%，说明融合子在偏碱性环境中更有利于降解菲。这是由于碱性培养基中 OH^- 正好可以中和菲降解过程产生的酸性中间产物的 H^+，使这个微生物酶催化的反应向着菲降解的方向进行。

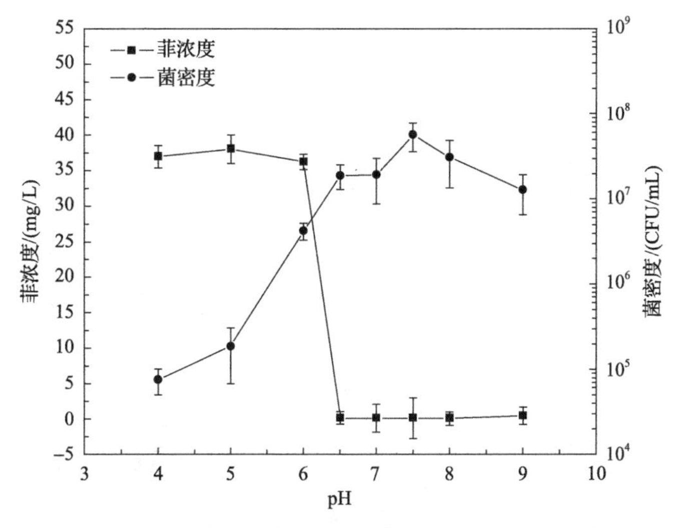

图 5-15　pH 对融合菌株 F14 降解菲和细胞生长的影响

融合菌株 F14 的亲本之一，菌株 GY2B，降解菲的适宜 pH 范围为 7.2～8.9，当环境变得稍微酸性一些时，菌株 GY2B 的生长速度和菲的降解效果都会下降。当 pH 为 6.5 时，菌株 GY2B 在 24h 对菲的降解率只有 45%，并且菌株 GY2B 的生长也明显受到了抑制。而融合菌株 F14 在 pH 为 6.5 时在 24h 对菲的降解率就达到了 99.8%。在酸性到碱性环境中，融合子对菲的降解率均较高，在这样宽广的范围内能够高效地发挥降解菲的能力，这使融合子在实际污染物处理中能够适应复杂的环境条件。

3) 菲初始浓度

融合菌株 F14 在 60mg/L、100mg/L 和 230mg/L 含菲 MSM 培养液中生长与降解菲的特性见图 5-16。融合菌株 F14 对 60mg/L、100mg/L 和 230mg/L 菲的最终去除率分别为 99.98%、99.99%和 99.99%。可以看出，融合菌株 F14 能够降解高浓度的菲。由图 5-16(b)可知，在初始的 8h 内，3 种浓度菲下的菌生长量增长不明显，但是菲的浓度却有一个急剧下降[图 5-16(a)]，这可能是由于细胞对菲的吸收或者细胞壁对菲的吸附作用。由图 5-16(a)可以看出，当菲初始浓度为 60mg/L

和 100mg/L 的低浓度时，融合菌株 F14 对菲的降解在 24h 达到了 99%，而当菲初始浓度为 230mg/L 的高浓度时，F14 对菲的降解在 24h 只有 79%；在 24h 后 F14 对菲的降解速率明显下降，但在 72h 对菲的降解率也达到了 99%以上。

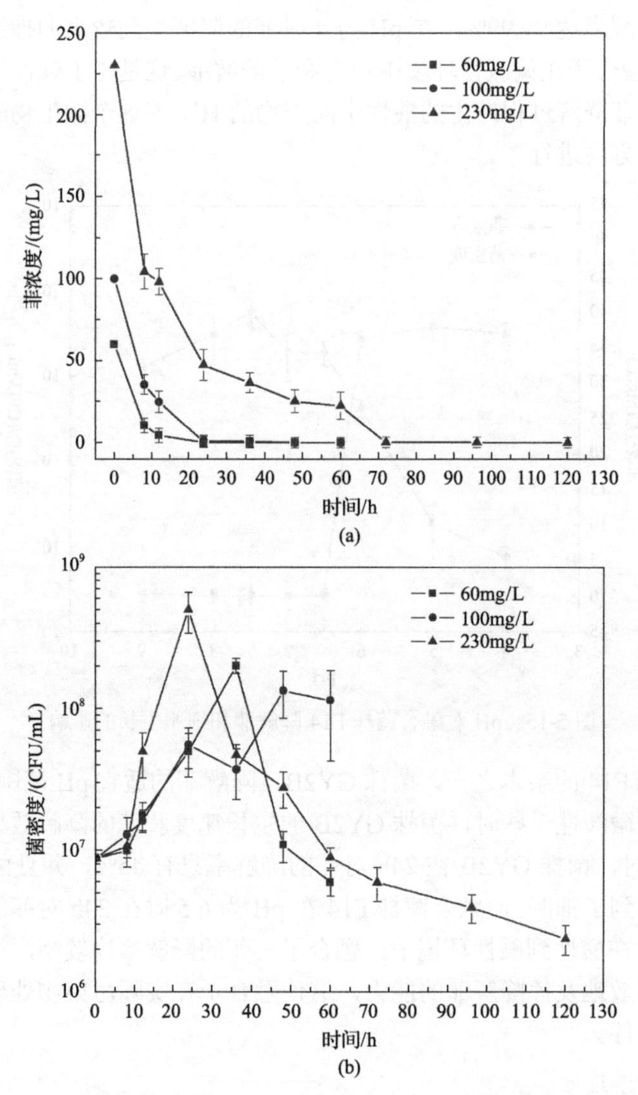

图 5-16　菲初始浓度对融合菌株 F14 降解菲(a)和细胞生长的影响(b)

第 3 章的研究发现融合菌株的亲本之一，菌株 GY2B，降解初始浓度为 60mg/L 的菲，在 36h 降解率才能达到 99%以上，对于初始浓度为 230mg/L 的菲，在 48h 降解率达到 70%左右，然而此后菲浓度就基本不再减少，到 120h 仍有大量菲剩余，从而可以看出融合菌株 F14 的降解效率要比亲本菌株 GY2B 高。

反应动力学可以用来评价微生物降解有机物质的能力，经常用总的降解速率或速率常数来描述。不同初始浓度下菲的降解速率常数如表 5-10 所示，随着浓度的增加，菲的降解速率常数下降。随着浓度的增加，在降解过程中有毒中间代谢产物的积累导致微生物的活性降低，从而使菲的降解速率降低，导致速率常数降低。菲降解速率常数(k_1)和初始浓度有很好的线性关系。

表 5-10　不同初始浓度下菲的降解速率常数(k_1)和半衰期($t_{1/2}$)

菲初始浓度/(mg/L)	降解速率常数 k_1/h^{-1}	半衰期 $t_{1/2}$/h	相关系数 R^2
60	0.22	3.15	0.999
100	0.13	5.33	0.997
230	0.07	9.90	0.965

融合菌株 F14 在不同菲初始浓度下的生长情况见图 5-16(b)，在开始的 24h 内，菌密度大小和菲的初始浓度成正比，就是说浓度越大，菌的数目越多。这可能是由于初始浓度越大，所能提供给融合子生长的营养越多，从而导致菌密度越大。24～36h 内，60mg/L 菲的菌密度一直上升，36h 之后，60mg/L 菲的菌密度慢慢减少，因为此时菲已经完全降解了，培养基里面的碳源不足了。而 100mg/L 菲的菌密度在 48h 时达到最高，在 36h 时可以观察到融合菌株 F14 有一个二次增长的过程，这可能是由于降解过程中产生的一些代谢产物作为菲的替代碳源继续维持微生物的生长。230mg/L 菲的菌密度在 24h 后急剧减少，到 120h 时降低了 2 个数量级，也就是说微生物细胞大量死亡。究其原因可能是积累了某种对微生物有毒害作用的代谢产物，还需进一步验证。

融合菌株 F14 在不同菲初始浓度下的比生长速率 μ 和细胞倍增时间 τ 如表 5-11 所示，60mg/L、100mg/L、230mg/L 菲浓度下细胞的比生长速率 μ 分别是 0.107h^{-1}、0.146h^{-1}、0.240h^{-1}，细胞倍增时间分别是 6.47h、4.74h 和 2.89h。可以看出随着菲浓度的增加，F14 生长的比增长速率也是增加的，细胞倍增时间减少。

表 5-11　不同初始菲浓度下菌株 F14 的比生长速率

菲初始浓度/(mg/L)	比生长速率 μ/h^{-1}	细胞倍增时间 τ/h	相关系数 R^2
60	0.107	6.47	0.893
100	0.146	4.74	0.969
230	0.240	2.89	0.973

3. 融合菌株 F14 对菲的降解动力学研究

1) 不同初始浓度的菲降解

选取了 8 个不同的初始浓度进行融合菌株 F14 的降解菲的降解动力学研究。菲的初始浓度范围从 15mg/L 到 1000mg/L(15mg/L、30mg/L、60mg/L、100mg/L、

230mg/L、500mg/L、800mg/L、1000mg/L)。空白实验显示菲挥发的量可以忽略不计。结果如图 5-17 所示。对于初始浓度为 15mg/L 和 30mg/L 的菲，F14 在 8h 就可以将菲降解 99%，对于初始浓度为 60mg/L 和 100mg/L 的菲，F14 将菲降解 99%需要 24h，F14 可以将初始浓度为 230mg/L 的菲在 72h 时降解 99%以上。F14 降解初始浓度比较高的菲(500mg/L、800mg/L、1000mg/L)需要的时间则长一些。从图 5-17 可以看出，在 10d 的时候，F14 对初始浓度为 500mg/L、800mg/L 和 1000mg/L 的降解率分别为 99%、95%和 92%。虽然融合菌株降解高浓度的菲需要的时间较长一些，但是降解效果也是比较好的，说明融合菌株 F14 可以耐受较高浓度的菲，也说明融合菌株 F14 是一株高效降解菌。

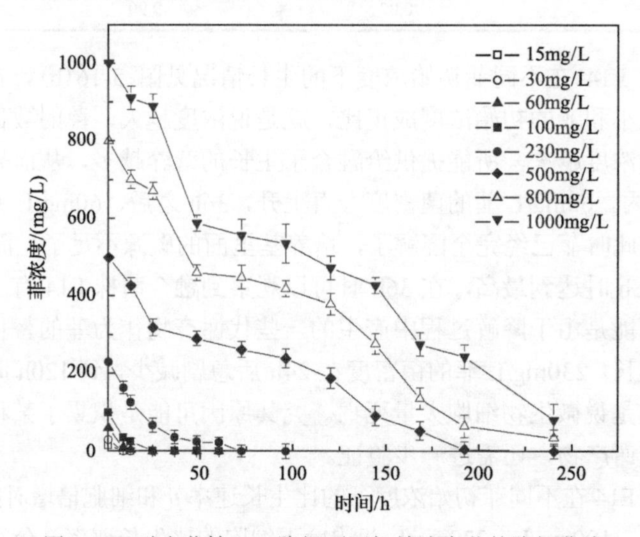

图 5-17　融合菌株 F14 降解不同初始浓度菲的降解曲线

降解不同初始浓度的菲所需的时间见图 5-18，从图中可以看出，菲浓度和所需时间呈很好的线性关系(R^2 = 0.9733)，随着菲初始浓度的增加，降解菲所需的时间也增加。

2) 降解动力学研究

不同初始浓度的菲的比降解速率如图 5-19 所示，从图中可以看出，菲的比降解速率曲线可以分成两部分：当菲的初始浓度低于 230mg/L 时，菲的比降解速率随着菲浓度的增加而增加，从 S_0 为 15mg/L 时的 21.3mg 菲/(g 菌·h) 增大到 S_0 为 230mg/L 时的 100.8mg 菲/(g 菌·h)。当菲的初始浓度高于 230mg/L 时，菲的比降解速率随着菲浓度的增加而降低，从 S_0 为 230mg/L 时的 100.8mg 菲/(g 菌·h) 再缓慢降低到 S_0 为 1000mg/L 时的 53.3mg 菲/(g 菌·h)。从图 5-19 中看到当菲的初始浓度为 230mg/L 时，菲的比降解速率达到最大值，这也意味着当菲的浓度超过 230mg/L，就会产生抑制作用。

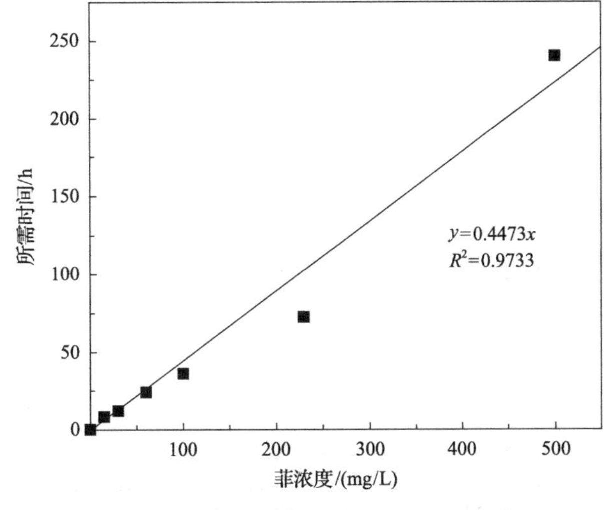

图 5-18　菲初始浓度与降解所需时间关系图

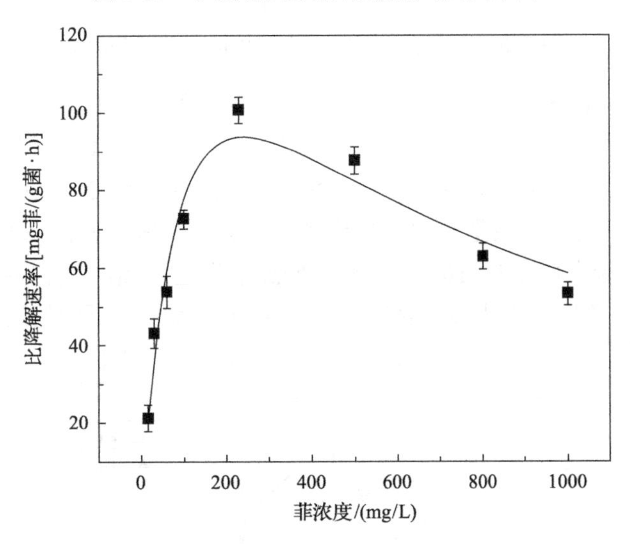

图 5-19　不同初始浓度的菲的比降解速率

5.3.2　融合菌株 F14 对芘的降解特性

不同初始浓度芘下，融合菌株 F14 对芘的降解情况如图 5-20 所示。对于初始浓度为 15mg/L 的芘，融合菌株 F14 在 48h 降解了 40.0%，此后的降解率基本保持不变，10d 后的降解率增加到 46.0%。对于初始浓度为 50mg/L 的芘，随着时间的增加，融合菌株 F14 对芘有缓慢的降解，在 10d 时降解率为 37.1%。融合菌株 F14 对于初始浓度 100mg/L 的芘的降解也是有效果的，在 10d 时降解率为 18.0%。随着浓度的增加，融合菌株 F14 对芘的降解效果是下降的，说明高浓度的芘可能对微生物有抑制作用。

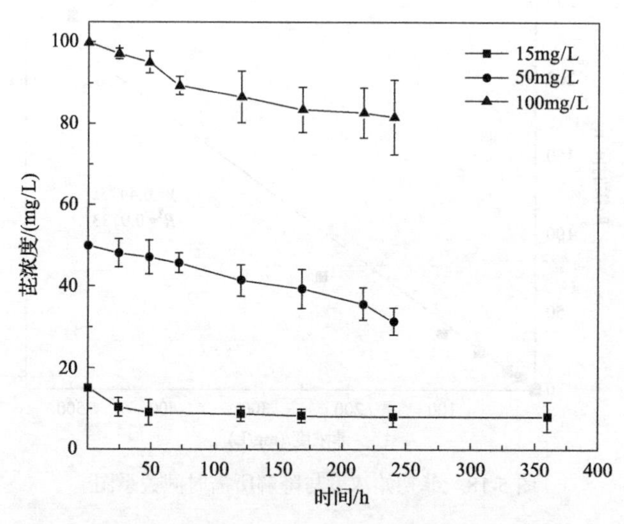

图 5-20　融合菌株 F14 对不同初始浓度芘的降解

融合菌株 F14 降解不同浓度芘过程的生长曲线如图 5-21 所示。当芘的浓度在最低(15mg/L)的时候，在培养初期(0～24h)，融合菌株 F14 生长相对缓慢，这是微生物对外源异生物质的适应过程。随着培养时间的延长(24～168h)，微生物进入对数生长期，此时，微生物的数量达到了最大，从刚开始的 8.9×10^{6}CFU/mL 增加到 7d 时的最大值 1.5×10^{8}CFU/mL，增加了将近 16 倍，这段时间，融合菌株 F14 对芘的降解效果较为明显；168h 后微生物生长有一个下降的过程，而芘的降解曲线趋于平缓，基本上也没有变化。从图 5-21 也可以看出，随着芘的初始浓度

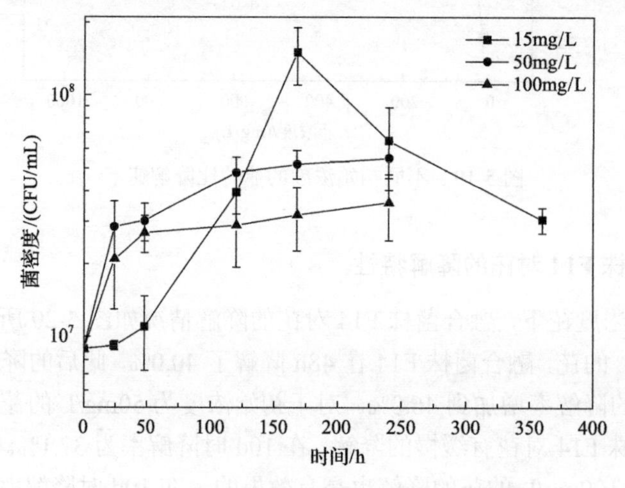

图 5-21　融合菌株 F14 降解芘的生长曲线

的增加，微生物的最大生长量是下降的。降解初始浓度为 50mg/L 和 100mg/L 芘的微生物生长曲线趋势是一致的，从 0h 到 48h 生长得比较快，是微生物生长的对数期，48h 后微生物进入了稳定期，到 10d 时，融合菌株 F14 的菌密度分别为 5.5×10^7CFU/mL 和 3.6×10^7CFU/mL。

芘在自然界中一般较难降解，其降解菌在不另外提供碳源与能源时，对芘的降解率通常比较低。在苏丹等(2007)的研究中，当土壤中芘初始浓度为 50mg/kg 时，芽孢杆菌(*Bacillus* sp. SB02)、动胶菌(*Zoogloea* sp. SB09)、黄杆菌(*Flavobacterium* sp. SB10)在 42d 对芘的降解率分别为 42.69%、32.88%、25.07%；在刘艳锋等(2008)的研究中，在芘浓度为 100mg/L 的培养基中培养 44h 后，细菌 DP4 和 DP6 对芘的降解率分别为 11.3%和 13.6%；在王元芬等(2009)的研究中，菌株 B05 在芘的乙醇溶液中培养 5d 后，对芘的降解率为 25.9%。表 5-12 列举了融合菌株 F14 和文献报道的其他降解菌对芘的降解率，发现在这些芘降解菌中，融合菌株 F14 的降解效果要优于一些菌，说明 F14 对不同浓度的芘都是有一定降解效果的。

表 5-12　融合菌株 F14 和其他菌株对芘降解效果的比较

芘初始浓度/(mg/L)	降解时间/d	芘降解率/%	微生物	参考文献
10	12	19	混合菌 F2	Trzesicka-Mlynarz and Ward, 1995
0.5	14	25	海洋细菌	Heitkamp and Cerniglia, 1988
0.4	32	40	*Mycobacterium* sp. strain RGJ II-135	Schneider et al., 1996
100	44 (h)	11.3	*Actinomyces* sp. DP4	刘艳锋等, 2008
100	44 (h)	13.6	*Actinomyces* sp. DP6	刘艳锋等, 2008
50	5	25.9	*Aminobacter ciceronei* B05	王元芬等, 2009
15	10	46.0	F14	本书研究
50	10	37.1	F14	本书研究
100	10	18.0	F14	本书研究

图 5-20 的数据表明芘的降解反应符合一级动力学特征，由此计算其降解速率常数和降解半衰期，结果见表 5-13。随着芘浓度的增加，芘的降解速率常数下降，这可能是由于随着浓度的增加，高浓度的芘会抑制微生物的生长。芘降解速率常数(k_1)和初始浓度有很好的线性关系。芘降解的半衰期也是随着浓度的增加而增加的。

表 5-13　不同初始浓度下芘的降解动力学方程和半衰期($t_{1/2}$)

芘初始浓度/(mg/L)	降解速率常数 k_1/h^{-1}	半衰期 $t_{1/2}$/h	相关系数 R^2	芘线性下降期/h
15	0.0114	60.8	0.9235	0～48
50	0.0018	385.1	0.9631	0～240
100	0.0008	866.4	0.9282	0～240

同时由图 5-21 的数据可以计算出融合菌株 F14 在不同芘初始浓度下对数生长期的比生长速率 μ 和细胞倍增时间 τ，如表 5-14 所示。15mg/L、50mg/L、100mg/L 菲浓度下细胞的比生长速率 μ 分别是 $0.017h^{-1}$、$0.026h^{-1}$ 和 $0.023h^{-1}$，细胞倍增时间 τ 分别是 40.8h、26.7h 和 30.1h，可以看出比生长速率 μ 和细胞倍增时间 τ 与初始浓度之间没有显著相关性。

表 5-14 不同初始芘浓度下菌株 F14 在对数生长期的比生长速率和倍增时间

芘初始浓度/(mg/L)	比生长速率 μ/h^{-1}	细胞倍增时间 τ/h	对数生长期/h
15	0.017	40.8	0～168
50	0.026	26.7	0～48
100	0.023	30.1	0～48

5.3.3 融合菌株 F14 对菲和芘混合物的降解

在研究融合菌株 F14 单独降解菲和芘能力的基础上，研究菲和芘同时存在的情况下，融合菌株 F14 对菲和芘的混合降解效果，菲和芘的初始浓度都为 100mg/L，结果如图 5-22 所示。结果表明：当菲存在时，芘的降解效果是增强的，芘单独存在时，10d 芘的残留率为 82%，菲共存时，10d 芘的残留率降到 60%，说明菲的存在对芘的降解有促进作用。通常来说，因为多环芳烃在土壤中是一类难降解有机物，具有较高的稳定性，生物可降解性随着苯环数和苯环密集程度增加而降低，微生物一般不能利用四环或四环以上的多环芳烃作为唯一碳源，一般是以共代谢的方式进行(Perry, 1979; Bossert and Bartha, 1986; Heitkamp and Cerniglia, 1989; Zhong et al., 2007; 2010)。从图 5-22 还可以看出，当菲单独存在的时候，融合菌

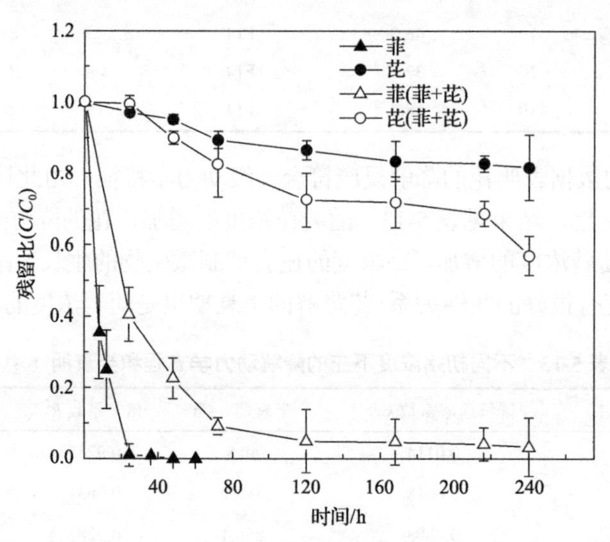

图 5-22 融合菌株 F14 对菲和芘的降解

株 F14 在 24h 可以将菲降解 99%以上，但是在菲和芘共同存在时，菲的降解效果却降低了，在 24h 仍有 40%菲残留，说明芘的存在对菲的降解有一个抑制的作用。Yuan 等(2000)和 Zhong 等(2010)的研究也有类似的结果，在芘存在的情况下，菲的降解效果下降。

在菲和芘单独存在和混合存在的情况下，融合菌株 F14 的生长曲线见图 5-23。从图中可以看出，微生物生长的三条曲线的趋势都是一致的，生长的初期没有延滞期，进入对数期，然后进入稳定期。融合菌株 F14 在以菲为唯一碳源的时候生长是最好的，菌密度从刚开始的 8.9×10^6CFU/mL 上升到最大值(48h) 1.35×10^8CFU/mL。当芘加入后，融合菌株 F14 的生长量就下降了，低于单独降解菲的时候，菌密度从初始值的 8.9×10^6CFU/mL 上升到最大值(224h) 1.1×10^8CFU/mL。而当以芘为唯一碳源的时候，融合菌株 F14 的生长量是最低的，菌密度从刚开始的 8.9×10^6CFU/mL 上升到最大值(224h) 4.2×10^7CFU/mL；融合菌株 F14 在菲和芘单独存在和混合存在的情况下的生长趋势和对它们的降解有很好的相关性。

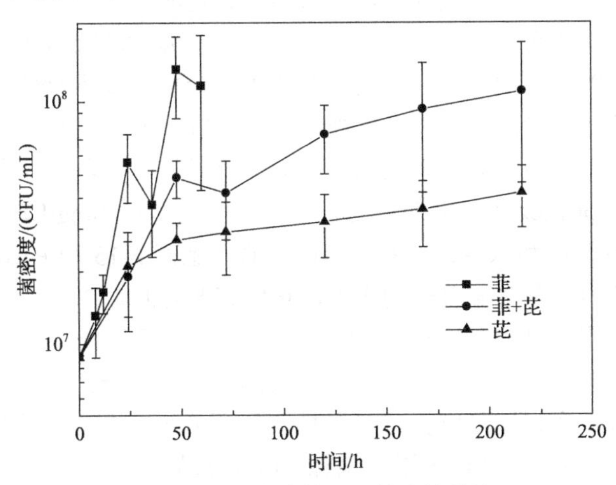

图 5-23　融合菌株 F14 的生长曲线

从图 5-22 可以看出融合菌株 F14 单独降解菲的时候，在前期(0～24h)，菲的浓度有一个很快的下降过程，降解速率常数用 k_1 表示。随后(24～60h)降解得比较缓慢，降解速率常数用 k_2 表示。融合菌株 F14 降解芘和降解混合菲和芘的时候，0～72h 是一个快速降解阶段，降解速率常数用 k_1 表示，72～240h 是一个比较长的缓慢降解阶段，降解速率常数用 k_2 表示。由此计算获得菲和芘的动力学常数，如表 5-15 所示。融合菌株 F14 单独降解菲和芘时，在第一阶段的降解速率常数分别是 $0.130h^{-1}$ 和 $0.002h^{-1}$，在第二阶段分别是 $0.159h^{-1}$ 和 $0.001h^{-1}$；当菲和芘混合在一起降解时，菲在第一阶段和第二阶段的降解速率常数分别降低至 $0.034h^{-1}$ 和 $0.005h^{-1}$，而芘在第一阶段和第二阶段的降解速率常数则分别升至 $0.004h^{-1}$ 和 $0.002h^{-1}$。这也说明了当菲和芘共存时，菲的存在促进了芘的降解，但是芘的存在却对菲的降解有抑制作用。

表 5-15　菲和芘单独和混合降解反应的一级动力学速率常数和半衰期

	k_1 /h^{-1}	第一阶段 $t_{1/2}$ /h	第一阶段 R^2	k_2 /h^{-1}	第二阶段 $t_{1/2}$ /h	第二阶段 R^2
单独菲①	0.130	5.33	0.99	0.159	4.36	0.93
共存菲②	0.034	20.38	0.99	0.005	138.6	0.86
单独芘②	0.002	346.5	0.94	0.001	693	0.96
共存芘②	0.004	173.25	0.99	0.002	346.5	0.81

注：①k_1：0～24h，k_2：24～60h；②k_1：0～72h，k_2：72～240h。

5.4　融合菌株 F14 对混合多环芳烃的降解

在实际的污染场地，多环芳烃类污染物不会只以单一的物质存在，一般会有多种底物同时以混合物的形式存在，复杂的多底物的混合会影响微生物的生理习性及微生物对混合组分中单个底物的利用，进而影响降解效率(巩宗强等, 2001; 马沛和钟建江, 2003)。混合物之间的相互作用也会影响多环芳烃生物降解效果，一般情况下，低分子量的多环芳烃先被微生物降解，随后才是高分子量多环芳烃的降解(Mueller et al., 1989)，但是浓度高的低分子量的多环芳烃也会抑制其他多环芳烃的降解。Bouchez 等(1995)研究发现高浓度的萘(500mg/L)对菲的降解有抑制作用。Stringfellow 和 Aitken(1995)用两株假单胞菌 P-15 和 P-16 降解菲，发现萘、甲基萘和芴的存在对菲有抑制作用，它们和菲之间存在竞争作用。因此，能够同时降解和利用多种底物的微生物将是生物修复过程中最有用的菌种(Hughes et al., 1997a, 1997b)。另外，由于多环芳烃及其代谢中间产物结构的相似性，研究菌株对多种芳香类底物的降解性，可以推测多环芳烃的微生物降解途径(Mueller et al., 1989)。因此本节主要研究融合菌株 F14 对邻苯二甲酸、水杨酸、对苯二酚、邻苯二酚、1-羟基-2-萘酸、2-羟基-1-萘酸、1-萘酚等芳烃类化合物的利用情况，以及其对其他多环芳烃(萘、蒽、苊、芴、菲、芘、荧蒽等)的降解情况。

5.4.1　融合菌株 F14 在多种底物上的生长

研究融合菌株 F14 及其亲本菌株 GY2B 和 GP3A 在多种底物上的生长情况的目的是为该菌株应用于实际的生物修复过程提供理论依据。各底物浓度控制在 25～230mg/L，底物样品培养 2d 后测定微生物的生物量，结果如表 5-16 所示。融合菌株 F14 及其亲本在萘、水杨酸和邻苯二酚中能够生长，说明它们能利用一定浓度范围的这些底物为唯一碳源和能源进行生长和繁殖。但是当邻苯二酚的浓度大于 150mg/L 时，菌株 GY2B 的细胞生长就会受到强烈抑制，导致全部死亡；而融合菌株 F14 则可以耐受浓度在 150mg/L 以上的邻苯二酚。融合菌株 F14 在以对苯二酚最低浓度(25mg/L)为唯一碳源的培养基中生长很不好，其亲本在对苯二酚和邻苯二甲酸中都不能生长，说明对苯二酚和邻苯二甲酸不能支持融合子生长，并且具有毒害作用。融合菌株 F14 和亲本菌株 GY2B 都不能在 1-萘酚中生长，发现细胞的菌密度比初始浓度还低两个数量级以上，说明 1-萘酚对微生物具有一定的毒害作用。

表 5-16　融合菌株 F14 及其亲本菌株 GY2B 和 GP3A 降解底物的多样性

底物	菌种	浓度/(mg/L)						
		25	50	75	100	150	200	230
萘	GY2B	++	++	++	++	++	++	ND
	GP3A	++	++	++	++	++	++	ND
	F14	++	++	++	++	++	++	ND
菲	GY2B	++	++	++	++	++	++	—
	GP3A	+	—	—	—	—	ND	ND
	F14	++	++	++	++	++	++	++
芘①	GY2B	+	—	—	—	ND	ND	ND
	GP3A	++	+	+	+	ND	ND	ND
	F14	++	++	++	++	ND	ND	ND
1-羟基-2-萘酸	GY2B	++	++	++	++	++	—	—
	GP3A	ND	ND	ND	ND	ND	ND	ND
	F14	++	++	++	++	++	+	+
2-羟基-1-萘酸	GY2B	++	++	++	++	++	+	+
	GP3A	ND	ND	ND	ND	ND	ND	ND
	F14	++	++	++	++	++	++	++
水杨酸	GY2B	++	++	++	++	++	—	ND
	GP3A	++	++	++	++	+	—	ND
	F14	++	++	++	++	++	—	ND
邻苯二酚	GY2B	++	++	++	++	+	—	ND
	GP3A	++	++	++	++	++	+	ND
	F14	++	++	++	++	++	++	ND
对苯二酚	GY2B	—	—	—	—	ND	ND	ND
	GP3A	—	—	—	—	ND	ND	ND
	F14	+	—	—	—	ND	ND	ND
1-萘酚	GY2B	—	—	—	—	ND	ND	ND
	GP3A	+	+	+	—	ND	ND	ND
	F14	—	—	—	—	ND	ND	ND
邻苯二甲酸	GY2B	—	—	—	—	ND	ND	ND
	GP3A	—	—	—	ND	ND	ND	ND
	F14	—	—	—	—	—	ND	ND

注：①生长 10d 后测量。

++ 表示生长好，培养 2d 后菌密度是初始菌密度的 4 倍以上；+ 表示可以生长，培养 2d 后菌密度是初始菌密度的 1～4 倍；— 表示不能生长，培养 2d 后菌密度比初始菌密度低；ND 表示没有做此浓度的试验。

融合菌株 F14 在浓度范围为 25～230mg/L 的菲中可以生长，而菌株 GY2B 在 230mg/L 的菲中不能生长，菌株 GP3A 则只能在 25mg/L 的菲中少量生长。融合菌株 F14 可以利用 100mg/L 的芘生长，而菌株 GY2B 只能在芘的最低浓度（25mg/L）中生长且生长得很不好，菌株 GP3A 虽然也能在浓度为 25～100mg/L 的芘中生长，但是它的生长情况没有融合菌株 F14 的好。融合菌株 F14 和菌株 GY2B 在 25～150mg/L 的 1-羟基-2-萘酸中能很好地生长，但是当浓度高于 200mg/L 时，菌株 GY2B 的生长受强烈抑制而不能生长，而融合菌株 F14 仍可以生长，说明高浓度的 1-羟基-2-萘酸对菌株 GY2B 有抑制作用。而融合菌株 F14 和菌株 GY2B 在 25～230mg/L 的 2-羟基-1-萘酸中都能生长，说明融合菌株 F14 和菌株 GY2B 可以利用 2-羟基-1-萘酸为唯一碳源和能源生长。

5.4.2 融合菌株 F14 对不同混合多环芳烃的降解

实际污染场地中的多环芳烃一般以多种混合物的形式存在。本研究分别考察了不同环数的 3 种多环芳烃混合、相同环数的 4 种多环芳烃混合及 7 种复杂混合多环芳烃的降解情况。

1. 融合菌株 F14 对二、三、四环混合多环芳烃的降解

萘是两环的多环芳烃、菲是典型的三环芳烃、芘是典型的四环芳烃，以这 3 种多环芳烃为代表组合起来，考察融合菌株 F14 对其降解情况，结果如图 5-24 所示。从图中可以看出，萘在 24h 时就已经降解到 99%以上，菲在 72h 的降解率达到 95%，此后降解缓慢，芘在前 48h 内降解较快，降解率达到了 27.3%，此后降

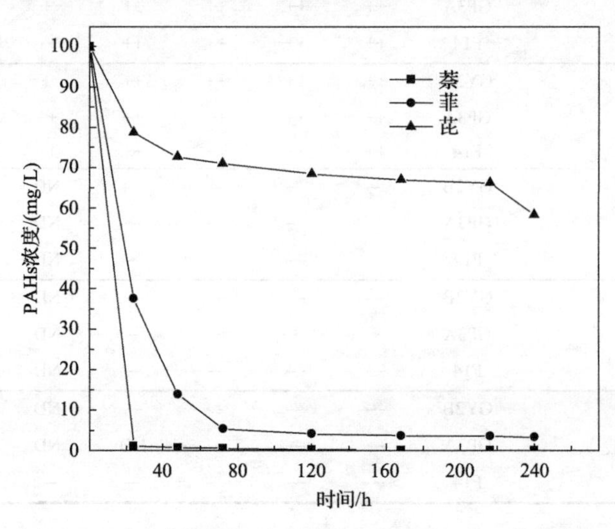

图 5-24　融合菌株 F14 对混合多环芳烃萘、菲、芘的降解

解比较缓慢，10d 降解率为 41.6%。本实验说明融合菌株 F14 对混合多环芳烃萘、菲和芘有一定的降解作用，随着环数的增加，降解率逐步降低。

2. 融合菌株 F14 对 4 种三环混合多环芳烃的降解

苊、蒽、菲和芴都是三环的多环芳烃，融合菌株 F14 对这 4 种多环芳烃的降解效果见图 5-25。从图中可以看出苊的降解效果最好，其次是芴和菲，最后是蒽。苊在 72h 降解就达到 98%，120h 达到了 99%以上；芴和菲在 120h 的降解率达到 93%以上，此后降解缓慢；蒽在前 72h 降解比较快，72h 的降解率为 50%，此后降解较慢，10d 时降解率为 88%。本实验说明了融合菌株 F14 能够很好地利用苊、蒽、菲和芴，对这 4 种三环结构的混合多环芳烃有较好的降解效果。

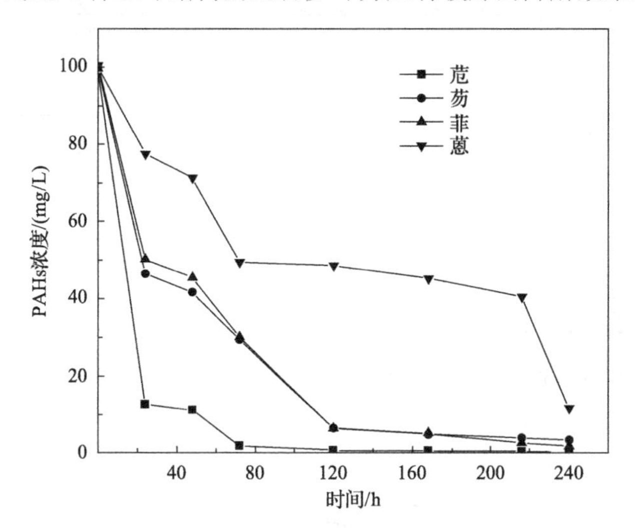

图 5-25　融合菌株 F14 对混合多环芳烃苊、蒽、菲、芴的降解

3. 融合菌株 F14 对 7 种混合多环芳烃的降解

研究融合菌株 F14 针对 7 种多环芳烃(萘、苊、蒽、菲、芴、荧蒽和芘)混合共存条件下的降解情况，其多环芳烃降解效果与菌株生长情况如图 5-26 所示。这 7 种混合多环芳烃中有 1 种两环的(萘)、4 种三环的(苊、蒽、菲、芴)、2 种四环的(荧蒽和芘)。从多环芳烃的降解曲线[图 5-26(a)]可以看出融合菌株 F14 对这 7 种多环芳烃的降解效果从高到低依次是：萘＞苊＞芴＞菲＞蒽＞芘＞荧蒽。从融合菌株 F14 的生长曲线[图 5-26(b)]可以看出微生物在刚开始的 48h 有一个适应期，48h 后即进入了对数生长期，说明了 F14 能够很好地利用这 7 种多环芳烃作为碳源和能源，也说明了融合菌株 F14 在复杂的混合多环芳烃污染的情况下也能很好地生长并对其有一定的降解效果，这对以后的实地修复将具有重要的意义。

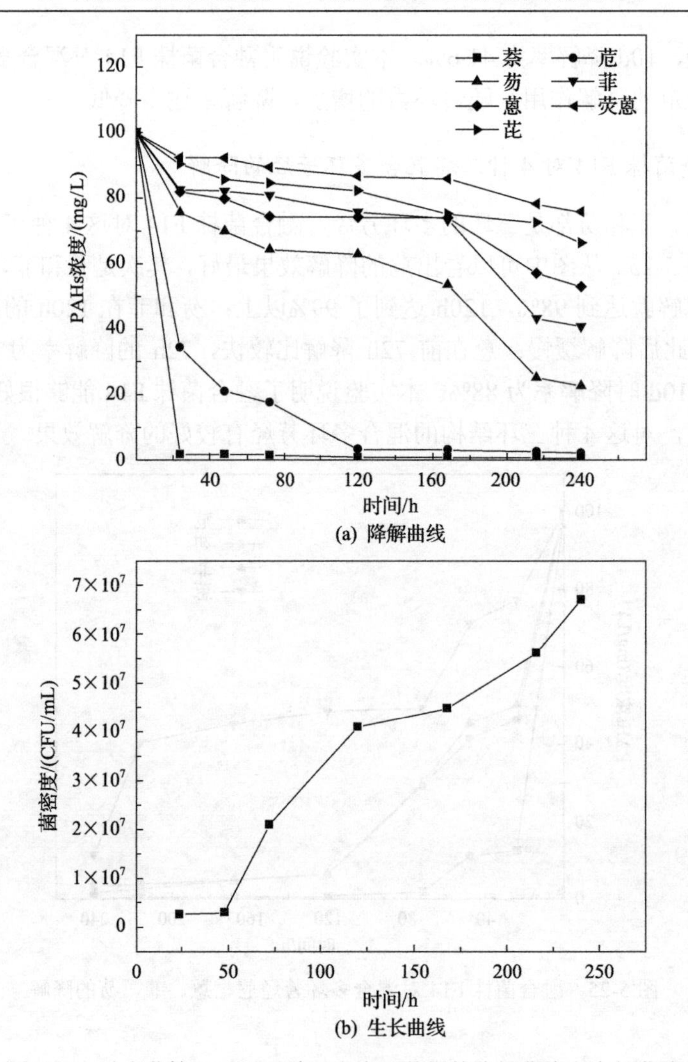

(a) 降解曲线

(b) 生长曲线

图 5-26　融合菌株 F14 对 7 种混合多环芳烃的降解曲线和生长曲线

第 6 章　模拟环境条件对降解菌性能的影响

生物降解是环境中多环芳烃去除的主要途径，是现场多环芳烃生物修复的主要过程。多环芳烃的生物修复受到多方面环境因素的影响，研究环境因子及共存物质对多环芳烃生物降解的影响是成功应用生物修复技术的前提。要将实验室筛选分离到的功能微生物应用到实际污染环境的修复中，首先要解决的问题是如何使筛选出的高效菌能在不同的环境下生长，同时又能保持较高的降解活性。

6.1　珠江水体系中菌株 GY2B 降解菲的特性

随着工农业的发展和人口的增长，大量工业废水、生活污水未经有效处理直接排放，石油泄漏等污染事故频发，导致水环境污染日益恶化，其中珠江广州河段已成为毒害性有机污染物的高风险区。研究表明，珠江广州区域水体中多环芳烃的浓度处于中等水平，其浓度范围为几十到几百纳克每升(马骁轩等, 2007; 罗孝俊等, 2008; Wang et al., 2008)，主要来源于石化燃料、煤和生物质的混合燃烧，且多环芳烃的来源未体现出明显的季节变化(李海燕等, 2014)，是人类活动影响剧烈的典型水域。

6.1.1　游离菌 GY2B 在珠江水体系中对菲的降解

菌株 *Sphingomonas* sp. GY2B 分离自广州油制气厂附近污染土壤(Tao et al., 2007a)；无机盐基础培养基(MSM)同 3.1.1 节所述，珠江水从珠江边取好，静置 3h 后，再取上层清液作为培养基。体系中菲初始浓度均设置为 100mg/L。

不同体系中游离 GY2B 的菲降解率随时间变化如图 6-1 所示。可知无机盐体系中(第 1～3 组)，加了少量珠江水(10%)后菌株 GY2B 对菲的降解速率大大提高(第 3 组)，在 18h 菲的降解率就达到 79.73%，原因可能是珠江水中的土著菌和菌株 GY2B 之间存在一定的协同关系，表明加有适量珠江水的环境对游离状态的菌株 GY2B 降解菲存在促进作用。同时，在灭菌珠江水体系中(第 4～6 组)，仍然是在加有少量珠江水(10%)和菌株 GY2B 共存的组中菲的降解最快(第 6 组)，这点与无机盐系列中的结果一致。

从图 6-1 综合比较，发现整个培养过程中菌株 GY2B 在灭菌珠江水环境中降解菲的效率都要比无机盐环境高，原因可能是珠江水环境中有较丰富的营养物质(氮、磷和各种有机质)。据报道，珠江广州段所选水体 PO_4^{3-}和 TN(总氮)指标最

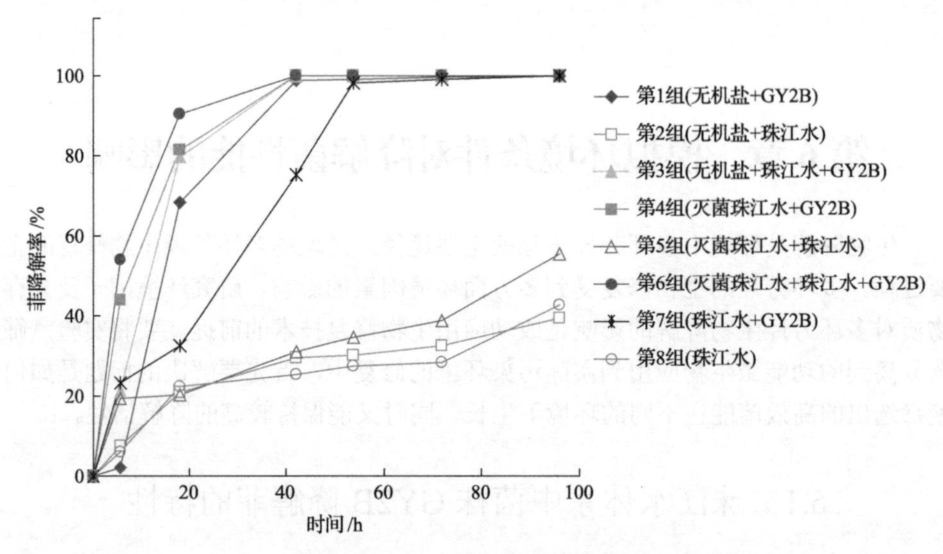

图 6-1　珠江水影响下游离菌 GY2B 降解菲的性能

高超过《地表水环境质量标准》(GB 3838—2002) V类水体的 10 倍和 4 倍，富营养化严重，且溶解性有机碳(DOC)浓度在 21.9～33.0mg/L(梁艳红等, 2012)。因此，灭菌的珠江水环境将有利于菌株 GY2B 的生长繁殖，从而促进对菲的降解。

然而，在不灭菌的珠江水体系中(第 7 组)，菌株 GY2B 对菲的降解速率要比在灭菌珠江水和无机盐体系中都慢，18h 降解率仅为 32.45%，原因可能是不灭菌的珠江水环境中土著微生物数量太多，刚开始土著微生物会迅速繁殖，菌株 GY2B 与这些土著菌种间竞争激烈，同时珠江水中有大量比菲更容易被微生物利用的碳源，菌株 GY2B 需要一个适应阶段。但随着时间推移，菌株 GY2B 比土著菌更能适应高浓度菲的环境，因此 18h 之后，菲仍维持较高的降解率，96h 的时候，菲的降解率最终也达到了 99.94%以上。

6.1.2　固定化 GY2B 在珠江水体系中对菲的降解

农业废弃物具有足够的机械、物理和化学稳定性，具有生物相容性、没有干扰生物分子的功能，而且价廉易得，是比较理想的微生物固定化材料之一。为了提高菌株 GY2B 的环境适应能力，以秸秆为载体，利用载体结合法制备了固定化 GY2B。秸秆投加量 25.0g/L(干重)，载体长度为 0.5cm，初次使用时固定化时间为 36h(Tao et al., 2010)。固定化 GY2B 在珠江水体系中对菲的降解情况见图 6-2。可知三个实验组中菲的降解效率都比较高，18h 后三组降解基本趋于平衡，且到 72h 菲残留量都不到 0.1mg/L。总体来说，A 组与 B 组的整体降解效率非常接近，C 组略差，说明少量的珠江水菌不仅不会抑制固定化菌株 GY2B 降解菲，反而会与其形成协同作用，加强对菲的降解。大量的土著菌也只在降解前期对固定化菌株GY2B降解菲造成一定抑制作用，而后期由于菌种GY2B本身对菲的高效降解能力，其降解效率与A、B组趋于一致。图6-2的结果与图6-1的结果一致，说明不灭菌珠江水中含有复杂未知的土著菌群，会与固定化的菌种GY2B形成种族竞争。固定化菌株GY2B在自然水体中初期需要一段时间适应，后期适应了环境就能发挥出其高效菲降解能力。

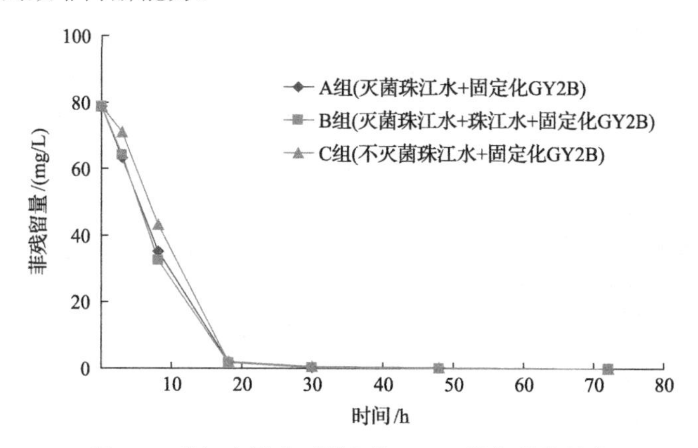

图6-2　珠江水影响下固定化GY2B降解菲的性能

为考察固定化菌的持续性能和重复利用性，研究回收固定化菌重复投加对菲的降解情况，48h菲降解率见图6-3。可知秸秆固定化菌株GY2B六次重复投加的平均降解率在96%以上，其中有四次的菲降解率保持在99%以上，说明了固定化菌能多次重复投加使用并仍有相当好的降解效果。第3次、第4次的降解率出现较大波动，可能是由于操作过程包括过滤、洗涤、萃取等的误差，而且难以保证每次的固定化菌、珠江水培养基中的土著菌的影响程度，以及菲的量完全一致。但总体来说，秸秆固定化菌GY2B能多次重复投加使用并保持较好的降解效果，可实际应用于多环芳烃污染水体的处理和修复。

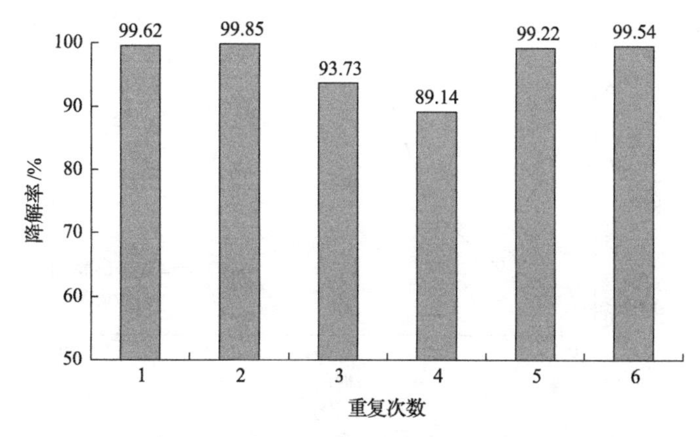

图6-3　秸秆固定化菌株GY2B重复利用对菲的降解性能

6.2 模拟海滩环境中菌株 GY2B 降解菲的特性

水体多环芳烃污染已成为日益严重的环境问题，江河湖海，特别是各国近海及海湾区域沉积物富集了大量的多环芳烃。罗孝俊(2004)测得珠江口伶仃洋及其近海水域表层(0.5m)水体 16 种多环芳烃浓度在春季为 48.58～218.07ng/L，在夏季为 18.21～217.80ng/L。Zhou 和 Maskaoui(2003)测得大亚湾海域水体和沉积物中 16 种多环芳烃总量分别为 4228～29325ng/L 和 115～1134ng/g，浓度相当高，个别区域浓度已超过急性毒性浓度。多环芳烃在水中的溶解度很低，易在沙粒及沉积物中聚集，因而沙粒成为水体中多环芳烃的主要蓄积场所之一。刘敏等(2001)对长江口滨岸潮滩 14 个表层沉积物中多环芳烃进行研究，分析表明，多环芳烃总量分布范围在 0.263～6.372mg/kg，个别多环芳烃超过基于生物毒性试验的质量标准，对潮滩生态构成一定的潜在危害。本节对 *Sphingomonas* sp. GY2B 在含沙及不同人工海水盐度环境条件下的生长特性和降解菲的能力进行了考察，以期为其在沙滩和海洋环境中的应用提供理论依据。

6.2.1 沙粒对菌株生长情况和菲降解性能的影响

河沙取自校园附近工地，洗净灭菌后使用，每 1L 水中添加 1.4kg 沙粒。沙水混合体系中菌株 GY2B 的生长情况及其对菲的降解情况如图 6-4(a)可知，河沙的加入对菌株生长影响不大，在 0～18h 无砂状态和有砂状态的降解菌的生长处于延缓期，生长速率均较慢，18h 后微生物数量迅速增长 1 个数量级，65h 后活菌数逐渐减少；而由图 6-4(b)可知，河沙对菌株 GY2B 降解菲的影响也

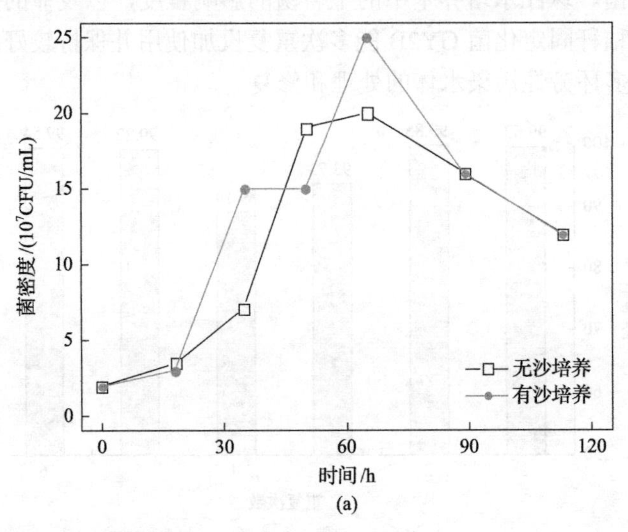

(a)

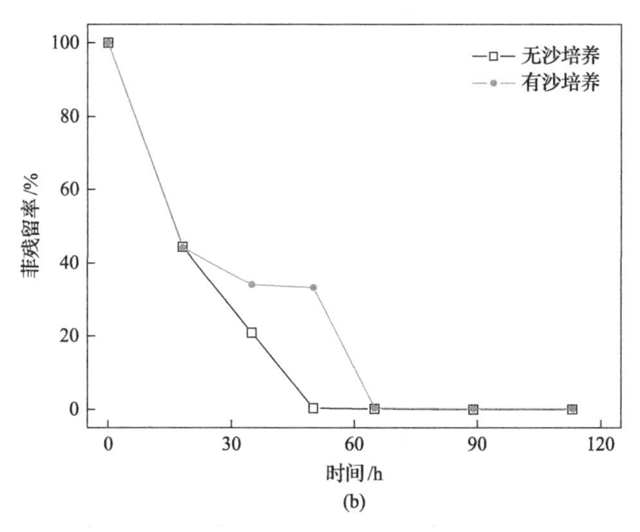

图 6-4　河沙对菌株 GY2B 生长情况和降解性能的影响

不大，培养前期菲的残留浓度都迅速减小，18h 降解率超过 55%，65h 后菲降解率超过 99.5%，因碳源差不多耗尽而造成 65h 后活菌减少。因此，河沙的加入对菌株 GY2B 的生长及其降解菲的性能影响都不大，初步说明菌株 GY2B 可适应含沙环境，为其在受多环芳烃污染的河滩类环境修复中的应用提供了依据。

6.2.2　盐度对菌株生长情况和菲降解性能的影响

研究中采用人工海水模拟海洋环境，人工海水组成(田胜艳等, 2005)：24.5g NaCl，0.03g H_3BO_3，1.54g $CaCl_2 \cdot 2H_2O$，4.09g Na_2SO_4，0.1g KBr，0.003g NaF，0.2g $NaHCO_3$，0.7g KCl，0.017g $SrCl_2 \cdot 6H_2O$，11.1g $MgCl_2 \cdot 6H_2O$，1L 蒸馏水，调 pH 为 7.5。

研究过程中逐步提高人工海水的比例，经过 5 代驯化，直到人工海水含量达 85%时，菌株 GY2B 仍可正常生长并高效降解初始浓度为 100mg/L 的菲，菌株 GY2B 的生长曲线和菲的残留率如图 6-5 所示。由图 6-5(a)可知，添加 85%的人工海水对驯化后的菌株 GY2B 的生长影响不大，与驯化前的菌株在无机盐基础培养基中的生长相比，生长趋势基本一致；而由图 6-5(b)可知，添加 85%人工海水对驯化后的菌株 GY2B 降解菲的效能影响也不大，18h 菲降解率超过 60%，42h 时已降解近 98%，66h 后所添加的菲几乎完全降解。

本实验说明菌株 GY2B 可在一定盐度范围内生长繁殖并高效降解菲。由于研究中所使用的人工海水含有约 37‰的较高盐度，添加 85%人工海水的培养基中盐度也高达 31‰以上，因而驯化后的菌株 GY2B 可适应河口及其近海海洋环境，为其在受多环芳烃污染的河口及近海海域的修复提供了基础。

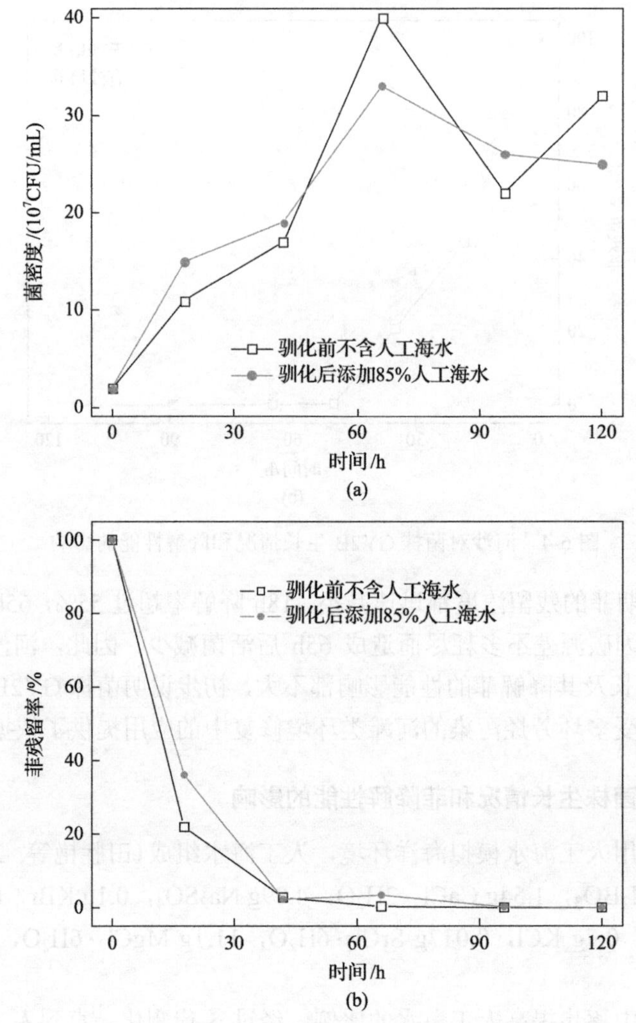

图 6-5　人工海水对菌株 GY2B 生长情况和降解性能的影响

6.3　纳米竹炭与菌株 GY2B 的相互作用研究

纳米材料已经广泛地应用于电子、医药、化工、军事、航空航天等众多领域(Lines, 2008)，而纳米材料在生产、使用及废弃的过程中，必然会通过各种途径进入环境，并造成一定的生态效应和人群暴露(Lin et al., 2010b；白伟等, 2009)。

自然环境中微生物的生长与降解活性会受到很多因素的影响，这些影响有些可能是促进作用，而有些可能是抑制作用。近年来，纳米材料在环境保护中应用的研究日益增多(Kang et al., 2007；王萌等, 2010；成杰民, 2011)，其中不乏纳米材料促进微生物降解有机污染的报道(闫海等, 2004; Sah et al., 2010)，譬如，郭桂悦等(2009)发现纳米炭黑能促进腈纶废水生化处理过程中氨化菌的生长，从而提高生物脱氮的效果；Kapri 等(2010)发现纳米磁性氧化铁和纳米钛酸钡可以极大地促进微生物对低密度聚乙烯(LDPE)的降解能力；王瑛等(2011)则发现纳米活性炭纤维应用在修复富营养化景观水中可以提高微生物活性，加快污染物的分解速度。

碳基纳米碳材料是在环境污染防治中应用较多的一类纳米材料(靳朝喜和徐英贤, 2009)，它已经从研究领域逐渐向产业化方向发展(李峰等, 2010)。竹炭作为活性炭的典型代表，是竹材热解得到的主要产品，素有“黑钻石”的美誉，被认为是“二十一世纪环保新卫士”。随着纳米科技的迅猛发展，纳米竹炭在纺织、塑料、涂料、烟草等行业的应用日益广泛(庄华炜, 2008; 陈登宇, 2013; 夏涛和王沁, 2013)，但其在环境污染修复领域的应用还有待开发。竹炭原本没有毒性，但到了纳米尺度后的潜在风险是确实存在的，然而纳米竹炭的效应实证、作用原理等诸多方面的研究都处于初期阶段，赶不上其生产和应用本身的迅速发展。纳米竹炭在生产与使用的过程中，必然会通过各种途径进入环境并累积到一定的暴露水平。因此，亟须研究纳米竹炭对环境可能带来的各种效应。研究使用的纳米竹炭购自上海海诺炭业有限公司，为大别山烧制的高温竹炭，经过纳米级超细研磨制取，粒径分布窄，颗粒均匀，为 20nm 纯度 97%的竹质活性炭粉。

6.3.1　菌株 GY2B 对纳米竹炭沉降性能的影响

蒸馏水和无机盐体系中鞘氨醇单胞菌 GY2B 对纳米竹炭溶液沉降性能的影响见图 6-6。可知蒸馏水体系中 2～50mg/L 纳米竹炭空白 68d 时的沉降率分别为 90.7%、89.3%、88.8%、89.7%、89.0%，差别不大，表明蒸馏水体系中纳米竹炭的最终沉降率不受浓度影响。无机盐体系中不同浓度纳米竹炭空白 10d 沉降率达 95%，68d 的沉降率大于 99.9%。这说明无机盐体系中纳米竹炭的沉降比蒸馏水体系中要快。这主要是由于无机盐溶液中大量存在的离子使纳米竹炭颗粒的扩散双电层变薄，随之使双电层阻力降低，其表面电位降低，所以体系稳定度下降(Zhang et al., 2009)。当无机盐体系中大量正离子涌入吸附层以致扩散层完全消失时(等电状态)，纳米竹炭颗粒间静电斥力消失，最易发生聚结，纳米颗粒聚集成更大的微米级聚集物而加速沉降(Nikov et al., 2012)。

水体中的纳米材料会发生复杂的水环境行为，可能分散“溶解”成胶体溶液，也可能团聚而沉降，其分散与团聚性能受水中共存物质的影响。蒸馏水体系中鞘氨醇单胞菌 GY2B 的加入让纳米竹炭的沉降变得有些复杂(图 6-6)：加菌对 2mg/L 纳米竹炭的最终沉降率影响不大，加菌让 5mg/L 和 10mg/L 纳米竹炭的沉降总体加快，加菌让 25mg/L 和 50mg/L 纳米竹炭的沉降整体变慢。Zeta 电位试验发现 GY2B 菌体本身带负电荷(–14.15mV)，因此推测较低浓度的纳米竹炭可吸附于降

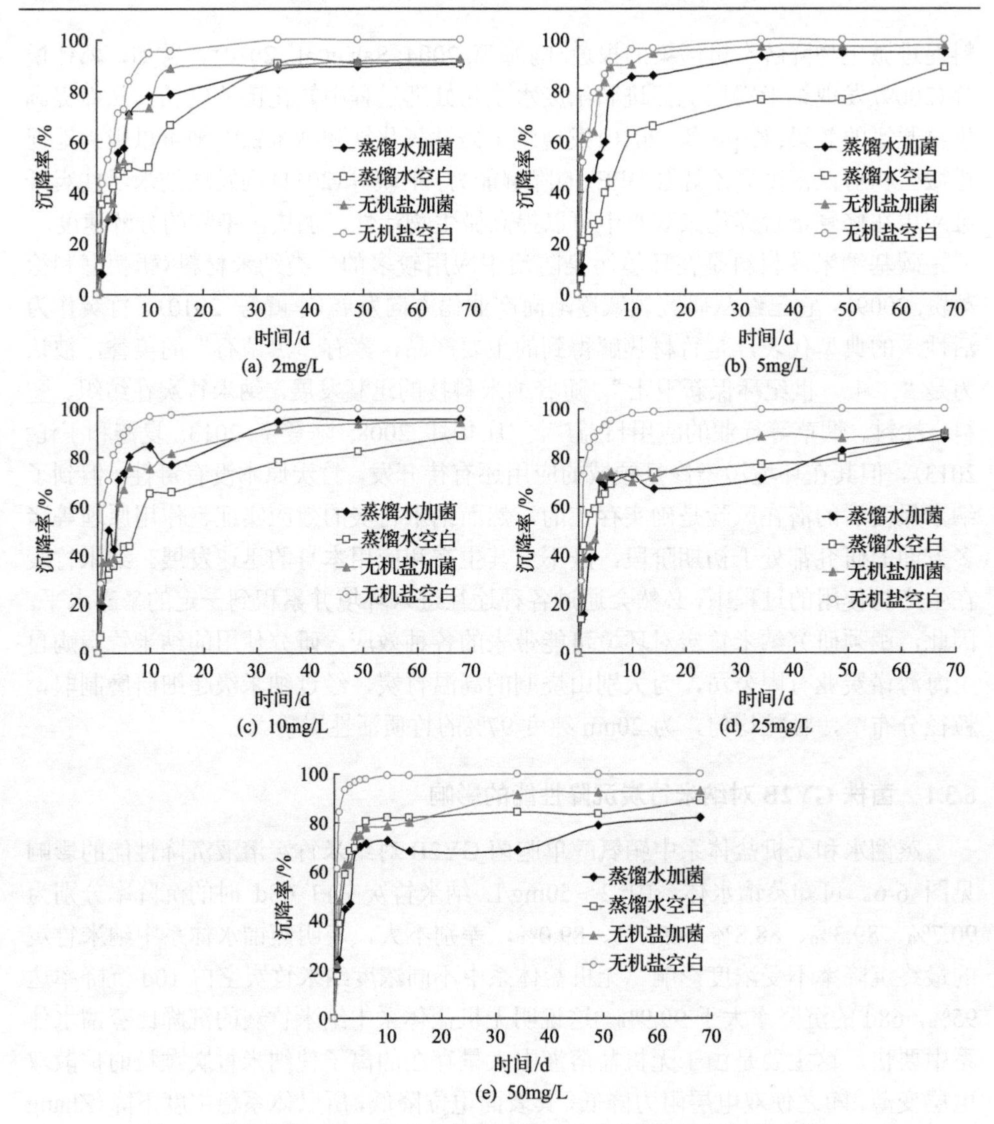

图 6-6 蒸馏水和无机盐体系中菌株 GY2B 对纳米竹炭溶液沉降率的影响

解菌细胞表面，形成团聚体，随着颗粒不断变大而加速沉降。但是较高浓度的纳米竹炭溶液对菌体有较强的毒害作用，可通过吸附或者静电作用结合于微生物细胞膜表面，进而对细胞产生损伤，或是纳米材料诱导产生活性氧从而导致脂质过氧化、蛋白质变性、DNA 损伤，最终导致细胞死亡(Herzog et al., 2009; Oh et al., 2009)。部分死亡的细胞内含物质外漏，与纳米竹炭交联，或吸附于纳米颗粒表面增加了颗粒的空间位阻(吴其圣等, 2012)，使纳米竹炭的沉降变慢。

另外，通过对比沉降过程的照片(图 6-7)发现，加 GY2B 菌体后，经过长时间的沉降，无机盐体系中纳米竹炭的堆积层比蒸馏水体系中的要厚、疏松。主要是无机盐体系的纳米竹炭与菌体的聚集体中仍有大量的离子，使聚沉后堆积层显得疏松。而蒸馏水体系中纳米竹炭颗粒彼此间斥力较大，底部聚沉体基本是由颗粒互相碰撞而聚集并在重力作用下沉降的大颗粒，所以它的堆积层较坚实，看起来要薄。

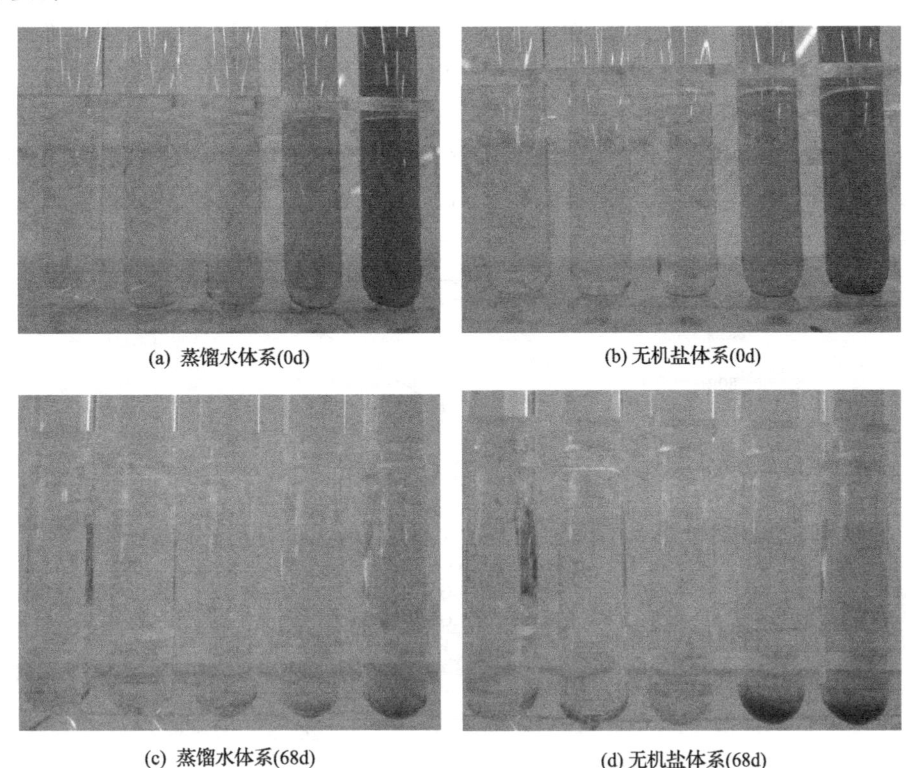

(a) 蒸馏水体系(0d)　(b) 无机盐体系(0d)

(c) 蒸馏水体系(68d)　(d) 无机盐体系(68d)

图 6-7　添加菌株 GY2B 后纳米竹炭在蒸馏水和无机盐体系中沉降的照片

从左至右纳米竹炭浓度依次为 2mg/L、5mg/L、10mg/L、25mg/L、50mg/L

6.3.2　纳米竹炭对菌株 GY2B 降解菲的影响

研究纳米竹炭对鞘氨醇单胞菌 GY2B 降解菲的影响，在三个加纳米竹炭加菌的实验组分别添加 20mg/L、50mg/L 及 200mg/L 的纳米竹炭，设置不加纳米竹炭不加菌的空白组，不加纳米竹炭只加菌及不加菌只加纳米竹炭的对照组。在 6h、11h、24h、36h 和 48h 分别取样测定，其实验结果如图 6-8 所示。由图 6-8 可知，菲的去除率随着纳米竹炭浓度的增加而增加，直到 48h，菲几乎全部降解完，去除率达到 95%以上。对于只加纳米竹炭不加菌株的体系，由于不同纳米竹炭浓度下其结果基本相似，图中只给出纳米竹炭浓度为 50mg/L 时的结果，由该结果可知在不同的时间点，菲的去除率都很低，在 5.0%～8.0%，也就是说只有 5%～

8%的菲残留在纳米竹炭上未能被萃取。所以，在既添加了菌株又添加了纳米竹炭的体系中，纳米竹炭上残留的菲对体系中菲总的去除率影响不大。其中，在24h 时，添加了 20mg/L、50mg/L 和 200mg/L 的纳米竹炭降解体系中菲的去除率分别为 84.7%、92.2%和 93.0%，比不添加纳米竹炭只加 GY2B 的体系中菲的去除率(74.4%)增加了 10.3～18.6 个百分点。以上结果表明，纳米竹炭可以促进菌株GY2B 对菲的降解。此外，添加 50mg/L 和 200mg/L 纳米竹炭的体系表现出相当的菲去除能力，在 24h 内，90%以上的菲已被降解。相反，在不加纳米竹炭只加菌的体系及添加 20mg/L 纳米竹炭的体系中，菲的去除率在 36h 还未能达到 90%。由此看出，纳米竹炭能促进菌株 GY2B 对菲的降解，并且跟纳米竹炭投加的剂量有关。

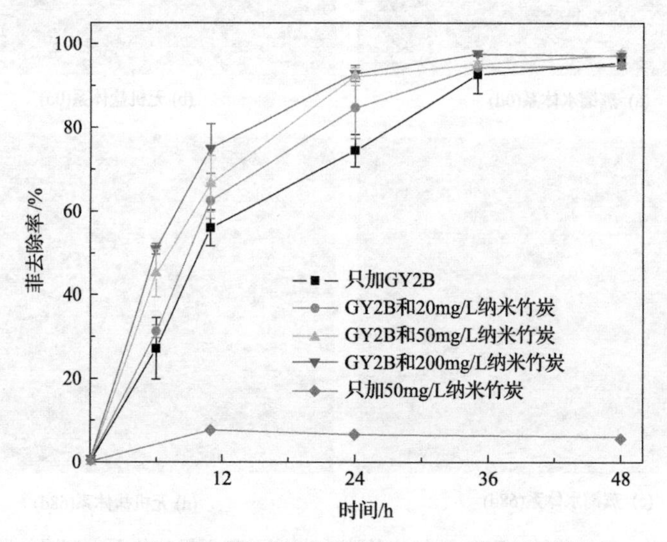

图 6-8 添加不同浓度纳米竹炭对 GY2B 降解菲的影响

研究表明，有机胶体及溶解性有机物(DOM)可使疏水性有机污染物的表观溶解度增大，提高其在水相中的分配比例，有利于污染物的转运(McCarthy and Jimenez, 1985; Kan and Tomson, 1990; 凌婉婷等, 2004)。对于碳纳米材料——纳米竹炭来说，其在水中可能也会有类似的机制，从而最终影响污染物的生物可利用性。纳米竹炭在降解体系中到了后期很多会发生团聚，但是仍有不少很细的颗粒存在于体系中，所以猜测这些吸附了菲的很小的纳米竹炭颗粒分布在培养液中而增大菲在水中的表观溶解度从而加快菲的生物利用。因此设置了 4 个不同的处理：处理 1 中，pH 跟培养液保持一致；因为菌株在降解菲的过程中会分泌一些酸性中间产物(如 1-羟基-2-萘酸、水杨酸等)，所以处理 2 将 pH 调低以创造一个酸性环境；考虑菲的增溶是由更小颗粒的纳米竹炭引起的，所以处理 3 和处理 4 采取不同的方法希望获得小颗粒的炭(处理 3 使用 0.22μm 滤膜过滤纳米竹炭溶液获得小颗粒的纳米竹炭溶液，处理 4 使用 3500r/min 离心纳米竹炭溶液 20min 后获得上层清液）。实验结果如图 6-9 所示，4 个不同处理中，添加纳米竹炭体系的菲溶解度均比不添加纳米竹炭体系的空白菲溶解度稍有提高。但可以发现，其提升幅度并不明显，处理 1、2、3、4 中添加了纳米竹炭的菲溶解度分别提升了 0.02mg/L、0.05mg/L、0.04mg/L 和 0.03mg/L，增加的部分几乎可以忽略不计。也就是说，纳米竹炭对菲并没有太大的增溶作用，其促进菲的生物利用是由其他原因引起的。

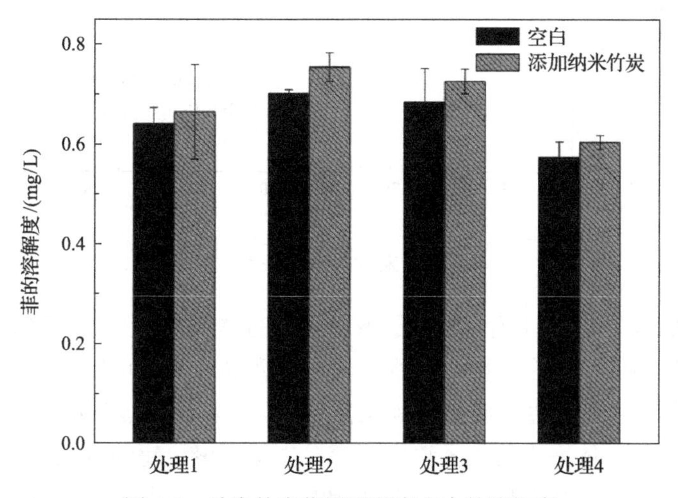

图 6-9　纳米竹炭作用下菲在水中的溶解度

6.3.3　纳米竹炭对菌株 GY2B 生长及细胞形态的影响

1. 纳米竹炭对菌株 GY2B 生长的影响

纳米竹炭与菌株直接接触后，通过活菌平板计数法得到菌密度，绘制菌株生长曲线以了解菌株的生长情况。不同浓度纳米竹炭下鞘氨醇单胞菌 GY2B 的生长情况见图 6-10。

在前 6h，除了添加 50mg/L 纳米竹炭的体系，其他三个体系(包括不加纳米竹炭只有 GY2B 的体系)的菌密度相对于初始投加密度均有所下降。对于不添加纳米竹炭的空白体系和纳米竹炭浓度稍低的体系(添加 20mg/L 纳米竹炭)来说，菌密度稍有降低可能是因为菌株刚进入一个新的环境，大部分还未能适应，导致其生长缓慢，有些甚至死亡。而对于纳米竹炭浓度较高的体系(添加 200mg/L 纳米竹炭)，菌密度减少的幅度相对较大，这可能是培养体系中的纳米竹炭浓度过高，菌株刚接种进培养基随即与高剂量的纳米竹炭直接接触，菌株还来不及适应新的环境就已经受到纳米竹炭的冲击，纳米竹炭对微生物产生了毒害作用而导致其死亡。

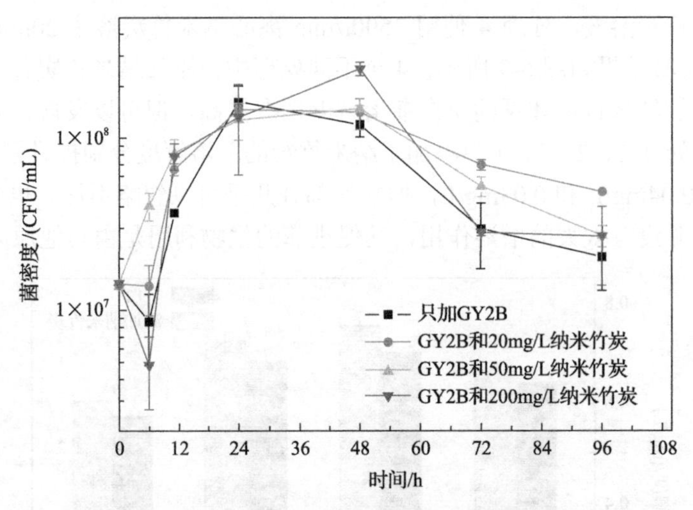

图 6-10　不同浓度纳米竹炭下菌株 GY2B 的生长曲线

在 6h 以后，从总体上看，添加了纳米竹炭的体系中微生物的数量比空白对照不添加纳米竹炭的体系多。因为在水溶液中，碳纳米颗粒可以形成悬浮状胶体，并且由于其具有疏水特性，碳纳米颗粒会渐渐沉淀和团聚(Zhang et al., 2015)。而当培养时间延长，体系中的纳米竹炭渐渐发生了团聚，超细颗粒的炭团聚后形成较大的竹炭颗粒，使其对体系中的微生物的毒害作用减弱。前期研究表明：菌株 GY2B 在降解菲的过程中，会产生 1-羟基-2-萘酸、水杨酸、邻苯二酚等中间产物，其对细菌的生长有不良的影响(Tao et al., 2007a)。而当在降解体系中添加了纳米竹炭，这些有毒有害的中间产物可能会被纳米竹炭吸附，从而给微生物提供了一个良好的生长环境。所以，添加纳米竹炭的体系中微生物的数量比空白对照不添加纳米竹炭的体系多，而且在 48h 时，纳米竹炭浓度越高，菌密度也越高。

图 6-8 表明在 48h 时，菲作为碳源几乎被降解完了，只剩下小部分残留在培养液中或吸附在纳米竹炭上。由于可利用的碳源不足，在 48h 后，各体系中的微生物都进入了衰亡期，如图 6-10 所示，菌密度都呈现出下降的趋势。Bruun 等(2008)在其研究中指出，土壤中的炭可以被微生物矿化，并且矿化程度会随着其生产温度的升高而降低。另外，对于同种原材料，大颗粒的生物炭的矿化率比小颗粒的矿化率低(Sigua et al., 2014)。当菲完全被消耗殆尽时，添加了纳米竹炭的体系中，一部分细颗粒的纳米竹炭可能可以作为替代的碳源被微生物利用。因此，在菌株 GY2B 进入衰亡期后(48h 后)，添加了纳米竹炭的体系中的菌密度仍然比空白体系的多。高剂量纳米竹炭对菌株造成的累积毒性，导致在衰亡期时，添加了 200mg/L 纳米竹炭的体系中细菌衰亡的速率较其他体系快。

2. 纳米竹炭作用下菌株 GY2B 的扫描电镜分析

细菌细胞膜骨架是由磷脂双分子层和蛋白质组成的，磷脂分子和蛋白质分子可做各向运动，从而构成膜的流动性。细胞质膜将胞内和胞外环境分隔开，并提供一个非均质的流动相以控制分子的跨膜运输(Wei et al., 2015a)。纳米颗粒与细胞膜的直接接触可能会对细胞膜造成损伤，更甚者可能会诱导毒性效应。因此，对纳米竹炭作用后的菌株进行扫描电镜观察，了解纳米竹炭是否对菌株 GY2B 细胞膜有破坏作用。

不同浓度纳米竹炭作用下菌株 GY2B 的扫描电镜图如图 6-11 所示。可以看出添加了纳米竹炭特别是高剂量的纳米竹炭后，细菌表面形态有着明显的变化，而且不论添加纳米竹炭与否，细菌表面都不平滑。笔者课题组张梦露等(2014)前期研究发现，在菌株 GY2B 降解菲的过程中，污染物菲会对菌株的细胞结构造成损伤，增大其细胞膜的通透性，这可能是导致菌株表面不平滑的原因。图 6-11(a)显示不添加纳米竹炭的菌株细胞除了表面不平滑之外，其结构较饱满和完整。添加了 20mg/L 纳米竹炭的细胞与空白细胞相比，除部分细胞表面细胞膜稍微有些皱缩，并没有其他明显的差异。但当纳米竹炭浓度提高到 50mg/L、200mg/L 时，

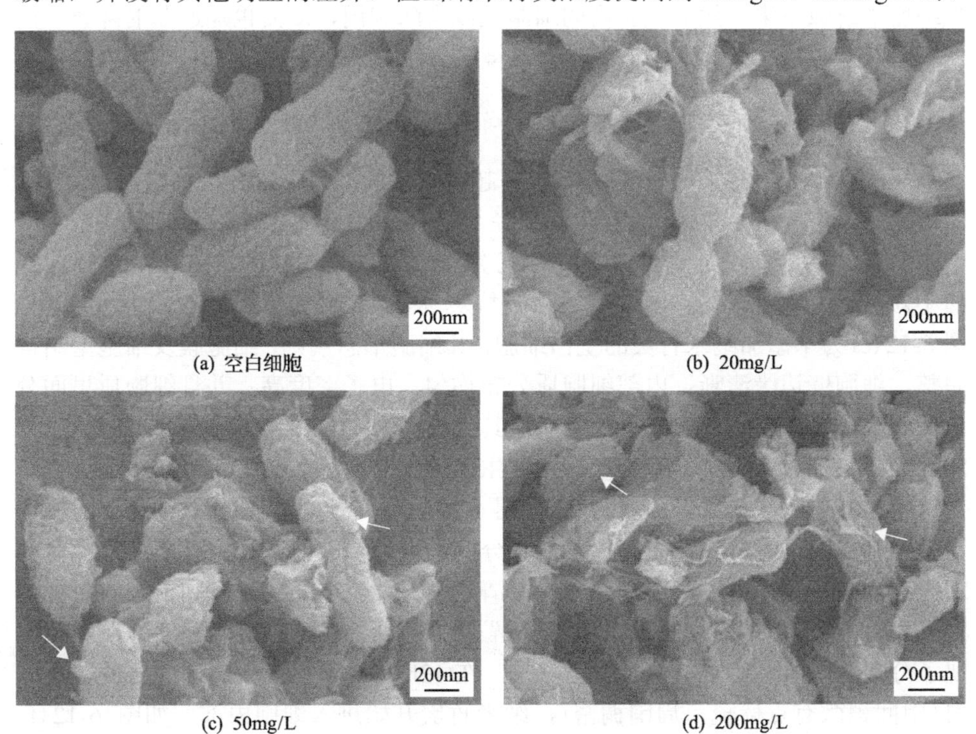

(a) 空白细胞　(b) 20mg/L

(c) 50mg/L　(d) 200mg/L

图 6-11　纳米竹炭作用下菌株 GY2B 的扫描电镜图

细胞开始变得有点干瘪、变形，不能呈现出饱满的形状，甚至变得扁平。所以，纳米竹炭的加入会改变菌株 GY2B 的表面形貌。尽管如此，图 6-10 表明添加了纳米竹炭的体系中菌密度总体上比不添加纳米竹炭的空白体系中的菌密度大，这与纳米竹炭会对细胞膜造成影响的结果似乎是矛盾的。但 An 和 Jin(2015) 也曾报道了相似的结果，其研究发现在相同的剂量下，富勒烯虽然会对细胞造成损伤和诱发毒性，但其确实促进了细胞的生长。因为细胞生长曲线计算的是活菌数量，纳米竹炭、富勒烯虽然会造成细胞损伤，但不管细胞损伤与否、完整与否，其都能计入其中，所以这也能解释该看似矛盾的现象。

此外，图 6-11 中的四个图均能看到丝状物质，它们可能是细菌的分泌物。这些丝状物质有的将细胞与细胞连接起来，有的将细胞与纳米竹炭连接起来。当丝状物将细胞与纳米竹炭连接起来时，纳米竹炭上吸附的菲可能便于菌株 GY2B 的利用，从而加快菲的降解。如图 6-11(c)、(d) 中的箭头所示，一些相对较小的纳米颗粒直接吸附在细菌表面，这不仅可以加快菌株对菲的利用，也为纳米粒子进入细胞内部提供了可能性。原核细胞不具有胞饮作用，其细胞壁结构不利于纳米粒子主动进入细胞内部，纳米粒子最有可能通过破坏细胞壁、细胞膜后，靠扩散作用进入细胞内部。如果携带了污染物菲的纳米竹炭进入细胞内部，菲可能可以被细胞液解吸下来，然后被胞内的细胞质或者酶利用，从而也加速菲的降解。而纳米竹炭能否进入细胞，可通过透射电镜进一步分析。

3. 纳米竹炭作用下菌株 GY2B 的透射电镜分析

50mg/L 纳米竹炭作用下菌株 GY2B 超薄切片的透射电镜分析如图 6-12 所示。图 6-12(a) 是未团聚的纳米竹炭，其粒径是 20～30nm，而图 6-12(b) 是团聚了的纳米竹炭，其粒径能达到 1μm。由图可知，正常的未团聚的纳米竹炭是圆球状的小颗粒，辨识度较高；团聚后的纳米竹炭则呈各种不规则的形状，棱角分明。图 6-12(c) 为不添加纳米竹炭的空白细胞，其细胞形态规则，细胞膜及细胞壁结构完整，细胞壁边缘清晰，内部细胞质分布均匀、电子密度高，并且细胞质里面分布着一些小颗粒，推测这些小颗粒是其细胞器核糖体。当培养基里面添加了 50mg/L 的纳米竹炭时，细胞的形态均发生了很大的变化，如图 6-12(d)～(i) 所示。当纳米竹炭与菌株共培养 2h 和 6h 时[图 6-12(d) 和 (e)]，大部分的纳米竹炭仍存在于细胞外的培养基中，只有很少一部分的纳米竹炭吸附在细胞外膜上。此时的细胞壁开始变薄变透，其边缘也变得不清晰了，细胞壁的变薄有利于细胞对纳米竹炭和污染物菲的摄取，促进其生物降解。图 6-12(d) 中的细胞膜和细胞质甚至出现了分离的现象。随着培养时间的延长，在 12h 时，可以观察到细胞质变得不均匀(中间稍微有点稀疏，周围稠密)，纳米竹炭开始进入细胞内部，如图 6-12(f) 所示，刚好捕捉到纳米竹炭镶嵌在膜上及在胞内的照片，证明纳米竹炭可以进入菌株细胞内部，但其跨膜机制还需做进一步的研究。而很多研究人员也曾报道过相似的关于细胞摄取 CeO_2、TiO_2、ZnO 和纳米 C_{60} 等物质的研究（Brayner et al., 2006; Thill et al., 2006; Kumar et al., 2011; An and Jin, 2015）。当接触时间继续延长至 24 和 48h 时[图 6-12（g）和（h）]，细胞的形态变得不规则，甚至可以看到细胞膜发生了凹陷，细胞质中心出现了黑色的团聚体，推测可能是纳米竹炭进入细胞后团聚而成的，也可能是胞内核糖体聚集产生的。到了 72h，如图 6-12（i）所示，细胞形态和结构与前面相比基本相似，细胞质中间的团聚体变得很小，已经接近消

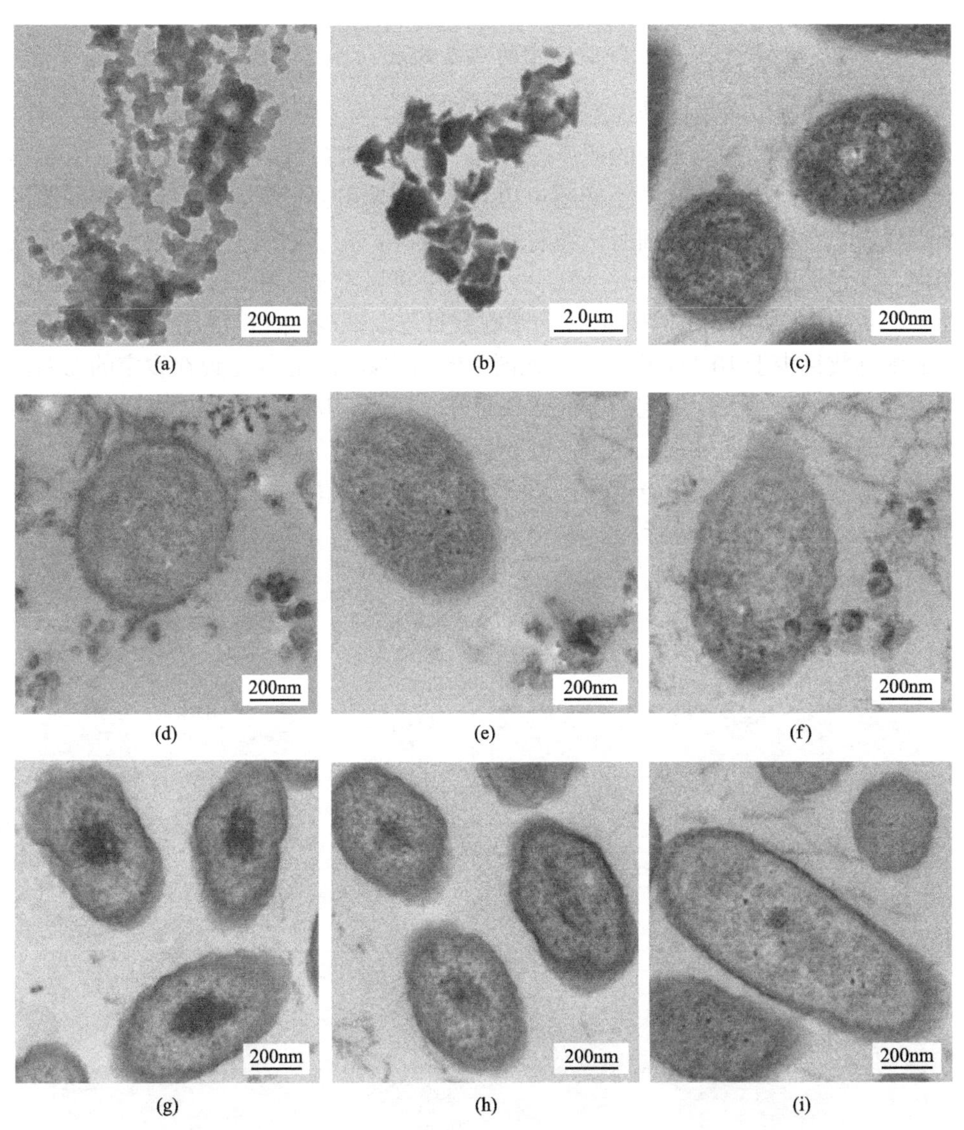

图 6-12　纳米竹炭及纳米竹炭作用下菌株 GY2B 超薄切片的透射电镜图

（a）和（b）为纳米竹炭的透射电镜图；（c）为无纳米竹炭作用的空白细胞的超薄切片；（d）～（i）分别为 2h、6h、12h、24h、48h、72h 时纳米竹炭作用下 GY2B 的超薄切片

失，推测纳米竹炭进入细胞后经过一定的时间可再排出胞外。此外，可以观察到随着培养时间的延长，有些细胞内的细胞质会随着细胞膜细胞壁结构的破坏而发生泄漏[图 6-12(f)～图 6-12(i)]。

基于上述的结果，可以确定纳米竹炭是可以进入细胞内部的，而吸附了菲的纳米竹炭在细胞液的作用下能否将菲解吸下来，则需要破壁提取细胞液再进行简单的实验进行证明。

4. 细胞液的提取及菲在细胞液中的解吸效果

细胞液的提取采用的是细胞超声破碎的方法，为了得到最佳的超声破碎条件，设置不同的超声功率及不同的超声总时间，并用显微镜观察其破碎效果。图 6-13 给出了超声时间为 20min 时不同超声功率下的细胞破碎效果，图中深色的椭圆形小点代表一个个未破碎的细胞，随着细胞的破碎，在低倍镜下可观察到的视野范围内，深色椭圆形小点的个数会减少。从图中可以看出，在设定的功率范围内，随着超声功率的增大，图中未破碎的细胞数目逐渐减少。图 6-13(f) 中完整的未破碎的细胞数目少于 10 个，远少于其他图中的细胞数目。也就是说在设定的功率范围内，超声功率越大，细胞的破碎效果越好。在超声破碎的过程中，可通过肉眼大致判断超声破碎的效果，即超声破碎后的液体越清亮，说明其破碎效果越好。因此，后续实验采用的超声条件：超声功率 650W，超声 5s，间隔 5s，超声总时间为 20min，在冰浴中进行。

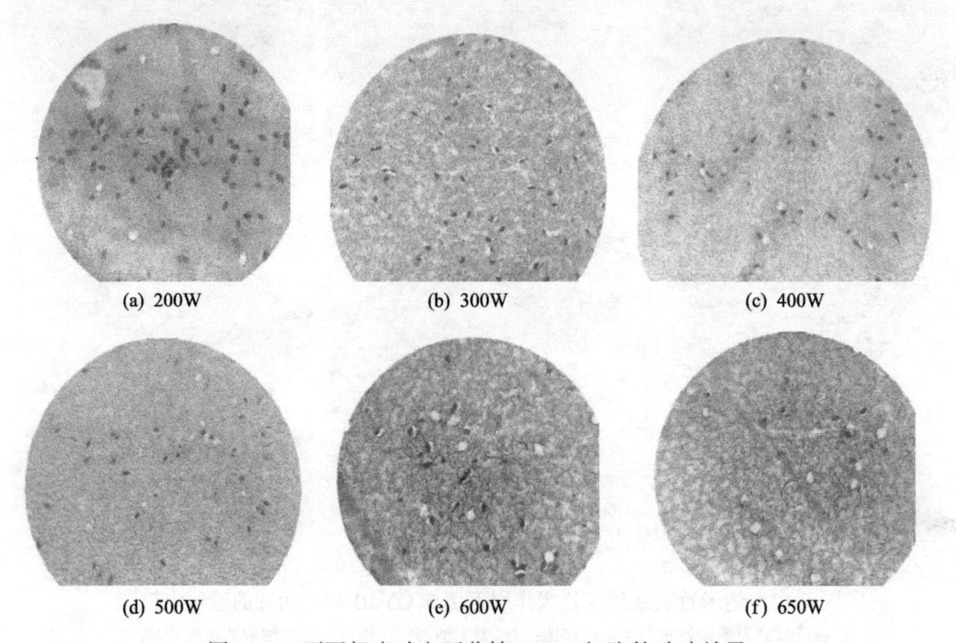

图 6-13　不同超声功率下菌株 GY2B 细胞的破碎效果

提取细胞液后，取适量吸附了菲的纳米竹炭于细胞提取液中，在 150r/min、30℃的恒温振荡器中振荡，定性考察纳米竹炭上菲能否在细胞液中解吸。3d 后测得溶液中菲浓度约为 0.2mg/L，说明纳米竹炭上的菲可以解吸下来。这直接证明吸附了菲的纳米竹炭进入细胞后，再通过酶或者细胞质的作用，能在细胞液中解吸下来，被细胞利用，从而加快培养体系中菲的去除。

6.3.4　纳米竹炭促进菌株 GY2B 降解菲的作用机制

纳米竹炭对菌株 GY2B 前期的生长有轻微的抑制作用，随着时间的延长，纳米竹炭基本表现为促进作用。扫描电镜结果表明纳米竹炭会使菌株 GY2B 细胞结构发生轻微变形，能促进细胞胞外物的分泌，并且该分泌的胞外物能将细菌和纳米竹炭连接起来，有利于细菌对菲的利用，一些颗粒较小的纳米竹炭附着在细胞外膜上，为纳米竹炭进入细胞内部提供了可能性；透射电镜结果表明纳米竹炭可吸附在细胞表面，镶嵌在细胞上及进入细胞内部，并且细胞破壁提取细胞液后进行实验，发现进入细胞内部的纳米竹炭上吸附的菲可以在细胞液中解吸下来，其可再被细菌利用从而加速菲的去除。

6.4　外源添加物质对降解菌性能的影响

6.4.1　表面活性剂对降解菌性能的影响

由于表面活性剂能增加多环芳烃的溶解性和生物可利用性而提高多环芳烃的生物降解，表面活性剂增效微生物修复已发展成为一种高效修复多环芳烃环境污染的方法。人们大量研究了表面活性剂对微生物降解多环芳烃的影响，但是，近年来表面活性剂对多环芳烃降解的影响争议颇多(促进、抑制和无明显作用)。因此，为了能进一步明确相应的作用机理，笔者课题组刘沙沙、林维佳、姜萍萍等研究了非离子表面活性剂对鞘氨醇单胞菌 GY2B 细胞特性及菲生物降解的影响，并利用多组学手段(蛋白质组、基因组和转录组)探讨其相关的作用机理(姜萍萍等, 2011a, b; Liu et al., 2016; 2017a, b; Lin et al., 2017)，主要发现包括以下几点。

(1) 选用三种具有代表性的非离子表面活性剂(Tween 80、Triton X-100 和 Brij30)研究它们对鞘氨醇单胞菌 GY2B 细胞表面特性(膜通透性、官能团、元素)、细胞活性的影响及 GY2B 对菲生物降解效果的影响。Tween 80、Triton X-100 和 Brij30 分别促进、轻微和明显地抑制了 GY2B 对菲的降解。Tween 80 对菲的降解起到促进作用，可能是因为其可以作为附加碳源被 GY2B 利用从而增加细胞的生长和活性，流式细胞仪的检测结果也进一步证实了 Tween 80 的加入可以增加活性细胞的数量。Triton X-100 和 Brij30 不仅能够抑制 GY2B 的生长，而且会对细胞膜产生破坏作用，表明这两种表面活性剂会对 GY2B 产生一定的毒性。Triton

X-100 对 GY2B 细胞的毒性作用小于 Brij30，因此 Triton X-100 对菲的生物降解的抑制作用要小于 Brij30。

(2)运用差异蛋白质组学方法研究了在 GY2B 降解菲的过程中添加和不添加 Tween 80 的情况下 GY2B 蛋白质的表达情况。Tween 80 的加入使 23 个蛋白的表达发生了上调，19 个蛋白的表达发生了下调。添加 Tween 80 后增加了细胞膜表面 H^+的转运作用来为菲的跨膜转运提供所需要的能量和载体，使菲更容易进入细胞内进行降解。Tween 80 加入后调节了细胞膜蛋白的折叠/组装等过程来增加细胞膜结构和功能的稳定性，进而使 GY2B 有更强的细胞活性。另外，添加 Tween 80 后 GY2B 细胞内的代谢活动(如三羧酸循环、嘌呤和嘧啶代谢、氨基酸合成、糖酵解、戊糖磷酸途径)也加快了，促进了参与转录翻译过程的蛋白和半胱氨酸脱硫酶的表达，这些过程的调控可能会增加 GY2B 的活性及其生长，使 GY2B 降解菲的能力提高。

(3)利用 Illumina Hiseq 2000 平台测定了菌株 GY2B 的全基因组序列，样本共产出 776Mb 数据。基于测序数据组装得到菌株 GY2B 的基因组大小为 4994934bp，GC 含量为 65.16%，共 16 个 scaffold、22 个 contig。对基因组组分分析后发现，样品 GY2B 的基因组含有 5048 个基因，总长度为 4452678bp，平均长度 882bp。串联重复序列共 289 个，小卫星 DNA 7 个，微卫星 DNA 12 个，tRNA 56 个和 rRNA 6 个。通过对差异表达基因的 GO 功能和参与的代谢途径等进行分析发现，GY2B 菌株中有 39 个基因参与编码多环芳烃(萘、芴、蒽、菲、芘和苯并芘)降解所需要的单加氧酶和双加氧酶(如儿茶酚 1,2-双加氧酶)，其中的 6 个基因参与了菲的降解。另外，有 43 个基因参与其他有机污染物(二噁英、二甲苯、硝基甲苯、乙苯和阿特拉津)的降解过程。在 GY2B 菌体中还存在一些与糖酵解/糖异生、三羧酸循环、氧化磷酸化和戊糖磷酸等重要代谢通路相关的基因。

(4)采用 RNA 测序技术在转录组水平上对 GY2B 降解菲的过程中添加 Tween 80 后基因的差异表达进行了分析，发现 Tween 80 的加入导致很多基因的表达发生了变化，而使 GY2B 降解菲的能力得到提高。添加 Tween 80 后，位于细胞质膜表面与 H^+转运有关的基因的表达发生上调而能够提供更多的能量和载体来加速菲的跨膜转运，促进了菲被 GY2B 摄取，增加了菲在胞内的浓度。同时，细胞内与菲降解有关的原儿茶酸 4,5-单加氧酶和菲 9,10-双加氧酶基因的表达也发生了上调，从而有利于菲的降解。添加 Tween 80 后还可以增加参与胞内三羧酸循环及相关途径(如碳水化合物、脂类、氨基酸代谢和氧化磷酸化过程)的基因的表达来促进菲的代谢，这些代谢过程的提高能够产生更多的能量进而也有利于其他的细胞进程。另外，Tween 80 的加入还促进了参与 ABC 转运蛋白和蛋白转运的基因的表达，影响了参与的其他生物过程(如转录、翻译、次级代谢产物的合成和氧化压力应答)的表达，这些可能对 GY2B 的细胞活性和生长起到促进作用，进而提高

GY2B 对菲的降解。

(5) 生物表面活性剂皂素和鼠李糖脂对菌株降解菲有影响。皂素对菌株 GY2B 降解菲影响不明显，对菌株 F14 则有微弱抑制作用；鼠李糖脂对两株菌作用表现相同，低浓度(低于临界胶束浓度值)时对菌株降解菲没有影响，高浓度(高于临界胶束浓度值)则对降解有延缓作用。同时，皂素和鼠李糖脂对菌株 GY2B 和 F14 无毒害作用，鼠李糖脂作为碳源被菌 GY2B 优先利用，因此导致菌株 GY2B 对菲的降解有延缓作用。鼠李糖脂明显促进了 GP3A 的生长、增大菌体表面疏水性，从而促进了芘的生物降解，缩短了芘的降解半衰期，鼠李糖脂的加入对芘的生物降解的促进作用随着鼠李糖脂浓度的升高而升高。在鼠李糖脂作用下，研究菌株 GY2B 降解菲过程中的细胞表面特性时发现：在菲降解过程中，菌株自身机制做出响应，细胞会分泌丝状物黏附在细胞表面，但随着鼠李糖脂浓度增加，丝状物减少，会影响菲的生物降解；对菌株 GY2B 的 Zeta 电位分析发现，鼠李糖脂的添加能够增加细胞表面的 Zeta 电位，进一步论证说明鼠李糖脂减少带负电荷的胞外分泌物的产生；对细胞的饱和脂肪酸/不饱和脂肪酸的比值分析发现，鼠李糖脂的添加并没有使该比值发生明显改变，说明细胞膜流动性没有变化，无法高效摄取污染物菲。鼠李糖脂的添加延缓了菌株对菲的中间产物的降解：通过傅里叶变换红外光谱(FTIR)图分析，发现菌株 GY2B 和 F14 中含有羧基(—COOH)和羟基(—OH)官能团，这些官能团可为菲的降解提供质子；而高浓度鼠李糖脂的添加，影响了带有—COOH 基团的物质的伸缩振动的偏移和相关波峰的出现与消失；结合菌株 GY2B 和 F14 对菲的降解途径和中间产物分析，发现鼠李糖脂的添加延缓了带有—COOH 基团的中间产物的降解。

6.4.2　抗生素胁迫对降解菌的影响

随着抗生素的大量生产和使用，其在环境介质中的残留及生态效应已经引起人们的广泛关注。虽然环境中残留的抗生素只有痕量水平，不足以杀死微生物，但长期暴露仍然可能影响环境微生物的功能系统，进而影响其生理生化性能，甚至可以诱导抗性基因的产生。本课题组黄莺、李祎毅等以环境检出率较高的红霉素作为抗生素的代表，以菲降解菌 GY2B 和芘降解菌 CP13 为研究对象，围绕抗生素胁迫环境下降解菌的微观形貌、细胞活性及多环芳烃降解关键酶基因、蛋白表达差异等方面开展研究(李祎毅等, 2014; Huang et al., 2016)，主要发现包括以下几点。

(1) 红霉素对 GY2B 的最低抑菌浓度为 0.25μg/mL，GY2B 对红霉素的最高耐受(99.9%抑制率)浓度为 25μg/mL；当红霉素浓度高于最低抑菌浓度时，能显著降低菌体细胞的总超氧化物歧化酶(SOD)活力，引起活性氧对菌体的损伤，也能显著降低乳酸脱氢酶(LDH)活力，但对菌体细胞有氧呼吸水平的影响会随着时间逐渐减弱。红霉素对 CP13 的最低抑菌浓度为 16μg/mL；红霉素浓度为药敏上限 256μg/mL 时，培养 24h 对 CP13 的抑制率仅为 85.9%；CP13 对红霉素耐药。浓度高于 16μg/mL 红霉素会降低 GY2B 的总 SOD 活力和 LDH 活力，但这种影响同比 GY2B 所受的影响要小得多。CP13 在红霉素环境中表现出强大的生存能力。红霉素对 GY2B 具有显著的抗生素后效应，后效应持续时间呈现浓度依赖性的特点，此种后效应不会明显改变菌体大小；后效应期间菌体 DNA 含量有明显变化，这些变化是 SOS 修复机制、DNA 自溶、二分裂过程共同作用的结果。GY2B 在短暂接触红霉素后 2～3h 即可复苏生长。红霉素对 CP13 不具有显著的抗生素后效应，CP13 短暂接触红霉素后可立即复苏生长。

(2)红霉素会降低 GY2B 利用菲作为碳源增殖时的生物量及降解菲的能力，并呈现浓度依赖性的特点。当红霉素浓度为 25μg/mL 时，相应的菲 48h 降解率不到 10.0%。GY2B 无法利用红霉素作为唯一碳源来增殖。红霉素的胁迫作用对细胞形态及其内部结构均表现出不利的影响，并且红霉素浓度越高，细胞形态变化越严重。在低浓度红霉素胁迫下，虽然细胞质密度降低，但是细胞的完整结构及遗传物质等内含物仍可保证菌株的功能，实现对菲的降解去除。而高浓度红霉素胁迫时其毒性作用使菌株几乎无降解能力。红霉素胁迫作用将改变降解菌的细胞活性，诱导细胞凋亡，并呈现出浓度相关性。流式细胞术分析显示：红霉素浓度高于 1μg/mL 时，死亡细胞所占比例增加，活性细胞比例减少，细胞完整性遭到破坏。红霉素浓度高于 25μg/mL 时会导致细胞质膜通透性增大，细胞膜电位降低，并且细胞会发生去极化现象，诱导细胞凋亡。红霉素胁迫可显著改变降解菌的蛋白表达，尤其是降解相关的蛋白表达量下调，包括多环芳烃双加氧酶、铁氧还蛋白还原酶、儿茶酚 2,3-双加氧酶、多环芳烃双加氧酶小亚基、谷胱甘肽转移酶、LysR 家族转录调控子等。经谱库鉴定分析，多环芳烃双加氧酶、铁氧还蛋白还原酶主要影响芳香环的开环氧化，儿茶酚 2,3-双加氧酶与菲降解过程中将儿茶酚氧化成二氧化碳和水有关，LysR 家族转录调控子能够激活靶降解基因。当红霉素胁迫浓度增加至 25μg/mL 时，双加氧酶类差异蛋白种类减少，表达量下调，增至 100μg/mL 时，无法检测到相关差异蛋白的产生，降解菌体内不存在与多环芳烃降解相关的蛋白。红霉素胁迫作用将改变环境降解微生物的细胞完整性、膜通透性以及功能蛋白的表达，进而影响功能微生物的生理功能，但这种影响存在明显的浓度相关性，因此，在评价抗生素的环境风险时，应结合浓度水平进行分析，避免高估其风险。

6.4.3　微塑料对降解菌群落结构和性能的影响

近海岸微塑料的污染问题日益突出，对周围生态环境造成了严重的影响。微塑料研究主要集中于微塑料在生物体内的积累，而有关微塑料对微生物生态的影响研究还很少。本课题组刘玮婷针对受微塑料影响较严重的近岸环境，从受石油污染的近岸水体中富集驯化得到功能菌群菲降解菌群 MB1，探究了微塑料对近岸菲降解菌群结构及降解能力的影响(刘玮婷等, 2018)，结果表明：微塑料的添加在一定程度上促进菲的降解，扫描电镜分析进一步显示微生物附着在微塑料上并分泌丝状物质；采用 Illumina 序列分析添加微塑料后菌群结构的变化，发现培养 6d 后在有添加微塑料的体系中优势菌属以 *Glaciecola* 为主，而未添加的对照组中优势菌属是 *Rhodovulum*，说明微塑料的添加可明显改变降解多环芳烃的菌群结构，进而影响污染物的降解能力。

第7章　多环芳烃降解菌的固定化与应用

人们通过人工富集培养等技术，已经分离出许多具有降解多环芳烃能力的细菌、真菌和放线菌，其中细菌由于其生化上的多种适应能力及易诱发突变株而占主要地位。由于土壤环境和污染物的复杂性，在实际微生物修复过程中，受各种生物或非生物因素的影响，微生物修复效率往往较低或无效。若不对功能微生物进行保护，其活性会剧烈减弱，造成难于直接应用于污染实际场地的工程治理的问题。固定化微生物技术，即将微生物固定在载体中为其提供一个保护性的微环境，从而增加接种菌的存活率和代谢活性，被认为是一种有效可行的方法。各种天然和合成的材料通过不同的固定化方式已经被广泛用为固定化的载体，其中吸附固定化和包埋/截留固定化在生物修复中应用最广。

7.1　微生物固定化技术原理与应用

7.1.1　微生物固定化技术原理和方法

自然界中的细胞(尤其是原核细胞)在其微环境中倾向于移动并摄取营养，但是在生命周期循环中的某一阶段，细胞分泌的胞外物促使它们相互团聚并在基质表面黏附生长，形成生物膜，即自我固定(Eş et al., 2015)。人们利用这种自然现象，通过自然或人工的方法将活性细胞限制/固定于一个有限的空间基质内且保留其催化活性，即为固定化细胞(Karel et al., 1985)。原则上讲，任何一种能够限制细胞自由流动的技术都可以用于制备固定化细胞，因此微生物固定化方法多种多样。常用的方法有吸附法、包埋法和交联法三大类。

吸附法是使用具有高度吸附能力的活性炭、多孔玻璃、石英砂、陶瓷等材料将微生物细胞吸附到表面上使之固定化的方法。包埋法则是将微生物细胞包裹于凝胶的微小格子内或半透膜聚合物的超滤膜内，小分子的底物和代谢产物可以自由出入这些多孔或凝胶膜，而微生物却不会漏出。按照包埋载体的结构可分为凝胶包埋法和微胶囊法。交联法主要是使微生物细胞与带有两个以上多功能团的试剂进行交联反应，在它们之间形成共价键，从而把微生物细胞固定(张斌等, 2010)。表 7-1 列出三种固定化细胞制备方法的性能比较，在实际应用中需要根据具体要求选择合适的固定化方法。

虽然固定化的传统方法有着明显的优点，但同时各自都存在难以克服的缺陷：吸附法的制备过程容易操作，一般吸附载体也可再生使用，但初始化的固定过程

表 7-1　三种固定化方法的比较

性能指标	吸附法	包埋法	交联法	性能指标	吸附法	包埋法	交联法
制备的难易	易	适中	适中	适用性	适中	大	小
结合力	弱	适中	强	稳定性	低	高	高
表面活性	高	适中	低	载体的再生	能	不能	不能
固定化成本	低	低	适中	空间位阻	小	大	较大
存活力	有	有	小				

需较长时间才能完成，相对地，微生物与载体的结合并不够稳固，载体上的微生物活性相对较低；使用包埋法固定化的微生物细胞固定化程度高，能保护微生物免受有毒物质的侵害，物化稳定性较强，但同时增大了微生物与基质间的扩散阻力，不适于大分子污染物的分解，准备工艺也较复杂；交联法的耐环境变化的能力强，稳定性好，但反应条件激烈，对生物活性影响大。

因此，为了得到具有高固定化强度和高微生物活性的微生物固定化系统，有研究人员使用两种或两种以上的固定化方法结合起来的复合固定化法，获得单一固定化方法所无法达到的性能或处理效果，可提高整个微生物系统的处理性能，同时克服单一固定化法的种种缺陷与不足(曲洋等, 2009)。例如，包埋法与交联法的结合，已经在许多研究中被作为主要的固定化方法。在实际应用中，固定化方法的选择应根据固定细胞的特点和用途综合考虑。对于污染土壤的场地修复，除了需要考虑固定化菌剂的效率等技术性因素，还需要考虑成本和环境影响等因素。

7.1.2　微生物固定化载体的选择

根据固定化的目的和方法，各种天然或合成的载体材料被广泛用于固定化，图 7-1 总结了目前常用的固定化载体材料及其分类(Bayat et al., 2015; Bilal et al., 2017)。由于土壤体系的异质性，对用于土壤修复的固定化载体的要求与水体有所不同。在土壤的原位修复中，一般不考虑固定化菌剂的回收，即加入土壤后成为土壤的一部分。因此理想的固定化载体材料需具有以下几个特点：①载体材料环境友好，无二次污染，可生物降解；②载体可提供良好的微环境，屏蔽不利环境条件的干扰；③载体基质可为微生物提供碳源和营养物质；④具有比较大的比表面积、良好的孔隙度且质地较轻；⑤具有良好的生物兼容性，对固定化细胞无毒；⑥价格低廉，来源广泛；⑦还需具有良好的机械、化学、热和生物稳定性(Kourkoutas et al., 2004; Martins et al., 2013; Dzionek et al., 2016)。

开发良好的载体是细胞固定化技术研究的热点之一。若将有机载体与无机载体组成复合载体，则可结合它们各自的优点，改进材料的性能。Dzionek 等(2016)认为载体的选择对生物修复非常关键，需要根据微生物和污染物的特点进行筛选。

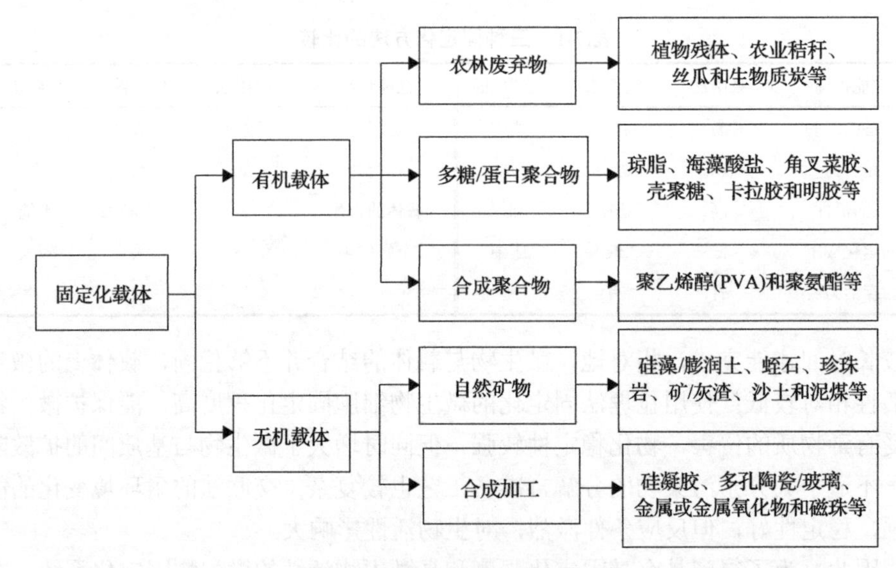

图 7-1　固定化载体分类示意图

在生物强化修复土壤过程中，微生物对污染物的降解依赖于其所处的生理状态，而固定化载体可为添加菌提供一个良好的微环境，增加其存活率和代谢活性，从而达到去除污染物和净化环境的目的。Mishra 等(2001a, b)利用固定化混合菌(玉米芯粉末，1kg 菌剂/10m^2)和添加营养对高浓度石油污染的土壤[初始总石油烃(TPH)为 99.2g/kg]进行了 120d 的实地修复，结果表明可将 TPH 去除 90.2%，*Acinetobacter baumannii* 在 120d 期间稳定存在，而空白对照的 TPH 去除率仅仅 16.8%。

7.2　玉米秸秆吸附-包埋-交联复合固定化降解菌及其性能

7.2.1　复合固定化菌剂的制备与表征

1. *制备方法*

利用玉米秸秆吸附-包埋-交联相结合的复合固定化方法固定多环芳烃降解菌。实验用菌株包括：菲高效降解菌 *Sphingomonas* sp. GY2B、芘降解菌假单胞菌 *Pseudomonas* sp. GP3A 和 *Pandoraea pnomenusa* GP3B，均为笔者实验室筛选和保存。

菌悬液制备：取 1mL 纯菌液，加入到 50mL 肉汤富集培养基中，30℃、150r/min 摇瓶培养 24h 后，于 10000r/min、4℃条件下高速离心后用生理盐水洗涤，此过程重复 3 次后收集菌体，再用生理盐水将菌体定容成 OD_{600}=0.5 的菌悬液，放置于 4℃冰箱待用。GP3B 和 GY2B 混合菌悬液体积比为 1∶1，GP3A 和 GP3B 混合菌悬液体积比为 1∶1。

固定化方法如图 7-2 所示。玉米秸秆经清洗、烘干、粉碎干燥后过 80 目筛子，取筛下物备用。称取干重 0.5g 玉米秸秆吸附载体倒入锥形瓶，加入 30mL 无机盐培养基后灭菌备用。在固定化培养基中加入适量菌悬液，摇床培养 8h。5000r/min 离心清洗得吸附载体[图 7-2(a)]，加入无菌水定容至 20mL 备用。

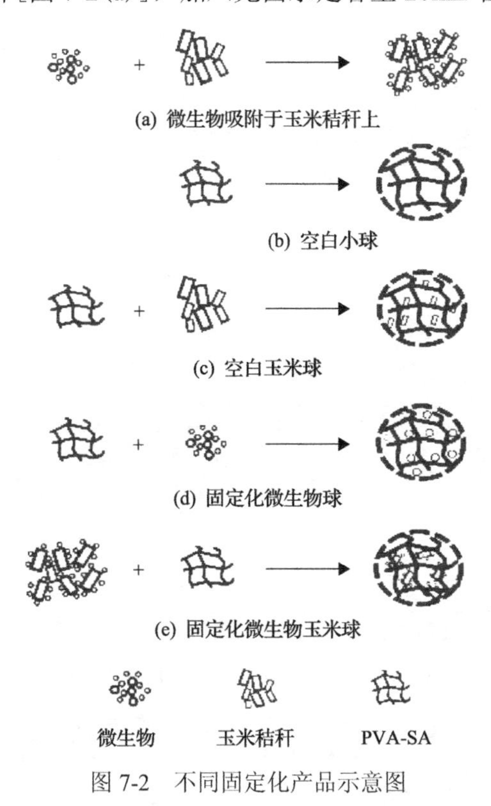

图 7-2　不同固定化产品示意图

聚乙烯醇(PVA)和海藻酸钠(SA)按不同比例进行混合，通过比较成球效果、机械强度和传质性，确定 10% PVA 和 0.5% SA 的最佳组合比例。将 PVA 和 SA 加入 60mL 蒸馏水浸泡过夜，次日高温灭菌，冷却至 40℃左右。加入 20mL 上述吸附载体[图 7-2(a)]，加入无菌水定容至 100mL 后充分混匀，最终 PVA 浓度为 10%、SA 浓度为 0.5%、包埋微生物量为 10%。将混合物逐滴滴入 5%的 $Ca(NO_3)_2$ 溶液中，浸渍 1h，然后将小球在–20℃下保存 24h，再在 4℃保存 12h，最后在室温解冻，所得即为固定化微生物玉米球[图 7-2(e)]。此外，以不含微生物和玉米秸秆的空白小球[图 7-2(b)]、只含玉米秸秆的空白玉米球[图 7-2(c)]、只含微生物的固定化微生物球[图 7-2(d)]作为对比试验。

2. 扫描电镜观察

为了观察包埋情况如何，菌体是否能良好地生长和繁殖，利用扫描电子显微镜(SEM)观察混合菌的生长情况，结果见图 7-3、图 7-4 和图 7-5。

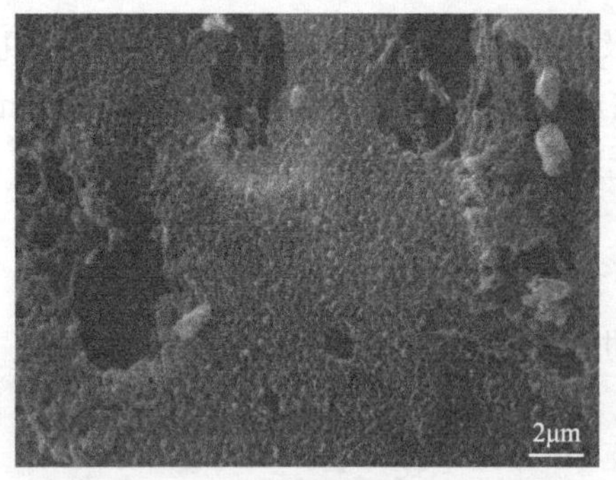

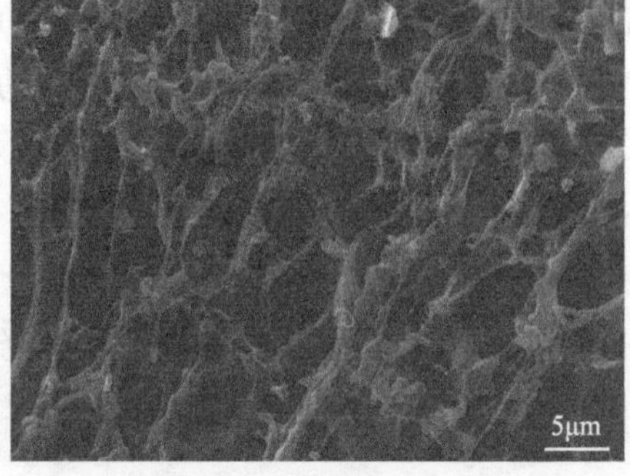

(a) 表面　　(b) 内部

图 7-3　固定化微生物玉米球表面、内部微观结构 SEM 图

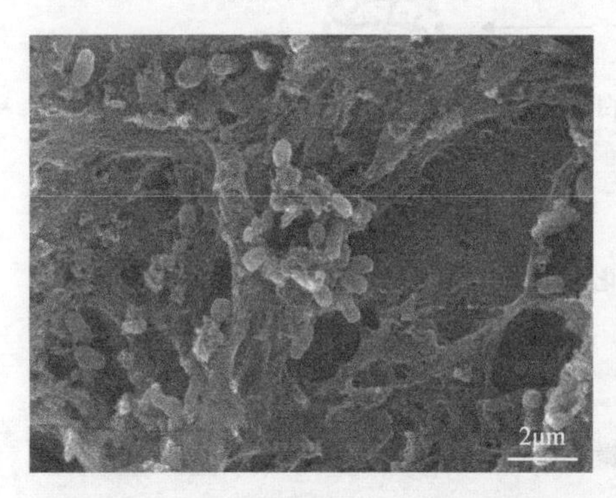

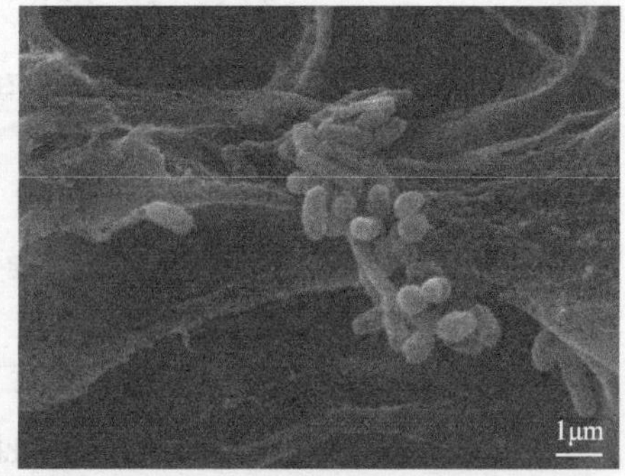

图 7-4　固定化混合菌 GY2B+GP3B 的 SEM 图

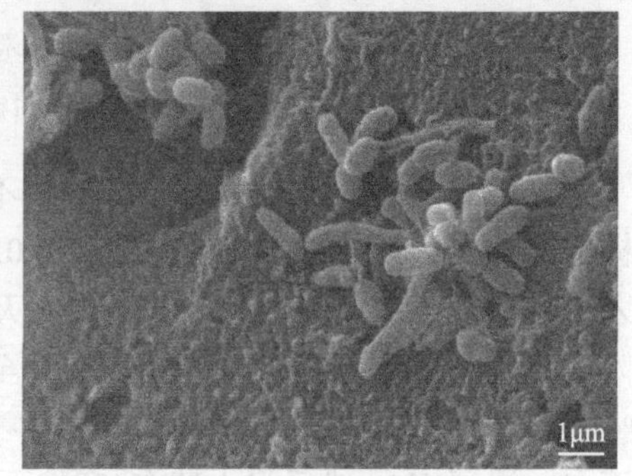

图 7-5　固定化混合菌 GP3A+GP3B 的 SEM 图

由图 7-3(a)可观察到载体的开孔是大孔与微孔相结合的，微孔用于固定化微生物，大孔保持气、液、固三相良好的接触条件，这种结构使传质驱动力大大地增加。由图 7-3(b)可看到固定化小球内部形成了网络状结构，具有大量孔隙的骨架结构，这为微生物在内部的良好生长提供了有利的微环境。而无论是表面的空隙结构还是内部的骨架结构，都说明了在内部生长的微生物和基质会有充分的接触面积和机会，利于营养物质的传递。从图 7-4 和图 7-5 中可观察到 GY2B+GP3B

菌和 GP3A+GP3B 菌在载体内部生长良好，并未发生异常变化，这为降解芘提供了必要的基础。微生物被载体固定化后，大部分菌体被包埋在孔隙内附着生长，形成以单菌和小菌团生长为主的现象。载体的这种骨架结构，客观上不仅给微生物提供了增殖的生存空间，而且为基质传递提供了通径。扩散作用使芘的浓度从载体外部到内部逐渐降低，形成了梯度屏障，削弱了芘对混合菌的毒害作用，有利于芘的降解，并提高了混合菌对芘的耐受力。

3. 芘的非微生物降解损失

为了考察在降解过程中芘的非微生物降解损失，考察了空白对照及不同空白小球对芘的去除情况，结果如图 7-6 所示。样品空白(CK)的芘去除率在 7d 内保持 2.0%左右,空白小球和只含玉米秸秆的空白小球对芘的 1d 去除率分别是 17.8%和 21.4%左右，并在 24h 内就达到稳定水平。由此可证明固定化载体本身对芘就具有吸附作用，并且在 24h 内即达到吸附饱和。与空白小球对比，空白玉米球有更高的吸附量，这进一步证明，玉米秸秆有助于提高载体的吸附能力，减少扩散阻力，从而提高芘的去除效率。另外，笔者推测固定化微生物秸秆球对芘的去除一开始主要是通过吸附作用，在随后的过程中，主要是载体吸附和微生物降解的协同合作作用。

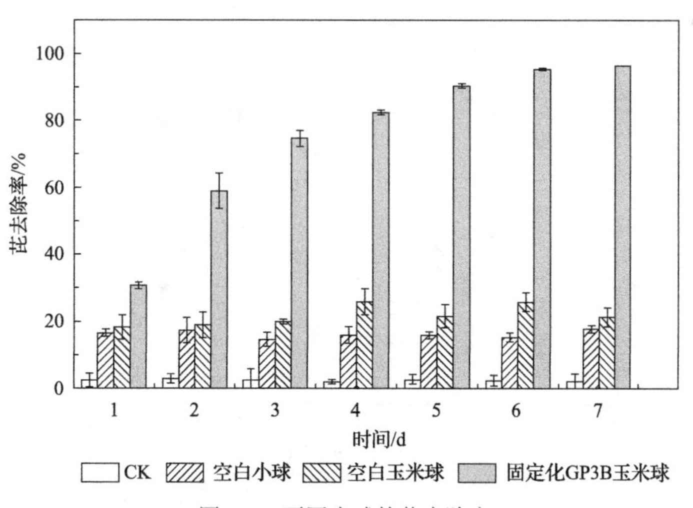

图 7-6 不同小球的芘去除率

7.2.2 复合固定化菌剂的芘降解性能

为了解固定化微生物秸秆球去除芘的效果，对比了游离态微生物和固定化微生物对芘的去除效果，固定化混合菌秸秆小球、游离态的混合菌、预吸附于玉米秸秆的混合菌、固定化混合菌球和游离态单菌对芘的去除效果如图 7-7 和图 7-8 所示。

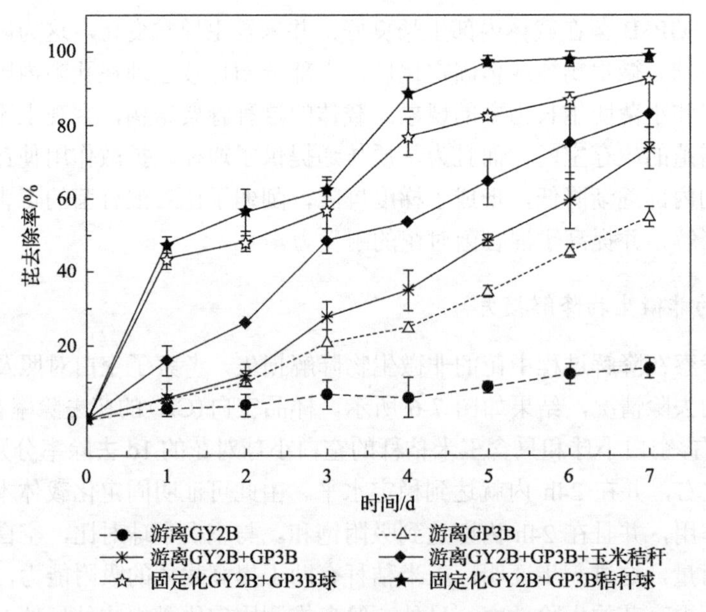

图 7-7　游离态和固定化 GY2B+GP3B 芘的去除曲线

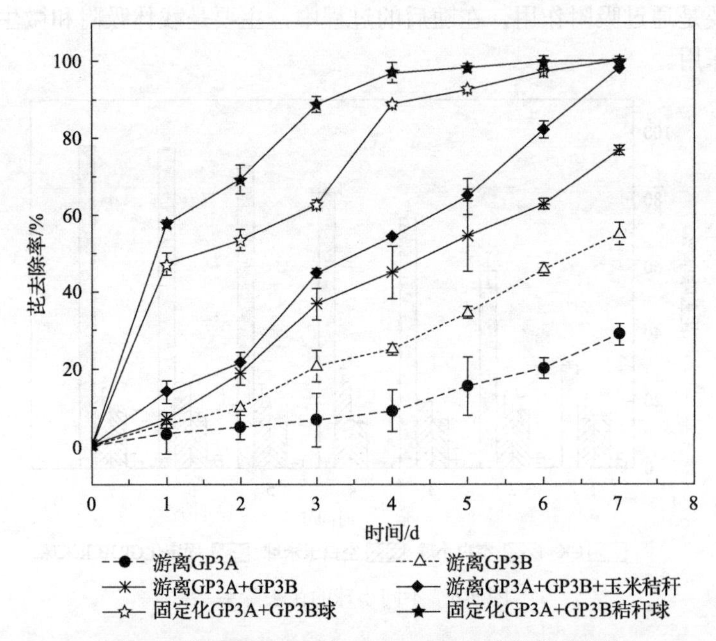

图 7-8　游离态和固定化 GP3A+GP3B 芘的去除曲线

由图 7-7 可知，游离态的 GY2B+GP3B 的 7d 去除率为 73.6%，预吸附于玉米秸秆的 GY2B+GP3B 为 83.2%，固定化 GY2B+GP3B 球为 92.8%，固定化 GY2B+GP3B 秸秆球 99.0%。虽然固定化 GY2B+GP3B 球在 7d 对芘的去除率也达到了 90%以上，但固定化 GY2B+GP3B 秸秆球在 5d 就达到 97.3%。由图 7-8 可知，游离态的 GP3A+GP3B 7d 的去除率为 76.8%，预吸附于玉米秸秆的 GP3A+GP3B 为 98.2%，固定化 GP3A+GP3B 球为 100.0%，固定化 GP3A+GP3B 秸秆球为 100.0%。固定化 GP3A+GP3B 球在 5d 对芘的去除率达到了 92.6%，而固定化 GP3A+GP3B 秸秆球在 4d 就达到 97.0%。

在图 7-7 和图 7-8 中可以看到，游离态的微生物有 48h 左右的迟滞期，而当其被固定化后迟滞期则明显缩短，这与陈芳艳等(2007)的研究结果一致。微生物刚被投加到新的环境中，会有一个适应期从而导致生长迟滞。而固定化微生物迟滞期明显缩短的原因一方面是富有空隙的骨架结构载体具有较大的比表面积，可以吸附容纳不断增殖的微生物，形成较高的细胞浓度；载体对固定化微生物细胞起到一定保护作用，减弱了芘对微生物的毒性。另一方面，在空白对比实验中已证明富有空隙的骨架结构载体可吸附部分芘，同时固定化混合菌可最终将吸附的芘完全降解，即固定化混合菌对芘的去除过程是载体物理吸附和生物降解作用共同实现的，从而最终提高了芘的去除速率。固定化微生物秸秆小球具有吸附作用，所以在小球内部的微生物可以得到更多接触芘的机会，提早进行生物降解，从而使降解菌能更好地摄取底物，促进底物的降解；而游离态的微生物，则会由于芘在水中的溶解度很低而导致其不能高效地利用芘。因此，固定化微生物比游离态的微生物具有更强的适应性。

表 7-2 列出了游离菌和固定化菌的 7d 芘去除率。从表中数据可知，固定化微生物相比游离态微生物对芘的去除效率显著提高，可以在一个相对短的时间内达到相对高的去除率。这可能是由于固定化微生物技术可实现微生物位置的固定，利于维持细胞间的物理化学梯度，同时利于形成高密度的微生物群体，从而提高降解效率。另一个可能的原因是载体为多孔隙物质，对芘具有一定的吸附作用，而玉米秸秆的加入对芘的去除效率的提高也起到了一定的作用。

表 7-2　游离菌和固定化菌的 7d 芘去除率　（单位：%）

细菌	游离态	游离菌+秸秆	固定化微生物球	固定化微生物秸秆球
GY2B	14.0	26.5	31.0	51.2
GP3A	28.9	31.0	48.9	72.1
GP3B	55.0	69.6	91.1	96.4
GY2B+GP3B	73.6	83.2	92.8	99.0
GP3A+GP3B	76.8	98.2	100.0	100.0

根据上述结果，在制备过程中适量玉米秸秆的添加，增加了支撑小球内部空间的骨架结构，这有利于小球孔隙率的提高，进而增加小球的通透性，降低扩散阻力，增强小球的吸附能力，提高小球孔隙内部芘的浓度，从而提高微生物的相

对活性，也就为芘去除率的提高提供了有利条件。笔者推断固定化微生物秸秆球去除芘的原理是首先进行吸附，然后在后续的处理过程中，依靠载体物理吸附和生物降解的协同作用，从而加快转化速率。

7.2.3 复合固定化菌剂的环境适应性

自然环境中的各环境因素，如温度、pH、污染物浓度、重金属和土著菌等，都可能影响所筛选出的芘降解菌在自然环境中对芘的降解，这可能使得其降解变得缓慢得多。而微生物在被固定化前、后处于不同的微环境中，如温度、pH、离子浓度、营养及代谢产物浓度、氧及营养物的扩散速度等因素的改变均会影响微生物的生理活性(Cordeiro et al., 2011)。

1. 温度

温度会对降解芘的微生物体内的酶活性产生很大影响。酶催化反应就像一般化学反应一样，随着温度的升高，酶催化反应的速度加快。若温度过高，就加速了酶蛋白的变性，使酶失去活性；温度过低，对微生物的酶活性也有很大影响。因此微生物对底物的降解有最适温度范围。考察 15～40℃范围内温度对游离态和固定化混合菌降解芘的影响，结果如图 7-9 所示。

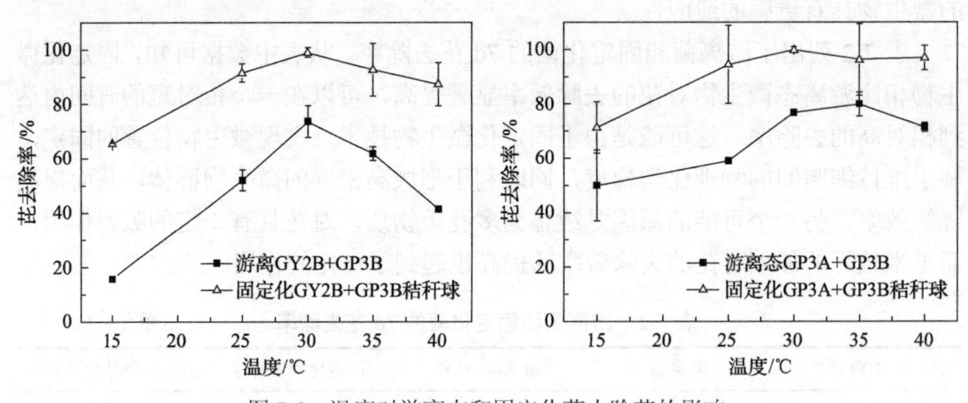

图 7-9 温度对游离态和固定化菌去除芘的影响

与游离菌相比，在较高温度下，固定化菌对芘的去除率均高于游离菌，表明固定化菌耐热性优于游离菌。固定化菌对温度的敏感性小于游离菌，这可能是由于固定化载体对菌体具有一定的保护和缓冲作用，使细菌的局部生长环境适于生长代谢及降解反应的进行。固定化 GY2B+GP3B 菌降解芘的适合温度范围为 25～35℃，固定化 GP3A+GP3B 菌降解芘的适合温度范围为 30～40℃，与相应游离菌的最佳降解温度相同。

2. pH

环境 pH 的变化会引起微生物原生质膜所带电荷的不同，在一定的 pH 范围内原生质带正电荷，在另一种 pH 范围内则带负电荷。这种正负电荷的改变能够引起原生质膜对某种离子渗透性的变化，从而影响微生物对营养物质的吸收及代谢活力、代谢途径等。图 7-10 显示了在 pH 为 3～11 范围内，pH 对游离态和固定化混合菌去除芘的效果的影响。

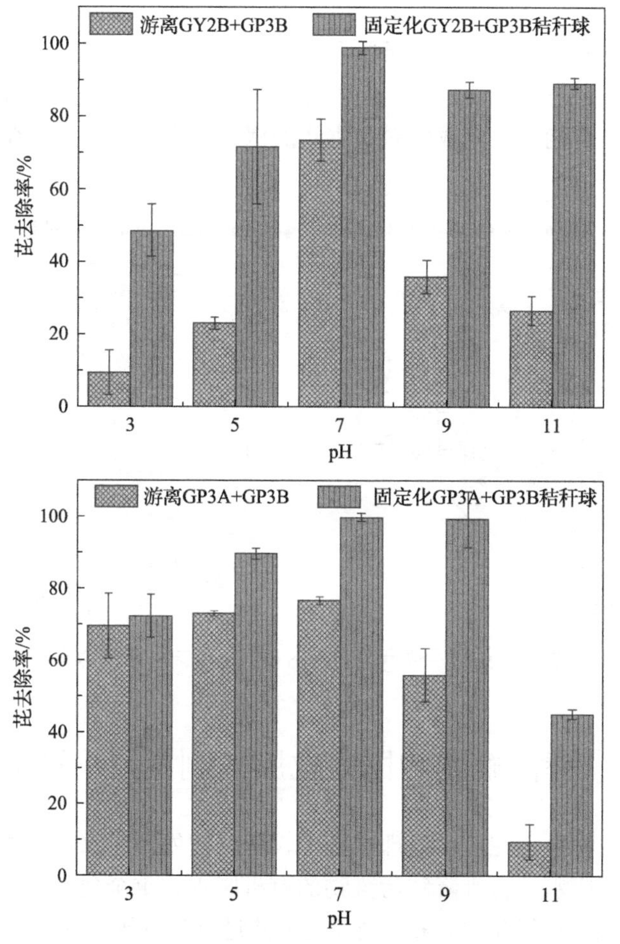

图 7-10　pH 对游离态和固定化菌去除芘的影响

与游离菌相同，固定化混合菌降解芘的最佳 pH 均为 7.0，在各 pH 条件下，固定化菌对芘的去除率均高于游离菌。其原因可能为载体具有较大的比表面积，可以吸附容纳不断增殖的微生物，形成较高的细胞浓度，同时载体能够保护微生物细胞，这些使得固定化菌能够抵抗 pH 的冲击。碱性环境下固定化小球效果高也可能是因为载体主要为聚乙烯醇，其为弱酸性，那么当外部溶液的 pH 适当提高时固定化颗粒内部的微环境才能达到游离细胞催化反应的适当 pH，这也表明固定化后形成的微环境有助于包埋菌对抗不利环境，使得固定化菌能够在不太理想的培养环境中仍保持一定的降解活性。

3. 芘初始浓度

固定化混合菌和游离菌对不同初始浓度芘的 7d 的去除率如图 7-11 所示。游离菌液对芘的去除率随着芘初始浓度的增加逐渐降低，而固定化混合菌在各个浓度下都保持较高的去除效率，均保持在 80%以上。固定化混合菌对高浓度芘有着良好的去除性能。与游离菌相比，随着芘浓度的增加，固定化菌降解芘方面的优势更加明显，这可能是由于载体对微生物的保护作用减小了芘对微生物的毒害，促进了芘的降解。

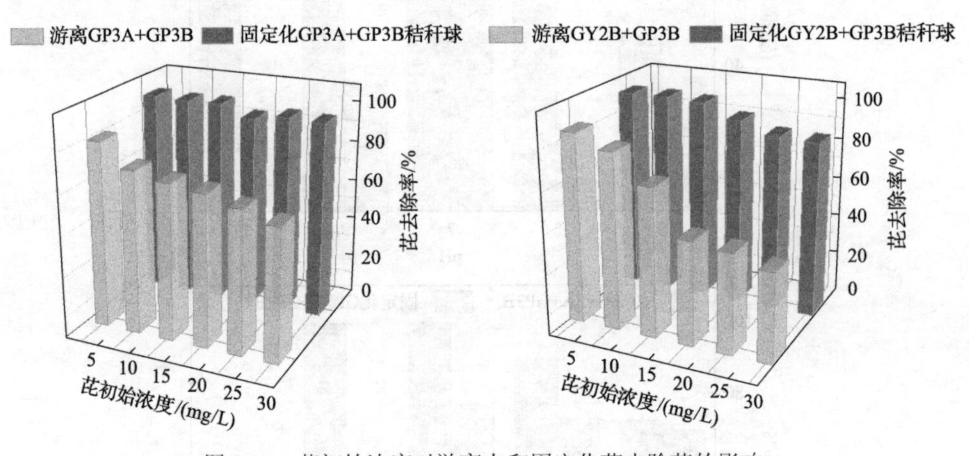

图 7-11 芘初始浓度对游离态和固定化菌去除芘的影响

7.3 菲降解菌的固定化膜片制备及小试应用

固定化微生物技术在废水处理中应用较广，被处理废水的种类有造纸废水、印染废水、含氮废水、含难降解污染物的有机废水、重金属废水等。本节以菲降解菌 GY2B 为固定化微生物，采用刮膜的方式进行包埋固定化，制备固定化膜片，用于降解含菲废水，研究其降解效果。

7.3.1 固定化膜片的制备与表征

选择海藻酸钠和聚乙烯醇的混合物为主体材料，以聚乙烯醇、海藻酸钠为包埋剂，以活性炭粉末为吸附剂，以氯化钙为交联剂，考察交联时间、包埋菌液量、膜片厚度等因素来确定固定化膜片的最佳配方。对制备出来的膜片，通过对平均厚度、流动性与成膜性、耐酸性、机械强度、细菌活性、曝气性能等指标的统计分析，确定固定化膜片最优制备方案为：聚乙烯醇 2%、海藻酸钠 3%、活性炭 3%、饱和硼酸溶液中氯化钙的浓度 2%、交联时间 16h、膜片厚度 1mm、菌液量 7mL。

最优方案下制备的膜片结构如图 7-12 所示。从膜片外表面图可以看出，膜片外表面相对比较光滑，孔口开裂不均匀，但较大；由内部剖面图和断面图可以看出，膜片为多孔结构，孔径较大。为了研究膜片的传质性，用滤纸折叠后放在膜片下，然后在膜片上滴加 2 滴红墨水，观察滤纸变红时间。滤纸变红的时间越短，表明膜片的传质性越好。该膜片 5s 后即可在滤纸上观察到红色，表明膜片的传质性很好。

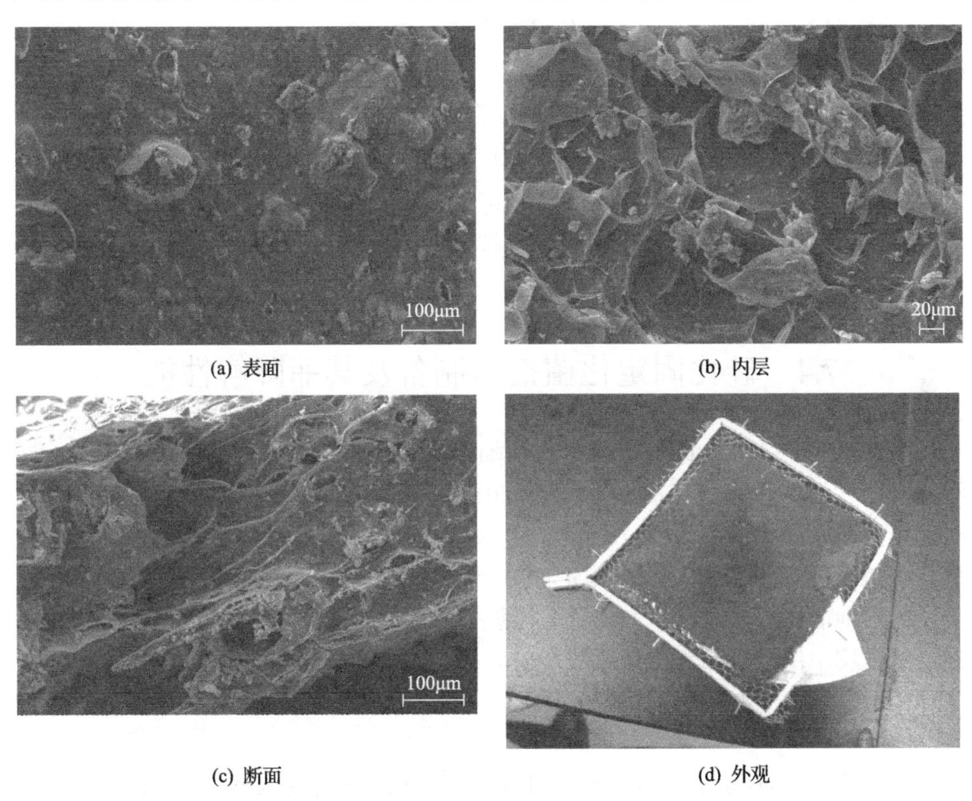

(a) 表面　(b) 内层

(c) 断面　(d) 外观

图 7-12　固定化膜片表面、内层、断面 SEM 图和外观照片

7.3.2　固定化膜片处理含菲废水小试研究

为了验证固定化膜片的性能，在室温条件下安排如下系列实验。①空白对比：自来水+菲；②自来水+菲+菌液；③自来水+菲+膜片；④自来水+菲+菌液+MSM（5%，质量分数）；⑤自来水+菲+膜片+MSM（5%，质量分数）。菌液加入量与膜片中菌液含量相同。实验进行到 5d 后，第 5 组实验的水中肉眼已观察不到菲，于

是停止实验并用环己烷萃取反应器中全部水，测定的残余菲的量见表 7-3。

表 7-3　不同实验组别中菲残余量

	实验组别				
	1	2	3	4	5
菲残余量/mg	67.62	53.99	49.63	54.40	38.32
菲降解率/%	32.38	46.01	50.37	45.60	61.68

在实验过程中发现：第 1 组实验中菲粉末大部分沉在水底，经过 5d 曝气后减少很少，而且水体的颜色没有变化；第 2 组实验中菲粉末大部分沉在水底，经过 5d 曝气后有少量减少，水体的颜色慢慢变黄，然后逐渐加深；第 3 组和第 4 组实验的实验现象基本与第 2 组相同；第 5 组实验的实验现象也与第 2 组基本相同，但菲减少量较快，经过 5d 水底没有发现菲粉末。表 7-3 的数据表明：固定化膜片可以提高菲降解率；加入 MSM 培养基作为营养源促进固定化膜片对菲的降解。

通过成本核算，该固定化膜片(10cm×10cm)制造的直接成本小于 0.3 元。利用固定化膜片来组装的曝气处理装置，具有简单、便宜等优势，可以进行原位处理，具有工程应用的前景。

7.4　硅化固定化菌剂的制备及其菲降解性能

早在 1989 年，Carturan 等就报道活细胞固定在二氧化硅基质内可维持其长期活力和催化活性。此后有各种活细胞(如细菌、酵母、藻类、植物和动物细胞)被固定在硅凝胶基质内的研究(Avnir et al., 2006)。作为多孔的无机基质，硅凝胶基质具备诸多优点：机械/化学/热稳定性好；光透明性好；孔大小和功能基团可调节；可以灵活地制备成多种形式(多层状、薄膜状、颗粒状和各种塑形)；硅及硅酸盐在自然土壤中广泛分布和比较常见(Avnir et al., 2006; Pannier et al., 2012)。

7.4.1　硅化固定化菌剂的制备与表征

早期的硅溶胶-凝胶过程主要是利用硅醇盐 $Si(OR)_4$ 的水解，其中 R 是有机基团，最常用的是正硅酸乙酯和正硅酸甲酯(Depagne et al., 2011)。在硅凝胶合成过程中，会用到酸催化剂，可能有副产物甲醇/乙醇等产生，而且在硅凝胶老化过程中细胞会受到一定压力，导致细胞受损严重或者死亡(Blondeau and Coradin, 2012; Dickson et al., 2012)。

采用两步固定化方法，即先将菌株固定在生物兼容性良好的载体上，再在其表面覆盖一层硅凝胶(相当于膜形成试剂或胶黏剂)，将有助于克服这些问题(Luckarift et al., 2010; Depagne et al., 2011)。两步法制备的混合材料同时具备自然有机载体和无机载体固定细胞的优点：生物兼容性良好的自然有机载体避免了细胞与硅前体和硅溶胶-凝胶过程中的副产物接触，且允许细胞在基质内繁殖生长，而硅凝胶就像胶黏剂，防止吸附固定化菌剂的细胞外泄且强化了其稳定性(Coradin et al., 2003; Ramachandran et al., 2009)。事实上，载体材料上覆盖一层硅凝胶是一个生物仿生过程，是受到海绵体和硅藻体栖息在多孔性的硅壳内(硅藻的细胞膜)的启发，也是模仿自然界中的生物膜基质，即胞外多糖黏附细胞的行为(Luckarift et al., 2010; Nassif and Livage, 2011)。另外，若使用气相沉淀法，即 Biosil 技术(硅醇盐蒸气在含水的材料/细胞表面水解并浓缩成胶，进而形成纳米结构的二氧化硅层)，代替传统的水相溶胶-凝胶，可避免硅前体和催化剂与细胞接触，而且产生的甲醇/乙醇很快挥发，因此，具有较好的生物兼容性，有助于实现开发和制备更广泛的有机-无机生物混合材料(Carturan et al., 2004; Gupta et al., 2009)。

采用两步法制备一种生物混合材料：先用载体(木屑)吸附固定化菌株，再采用气相沉淀法，在载体表面覆盖一层纳米级的硅凝胶。该方法解决了以下三个问题：①硅凝胶就像胶黏剂，或模拟自然生物膜现象，防止细胞外泄；②避免了催化剂和副产物对细胞的严重损伤；③避免了硅凝胶和细胞的直接接触，细胞在吸附载体内可繁殖生长。该材料同时具备以下优点：①载体木屑可作为(土壤)膨松剂和吸附剂(吸附污染物，为固定在其上的菌株提供碳源)；②硅凝胶强化了吸附固定化菌剂的稳定性。制备过程如图 7-13 所示。

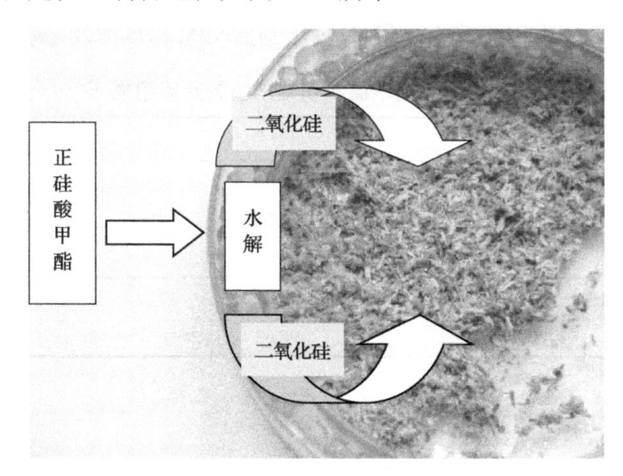

图 7-13　硅化固定化的制备过程示意图

固定化菌剂的表面特征通过扫描电子显微镜和 X 射线能谱(SEM-EDS)进行分析。硅化木屑的 SEM-EDS 图谱见图 7-14。硅化过的木屑，表面覆盖一层薄薄的物质，且含有硅和氧。由能谱的元素分析(表 7-4)可知，假设初始木屑和硅化木屑上的 C 元素等量，则硅化木屑上多出的 O 元素和 Si 元素的比值，便可根据原子分数计算得 1.923，即硅化木屑与初始木屑相比多出 $SiO_{1.923}$，近似于 SiO_2。

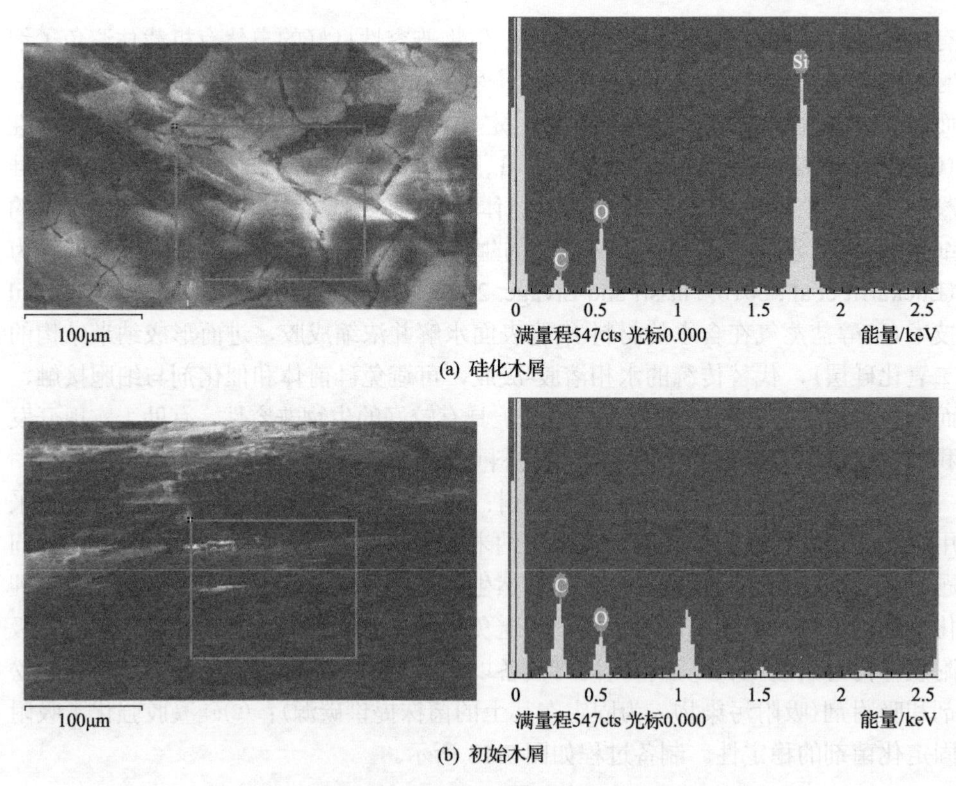

(a) 硅化木屑

(b) 初始木屑

图 7-14　硅化木屑和初始木屑的 SEM-EDS 图谱

表 7-4　硅化木屑和初始木屑的元素组成

处理	元素	质量分数/%	原子分数/%
硅化木屑	C	1.30	2.10
	O	57.62	69.63
	Si	41.08	28.28
初始木屑	C	9.32	12.04
	O	90.68	87.96

7.4.2　硅化固定化菌剂的性能测试

1. 固定化载体的保留菌能力

在吸附固定化载体上覆盖一层二氧化硅薄膜的目的是强化载体表面和菌体间的黏附力，防止细胞外泄。如表 7-5 所示，硅化固定化菌剂(Silica-IC)初始菌落数(M_0)低于物理吸附固定化菌剂(Phy-IC)初始菌落数，经磷酸缓冲盐溶液(PBS)洗涤之后，Silica-IC 上的菌落数(M_t)依旧低于 Phy-IC 的菌落数。可能是因为硅化之后，载体上的菌落比较难以洗涤下来，导致平板计数较低。而且 Silica-IC 的保留率(C_t/C_0)高于 Phy-IC。这说明硅凝胶层确实可以一定程度地保护细胞，防止泄漏，这也正是我们对它的期望：强化和稳定吸附固定化菌剂。这种有效的固定化，可能源于二氧化硅颗粒和载体材料表面间的静电相互作用和氢键作用(Carturan et al., 2004; Gupta et al., 2009)。事实上，硅凝胶层相当于膜形成剂，是一个生物仿生的过程，即模仿单细胞微藻栖息于多孔性的硅壳内，也称硅藻细胞膜(Nassif and Livage, 2011)，也与细菌在自然环境中形成生物膜的行为相似(Luckarift et al., 2011)。因此，这种固定化方法显著地降低了细胞膜形成的时间，可提供较高的、准确的和均匀的细胞密度(Luckarift et al., 2010)。

表 7-5　固定化载体对 GY2B 的吸附能力

样品名称	菌落数(CFU/g 干燥载体)		保留率(C_t/C_0)
	C_0	C_t	
Silica-IC	1.24×10^8	6.06×10^7	48.9%
Phy-IC	4.12×10^8	1.68×10^8	40.8%

注：C_0 和 C_t 分别是洗脱前和洗脱后载体上的 GY2B 菌落数。

2. 固定化菌的长期稳定性

固定化菌的存放稳定性在实际修复中有着重要的作用。将 Silica-IC 和 Phy-IC 分别在 4℃和 30℃放置 28d，并平板计数初始和 28d 后载体上的固定着的菌株菌落数，以此来评价其活性。如图 7-15 所示，在 4℃放置 28d，Silica-IC 和 Phy-IC 上的活菌菌落数均无显著下降，且保持在 10^7CFU/g 干燥载体；即使是在 30℃，也仅仅下降至 10^6CFU/g 干燥载体。这说明气相硅化固定化并没有抑制细胞的繁殖能力，且 Silica-IC 中的菌株可以维持其长期稳定性。

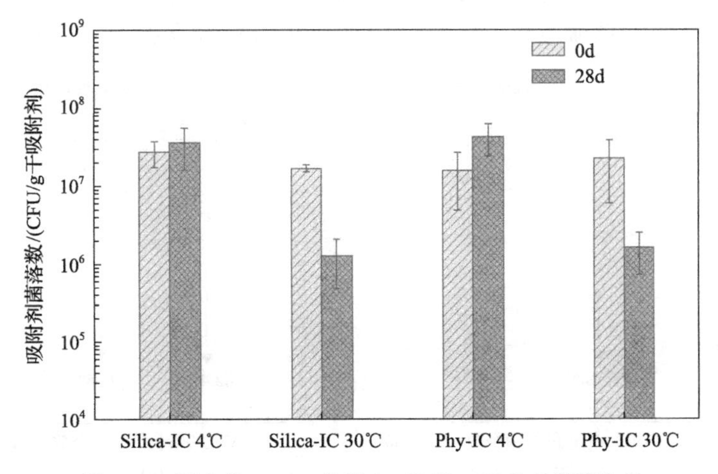

图 7-15　固定化 GY2B 分别在 4℃和 30℃的长期稳定性

Gupta 等(2009)的研究表明，如果先将培养液暴露在正硅酸甲酯下 2h，再将 *Pseudomonas aeruginosa* 细胞加入培养液进行固定化，之后将细胞加入新鲜培养基，则细胞仍可以保持其繁殖能力。但如果将细胞直接暴露在正硅酸甲酯蒸气下，则细胞就没那么稳定，导致部分细胞死亡。因此，预固定化基质(如木屑)可为待固定化的细胞提供友好的环境。Pannier 等(2010)报道，即使利用传统的水相溶胶-凝胶方法，将硅溶胶中的 *Aquincola tertiaricarbonis* L108 细胞覆盖在膨润土上，细胞在湿润的环境下，可存放 8 个月，且其代谢活性并无显著降低。综上所述，通过两步法固定，先将细胞固定在具有生物兼容性的多孔的自然材料内，再通过气相沉淀法，在其表面覆盖一层纳米级的二氧化硅膜，可有效发挥两者的优势，即硅凝胶保护木屑上的细胞不外泄，增强吸附固定化菌剂的稳定性，而木屑又避免了细胞和硅凝胶前体及产物的直接接触，从而减少对细胞的损伤。

3. 固定化菌的 Live/Dead 流式细胞分析

基于光散射和荧光信号的多参数信息，流式细胞术(FCM)成为一种强有力的单细胞水平的细胞分析技术(Díaz et al., 2010)。在 FCM 分析中，前散射光常常与细胞的大小有关，而侧散射光则与细胞内部颗粒情况有关。活细胞/死细胞染色剂在 FCM 中的应用是基于不同的核酸染色剂对细胞膜不同的渗透性。SYTO9(绿色荧光)具有较强的细胞渗透性，既可渗透死亡细胞的细胞膜，也可渗透活细胞的细胞膜，而 PI(红色荧光)只可渗透受损严重而死亡了的细胞的细胞膜(Soejima et al., 2009; Liu et al., 2016)。因此，处于不同生理状态的细胞便可被区分开。本实验采用 SYTO9/PI 双染剂，利用 FCM 来检测细菌细胞的膜完整性，并区分活细胞(live)、受损细胞(injured)和死亡细胞(dead)各自所占的百分比。

在 4℃存放 15d，固定化所用菌源(与游离菌相同样品)的 DNA 倍体的变化情况如图 7-16 所示。菌源收集于稳定期(在含菲无机盐培养基中)，此时处于二倍体

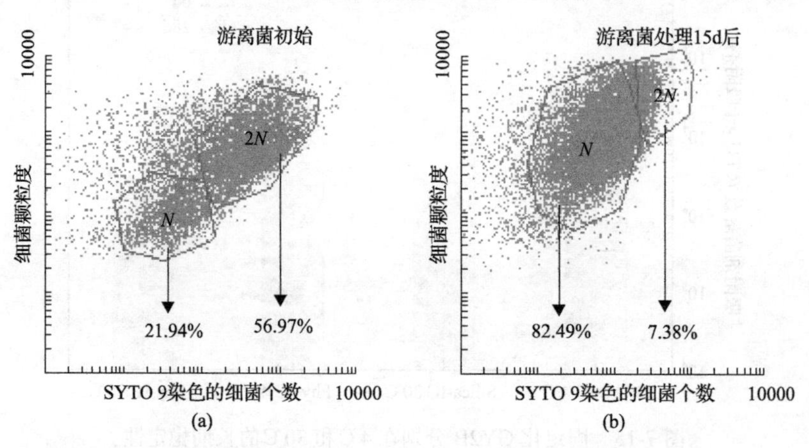

图 7-16　固定化所用菌 GY2B 的菌源倍体变化(4℃放置 15d)

分裂的细胞占多数(56.97%)，处于单倍体的细胞占少数(21.94%)，如图 7-16(a)所示。然而在 4℃存放 15d 后，处于二倍体分裂的细胞急剧下降至 7.38%，而处于单倍体的细胞增多至 82.49%。这说明，细胞在 4℃存放期间，处于分裂的细胞比例显著下降，细胞可能处于休眠状态中。

在此存放期间，游离菌和固定化菌中的活细胞、受损细胞和死亡细胞各自所占的比例也发生了不同的变化，如图 7-17 所示。游离菌中的活细胞比例变化不大，始终保持较高(88.9%以上)[图 7-17(a)、(b)]；Phy-IC 中的活细胞比例也变化不大，保持在 88%左右[图 7-17(c)、(d)]；而 Silica-IC 中的活细胞比例却下降了 30 个百分点，即从 85.36%下降到 55.49%，同时受损细胞增加了 23.9 个百分点[图 7-17(e)、(f)]。这说明在存放过程中，二氧化硅纳米层对细胞膜有一定的损伤，但是由气相沉淀法得到的硅凝胶层并没有对细胞膜的完整性造成非常严重的伤害，从图 7-17 可知，死亡细胞所占的比例在 Phy-IC 和 Silica-IC 中均较低，在 2.5%以下。在刚制备好固定化菌剂时，对比图 7-17(c)和(e)可知，Phy-IC 和 Silica-IC 中的活细胞和受损细胞所占的比例并无显著的差异，进一步说明气相沉淀法制备硅凝胶层覆盖在吸附有菌体的木屑上，具有良好的生物兼容性。

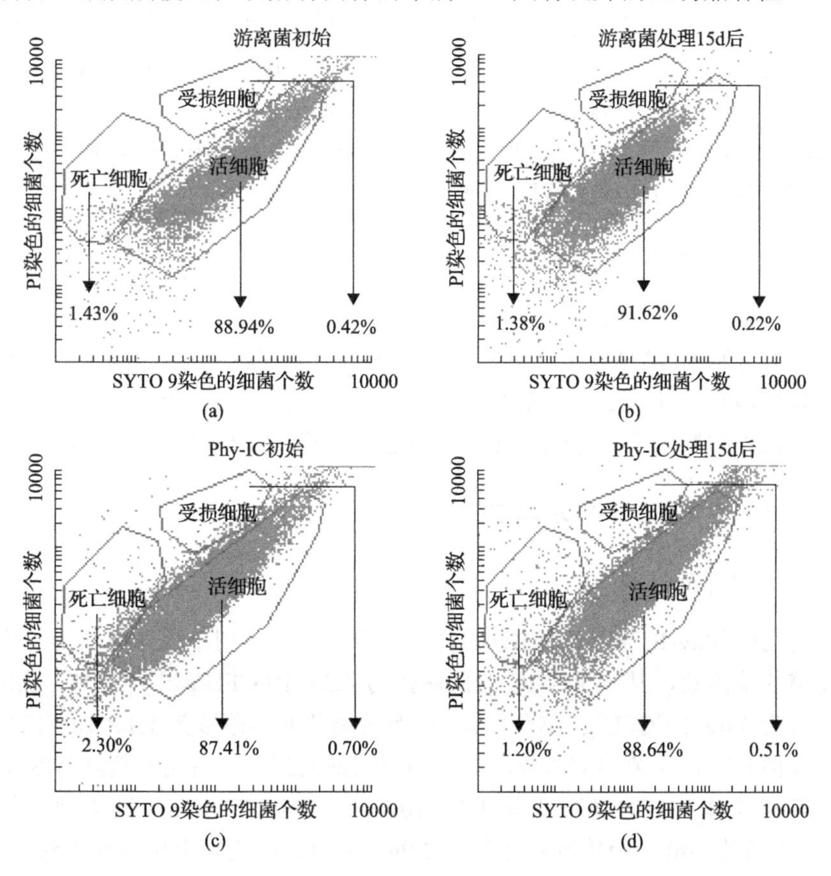

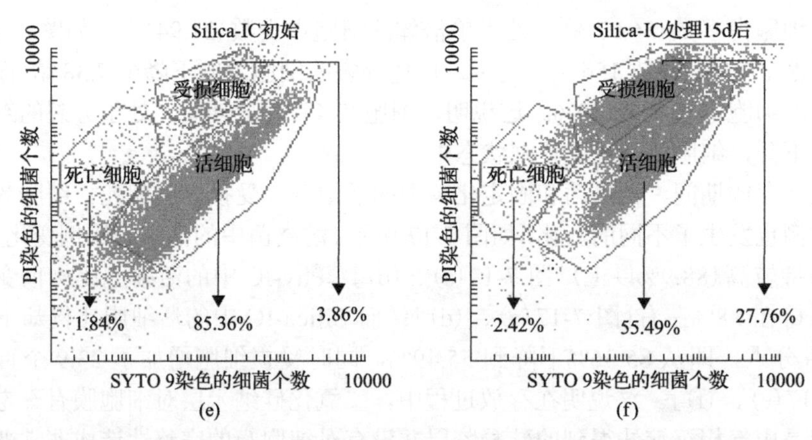

图 7-17　SYTO9/PI 染色的细胞在 FCM 上的活性分析(4℃放置 15d)

结合图 7-15 和图 7-17 可知，Silica-IC 在 4℃可以存活较长的时间，且保持再繁殖能力至少 28d。但是在储存过程中 Silica-IC 的膜通透性却增加了，即活细胞的比例降低，受损细胞的比例增加。笔者团队的张梦露等(2014)的前期研究显示膜通透性的增加在一定程度上促进细胞的代谢活性。另外受损的细胞可能依然保持一些酶的活性，如一个“酶袋”一样(Nassif et al., 2003; Nassif and Livage, 2011)。Nassif 等(2002)提到固定化细胞的生物活性优于游离的细胞，遵循 Michaelis-Menten 法则，可能是因为固定化过程导致的细胞膜裂解促使基质更易通过细胞膜扩散，从而加速了酶反应速率。

4. 固定化载体的菲吸附情况

考察不含菌的木屑及硅化木屑对菲的吸附情况(图 7-18)，木屑和硅化木屑对菲的吸附量分别为 38.6%(即残留量 61.4%)和 41.6%(即残留量 58.4%)，说明载体木屑可较好地吸附菲，而且硅凝胶层并未抑制木屑对菲的吸附，即菲分子可通过硅凝胶层自由扩散至木屑并吸附在木屑表面，硅凝胶具有较好的传质性能。

7.4.3　硅化固定化菌剂降解水体中的菲

1. 菌剂对菲的降解效果

固定化菌(Phy-IC 和 Silica-IC)的含水率约 83%。使用平板计数获得游离菌和固定化菌的菌落数，其中 Phy-IC 的菌落数为 4.3×10^{8}CFU/g 干燥载体，Silica-IC 的菌落数为 3.6×10^{8}CFU/g 干燥载体，菌源游离菌的菌落数为 1.1×10^{8}CFU/mL。根据游离菌和固定化菌的菌落数，加入相应的菌剂到实验所用的新鲜 MSM 培养基中，使菌在体系中的终浓度为 $1.1\times10^{7}\sim1.4\times10^{7}$CFU/mL，即无菌干载体需 0.5g，游离菌约 2mL，吸附固定化菌约 2.9g(湿重)，硅化固定化菌约 3.5g(湿重)。

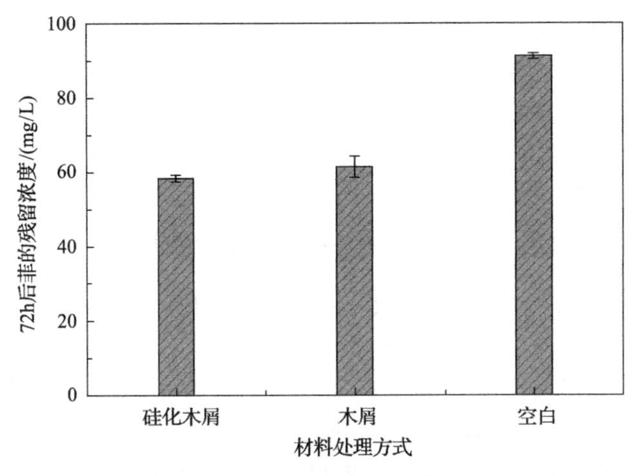

图 7-18　固定化载体的菲吸附情况（72h）

水体中菲的浓度随时间变化情况如图 7-19 所示。固定化菌在水体中可高效降解菲，尤其是在 6～36h 期间。固定化菌 Phy-IC 和 Silica-IC 对菲的降解速率明显比游离菌（FC）对菲的速率快。对比 FC、FC+木屑和 FC+硅化木屑，可以看出：木屑加速了游离菌 FC 对菲的去除，而硅化木屑却明显抑制了游离菌对菲的降解，可能是溶解态菲分子可通过硅凝胶层自由扩散至木屑并吸附在其表面，而微米级的游离菌被阻止在外，空间隔离限制了菌株对菲的降解。

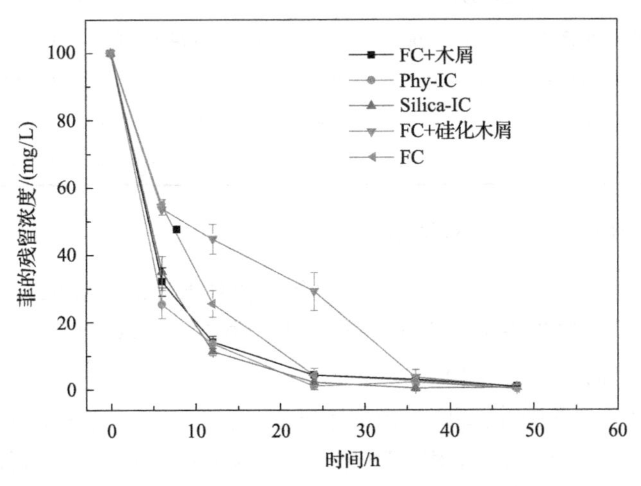

图 7-19　水体中菲浓度随时间变化情况

2. 菲降解过程动力学模拟

在污染物的环境化学行为中，常用一级动力学方程（7-1）来模拟污染物的降解和残留。一级动力学方程表达的是反应速率与参与反应或与反应有关的物质的浓度的一次方呈正比的关系，然而在有些条件下，该方程并不能很好地模拟实际所得的数据，因此，还采用吸附-降解模型来解析固定化菌降解菲的过程，并与一级动力学方程进行对比，吸附-降解模型见式(7-2)。

$$C_t = C_0 \exp(-kt) \tag{7-1}$$

$$C_t = A\exp(-\lambda_1 t) + B\exp(-\lambda_2 t) \tag{7-2}$$

式(7-1)和式(7-2)中，t 为时间，h；C_0 和 C_t 分别为初始和 t 时刻残留污染物浓度；λ_1 和 λ_2 为特征方程的解，h^{-1}；k、A 和 B 为常数。

通过一级动力学模型[式(7-1)]和吸附-降解模型[式(7-2)]模拟不同处理的菌株对水体中菲的降解过程，结果如表 7-6 所示。游离菌 FC 对菲的降解过程比较好地与一级动力学模型吻合，而固定化菌 Phy-IC 和 Silica-IC 及处理游离菌+木屑对菲的降解过程与吸附-降解模型较为吻合。但是游离菌 FC+硅化木屑处理对菲的降解过程与所考察的两个模拟曲线均不符合。

表 7-6　水体中菲的降解动力学模拟曲线参数

处理	吸附-降解模型 $C_t = A\exp(-\lambda_1 t) + B\exp(-\lambda_2 t)$					一级动力学模型 $C_t = C_0 \exp(-kt)$			最适模型
	A	B	λ_1/h^{-1}	λ_2/h^{-1}	R^2	C_0/(mg/L)	k	R^2	
游离菌 FC+木屑	73.1110	26.8994	0.2933	0.0673	0.9941	98.6109	0.11116	0.9807	吸附-降解模型
游离菌 FC+硅化木屑	95.8648	0	0.0674	0	0.9016	95.7466	0.0677	0.9508	均不适合
游离菌 FC	100.5885	0	0.1054	0	0	100.9649	0.11753	0.9984	一级动力学模型
Phy-IC	99.8651	0.0676	0.1768	−0.0345	0.9974	99.8161	0.16885	0.9934	吸附-降解模型
Silica-IC	99.9578	0.0496	0.1807	−0.0514	0.9999	99.3646	0.14816	0.9791	吸附-降解模型

3. 菌剂在水体中降解菲的机制

从表 7-5 可知部分固定化的菌体在水体中会外泄释放出载体，同时从图 7-18 可知载体也可吸附部分的菲。因此，结合图 7-19 和表 7-6，菌株在水溶液中降解菲的过程可简单描述为图 7-20。

在游离菌 FC 处理中，游离的细菌细胞没有限制地利用水体中的菲[图 7-20(a)]，降解过程较好地与一级动力学模型吻合，其降解 100mg/L 菲的半衰期是 5.9h。当在 FC 体系中简单直接地加入木屑，菌株利用菲的速率得到提高(图 7-19)，降解过程与吸附-降解模型较为吻合(表 7-6)，可能是因为木屑的吸附特性起到了一定的作用，既可吸附有机分子菲也可吸附游离的菌体至木屑上，如图 7-20(b)所示，在水溶液中，游离的菌体可直接降解菲，同时在木屑上，被吸附的菌体也可直接利用被吸附的菲，从而加速了菲的降解。

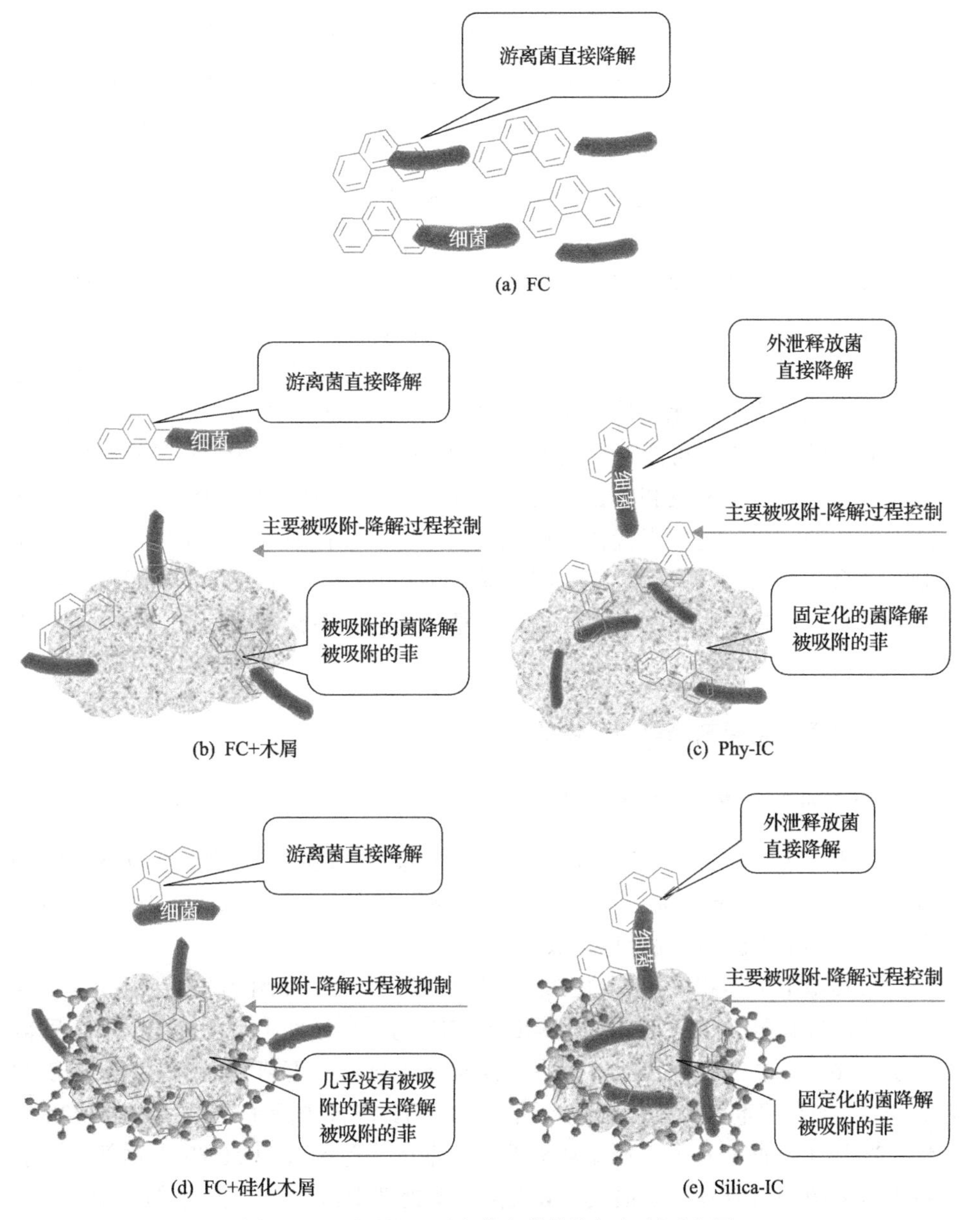

图 7-20　不同处理下水体中菲的降解机制示意图

在 FC+硅化木屑处理中，菲的降解速率却被硅凝胶层抑制了(图 7-19)，而且降解过程既不与一级动力学模型吻合，也不与吸附-降解模型吻合(表 7-6)。通过气相溶胶-凝胶法合成的硅凝胶层是纳米级的二氧化硅聚合物，允许溶解态菲分子(真溶液)通过该层吸附至载体木屑上，却阻止了微米级的游离细菌细胞吸附至木屑，导致部分菲分子得不到充分的利用，从而降低了其降解效率，如图 7-20(d)所示。

当细菌细胞被提前固定在木屑上再在其表面覆盖一层硅凝胶(即 Silica-IC)时，其降解过程较好地吻合吸附-降解模型(表 7-6)，被吸附至载体上的菲不断地被固定在载体上的菌体利用，菲的降解速率得到提高(图 7-19)。这说明固定化载体在细菌降解菲的过程中起到非常重要的作用。与吸附固定化 Phy-IC 相比[图 7-20(c)]，硅凝胶层并没有抑制菲的扩散、转移和降解。

Pannier 等(2010)的研究表明硅凝胶层具有机械和化学稳定性，而且通过将膨润土颗粒浸入含有细菌的硅溶胶中(由传统的水相溶胶-凝胶法合成)制备成固定化菌(即在膨润土颗粒表面覆盖一层含菌的硅凝胶)，与生物陶瓷法和藻朊酸钙小球法制备成的固定化菌剂相比，该菌剂可高效地去除阻燃剂且具有良好的长期稳定性。这种先吸附固定化菌株再在其表面覆盖一层硅凝胶的两步固定化方法之所以能高效降解有机物，可能的原因正如 Luckarift 等(2011)的报道：①这种固定化方法可获得较高的菌密度和较稳定的菌活性；②载体可吸附有机污染物作为载体上菌株的碳源，降解过程直接在载体上发生，缩短了传质距离和消除了部分传质限制。耦合了的吸附和降解过程，即基质的不断降解促进了更多的有机分子被吸附至载体上，然后被吸附的有机分子作为基质继续被菌株利用，从而强化了污染物的去除。

7.4.4 硅化固定化菌剂降解泥浆中的菲

1. 菌剂对泥浆中菲的降解效果

实验所用土壤取自广州珠江边一公园，去除表面残叶和杂物后，取 5～20cm 深处的土壤风干过 2mm 筛。该土壤为砂质壤土。泥浆实验中的水土比为 2∶1，菲含量为 500mg/kg 土，混合均匀成泥浆状。

泥浆实验中土相和水相菲的去除效果分别见图 7-21 和图 7-22。在泥浆中共培养 24h 后，加有菌剂(Phy-IC、Silica-IC 和 FC)的三个处理中，土壤中的菲分别被去除了 58.6%、83.2%和 88.4%。而在对照灭菌土壤和非灭菌土壤中菲去除率仅约为 23.4%。加有菌剂的三个处理在共培养 48h 后，菲被去除了 95.7%以上，72h 后达到 99%以上；同时在非灭菌土壤对照中，菲的去除率仅为 50.8%，这部分可能是被土著细菌利用或者挥发损失，从灭菌土壤处理中得知，经过 3d 的培养，菲的损失量为 26.8%。

水相中溶解的菲浓度随着固相中菲浓度的变化而相应地变化。在所有的处理中，水相中菲的浓度在共培养 6h 后为 757～1086μg/L，这与菲在室温下的溶解度有关(约 1200μg/L)，尤其是在灭菌土的水相中的浓度(1086μg/L)接近饱和浓度。在处理 24h 后，水相中菲的浓度在 Silica-IC 和 FC 处理中却显著地下降了，其浓度分别为 205μg/L 和 45μg/L，其他处理(Phy-IC、非灭菌土壤和灭菌土壤)中，菲

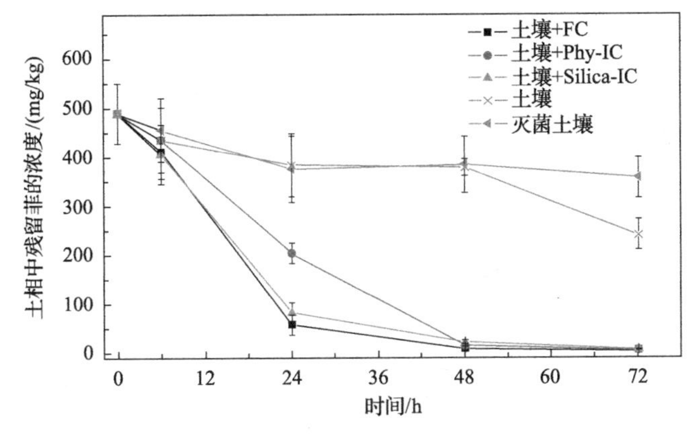

图 7-21　泥浆实验土相中菲的去除曲线

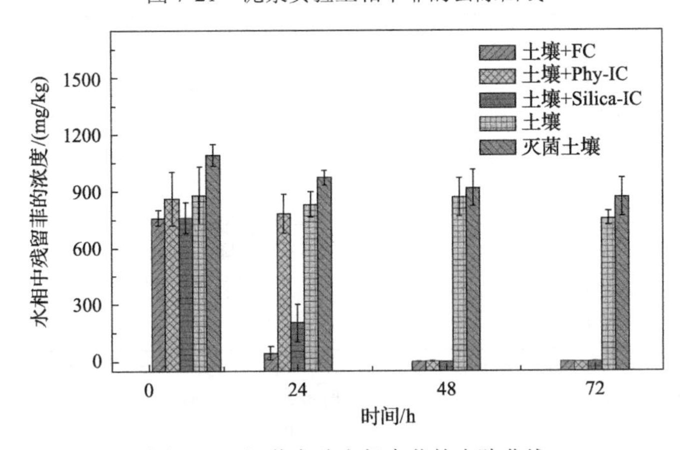

图 7-22　泥浆实验水相中菲的去除曲线

的浓度依然保持较高，达 780μg/L 以上。然而在 48h 后，加有菌剂的处理中(FC、Phy-IC 和 Silica-IC)，菲的浓度却不到 3μg/L，同时在未加菌的处理中却依旧保持较高的菲浓度，其中灭菌土壤为 913μg/L，比未灭菌土壤(865μg/L)稍高。

由此可见：①水土比在 2∶1 的泥浆中，加入土壤中的菲发生相转移，即从土壤中溶解至水相中，且在水相中的浓度与土壤中菲的即时浓度呈正相关；②添加外源菌显著地提高了泥浆中菲的去除效率，尤其是 FC 处理；③尽管 Phy-IC 比 FC 在 6～48h 时降解菲的速率较慢，但是 48h 后仍具有较好的菲降解率；④与灭菌土壤相比，未灭菌土壤中的菲在 72h 时被显著地去除，可能是因为土著菌在适应环境一段时间后被激活。

2. 菌在泥浆中的生长情况

实验利用筛选性平板法分别检测了鞘氨醇单胞菌(*Sphingomona* sp.)GY2B 分布在水相和土相中的菌落数，结果如图 7-23 所示。

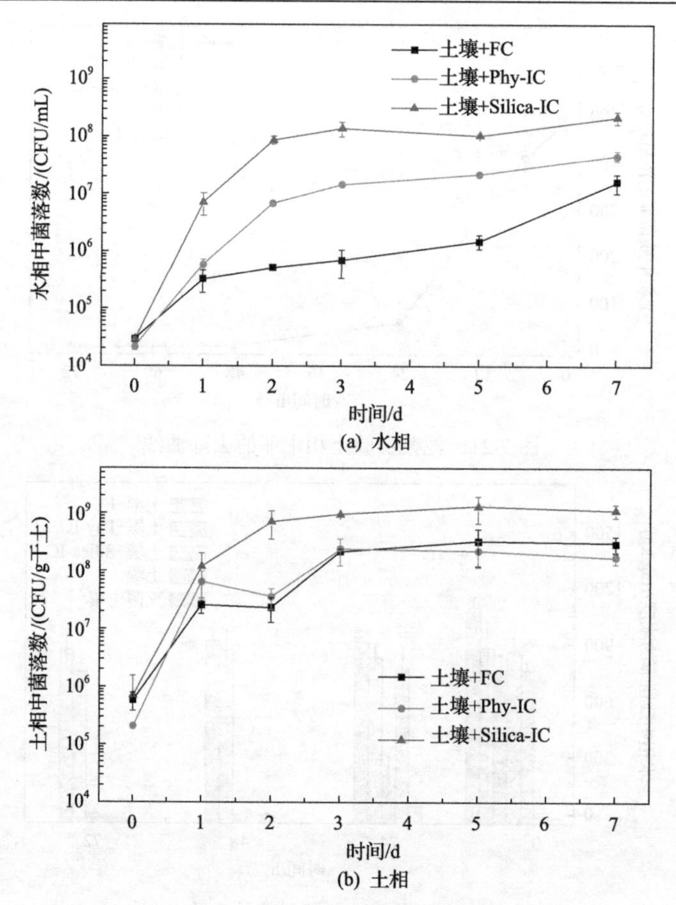

图 7-23　泥浆实验中水相和土相 GY2B 的生长曲线

所有数据由筛选性平板法得到

菌剂加入泥浆后，菌株 GY2B 立刻在水相和土相中重新进行了分布，并且从加入的目标数量 1.0×10^7CFU/g 显著地下降，土相中不足 7×10^5CFU/g 干土，水相中不足 3×10^4CFU/mL。但是 1d 后水相和土相中的菌株 GY2B 进入对数期，开始快速地生长繁殖，尤其是在 Silica-IC 处理中，3d 即进入稳定期。在 Silica-IC 处理 3d 后，GY2B 的菌落数在水相和土相中分别达到 1.0×10^8CFU/mL 和 1.1×10^9CFU/g 干土。对于 Phy-IC 处理来说，尽管菌株 GY2B 在 1d 生长缓慢，但是进入稳定期后，其菌数在水相和土相中分别达到了 4.7×10^7CFU/mL 和 2.5×10^8CFU/g 干土。然而在游离菌 FC 处理中，大部分菌被吸附在土相中，稳定期时达到 3.0×10^8CFU/g 干土，而水相中却相对较少，只有 1.6×10^7CFU/mL。总体上看，在所有的加菌处理中，GY2B 主要分布在土相中，而且硅化固定化中的硅层并没有抑制菌株在泥浆中的生长繁殖和代谢活性。

7.4.5 硅化固定化菌剂降解土壤中的菲

由于多环芳烃的疏水性和易被土壤有机质吸附的特性，Johnsen 等(2005)提出只有溶解在水溶液中的多环芳烃才会被微生物利用，也有学者认为固定化菌剂加入土壤后是通过吸附-降解过程去除污染物的(Dai et al., 2011; Chen and Ding, 2012)。固定化细菌加入土壤后，载体附近不可避免地形成降解热点，土壤中其他地方则会缺乏降解菌(Owsianiak et al., 2010)，而固定化细菌却被广泛认为可强化修复有机物污染的土壤(Mishra et al., 2001a, 2001b; Plangklang and Reungsang, 2009; Rivelli et al., 2013)。本研究通过将固定化菌株分别加入土壤(含水率 20%)中，检测硅化固定化菌株的代谢能力，并探讨其在土壤体系中利用有机污染物的方式，以期为固定化菌剂应用于土壤修复提供一定的理论参考依据。

1. 菌剂对土壤中菲的去除效果

实验用土壤来源及前处理同 7.4.4 节。不同处理下土壤中菲的去除情况如图 7-24 所示。实验进行 2d 后，加菌处理的 FC、Phy-IC 和 Silica-IC 对菲的去除分别达 88.3%、92.5%和 93.4%，4d 后这三个生物强化的处理中菲的去除率达 97%以上。但是在未灭菌的对照处理土壤中(未加外源菌)，菲的浓度在前 6d 基本维持初始水平，由于土著细菌的作用，在 6～12d，菲开始被缓慢降解，直至 12d 时 86%的菲被去除，而在灭菌土中，在整个实验期间残留的菲浓度基本保持较高的水平。总之，微生物强化修复加速了土壤中菲的去除，硅化并未抑制菌在土壤中对菲的降解，反而在前期处理中有一定的促进作用。

土壤是具有空间异质性的，由固相、液相、气相三相体系组成。在土壤基质内，菲是被提前加入土壤的，而降解菌是被固定在载体上之后加入含菲的土壤中的。从图 7-24 可知，在共培养的过程中，菲在土壤中被固定化菌快速降解。那么，土壤中的菲是否被固定化载体吸附呢？载体从土壤中吸附菲的量如图 7-25 所示。

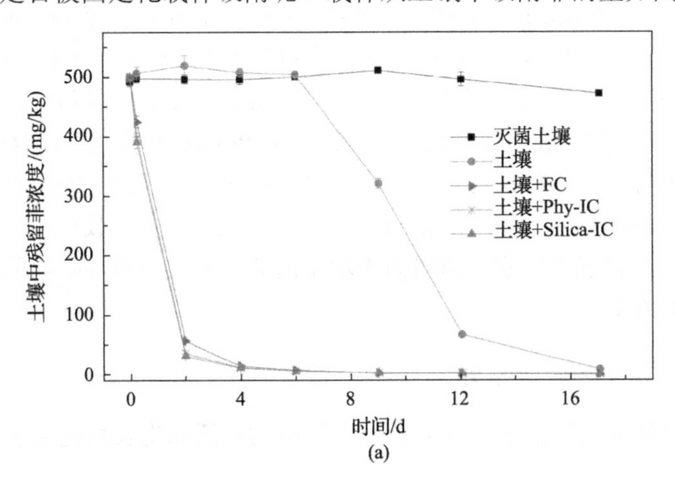

(a)

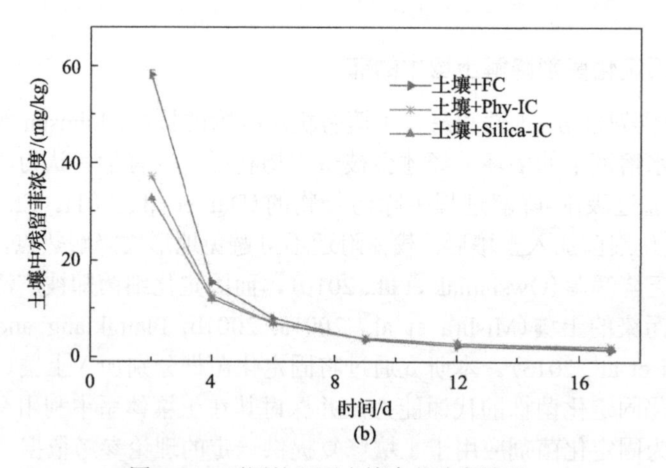

图 7-24　不同处理下土壤中菲残留情况

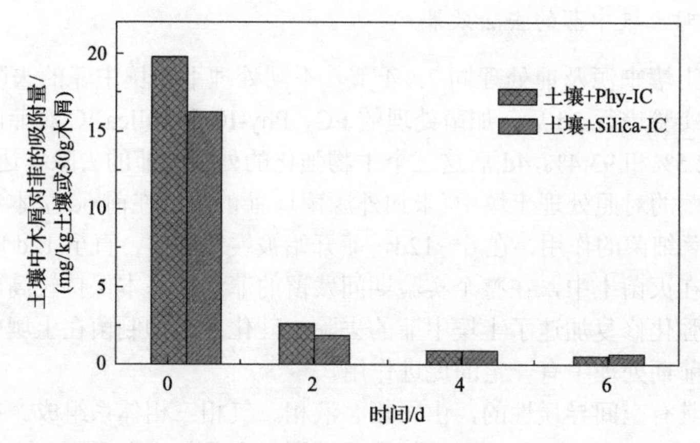

图 7-25　固定化载体从土壤中吸附菲的量(添加 5%载体，1kg 土则含 50g 载体)

综合分析图 7-25 的数据可知：土壤中的部分菲的确被吸附至载体。在共培养 6h 后 Phy-IC 和 Silica-IC 处理的土壤中，菲的残留量分别为 400mg/kg 干土和 391.6mg/kg 干土，此时，检测到载体上菲的含量分别为 19.8mg/kg 干土和 16.3mg/kg 干土(即每千克干土壤释放至载体上的菲含量，根据检测到的载体上的量和每千克土壤加入 5%质量的干载体计算)。共培养 2d 后 Phy-IC 和 Silica-IC 处理的土壤中的菲含量快速降低至 37.3mg/kg 干土和 32.8mg/kg 干土，此时吸附在载体上的菲含量分别为 2.6mg/kg 干土和 1.9mg/kg 干土。因此，固定化载体在土壤含水率仅仅为 20%左右的情况下确实可以吸附土壤中的菲，而且被载体吸附的量和土壤中的即时菲浓度有关。

2. 菌在土壤中的存活与生长

在土壤环境修复过程中，外源菌在土壤中的存活和生长情况起着非常重要的作用。固定化基质应提供良好的环境使其内的降解菌繁殖生长，从而补偿外源菌加入土壤后的活性损失。对于生物强化的三个处理，检测到GY2B的菌落数在加入土壤6h后便急剧下降，从5×10^7CFU/g干土下降到2.5×10^6CFU/g干土(以下数值均是以干土计)，如图7-26所示。然而2d后，固定化的GY2B(Phy-IC和Silica-IC)在土壤中开始迅速繁殖，达到3×10^7CFU/g，并且至少在之后的15d里，依然维持着10^7CFU/g水平。然而，对于游离菌(FC)，在土壤中并没有像固定化的菌株那样繁殖生长，而是在前4d维持在1.5×10^6CFU/g，之后开始下降至2.0×10^5CFU/g左右。

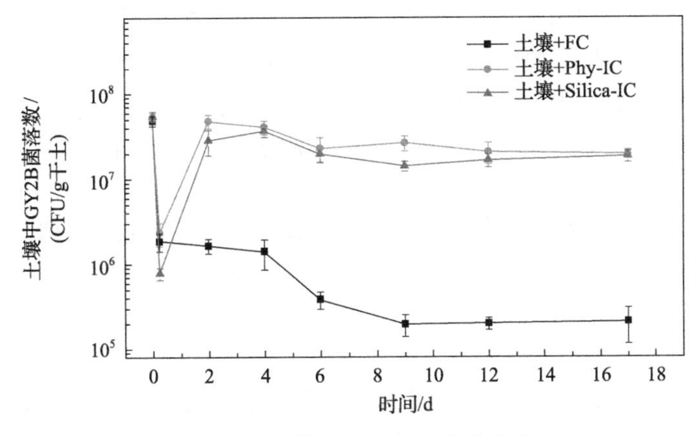

图7-26 土壤中GY2B的生长曲线

与游离的细菌相比，固定化的细菌在土壤中表现出较好的存活性，这可能是因为固定化基质为固定在其上的细胞提供了适宜的生存环境。固定化基质可作为土壤膨松剂，加速土壤基质内的水、氧气和营养物质等之间的传质，提高土壤的保水能力，从而有助于细菌的生长和多环芳烃的生物降解(Liang et al., 2009)。先将细胞预固定在生物兼容性的自然材料基质上，再利用气相硅化法覆盖一层硅凝胶，这种两步法得到的Silica-IC在土壤中是可以生长繁殖的。Silica-IC处理中检测到的菌落数总是稍低于Phy-IC处理中的，可能是因为相对于未硅化的处理，在平板计数的时候，硅凝胶层使细胞难以从载体上被洗脱下来，从而计数偏小，这与7.4.2小节的结果相一致。

3. 固定化菌在土壤中降解菲的机制

由于多环芳烃的疏水性和易被土壤有机质吸附的特性，假设只有溶解在水溶液中的多环芳烃才被微生物利用，那么土壤中的多环芳烃的生物可利用性常常被认为是比较低的(Johnsen et al., 2005)。另外，固定化细菌加入土壤后，载体附近不可避免地形成降解热点，而土壤中剩下的其他地方则会缺乏降解菌，导致污染物得不到充分利用(Owsianiak et al., 2010)。但是从本书研究的结果可以看出，固定化菌是可以高效利用土壤中的菲的，而且硅凝胶层也并未抑制固定化细菌在土壤中的生长和代谢活性。这种高效去除土壤中的菲是怎么发生的呢？从前面实验可知：①载体木屑可吸附固定降解菌，但也有少部分外泄，如在泥浆中释放至水相中；②土壤中的菲可溶解至水相中(如泥浆体系)，也可吸附至固定化载体上(如土壤体系)；③固定化菌株在水体、泥浆(水土比 2∶1)和土壤体系(含水率 20%)中在适应环境之后开始迅速繁殖生长，并强化了菲的去除。综合分析本小节的结果如下。

(1)当固定化菌剂加入水体中时(7.4.3 节)，部分菌株释放至水溶液中，并利用水体中的菲，同时固定化载体吸附部分菲并被固定菌株直接降解，且占主导作用，即吸附-降解过程是菲去除的主要途径。

(2)当把水体系中的菲加入土壤中时，即泥浆状态(水饱和)，土壤中的菲和固定化载体上的菌株进行了重新分布，菲的去除可能存在四种途径：①水相中的菲直接被外泄了的 GY2B 菌株降解；②吸附至载体上的菲被载体上吸附着的 GY2B 菌株利用；③土相中的菲被外泄了的 GY2B 菌株降解；④土相中的菲也可能被土著菌株利用。

(3)当把水体系中的菲加入土壤中，且含水量减少至 20%时，即土壤体系，菲的去除途径与在泥浆中相似。由于土壤空间异质性、水分非饱和，底物和营养物质等传质可能受到一定限制，但是固定化载体既可吸附土壤中的菲(吸附量与土壤中菲的即时浓度有关)，也具有良好的保水性能，为向固定着的菌株输送水分、营养和碳源等提供了良好的条件，使菌株繁殖生长，菲被快速降解。

如图 7-27 所示，菲被吸附或解吸至固定化载体和土壤中，菌株被固定于载体上或外泄至周围基质中，一旦将它们置于水体或泥浆或土壤中，它们将进行重新分布。当把固定化菌株加入水体中时，菲的去除途径主要是一个吸附-降解过程；当将固定化菌株加入含菲的泥浆或土壤中时，菲的去除存在多种途径，其中固定化载体起到非常重要的作用，如吸附菲供菌株利用、作为膨松剂增加土壤孔隙度从而提高传质效率和截留水分等。

有学者提出并试图证明固定化菌剂加入土壤后降解污染物的原理是吸附-降解机制：载体的出现加速了多环芳烃传递至载体上降解菌的速率，随着载体上多环芳烃不断地直接被固定化细菌所利用，载体上有更多的位点吸附多环芳烃，接着继续被降解-吸附-再降解，并且这个过程在体系中占主导地位(Dai et al., 2011; Chen et al., 2012)。Regonne 等(2013)证实菲吸附至疏水性膜上的矿化速率比扩散至土壤中的速率快，因为在疏水性膜上，一些特殊的不可培养的细菌可能被激活并在土壤多环芳烃的降解中起到一定的作用。总之，固定化细菌可以在菲污染的土壤中较好地存活生长和高效地利用菲。

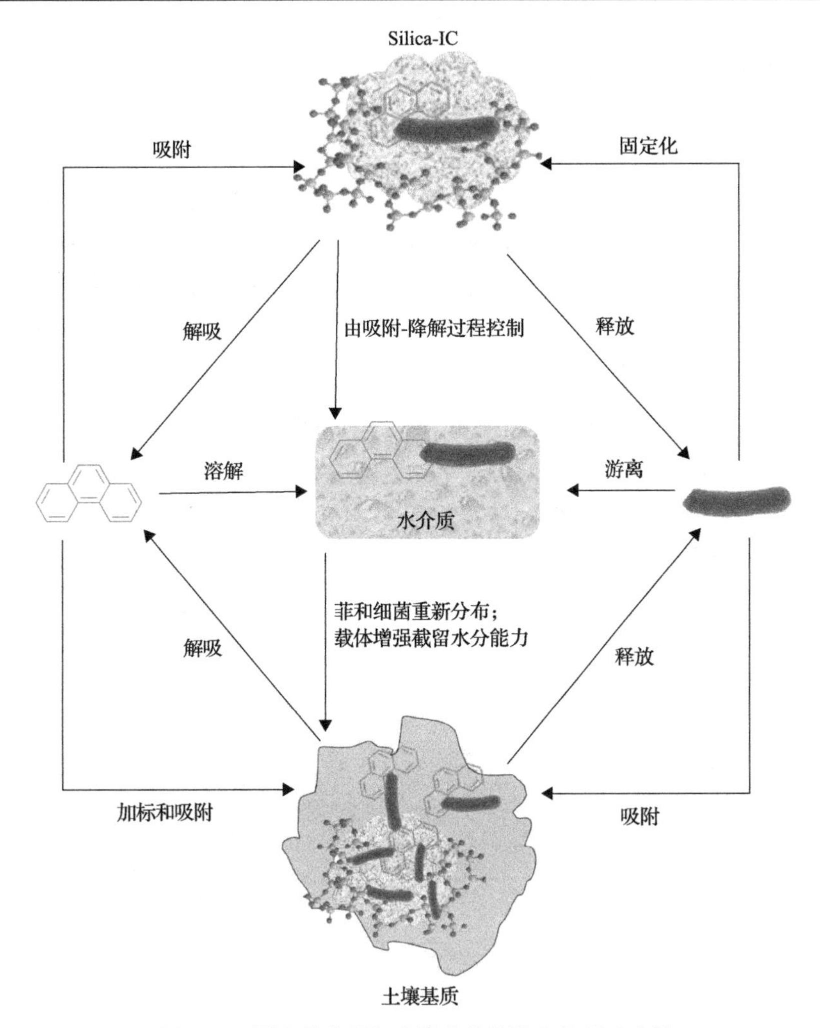

图 7-27 固定化菌降解土壤中菲的潜在机制示意图

7.5 层层自组装微囊固定化菌剂制备及其芘降解性能

层层自组装(layer by layer self-assembly, LBL)固定化技术是一种优良的微型胶囊固定化技术，最初应用于酶的固定化，该技术操作灵活简便。制备的微囊体为中空结构，聚电解质材料将酶或微生物封装其中，可根据需要组装多层囊壁，对封装其中的生物质进行充分的保护，使其中的生物质不易外泄。同时，由于材料传质性能优越，能保证小分子底物自由出入微囊，以便与生物质反应，产物也可顺利排出，整个固定化系统具有优良的传质性能。

7.5.1 微囊固定化菌剂的制备与表征

1. 制备方法

原料采用海藻酸钠(sodium alginate，ALG)与壳聚糖(chitosan，CHI)。ALG分子的结构上有 COO^-，可以作为聚阴离子；CHI 分子的结构上有 NH_3^+基团，可以作为聚阳离子。本研究采用碳酸钙粒子作为模板，ALG 与 CHI 靠静电吸附能力一层一层依次反复吸附于中间的 $CaCO_3$ 粒子上，而后用 EDTA 去核而制成微囊，制备过程如图 7-28 所示。

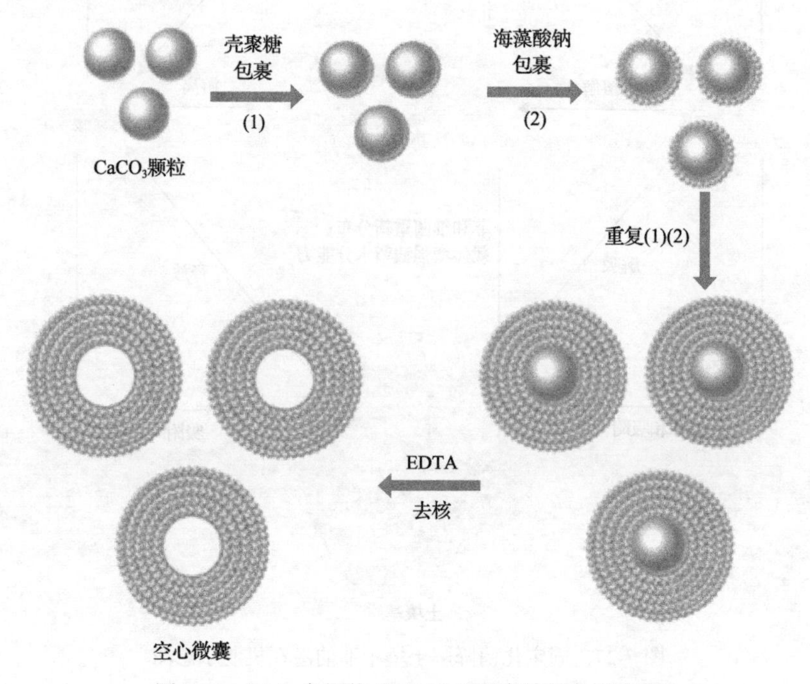

图 7-28 LBL 自组装 CHI/ALG 微囊的制备示意图

具体制备方法：将 $CaCl_2 \cdot 2H_2O$ 和 Na_2CO_3 配成 0.33mol/L 的溶液。同时，将 CHI 和 ALG 配成水溶液，浓度均为 2g/L。取 20mL $CaCl_2 \cdot 2H_2O$ 溶液及 40mL CHI 加入到菌液中，在磁力搅拌下迅速加入等体积的 0.33mol/L Na_2CO_3 溶液，搅拌 30s 后，静置 20～30min，即制得 CHI 掺杂的碳酸钙[$CaCO_3$(CHI)]胶体微粒(图 7-28 中第 1 步)。将所得粒子用水洗涤三次，再将 40mL ALG 溶液加入其中，使其在 CHI 的表面进一步沉积(图 7-28 中第 2 步)，持续搅拌 30s，静置 20～30min，离心快速收集粒子，用水洗涤三次后，再换 CHI 进行沉积，如此重复 2～3 次，即可将上述细菌包埋于微囊中。最后，用 0.2mol/L EDTA(pH 6.5)去掉碳酸钙模板，即得 LBL 固定化菌剂。

2. 表面特征

1) 表面电位

通过监测 $CaCO_3$ 微粒表面的 Zeta 电位变化来证实 LBL 制备过程中自组装行为的发生。如图 7-29 所示，随着 CHI 和 ALG 在 $CaCO_3$ 微粒表面的交替沉积，微粒表面的 Zeta 电位值也呈现出了周期性正负交替的变化，从而证实这两种带有相反电荷的原材料在微粒表面的多层沉积，由此可知成功制备出 LBL 微囊。

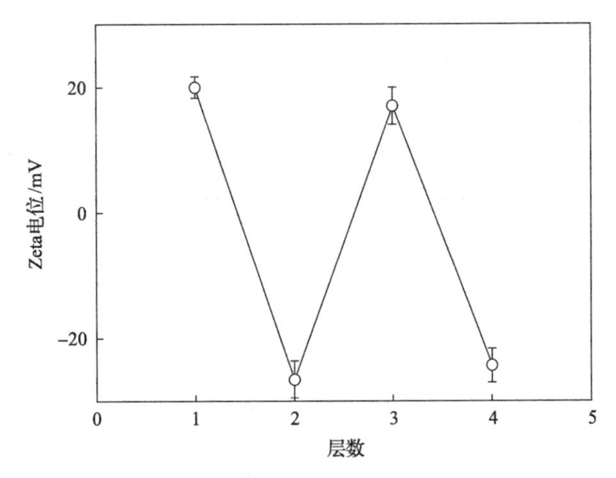

图 7-29　$CaCO_3$ 微粒表面沉积聚电解质后的 Zeta 电位变化图

2) 表面孔隙特征

LBL 微囊的 N_2 吸附-脱附曲线如图 7-30 所示。由图可见，微囊的吸附曲线等温线属于第Ⅴ类等温线，表明囊中出现大量的介孔。介孔所占的比例(以介孔体积比总体积得到，V_{mes}/V_t)可高达 69.54%，表明微囊中介孔占据着主导地位。此外，从孔径分布图可见微囊中几乎所有介孔的孔径均集中在 2～50nm，进一步证实 LBL 微囊的主要结构为介孔结构，这种结构有利于细菌的存活及代谢物的传质。

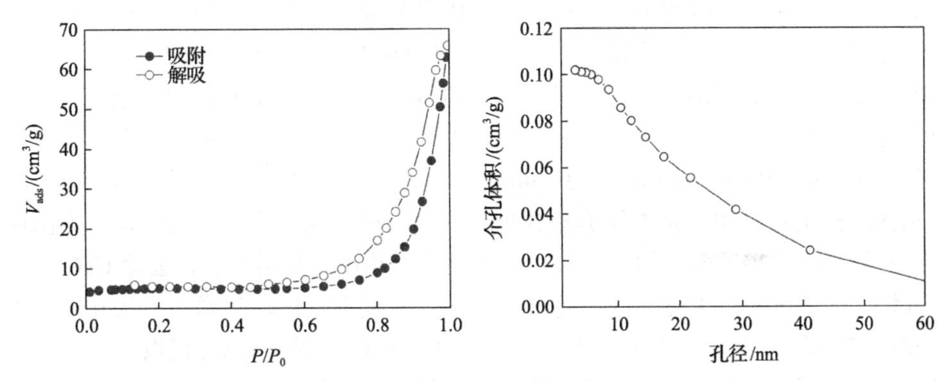

图 7-30　LBL 微囊的 N_2 吸附-脱附等温线和 BJH 模型介孔尺寸分布

LBL 微囊的比表面积及孔容等相关参数见表 7-7。$CaCO_3$ 模板微粒的比表面积非常小(<$2m^2/g$)，几乎可以看作没有孔隙，而去掉 $CaCO_3$ 模板微粒前的 LBL 微囊的比表面积为 $7.45m^2/g$，远远高于 $CaCO_3$ 模板微粒。经计算，去模板后其比表面积及总孔容分别比去模板前提高 1.6 倍和 1.2 倍(表 7-7)，说明 $CaCO_3$ 模板去除后形成了中空结构，这些中空结构的生成是有利于囊中的降解菌的存活和生长繁殖的。此外，微囊的孔径大小也由 14.15nm 增加到 17.98nm，也说明 LBL 微囊的介孔结构有所增强。与未采用模板的文献(Tahtat et al., 2013)所制备的 ALG/CHI 小球相比，本书研究制备的 LBL 微囊具有更高的比表面积和微孔体积。这些结果证实，使用 $CaCO_3$ 微粒作为模板可以提升微囊的比表面积及孔容，这一特点是有利于封装于其中的细菌的存活和生长的。

表 7-7　LBL ALG/CHI 微囊的比表面积、孔尺寸、孔容参数

样品	S_{BET}[a] /(m^2/g)	S_{pore}[b] /(m^2/g)	S_{pore}/S_{BET} /%	V_{mes}[c] /(cm^3/g)	V_{mic}[c] /($10^{-4}cm^3$/g)	V_t[d] /(cm^3/g)	V_{mes}/V_t /%	孔尺寸 d[e] /nm	参考文献
$CaCO_3$ 模板微粒	1.78	—	—	—	—	0.0099	—	—	本书研究
含 $CaCO_3$ 模板的 LBL 微囊	7.45	4.68	62.82	0.0387	17.42	0.0458	77.94	14.15	本书研究
去掉 $CaCO_3$ 模板的 LBL 微囊	19.24	15.19	78.95	0.0701	67.12	0.1008	69.54	17.98	本书研究
CHI/ALG 小球(质量比=4∶6)	1.09	—	—	—	4.27	—	—	—	Tahtat et al., 2013

注：a 为使用 BET 方法测定比表面积；b 为使用 *t*-plot 方法测定的孔表面积；c 为 V_{mes} 和 V_{mic}：使用 *t*-plot 方法测定的介孔及微孔体积；d 为测定的总孔容(P/P_0=0.97)；e 为平均孔尺寸；— 表示低于检测限。

3) 表面形貌特征

游离菌及 LBL 微囊的扫描电镜(SEM)结果见图 7-31(a)～(c)。由图可知，微囊形状规则，呈现椭圆状，粒径为 3～4μm，这一尺寸要比本书研究中使用的降解菌 *Mycobacterium gilvum* CP13 的尺寸(该菌长 600nm、宽 200nm)大很多，说明理论上，将该菌封装于微囊中是可行的。封装有细菌后、去除 $CaCO_3$ 模板微粒前后的 LBL 微囊及游离菌经过切片后，透射电镜(TEM)观察结果见图 7-31(d)～(f)。由图可见，游离菌横切片图为圆形，粒径约 400nm；含 $CaCO_3$ 模板微粒的 LBL 微囊为长椭圆形，中间出现白色的球心，从而证实了 $CaCO_3$ 模板微粒在微囊中的存在。切片高 200～400nm，长 3～4μm，尺寸数据与 SEM 的结果基本吻合。综合 SEM 与 TEM 结果，推断微囊整体形状应该为药片状。此外，微囊切片中出现密集的黑点，证实了微生物确实被封装于微囊结构中。从图可见，去除 $CaCO_3$ 模板微粒前，微生物集中分布于白色球心外侧，模板去除后，微囊的形状并没有塌陷[图 7-31(f)]，且黑点分布于整个切片。由此推断，受 $CaCO_3$ 模板微粒挤压作用，微生物不能向中心部位迁移，模板去除后，微囊的内部孔体积被释放出来，微生物由两端向中间的中空空间扩散。这些结果进一步证实了微囊中 $CaCO_3$ 模板的去除及细菌成功地封装于微囊中。然而，个别微囊呈现出的长度尺寸不足 3μm，这很可能是这些切片样品在进行切片制样时，切片刀未切到中心位置。

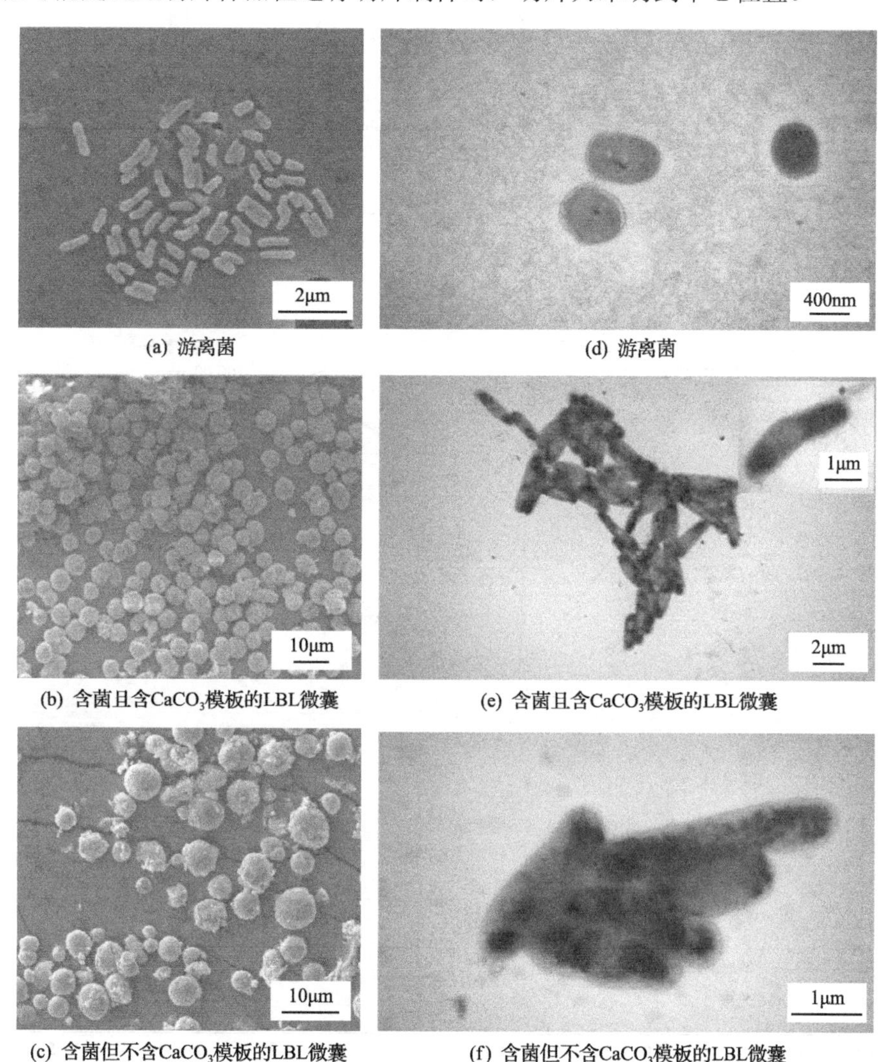

(a) 游离菌　(d) 游离菌

(b) 含菌且含 $CaCO_3$ 模板的LBL微囊　(e) 含菌且含 $CaCO_3$ 模板的LBL微囊

(c) 含菌但不含 $CaCO_3$ 模板的LBL微囊　(f) 含菌但不含 $CaCO_3$ 模板的LBL微囊

图 7-31　游离菌及 LB 微囊 SEM 及 TEM 图

(a)～(c) 为 SEM 图；(d)～(f) 为 TEM 图

LBL 微囊的原子力显微镜(AFM)观察见图 7-32。由高度的剖面图计算得出细菌的垂直高度大约为 25nm，而 LBL 微囊的垂直高度则为 90nm[图 7-32(c)、(d)]，由此可见，细菌封装于微囊理论可行。观察到的样品厚度的缩减，可能是由作用于样品表面的高能探针的扫描能量导致(Haidar et al., 2008)。

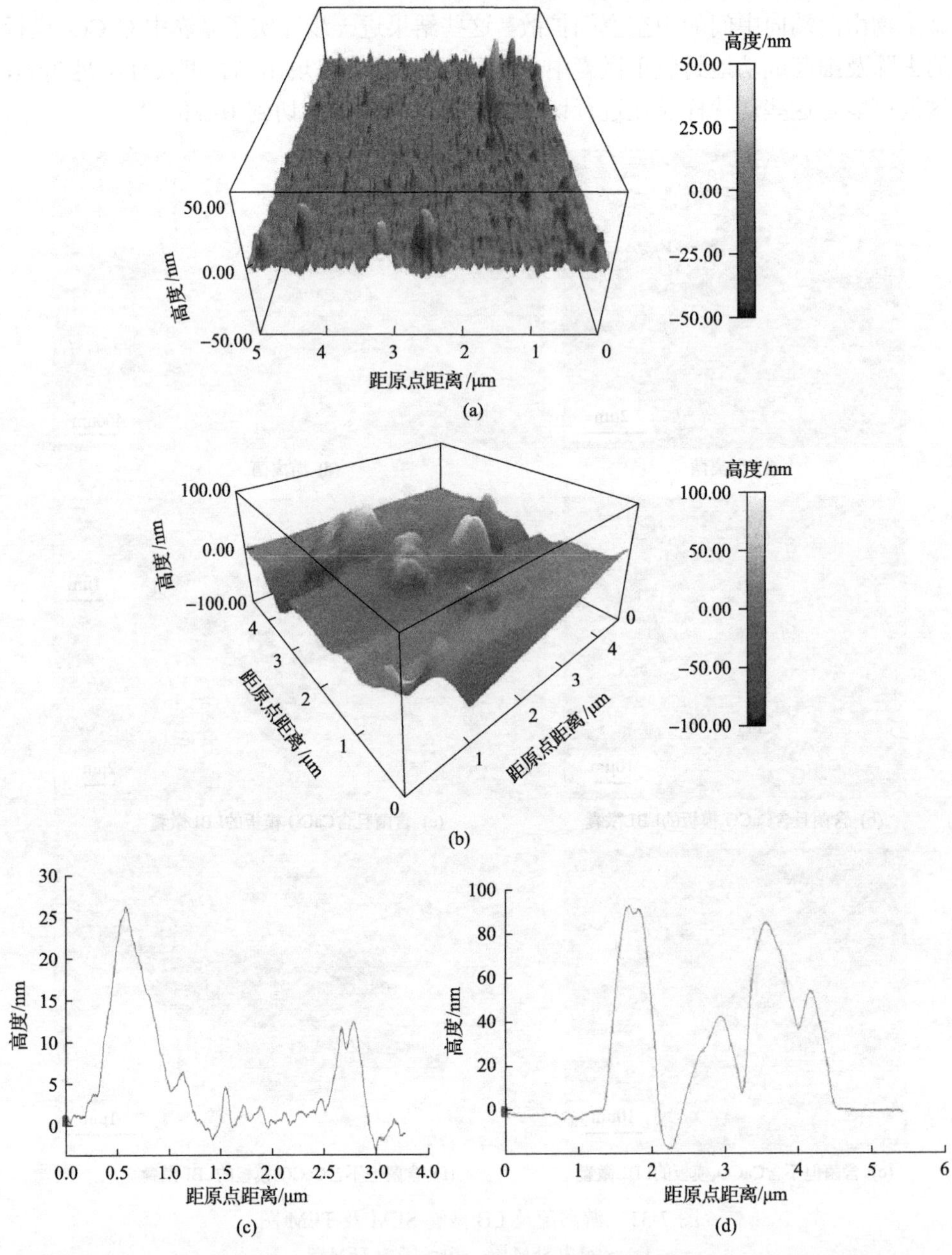

图 7-32　游离菌(a)和 LBL 微囊(b)的原子力显微镜图及它们的相对高度的形貌(c,d)

为进一步证实 LBL 微囊对微生物的封装，采用提前用荧光染料罗丹明-123(Rhodamin-123)标识好的细菌来观察其在 LBL 微囊中的分布情况，其激光扫描共聚焦显微镜(LSCM)观察如图 7-33 所示，主要的荧光信号均来自于微囊的内部，表明细菌大部分处于囊的内部，证实细菌成功封装于微囊中。

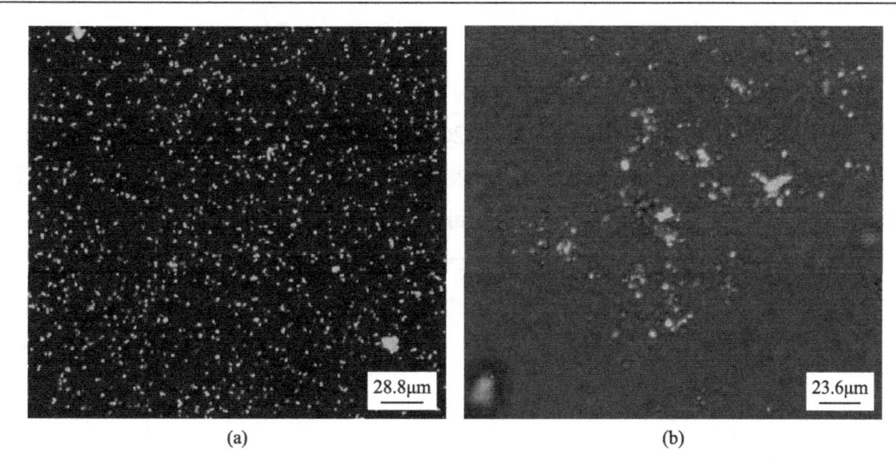

图 7-33　游离菌(a)和 LBL 微囊固定化细菌(b)的 LSCM 图

3. 元素组成

LBL 微囊的 XPS 全谱分析图及 LBL 微囊的元素组成表分别见图 7-34 和表 7-8。XPS 结果表明 LBL 微囊确实是由 ALG 和 CHI 构成，此两种物质的各种元素，尤其是 N 及 Na 元素的出现，分别证实 CHI 与 ALG 参与了 LBL 的构成。

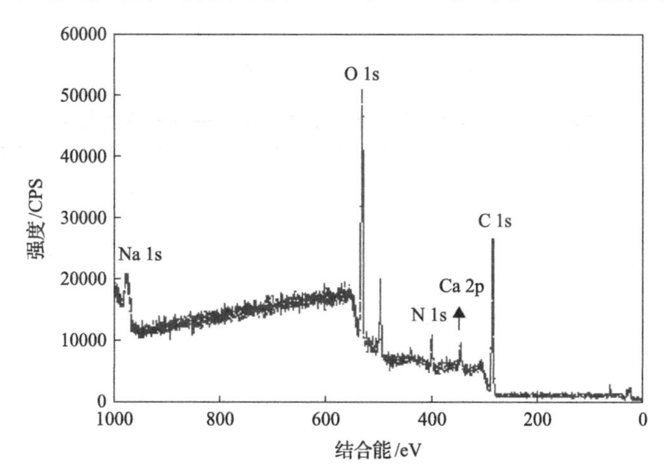

图 7-34　LBL 微囊的 XPS 全谱分析图

表 7-8　LBL 微囊的元素含量表　（单位：%）

C	N	O	Na	Ca
52.7	7.0	31.9	2.7	3.4

4. 结构特征

CHI、ALG 和 LBL 微囊的红外光谱表征结果见图 7-35 和表 7-9，ALG 的特征峰出现于 1625cm^{-1} 和 1420cm^{-1} 处，分别与化合物中的羰基(C═O)和羧基(—COOH)对应。CHI 的各个特征官能团也在图谱中得到展现：酰胺(1650cm^{-1})、氨基(1150cm^{-1})及 C—O 伸缩振动峰(1420cm^{-1})(Han et al., 2010)。而在微囊材料中，所有这些基团的特征峰都消失了，表明微囊材料中的 CHI 的氨基和 ALG 的羧基位置之间发生了化学反应(Tahtat et al., 2013)。

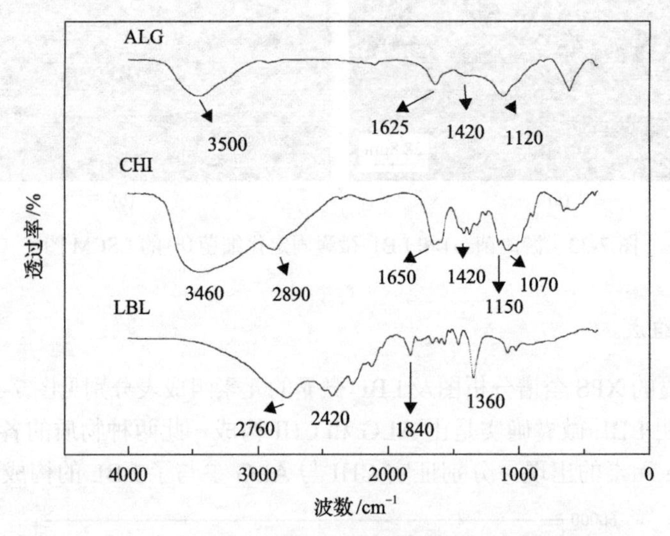

图 7-35　ALG、CHI 和 LBL 微囊的红外光谱图

表 7-9　ALG、CHI 和 LBL 微囊的红外光谱各峰的归属

ALG/cm^{-1}	CHI/cm^{-1}	LBL/cm^{-1}	归属
3500			—OH 伸缩振动
	3460		N—H
	2890		C—H
		2760	
		2420	
		1840	
1625			反对称 C═O 伸缩振动
	1650		—NH_2
1420	1420		对称 C═O 伸缩振动
		1360	
1120			反对称伸缩振动 C—O—C
	1150		反对称伸缩振动 C—O—C 及 C—N 伸缩振动
	1070		六元环骨架 C—O 伸缩振动

X 射线衍射(XRD)谱图可以反映物质晶形结构和结晶度的变化，所以从 XRD 图谱中是可以得到样品中的晶体结构的最直接的信息的。本研究将样品用 X 射线在 5°～80°进行扫描，结果见图 7-36。ALG 的特征 XRD 峰为 2θ=19.5°、31.7°、32.4°及 45.5°(Olad and Farshi, 2014)；CHI 的特征 XRD 峰为 2θ=10.6°和 20.0°的 2 个宽峰(Pendekal and Tegginamat, 2013)。由图可知，微囊样品中 XRD 峰中原本表征单体特征的一些峰消失了(如 ALG 中的 19.5°、31.7°和 49.1°，CHI 中的 10.6°和 20.0°)，而某些特征峰仍然存在(27.2°、29.5°、32.4°、38.9°和 45.5°)，但峰强变弱，这表明 CHI 在形成微囊后其晶体结构受到了破坏，从而阻碍了—COO^-和—NH_2之间氢键的形成(Li et al., 2009)。这些结果表明在制备形成微囊的过程中，原材料 ALG 与 CHI 之间发生了一定程度的相互作用(Farshi and Olad, 2014)，导致两者的结构都受到了破坏。

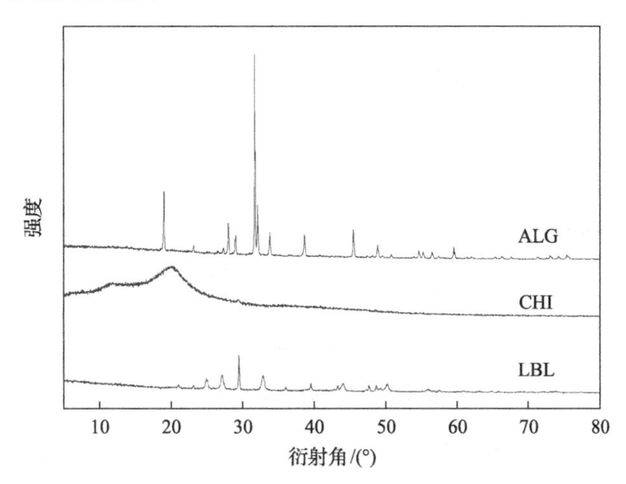

图 7-36　ALG、CHI 和 LBL 微囊的 X 射线衍射图

7.5.2　微囊固定化菌剂对水中芘的降解性能

1. 微囊固定化 CP13 的芘降解性能

为了研究芘初始浓度对游离菌及LBL微囊固定化CP13降解芘的效果的影响，其他参数都恒定的情况下，改变芘的初始浓度，测定了游离菌及 LBL 微囊固定化 CP13 体系对芘的去除率随降解时间的变化情况，结果见图 7-37。在实验浓度范围内，无菌微囊空白处理对芘去除率约为 3%，表明由于微囊的吸附作用及蒸发作用而导致芘含量的损失的情况并不明显；LBL 微囊固定化菌体系的芘去除率明显高于游离菌体系，其在 3d 对 10mg/L 芘的去除率高达 95%，而游离菌体系则仅能去除 59%[图 7-37(a)]。

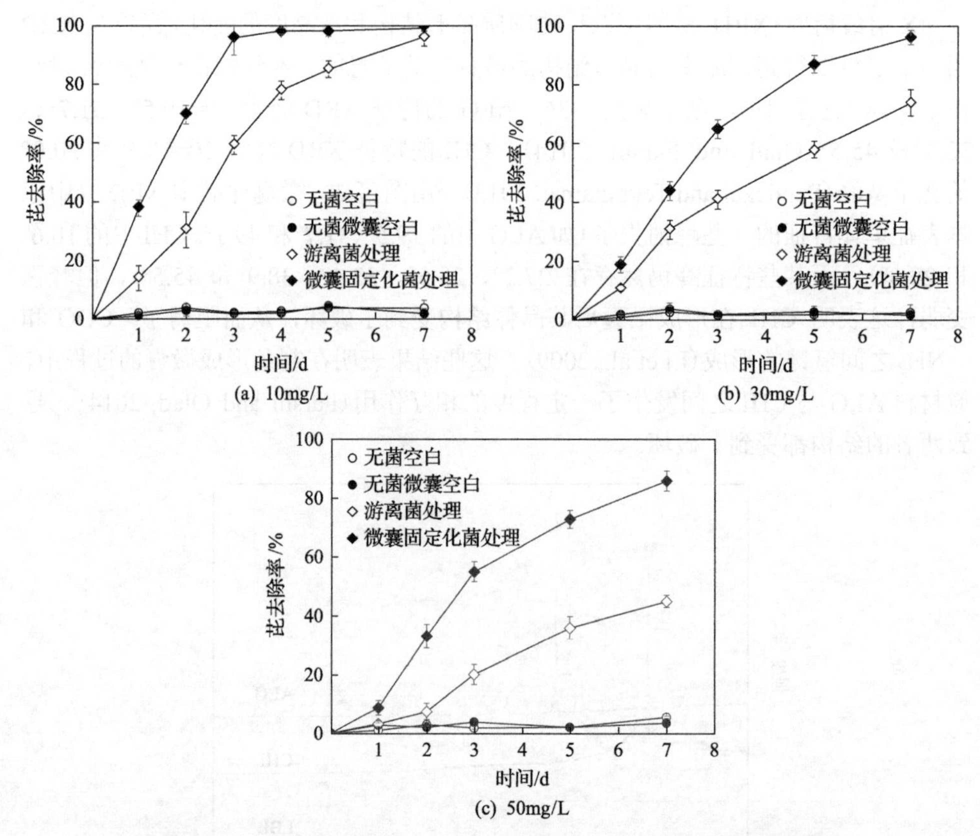

图 7-37 不同芘初始浓度对 LBL 微囊固定化 CP13 降解芘的影响图

固定化降解菌技术已经广泛地应用于有机污染物的微生物修复及微生物降解。将本研究的 LBL 微囊固定化 CP13 对芘的降解效果与一些前人研究结果对比，列于表 7-10。与表中所列的全部固定化菌体系(IC)相比，本研究采用的 LBL 微囊固定化 CP13 对污染物降解能力相对于游离菌体系的提升程度最显著。

芘去除率随芘初始浓度的改变而不同，这一现象很可能是高浓度的芘及其中间产物累积的毒性所致，高浓度的污染物可以选择性穿透细胞膜进入到细胞内，使酶失活来毁坏细胞(Hsieh et al., 2008)。然而，相应的 LBL 微囊固定化降解菌系统对芘的 5d 降解率保持在 70%以上。在 LBL 微囊处理中，由于初始芘浓度的增加而导致降解率下降的影响要比对游离菌系统的影响小得多，表明高的芘初始浓度的不利影响在 LBL 体系中不是很明显。与游离菌相比，LBL 微囊固定化 CP13 系统对于芘降解的优势是显著的，尤其是在高浓度情况下(如 50mg/L)。LBL 微囊固定化 CP13 系统对水中含有高达 50mg/L 芘的 3d 去除率可以由游离菌的 20%提高到 55%，提高的幅度要明显高于低浓度下的情况，这是因为在 LBL 微囊固定化

表 7-10　不同游离菌(FB)及固定化(IC)体系降解有机物效果比较

固定化材料	化合物	初始浓度	降解率/%		降解时间		参考文献
			FB	IC	FB	IC	
聚氨酯泡沫(PUF)	正烷烃	1%(体积分数)	75	91	5d	5d	Jeùrabkova et al., 1997
PUF	萘	25mmol/L	100	100	4d	2d	Manohar et al., 2001
		50mmol/L	60	100	4d	6d	
PMF	柴油	1%(体积分数)	45	80	1d	1d	Hou et al., 2013
吉兰糖胶	汽油	200～600mg/L	40～60	30～50	21d	21d	Moslemy et al., 2002
PVA	十六烷	3%(体积分数)	21	51	10d	10d	Kuyukina et al., 2006
PVA	菲	500mg/L	62	80	7d	7d	Partovinia and Naeimpoor, 2013
		250mg/L	100	100	7d	5d	Partovinia and Naeimpoor, 2014
		100mg/L	100	100	4d	3d	
竹炭	吡啶	782mg/L	44	75	10h	10h	Lin et al., 2010c
		782mg/L	100	100	35h	20h	
		1497mg/L	20	40	10h	10h	
		1497mg/L	100	100	50h	35h	
竹炭	硝酸盐	100mg/L	75	98	18h	18h	Liu et al., 2012
		150mg/L	40	65	18h	18h	
		300mg/L	15	30	18h	18h	
海藻酸钠	正烷烃	0.3%(体积分数)	100	100	9d	11d	Suzuki et al., 1998
	萘	25mmol/L	22	34	6d	6d	Feijoo-Siota et al., 2008
海藻酸钠-琼脂	原油	1%(质量浓度)	78	92	30d	30d	Zinjarde and Pant, 2000
海藻酸钠-壳聚糖-海藻酸钠小球	酚	200mg/L	85	100	36h	36h	Lu et al., 2012
壳聚糖	十六烷	1%(体积分数)	100	100	4d	3d	Barreto et al., 2010
海藻酸钠-壳聚糖 LBL 微囊	芘	10mg/L	30	69	2d	2d	本书研究
	芘	10mg/L	95	95	7d	3d	

菌体系中，封装的微生物由于受到 LBL 微囊的保护而具有一定的优势，如代谢活力的增高及免于有毒物质伤害等；另外，由于 LBL 微囊具有高的比表面积及介孔体积，所以可以保证微生物对芘的捕获及芘代谢产物扩散。

2. 微囊固定化 CP13 的环境适应性

1) pH 的影响

实际多环芳烃污染土壤的 pH 和温度存在较大波动，有些可能并不适合降解微生物生长，进而会影响生物修复效果。如果将微生物置于非适宜 pH 的环境中，微生物细胞的表面特征也会随着变化，若 pH 超过微生物生长的适宜范围，则会影响到微生物对营养物的利用，最终导致不良多环芳烃微生物代谢效果。例如，李哲斐等(2011)从油田井口附近土壤分离出 *Mycobacterium* sp. b2 的研究结果表明，其在 pH 为 8～10 的范围内对芘有很高的降解效果，最佳 pH 为 10，降解率达 90%。

不同 pH 条件下，游离菌及 LBL 微囊固定化 CP13 对芘(初始浓度 10mg/L)的降解效果如图 7-38 及表 7-11 所示。结果显示，在实验的 pH 范围内 LBL 微囊固定化处理的芘降解率均高于游离菌系统。由图 7-38 可知，与中性条件(pH=7)相比，pH 为 3 时游离菌系统中的降解率急剧下降，3d 降解率仅仅为约 15%(中性下游离菌可达 60%)；由表 7-11 可知，在酸性条件下，游离菌的平均芘降解速率由中性时的 1.37mg/(L·d)急剧下降至 0.41mg/(L·d)，表明酸性环境对降解过程的严重抑制作用。在这样的强酸性情况下，细菌生长变慢，细菌分泌的酶活力降低，导致芘转化酶的催化能力下降。然而，LBL 微囊固定化体系则可以抵制这种抑制作用，芘的 3d 降解率可达 90%，该值与中性条件下的降解效果相当，远高于同情况下游离菌的 60%；其平均芘降解速率也仍可以保持在 3.13mg/(L·d)，比游离菌高出 6 倍多。在碱性条件下，LBL 微囊固定化菌的平均芘降解速率为 2.83mg/(L·d)，而与此同情况下的游离菌的平均芘降解速率仅为 1.38mg/(L·d)。这可能

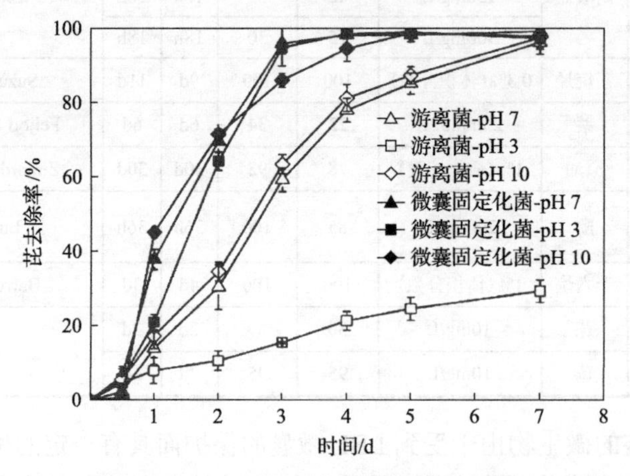

图 7-38 不同 pH 条件对 LBL 微囊固定化菌剂降解芘的影响

表 7-11 环境 pH 对游离菌(FB)和固定化菌(IC)体系的芘降解速率的影响

环境初始 pH	平均降解速率/[mg/(L·d)]	
	FB	IC
3	0.41	3.13
7	1.37	3.17
10	1.38	2.83

是由于微囊材料有利于维持细菌内部的 pH 恒定，起到保护作用，避免细菌的酸化(Zheng et al., 2009)。这些结果表明：LBL 微囊固定化细菌能在较宽泛的 pH 范围(3～10)维持较高的降解速率，具有较高的耐酸碱性能。

Tan 等(2014)曾用海藻酸钙包埋固定化降解菌用于染料酸性红 B 的降解，发现该固定化菌在中性环境下对酸性红 B 的 2h 降解率可高达 80%，但在酸性条件下其 2h 降解率急剧下降至 40%；当环境变为碱性时其 2h 降解率甚至降至 10%。Liffourrena 和 Lucchesi(2014)研究海藻酸钙包埋法固定化降解菌后用于三甲胺的降解时，发现该固定化菌在适宜 pH 环境下(pH=7.5)对三甲胺的 48h 降解率可高达 99%，但当环境变为弱酸性(pH=6.5)时，其 48h 降解率急剧下降至 71%，当环境变为碱性(pH=9)时，其 48h 降解率更是急剧下降至 33%。相比而言，本书研究制备的 LBL 微囊固定化菌的 pH 适应范围更广。

2) 温度的影响

不同温度下的芘(初始浓度 10mg/L)去除率数据见图 7-39 及表 7-12。由图可知，游离菌的芘降解能力在 30℃时最佳，更高(40℃)或更低(10℃)的温度对细菌活性有负面影响，从而限制其降解能力。然而，对微囊固定化菌，不适温度的抑制作用却大大地减弱了。当温度从 30℃增加到 40℃时，游离菌对芘的 3d 降解率由 59%下降到 33%，而 LBL 微囊固定化菌则仅仅由 96%下降到 65%；当温度从 30℃降低到 10℃时，游离菌对芘的 3d 降解率由 59%下降到 15%，而 LBL 微囊固定化菌则仅仅由 96%下降到 76%。在环境温度为 40℃时，LBL 微囊处理 2～7d 的芘降解率均高于游离菌 1～1.5 倍；在 10℃时，LBL 微囊处理的 2d 和 3d 的芘降解率则可分别达游离菌系统的 4 和 6 倍。大体来说，LBL 微囊固定化菌在不同温度下的平均芘降解率均高出游离菌 1～2 倍。以上结果表明，LBL 微囊固定化菌对温度波动的耐受能力显著高于游离菌，能在 10～40℃范围内，维持较高的降解率。

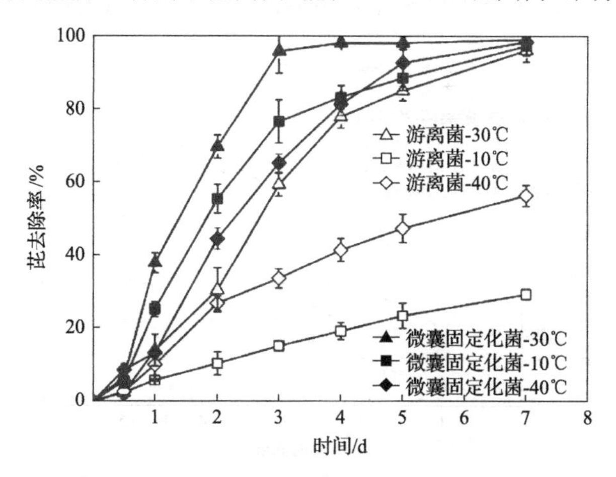

图 7-39　不同温度条件对 LBL 微囊固定化菌剂降解芘的影响

表 7-12　环境温度对游离菌(FB)和固定化菌(IC)体系的芘降解速率的影响

环境温度/℃	平均降解速率/[mg/(L·d)]	
	FB	IC
10	0.41	1.38
30	1.37	3.17
40	0.8	1.84

微生物的降解性能易受温度影响的原因可能是温度过高/低可限制细胞活性。有研究表明，高于35℃的环境就会抑制细菌对苯环开环的功能酶，而开环又恰恰是此类污染物降解的关键步骤(El-Naas et al., 2009)；此外，升高温度可导致氧的溶解度下降(Liu et al., 2012)，低温则能使微生物休眠，这两种情况均会降低细胞的代谢能力。当细菌经固定化处理后，载体提供的微环境，可使微生物的适宜生长温度发生改变，从而使固定化菌具有比游离菌更佳的冷热适应性。Liffourrena 和 Lucchesi(2014)制备的海藻酸钙小球包埋菌剂也随着环境温度由 30℃下降到15℃而导致其对三甲胺的降解率由 97.8%下降到 52.5%，表现出较强的低温敏感性；温度为40℃时其降解率则更是降低到了36.5%，从而展现出很强的高温敏感性，甚至强于其低温敏感程度。与之相比，本研究的固定化处理具有更好的冷热适应性。

3) 盐度的影响

石油污染经常伴随着盐碱环境存在，石油中芳香化合物的主要成分多环芳烃的污染也常常出现在盐碱环境中，研究盐浓度对微生物降解能力的影响对于修复多环芳烃污染的盐碱土壤及近海海岸污染具有重要的理论指导和实际应用的意义。

盐浓度对 LBL 微囊固定化 CP13 降解芘(初始浓度 10mg/L)的影响见图 7-40。结果显示，菌株 CP13 对芘的降解率随培养液中 NaCl 含量的增加而降低，游离菌

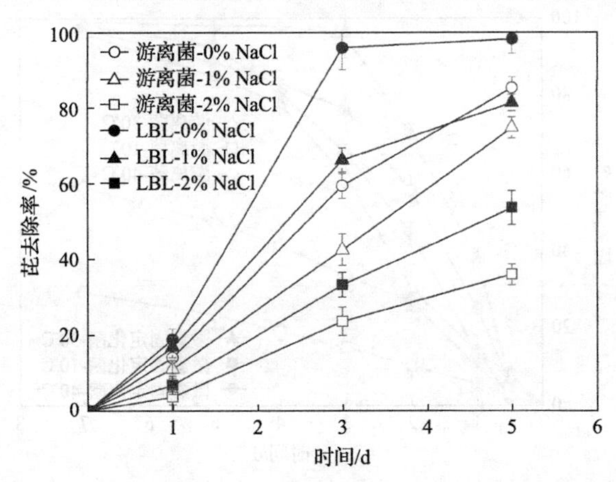

图 7-40　盐浓度对 LBL 微囊固定化 CP13 降解芘的影响

CP13 最适宜的 NaCl 含量为 0，5d 的芘降解率为 81%；当 NaCl 含量等于 1%时，游离菌 CP13 对芘仍具有较为明显的降解效果，5d 降解率为 74%；当 NaCl 含量升高到 2%时，游离菌 CP13 对芘的 5d 降解率仅有 34%，效率急剧下降。这可能是 NaCl 含量升高使得溶液的渗透压升高，从而引起微生物细胞脱水造成原生质分离，对菌体的生长和降解效果产生影响。分枝杆菌属通常为非嗜盐菌，其最适宜的 NaCl 含量≤1%，Diaz 等(2010)在原油生物降解中发现，即使 *Mycobacterium smegmatis* 是经过极高盐度(58g/L NaCl)驯化后筛选出来的，但该菌株在较低盐度时的降解效果依然比高盐度的要好。

LBL 微囊固定化菌体系表现出可减缓由于盐的胁迫而导致的降解效率下降的速度，当 NaCl 含量升高到 2%时，该体系芘的 5d 降解率仍可达到 53%，比相同情况下的游离菌的降解率高 56%。这可能是由于 LBL 微囊固定化处理使微生物被保护于微囊之中。当外界条件改变时，载体为微生物提供屏障作用，使微生物直接接触的 NaCl 含量降低，从而避免因渗透压升高而对微生物产生的胁迫作用。

7.5.3　微囊固定化菌剂的土壤修复应用

为了全面了解 LBL 自组装微囊固定化菌剂修复土壤的生态效应，考察 LBL 自组装微囊固定化 CP13 对芘污染土壤的修复过程中的芘去除率、芘降解菌数量变化、土壤关键酶的活力水平及微生物总活力水平变化等的影响，同时采用下一代测序平台 Illumina MiSeq 监测了修复过程中土壤微生物群落结构组成变化情况，以期获知土壤微生物群落结构变化与污染物降解效率之间的规律和联系。

研究所用的土壤采自广州黄埔的一块菜地，取表层 0～20cm 土壤，经风干、除杂、打碎、过 1mm 筛后备用。人工配制芘浓度为 100mg/kg 的污染土壤，配制方法参考 Brinch 等(2002)的方法。实验菌种为微黄分枝杆菌(*Mycobacterium gilvum*)CP13。修复实验初始接种量为 10^7CFU/g 土，在 30℃恒温箱中培养，保持水分为 15%～18%。培养 6d、10d、20d、40d 后取样测定土壤中芘的残留量、酶活、降解菌数量(平板稀释法)监测菌剂在土壤中存活情况。以游离菌 CP13(FB)为对照。

1. 修复效果与降解菌的生长

在 LBL 微囊固定化菌剂对芘污染土壤的修复过程中，土壤中芘去除率及土壤中芘降解菌数量变化如图 7-41 所示。

LBL 微囊固定化菌剂体系与游离菌 FB 体系对土壤中所含的高浓度(100mg/kg)芘的降解率在前 10d 里差别不显著，10d 时均为 20%左右；10d 后差距渐渐拉开，20d 时 LBL 微囊菌剂对芘的降解率已达到 51%，比同等接种量的游离菌的 28%的去除率高得多。而到 40d 时，差距更为明显，LBL 自组装微囊固定化体系对芘去

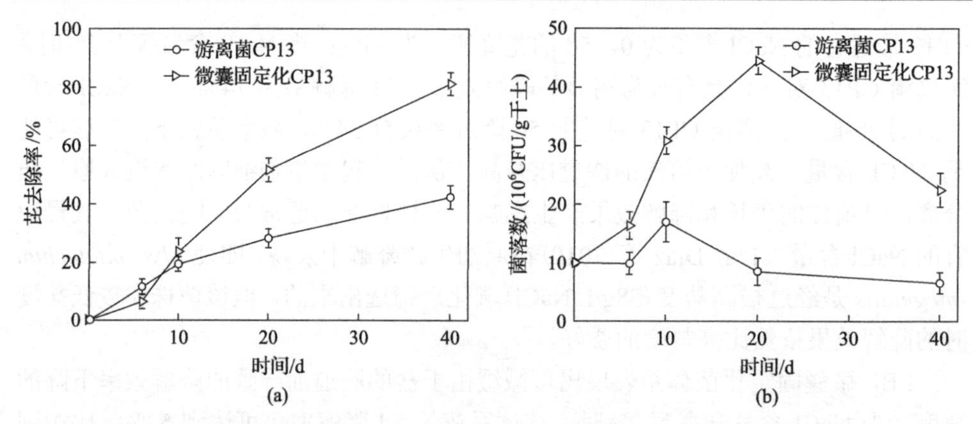

图 7-41 微囊固定化菌修复土壤过程中芘的去除率(a)及菌的生长情况(b)

除率在 81%以上，而 FB 体系的降解率仅为 42%，仅为 LBL 体系的一半。Huang 等(2016)采用煤渣球固定化降解菌用于土中对芘的修复时，30d 芘降解率只比游离菌的芘降解率高出 21.6%。与之相比，LBL 固定化方法表现出更佳的促进微生物降解污染物的性能。

为了监测外源输入细菌在土中的存活情况及其对生态环境的影响，对接种的微生物的数量进行了监测，结果如图 7-41(b)所示。从结果可见，前 20d 土壤芘降解菌数量迅速增加，至 20d 时，LBL 微囊体系处理土壤中的芘降解菌数量比初始的数量(1×10^7CFU/g 干土)增长 4～5 倍，显著高于游离菌处理。这可能是接种微生物后的 20d 内，微生物适应了环境，数量迅速增加所致。而游离菌则由于缺少保护，适应性有限，所以数量较初始相比有所下降。20～40d 时 LBL 微囊体系处理中的芘降解菌数量也出现了下降的现象，这可能与微生物生长周期有关。平立凤(2005)研究发现，外加碳源刺激土壤中多环芳烃降解时，土中的微生物数量动态变化规律也与此类似。与游离菌体系相比，LBL 微囊体系处理能够更好地提高土壤的芘降解菌数量，从而获得更高的芘去除率，很可能是微囊对微生物的保护作用和污染物及中间产物的自由出入所致。

2. 土壤的关键酶活变化

多环芳烃的微生物降解或转化往往就是从脱氢开始的。微生物体内的脱氢酶(DHA)可使多环芳烃的 H 原子活化并转移给特定的受体，实现多环芳烃的氧化和转化(宋立超, 2011)。DHA 活性可反映微生物降解多环芳烃的活性和土壤的代谢能力(李广贺等, 2002)。此外，土壤微生物 FDA 总活力指标也被广泛接受并成为应用于许多领域的环境样品(如土壤或沉积物)的微生物总活力测定的一种准确、快捷的方法(Adam and Duncan, 2001)。

实验过程选定土壤中常见的或与多环芳烃代谢有关的脱氢酶(DHA)及土壤

微生物 FDA 总活力为研究对象，分析不同处理下酶活性的变化，以进一步研究生物修复过程对土壤多环芳烃的去除机理。不同处理方式下芘污染土壤中 DHA 及 FDA 变化情况如图 7-42 所示。由图可见，与游离菌 FB 相比，LBL 微囊固定化处理能够更好地提高土壤 DHA 活性及 FDA 总活力，此结果的规律与降解率及降解菌数量的数据相一致。实验前期，降解菌数量急剧增长，土壤 DHA 活性和 FDA 总活性大幅度提高，随后二者均有所下降。初、中期酶活的提升证实了污染物的消耗和矿化的增强。后期酶活下降则归因于有毒中间产物的积累。具体来说：随修复过程的进行，各处理下酶活力均逐步提升，都在 20d 时达到最高，LBL 处理的土壤中 DHA 活力比 FB 处理土壤高出约 70%，FDA 则在 6d 达最高值，此时比 FB 高约 160%，随后缓慢下降。整个过程中 LBL 修复材料的这种酶活力均高于游离菌的，表明 LBL 固定化方式对于微生物的存活及繁殖均有积极作用。此结果也与芘去除率及芘降解菌数量的数据相吻合，表明土壤酶活与降解菌数量之间存在正相关性。这些结果与 Wang 等(2014)的结果一致。初始阶段 DHA 与 FDA 活力的提升可以解释为修复过程前期的底物转化及矿化所致，而后期阶段酶活力的下降则可能归因于有毒性的中间产物的积累(Xu and Lu, 2010)。

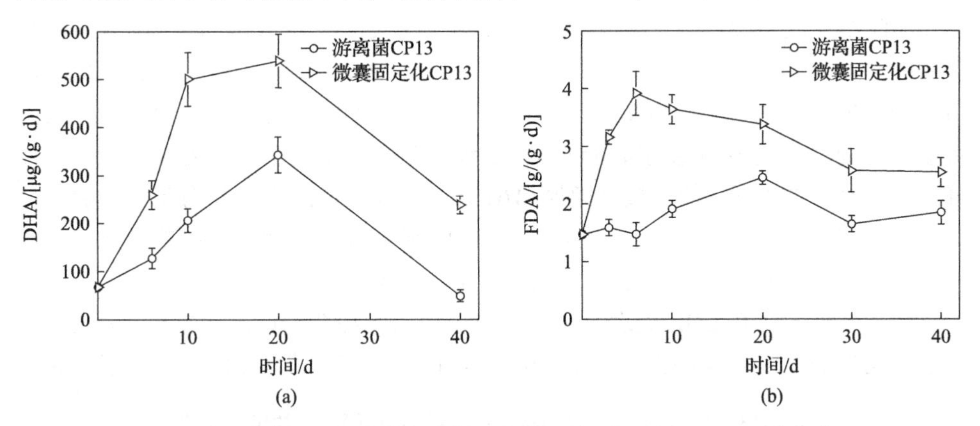

图 7-42　微囊固定化菌修复土壤过程中土壤 DHA(a)及 FDA(b)变化

研究表明，降解石油烃微生物的生长情况及其分泌的酶的活性决定了石油烃的生物利用率(Leahy and Colwell, 1990; Fuller and Manning, 2004)。当游离菌从液体培养基中接种到土壤时，原环境营养丰富、水分和氧气充足，而土壤环境则在各方面均大不如培养基中的情况，造成游离菌的生长环境反差较大，并且由于缺乏保护性的壁垒而易于被土壤中原生动物捕食，因而生长较为缓慢(Atlas, 1995)；而固定化菌添加到土壤中后，载体所形成的微环境可对之形成有效保护，从而使其免受高浓度原油的直接侵害及土壤环境的不利影响(胡文稳, 2010)。此外，还可利用载体中的营养物质，以保持高活性及生长繁殖能力(van Veen et al., 1997)。本书研究中由天然多糖性物质组成的载体材料可在土壤中逐渐被微生物所降解，从而使载体中的降解菌缓慢释放到土壤中(Cassidy et al., 1995)，发挥对污染物的降解作用，与此同时降解菌本身也得到持续的增殖。

3. 土壤中微生物群落结构变化

1)门组成变化

采用Illumina MiSeq测序平台对修复过程中各处理土壤中的群落结构组成变化及初始阶段(6d)和终了阶段(40d)的门组成情况进行了分析，结果如表7-13所示。在所分析的4个土壤样品中，共有7个优势门类的微生物被鉴定出来，包括厚壁菌门(Firmicutes)、变形菌门(Proteobacteria)、放线菌门(Actinobacteria)、拟杆菌门(Bacteroidetes)、绿弯菌门(Chloroflexi)、浮霉菌门(Planctomycetes)和芽单胞菌门(Gemmatimonadetes)。其中变形菌门和放线菌门两个门类在所有样品中均占据主导，变形菌门在所有细菌种类中占据30%～62%的比重。研究发现，在大量的有机污染物修复过程中均检测到变形菌门，如海洋生态系统中高环的有机物降解、低温情况下的石油降解、杂酚油污染的土壤中的多环芳烃降解(Viñas et al., 2005)。研究还发现，在所有处理土壤中，放线菌门的丰度也非常高，可以占13%～18%，此结果表明放线菌门的菌种也可以受芘污染的影响而得到累积。Sawulski等(2014)的研究表明放线菌门可在多环芳烃(如荧蒽)污染的土壤中的微生物群落组成中占据主导。LBL微囊处理土壤中，放线菌门的高丰度情况说明该门类的菌种参与了处理土壤中的芘的降解过程。放线菌门是典型的土壤中的高环多环芳烃降解菌门类，如其下属的分枝杆菌属(*Mycobacterium*)就经常被作为芘的降解菌分离出来(Gallego et al., 2014)。类似地，在LBL微囊处理土壤中，芽单胞菌门的比重显著提升(由初期的1%增加到末期的10%)，表明该门类可能也参与了芘的降解过程。此外，还有LBL处理土壤中的厚壁菌门和绿弯菌门的比重也有所增加，分别由初期的10%和2%增长到15%和7%，而它们在游离菌FB处理土壤中的比

表7-13 芘污染土壤的修复过程土壤微生物门水平的组成变化

物种名称	各样品中门水平各物种的丰度/%			
	FB(6d)	FB(40d)	LBL(6d)	LBL(40d)
厚壁菌门	5	3	10	15
变形菌门	62	56	42	30
放线菌门	15	13	18	15
拟杆菌门	5	7	7	7
绿弯菌门	1	1	2	7
浮霉菌门	2	3	10	1
芽单胞菌门	5	8	1	10
其他	5	9	10	15

重却一直停留在较低水平。此两个处理间的这些差异很可能就是导致 LBL 处理的芘去除率高于 FB 处理的原因。此两个处理中拟杆菌门所占比例均为 5%～7%，相比之下浮霉菌门以及其他种群所占的比例则较低些。

综上所述，在 LBL 微囊处理的土壤中，变形菌门、放线菌门及厚壁菌门占据主导，物种较为丰富；而游离菌 FB 处理土壤中，占据主导的优势门类是变形门和放线菌门。

2) 主要的多环芳烃降解菌种类

在修复的 6d 和 40d，游离菌 FB 和 LBL 微囊处理的土样及实验所用的原始土(RS)中相对丰度＞1%的所有属或种的子类都列于表 7-14。

表 7-14　芘污染土壤修复过程中土壤中微生物菌属层面上的组成变化

物种名称	各样品中属水平各物种的丰度/%				
	RS(0d)	LBL(6d)	LBL(40d)	FB(6d)	FB(40d)
Comamonadaceae	6	2	3	0	0
Xanthomonadaceae	0	18	6	0	0
Planococcaceae	5	5	7	0	0
Sediminibacterium	4	8	0	0	0
Pseudomonas	0	0	4	0	0
Mycobacterium	1	8	12	10	7
Chloroflexi	0	2	5	0	0
Sphingomonadaceae	0	4	1	0	0
Isosphaeraceae	2	0	1	0	0
Streptomyces	0	3	6	0	0
Acinetobacter	0	0	2	0	0
Devosia	1	5	3	0	0
Flectobacillus	2	4	0	0	0
Enterobacteriaceae	0	0	1	0	0
Acidithiobacillus	0	2	4	0	0
Flavobacterium	0	2	0	0	0
Bacillus	1	0	3	3	1
Agrobacterium	3	4	1	0	0
Sphingobacteriaceae	4	0	1	0	0
Cytophagaceae	10	0	1	0	0
Bifidobacteriaceae	5	1	0	0	0
Chitinophagaceae	3	0	3	0	0
Gemmatimonas	2	1	10	5	8
Sphingobacterium	0	0	3	0	0
Sphingomonas	3	0	0	18	15
Dyella	1	0	0	10	2
Luteibacter	2	0	0	8	12
Luteimonas	3	0	0	4	3
Ensifer	2	0	0	2	2
其他	40	31	23	40	50

在 LBL 微囊处理 6d 的土样中，*Xanthomonadaceae*（18%）、*Sediminibacterium*（8%）及 *Mycobacterium*（8%）成为优势属种。进一步的测序分析结果表明，LBL 微囊处理的两个土壤样品中的多环芳烃降解菌的组成是由一些少部分属种构成的，大体包括分枝杆菌（*Mycobacterium*）（Gallego et al., 2014）、链霉菌（*Streptomyces*）（Peng et al., 2013）、动性球菌（*Planococcaceae*）（Das and Tiwary, 2013）、鞘氨醇杆菌属（*Sphingobacterium*）（Janbandhu and Fulekar, 2011）、芽孢杆菌属（*Bacillus*）（Su et al., 2006）、丛毛单胞菌（*Comamonadaceae*）（Viñas et al., 2005）、黄单胞菌（*Xanthomonadaceae*）（Viñas et al., 2005）、鞘脂单胞菌科（*Sphingomonadaceae*）（Martin et al., 2012）、假单胞菌（*Pseudomonas*）（Sathesh and Thatheyus, 2007）、不动杆菌属（*Acinetobacter*）（Gao et al., 2006）、硫杆菌（*Acidithiobacillus*）（Martin et al., 2012）、肠杆菌（*Enterobacteriaceae*）（Molina et al., 2009）以及黄杆菌属（*Flavobacterium*）（Maqbool et el., 2012）。这些细菌属种大部分都归属于变形菌门，具体有后面的 8 种。而肠杆菌（*Enterobacteriaceae*）和链霉菌（*Streptomyces*）这两者在木质素降解方面有报道，但比较少被报道具有多环芳烃降解能力。游离菌 FB 处理中属种水平的群落构造则有所不同，LBL 微囊中出现的大部分属种均没有在游离菌 FB 处理中出现，只有一小部分例外，如 *Mycobacterium* 和 *Bacillus*。此外，相比于 LBL 微囊处理而言，游离菌 FB 处理中的属种种类数目也明显要少，只有 7～8 种，如 *Sphingomonas*、*Dyella*、*Luteibacter*、*Luteimonas* 及 *Mycobacterium*。在这些属种之中，*Dyella* 和藤黄色杆菌（*Luteibacter*）是比较新颖的多环芳烃菲的降解菌，藤黄色杆菌（*Luteibacter*）只有与之近源的一种菌有被报道具有多环芳烃降解能力（Muangchinda et al., 2013）。

3）细菌群落结构组成的变化

修复初始时（0d）原始土壤（RS）中占据优势的细菌属种（表 7-14）有 *Comamonadaceae*、*Planococcaceae*、*Sediminibacterium*、*Agrobacterium*、*Sphingobacteriaceae*、*Cytophagaceae*、*Bifidobacteriaceae*、*Chitinophagaceae*、*Sphingomonas* 和 *Luteimonas*。除了 *Sphingomonas* 和 *Luteimonas* 之外，其他属种均较少见报道具有多环芳烃降解性能。因此，土著菌对修复效果的影响有限，测得的修复效果可能主要来自接种的降解微生物。

从土著微生物的群落分析结果可知，外源接种的细菌导致细菌群落结构的组成发生了非常显著的变化（表 7-14），大量的敏感种群均被抵抗性强的种群所取代，而这一现象常常被视为有机污染物修复过程中的重要环节。例如，光合细菌能在降解过程中产出 O_2，提供给降解菌以供其生命之需。LBL 微囊处理条件下出现的绿弯菌（*Chloroflexus*）即是一类著名的光合异养生长的生物（Abed et al., 2002）；而 LBL 微囊处理土壤中检测到的 *Pseudomonas* 和 *Comamonadaceae* 则被报道可以分泌多环芳烃开环双加氧酶，这种酶常常参与好氧代谢多环芳烃的初始步骤（Cébron et al., 2008）；此外，还检测到一些本身具有多环芳烃降解能力的菌群也在修复过程中占据主要地位。

在 LBL 微囊处理土样的多环芳烃降解菌属中，*Planococcaceae*、*Pseudomonas*、*Acidithiobacillus*、*Acinetobacter* 和 *Sphingobacterium* 等所占的比重在修复过程中有所提升，表明它们对该环境具有良好的适应性。相反地，部分菌属的比重的下降或保持基本不变，则归因于其他菌属的数量的上升。另外，6d 时并没有在该处理土壤中检测到 *Acinetobacter* 和 *Sphingobacterium*，但 40d 的土样中却检测到了此两种菌种，说明此两种菌种应该是该土壤中原本存在的土著菌。土样中出现的某些多环芳烃降解菌的属种，如某些属于 *Planococcaceae* 的菌属或 *Pseudomonas* 属及 *Acinetobacter* 属，表明它们也参与了芘的降解过程，通常这些菌属可在柴油污染场地被检测到（Das and Tiwary, 2013）或者被用于多环芳烃污染土壤的修复（Gao et al., 2006; Sathesh and Thatheyus, 2007）。需要特别指出的是，*Gemmatimonadetes* 和 *Chloroflexus* 所占比重的显著提升，表明它们似乎具有多环芳烃的降解能力，尽管它们很少在多环芳烃的降解过程中被报道发现。某些菌属的比重下降或几乎不变，如 Xanthomonadaceae、*Sphingomonadaceae* 和 *Flavobacterium*，这些菌属是常在柴油污染土壤中被检测到或者是报道过的多环芳烃降解菌（Viñas et al., 2005; Janbandhu and Fulekar, 2011; Martin et al., 2012; Gallego et al., 2014），它们所占比重的下降可能归因于其他菌属的生长繁殖。

在两个实验处理中变形菌门的菌群组成方面，6d 和 40d 的样品之间也有一些差异（图 7-43），在 6d 时 *Xanthomonadaceae* 在 LBL 微囊处理土样的变形菌门的细

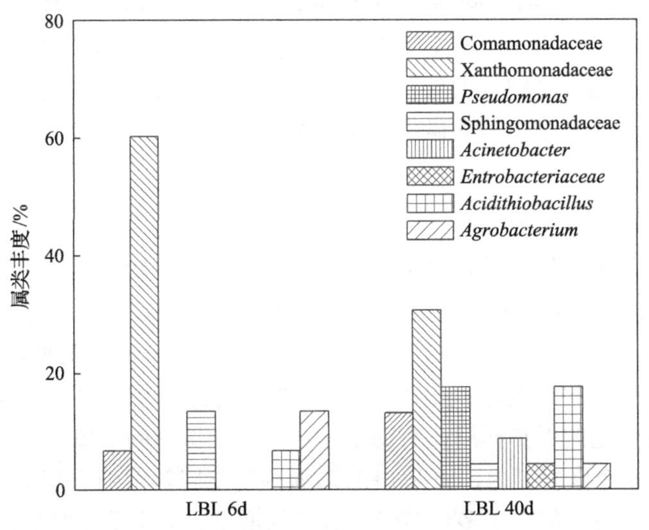

图 7-43　LBL 微囊处理样品中变形菌门的菌属组成变化

图例从上至下对应相应样品从左至右的柱子

菌群落组成中占 60%的比重，但到 40d 时，土样中 *Xanthomonadaceae* 在变形菌门中的比重降低至 30%。*Pseudomonas* 属及 *Acinetobacter* 属在 6d 样品中丰度几乎为 0，但在 40d 样品则分别增加至约 18%和 12%。数据还表明，*Sphingomonadaceae* 和 *Agrobacterium* 在该门类中的占比则出现了显著的下降。

细菌群落多样性监测的结果如表 7-15 所示，结果表明，LBL 微囊固定化菌的实验处理可以显著提高土壤的 Shannon-Weaver 指数及 Simpson 指数，两者的数值可以分别由 6.58 和 0.85 增加到修复末期的 7.74 和 0.98。然而，游离菌 FB 处理的土壤中的这两个多样性指数却几乎恒定不变，分别由 5.09 变为 5.10 及由 0.75 变为 0.78。

表 7-15　修复过程中游离菌 FB 及 LBL 微囊处理土壤中的生物多样性指数的变化

处理	初始 6d Shannon-Weaver 指数	初始 6d Simpson 指数	末期 40d Shannon-Weaver 指数	末期 40d Simpson 指数
游离菌 FB	5.09	0.75	5.10	0.78
LBL 微囊	6.58	0.85	7.74	0.98

土壤中的微生物多样性往往与污染物的浓度存在一定的负相关。因此，本研究中 LBL 微囊处理土壤的细菌多样性提高，可以作为土壤中污染物大量去除的一个有力的佐证。而游离菌 FB 处理的多样性增幅不大，说明芘的去除率较低。反过来，LBL 微囊处理土壤中细菌多样性的提高很可能是由于降解过程是由多步不同的代谢步骤及途径所构成，而在这些步骤中，某些微生物种群的功能是将初始污染物转化为二次产物，同时又有另外的一些种群倾向于降解这些二次产物(Zucchi et al., 2003)。也就是说，芘的大量降解导致了大量的相对应的中间产物的生成，从而促使相关降解菌的繁殖，表现出来即为多样性的提高。当然，多样性的提高也可以改善污染土壤的微生物组成结构，从而导致芘及其中间产物更容易被去除。

4) 外源降解微生物的增殖

污染土壤的生物修复过程最关键的是外源降解微生物在污染土壤中的增殖。LBL 微囊固定化微生物所属的分枝杆菌属在土壤中所占权重水平的变化情况见表 7-14。LBL 微囊处理中的此种菌属的比例由 8%增加到了 12%，而游离菌 FB 处理中的此菌属占的比例却由 10%下降到 7%。这意味着，LBL 微囊固定化处理对降解菌具有一定的保护作用，有助于其在污染土壤中的增殖。

综上，在整个修复期内，加入 LBL 微囊固定化降解菌的土壤中土著微生物的多样性发生了改变，促进了多环芳烃降解菌的增殖。更为重要的是，使用 LBL 微囊固定化菌处理后土壤中细菌多样性的变化有助于促进土壤中芘的降解作用。

7.5.4　微囊固定化菌剂促进修复效能的机制

前面研究数据显示，LBL 自组装微囊固定化处理，能显著提升降解微生物的环境适应能力和降解性能。微囊材料对降解菌的保护作用是如何影响细菌的生理特性？又如何促进微生物对污染物的降解？这些问题的答案尚不明确。

有研究指出，细菌的胞外聚合物(EPS)中存在大量的疏水区域，使其能够吸附多种有机污染物，如菲、苯及染料(Späth et al., 1998; Liu et al., 2001; Sheng et al., 2008)。EPS 可通过疏水作用、静电作用及氢键与有机化合物进行相互作用(Clara et al., 2004; Lindberg et al., 2005; Yang et al., 2011)，而本书研究制备的 LBL 微囊的材料也是高分子有机化合物，这是否意味着 EPS 与 LBL 微囊材料可能存在相互作用，进而对细菌的各种生理生化性质及对有机污染物降解的性能产生影响？因此，围绕 EPS 与 LBL 微囊材料之间的作用机制进行深入研究，有助于弄清 LBL 微囊材料强化微生物环境适应性能和降解性能的机制。

1. LBL 微囊对细菌的保护作用

1) 菌膜通透性变化

在降解过程中，降解的第一步即为微生物与污染物的接触，而在接触过程中，由于污染物具有毒性而对细菌的细胞壁及质膜进行作用，从而改变微生物的质膜通透性及细胞膜电位等，进而改变细菌的生理特性及各项性能，最终影响细菌的降解能力。Shi 等(2007)指出，与细菌接触的有机溶剂的 lgK_{ow} 为 1.5～3 时会导致细菌细胞膜的脂肪酸成分发生改变，破坏细胞膜的结构和通透性，引起细菌出现大量溶解和死亡，最终导致降解率锐减。

为了解芘降解过程中，LBL 微囊的保护作用对降解菌 CP13 的影响，研究比较了有无微囊保护条件下，初始浓度为 50mg/L 的芘降解过程中 CP13 的膜通透性产生的变化。本实验选择 PI 染料作为染色剂，通过流式细胞仪分别检测了游离和 LBL 微囊固定化 CP13 的膜通透性变化，结果见表 7-16。结果表明，随着芘降解的进行，PI 染料的信号逐渐增强，表明降解菌的细胞膜通透性逐步增强。在初始阶段，体系中存在的主要是活细胞，细胞膜结构完整，膜通透性较低，大分子的 PI 染料无法进入细胞，此时 PI 信号极弱。随着时间的延长，由于芘的毒性作用，细胞膜完整性受损，细胞膜通透性变强，使 PI 染料逐渐进入细胞内部，并与 DNA 结合，导致其荧光信号增强。其中，游离菌处理的增强速度明显快于 LBL 微囊固定化菌，由初始的 1.41 增加到 3d 的 22.39，再到 5d 的 50.12，最终增加到 7d 的 63.10。这说明在高浓度的芘初始浓度下，由于芘对游离细菌的细胞膜的作用，膜结构较快地受到破坏，细胞膜通透性变强。同样的变化趋势也发生在 LBL 微囊固定化菌处理中，但在该体系中细胞膜通透性的增强幅度要低于游离菌，经过 7d

降解后，该体系中 PI 染料的荧光信号强度仍低于 18，其值约为游离菌体系的 1/4，表明 LBL 微囊减缓了细胞膜的完整性受损速度，从而减缓了膜通透性的增大，表现出对细胞具有一定保护作用。

表 7-16　游离菌 FB 和 LBL 微囊固定化菌系统中细胞膜通透性的流式细胞分析荧光强度

处理	荧光强度	处理	荧光强度
FB-0d	1.41	LBL-0d	1.41
FB-3d	22.39	LBL-3d	3.16
FB-5d	50.12	LBL-5d	7.94
FB-7d	63.10	LBL-7d	17.78

2) 菌体细胞膜电位的变化

游离菌 FB 及 LBL 微囊固定化 CP13 细菌的细胞膜电位变化情况见表 7-17。结果表明，降解过程中样品中的 Rh123 染料的信号逐渐增强，表明细胞膜电位呈下降趋势，且游离菌 FB 中荧光信号的下降速度明显快于 LBL 微囊固定化菌处理。具体说来，游离菌 FB 处理的荧光强度由初始的 141.25 下降到 3d 的 63.10，再到 5d 的 19.95，最终降低到 7d 的 3.16。而 LBL 固定化菌在降解到 7d 时仍维持在 19.95。细胞膜在正常情况下电位是内负外正，当受到刺激之后有部分细胞的细胞膜变成内正外负，使膜电位负值减小。对此推测芘对膜电位的影响机制可能是：芘首先和细胞膜接触并起作用，使得细胞去极化，膜电位负值降低，而染料是带负电的，所以在电场的驱动之下进入细胞。Volkov 等(2011)的研究表明，细胞膜电位的变化与细胞内外 Na^+、K^+浓度的变化密切相关。细胞发生凋亡时，细胞膜的完整性被破坏，细胞膜通透性增大，细胞内的 Na^+逐步释放到细胞外，而细胞外的 K^+则不断通过 K^+-ATP 酶离子泵运输到细胞内，形成细胞内高 K^+、低 Na^+的情况，从而造成细胞外环境为高 Na^+、低 K^+，最终导致细胞膜电位下降(何宝燕等, 2007; Chen et al., 2014)。所以研究者普遍认为细胞膜通透性改变是导致细胞凋亡的关键点。在本书研究中，经过 7d 降解后，LBL 微囊固定化菌体系中 Rh123 染料的信号是游离菌体系的 6.31 倍，表明微囊固定化处理减缓了细胞膜的完整性受损速度，从而减缓了膜通透性的增大，进一步证实了其对细胞具有保护作用。

表 7-17　游离菌 FB 和 LBL 微囊固定化菌系统中细胞膜电位的流式细胞分析荧光强度

处理	荧光强度	处理	荧光强度
FB-0d	141.25	LBL-0d	141.25
FB-3d	63.10	LBL-3d	114.82
FB-5d	19.95	LBL-5d	31.62
FB-7d	3.16	LBL-7d	19.95

3) 菌体死活及受损情况的变化

通过对初始浓度为 50mg/L 的芘降解过程中不同时期的游离 FB 及 LBL 微囊固定化 CP13 细胞活性检测(图 7-44)发现：在细胞活性检测的散点图中出现了四群细胞(A1、A2、A3 和 A4)，分别为被 PI 标记的死细胞(A1，红色)、同时被 PI 和 SYTO 9 标记的受损细胞(A2，蓝色)、被 SYTO 9 标记的活细胞(A3，绿色)以及未被标记的阴性细胞(A4，黑色)。散点图中，四群细胞比例的变化直接地反映

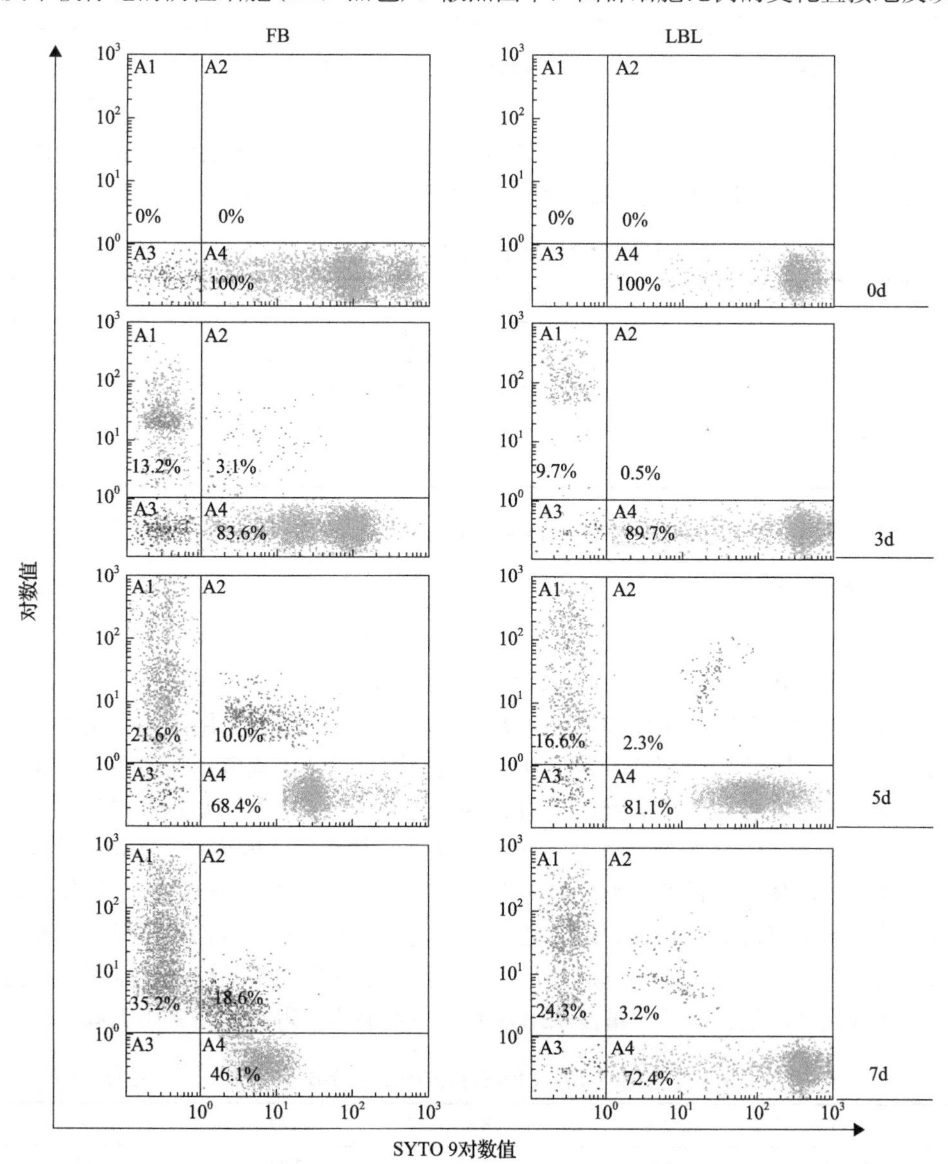

图 7-44　游离菌(FB)和 LBL 微囊固定化菌系统中细胞活性的流式细胞分析

了芘对细菌 CP13 的细胞存在一定的抑制作用。图 7-44 结果表明，在降解过程中，芘能够诱导菌体细胞的凋亡。在芘的胁迫下，菌体出现凋亡现象，这可能是由细胞表面基团产生变化，增强了表面疏水性所致(Li and Zhu, 2012)，进而促进芘与细胞表面的接触及胞内迁移，芘进入细胞后，对细胞产生进一步的损伤。

游离菌 FB 及 LBL 微囊固定化菌处理的菌体死活及受损情况列于表 7-18，从表中可以看出，随着降解时间的延长，活性细胞的比例逐步下降，其中游离菌 FB 中活性细胞比例的下降速度快于 LBL 固定化菌，由初始的 100%降低到 3d 的 83.64%，再到 5d 的 68.43%，最终到 7d 的 46.14%。而 LBL 固定化菌中活性细胞比例则到 7d 时仍能维持在 72%以上。这进一步说明，由于芘对游离细菌的细胞膜的作用明显，膜结构破坏，从而使细胞死亡，对芘的降解较为缓慢。而 LBL 微囊固定化处理则可使这种破坏作用减弱，细胞死亡速度下降，从而表现出较高的芘降解率。

表 7-18 游离菌 FB 和 LBL 微囊固定化菌处理的菌体死活及受损情况

	游离菌 FB				LBL 微囊固定化菌			
	0d	3d	5d	7d	0d	3d	5d	7d
活菌比例/%	100	83.64	68.43	46.14	100	89.75	81.12	72.43
死菌比例/%	0	13.22	21.55	35.21	0	9.74	16.56	24.34
受损菌比例/%	0	3.14	10.02	18.65	0	0.51	2.32	3.23

2. 细菌 EPS 与 LBL 微囊材料相互作用

1) EPS 的成分分析

菌株 CP13 的 EPS 的提取采用改进的热提法(Li and Yang, 2007)。该菌产生的胞外聚合物(EPS)的成分分析结果如表 7-19 所示，其以蛋白质为主，占 70%左右，其余成分中又以多糖和腐殖酸为主。类似地，张宇等(2014)采用阳离子交换树脂法、超声法、超声-阳离子交换树脂法、加热法等 4 种方法提取一株多环芳烃高效降解菌的 EPS 时也均发现，蛋白质为 EPS 的主要成分，其次是多糖和腐殖酸，再次为 DNA；4 种方法中加热法提取 EPS 的 2 个类蛋白峰强度最大，提取最完全，且该法对细胞体破坏程度最小、胞内物质也没有溶出现象，所以该法是最佳的提取方法。本研究采用的 EPS 提取方法即为与之一致的加热提取法，以保证提取步骤彻底、准确。高景峰等(2008)测定的好氧活性污泥的 EPS 的成分也以蛋白质为主，多糖次之，蛋白质的含量占 72%左右，与本书研究得出的结果相类似。

表 7-19 EPS 各组分的质量分数 (单位：%)

蛋白质	腐殖酸	多糖	其他	总量
70.22	4.09	22.80	2.89	100.00

2) EPS 的红外光谱特征

本书研究采用的芘降解菌 CP13 产生的 EPS 的红外表征结果如图 7-45 及表 7-20 所示。从中可知，EPS 中蛋白质的特征峰出现于 1635cm^{-1} 和 1298cm^{-1} 处，分别与 EPS 中的蛋白质中的氨基(1)和氨基(3)对应。此外，谱图中 1240cm^{-1} 处出现的峰归属于蛋白质中的 C—N 伸缩振动峰；1400cm^{-1} 处出现的峰可归属于蛋白质中羧基中的 C═O 对称伸缩振动。多糖的各个特征官能团也在图谱中得到展现，如 1072cm^{-1}、1056cm^{-1} 峰归属于多糖中的 C—O、C—C 伸缩振动及 C—O—C、C—O—H 变形振动，从而证实了 EPS 中一定量的多糖的存在。总之，红外表征结果表明本研究的降解菌产生的 EPS 的红外光谱具有典型的蛋白质、多糖等成分的特征谱，验证了成分分析的结果。

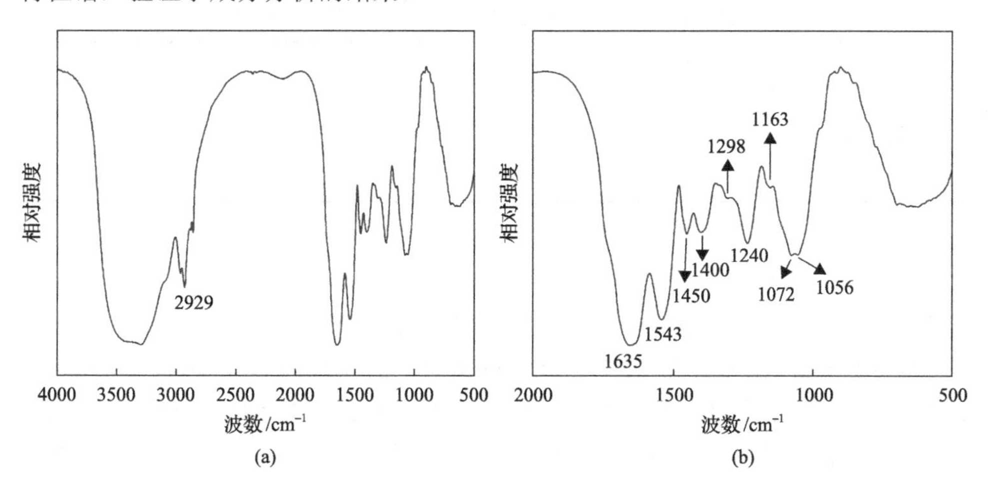

图 7-45　EPS 的红外光谱图

(a) 0～4000cm^{-1}；(b) 500～2000cm^{-1}

表 7-20　EPS 的红外光谱各峰的归属(Chen et al., 2013)

文献波数/cm^{-1}	文献基团	本书研究波数/cm^{-1}
2850～2959	C—H 伸缩振动	2929
1637～1660	蛋白质中的氨基(1)	1635
1449	C—H 弯曲振动	1450
1400	羧基中的 C═O 对称伸缩振动	1400
1384	C—H 变形振动	
1272+1288 弱峰	氨基(3)	1298
1239	C—N 伸缩振动	1240
1000～1130	多糖中的 C—O、C—C 伸缩振动，C—O—C、C—O—H 变形振动	1072, 1056
＜1000	磷酸根或硫酸根	550～710

3) EPS 的激光光散射特征

为了研究 EPS 的特征官能团是否可能与 LBL 微囊的材料(CHI、ALG)产生相互作用，从而影响细菌的降解效能，采用激光光散射(LLS)分析加入 CHI、ALG 前后的 EPS 的构型变化。LLS 分析能给出溶液中 EPS 构型的有效信息，相关的物理参数及其物理意义如下：$<R_g>$为 Z 轴均方旋转半径；$<R_h>$为水力学半径(可指示粒子排开周围溶剂的程度)；C^*反映 EPS 的内部密度，C^*值越大，表明整个 EPS 的结构越紧密；$<R_g>$和$<R_h>$值表示化合物与 EPS 产生作用的概率，常用来表征传质过程和污染物的捕获效率，该值越大，表明微生物捕获污染物的能力越强。EPS 结合 CHI、ALG 后构型的改变信息列于表 7-21。

表 7-21　EPS 及加入 CHI/ALG 的激光光散射(LLS)分析

样品	M_w/(10^6g/mol)	$<R_g>$/nm	$<R_h>$/nm	C^*/(g/L)
EPS	2.52	99.68	113.45	1.18
EPS+CHI	3.76	143.12	151.26	0.72
EPS+ALG	2.58	103.37	121.73	1.24

注：EPS、CHI 和 ALG 浓度均为 500mg/L；M_w为摩尔质量。

与含量为 500mg/L 的 EPS 原溶液相比，加入终浓度为 500mg/L 的 CHI 后，其 M_w、$<R_g>$和$<R_h>$值均明显增大。M_w 由 EPS 原溶液的 2.52×10^6g/mol 增大到 3.76×10^6g/mol，增幅达 49.21%。$<R_g>$和$<R_h>$值也分别由 EPS 原溶液的 99.68nm 和 113.45nm 增大到 143.12nm 和 151.26nm，增幅分别达 43.58%和 33.32%。以上物理参数数值的增幅均达 30%～50%，增大程度明显，表明加入 CHI 后，微生物捕获污染物的能力得到了提升。C^*值在加入 CHI 后则呈现为一定程度的下降，由 EPS 原溶液的 1.18g/L 下降为 0.72g/L，下降幅度达 38.98%，表明 EPS 的结构紧密度下降，即 CHI 的加入会引起 EPS 分子链舒张，体积膨胀，EPS 结构变得疏松，EPS 的传质性能得到提高。这些情况的出现均往往有利于微生物捕获污染物的能力的提升，从而有利于对污染物的降解。与此类似的是，徐娟(2013)在研究磺胺二甲嘧啶的加入对 EPS 的影响时也发现，磺胺二甲嘧啶也可以使 EPS 结构变得疏松，有利于污染物在 EPS 中的传质和对污染物的富集。与此不同的是，在本研究中 ALG 的加入则未导致这些物理参数发生明显变化，说明其对 EPS 的污染物的捕获效率的改变并无明显影响。

4) EPS 的同步荧光光谱特征

为了考察 CHI、ALG 的加入使 EPS 结构变得疏松的机制，使用同步荧光研究 EPS 结合 CHI 或 ALG 的构型变化。加入不同浓度 CHI 或 ALG 的 EPS 同步荧光光谱如图 7-46 所示。由图 7-46 可知，在 EPS 中加入 CHI 后，峰强度随着加入 CHI

的浓度增大而出现规律性的稳步下降，随着 CHI 的浓度由 0μmol/L 增加到 400μmol/L，荧光强度也由初始的 3972 下降到 1018。荧光强度的明显下降表明两者相互作用发生明显荧光猝灭现象，说明 CHI 使 EPS 的结构发生了变化。该荧光峰位于波数 280nm 左右，对应于蛋白质中的色氨酸类物质，说明荧光强度下降是由色氨酸残基物导致的，此结果与文献报道的相类似(Xu et al., 2013; Wei et al., 2015b)。他们分别证明了色氨酸类物质参与了 EPS 分别和磺胺二甲基嘧啶及亚甲基蓝的结合。

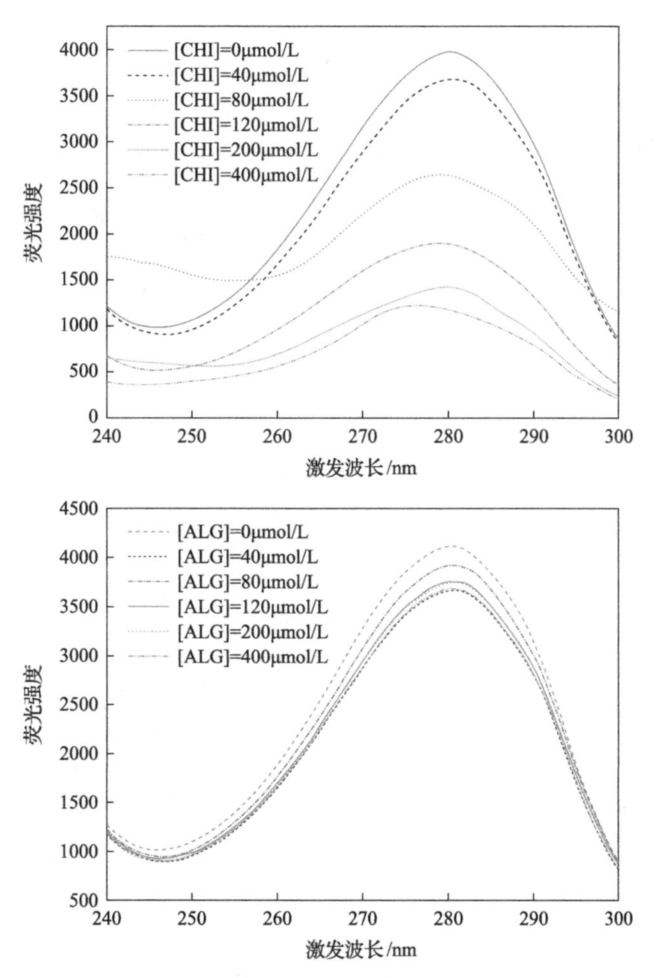

图 7-46　加入不同浓度 CHI 和 ALG 的 EPS 同步荧光光谱

ALG 的加入使 EPS 的谱图变化不明显，随着加入 ALG 的浓度从 0μmol/L 增加到 400μmol/L，荧光强度也由初始的 4118 下降到 3668，下降幅度很小，说明未导致 EPS 的结构发生明显变化，两者相互作用力小，ALG 没有进入 EPS 内部。

5) EPS 的圆二色光谱特征

为了进一步探明 CHI 使 EPS 的结构发生了何种变化，本书研究采用圆二色光谱分析加入不同浓度 CHI 或 ALG 后的 EPS 的蛋白质二级结构变化。分析结果见图 7-47，可知在 EPS 中加入不同浓度的 CHI 后，蛋白质光谱特征峰的峰位发生偏移，即最大吸收波长向长波方向移动，由 197nm 慢慢向 204nm 偏移；峰强度随着 CHI 的加入量的增大而降低。即随着 CHI 的加入量由 40μmol/L 增加到 80μmol/L、120μmol/L，最终到 200μmol/L，其蛋白质光谱特征峰的强度也由加入 CHI 前的 24 下降到 22、17、7，最后到 5，降低幅度分别为 8%、29%、71%和 79%，下降的幅度逐步增大。由于加入的 CHI 为非手性分子，不具有圆二色信号，所以该结果表明 CHI 的加入引起了 EPS 中蛋白质二级结构的变化。这一结果也进一步验证了同步荧光光谱变化的分析结果，可能是由 CHI 与 EPS 的结合使蛋白质的伸展程

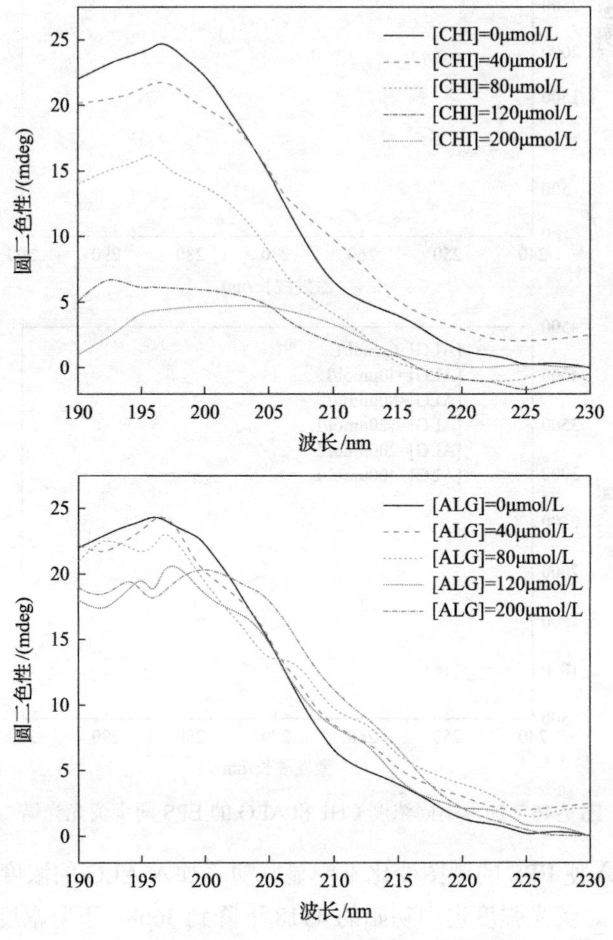

图 7-47 加入不同浓度 CHI 和 ALG 的 EPS 圆二色光谱图

mdeg 表示毫度

度发生变化而导致。此规律与 Xu 等(2013)在研究 EPS 分别和磺胺二甲基嘧啶(SMZ)结合作用时的结果类似，他们发现由于 SMZ 的侵入，肽链的伸展程度发生变化，引起蛋白质二级结构的改变，从而体现为圆二色光谱的改变。

本研究中与此不同的是，在 EPS 中加入不同浓度的 ALG 的圆二色光谱表征结果表明，随着 ALG 的加入，EPS 的圆二色光谱峰位及峰强度均未发生明显变化，再次说明 ALG 与 EPS 之间未产生明显结合作用。

6) EPS 的三维荧光激发-发射矩阵(excitation-emission matrix, EEM)光谱分析

为进一步证实 CHI 与 EPS 之间的结合作用，揭示其结合机制，本研究应用 3D-EEM 进行 EPS 与 CHI 间的相互作用的研究。图 7-48 为 EPS 的 3D-EEM 图。研究发现，EPS 的 EEM 光谱可以分解为两个部分，荧光峰分别位于 Ex/Em 为 220nm/342nm 和 280nm/342nm，归属于蛋白类物质中的色氨酸残基，而位于 240nm/450nm 和 330nm/450nm 的归属于腐殖类物质(Baker, 2001)。本研究的 EPS 的 EEM 光谱主要以 220nm/342nm 和 280nm/342nm 峰为主，即 EPS 的成分以蛋白质物质为主。

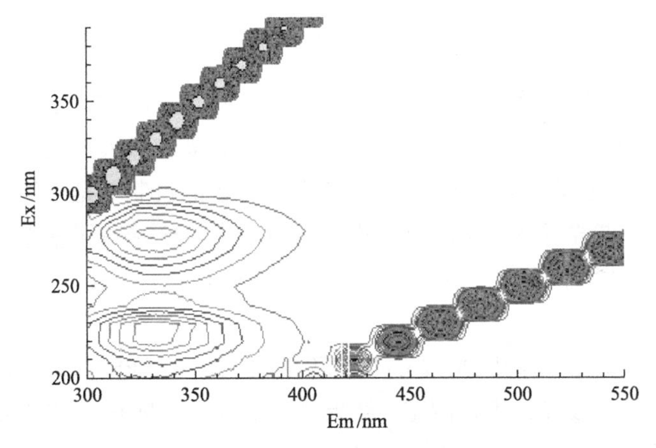

图 7-48　EPS 的 3D-EEM 分析图

Ex 为激发波长；Em 为发射波长

荧光猝灭现象可以用来指示蛋白质结构构型的变化。其机制分为静态猝灭和动态猝灭。前者指荧光基团和猝灭剂结合生成无荧光性的稳定的基态复合物，后者是指荧光基团和猝灭剂相互碰撞而引发的荧光消失现象，两者之间并未生成基态复合物。常用 Stem-Volmer 方程[式(7-3)]来分析荧光猝灭情况：

$$\frac{F_0}{F}=1+K_q\tau_0[Q] \tag{7-3}$$

式中，F_0 和 F 分别为 EPS 在加入 CHI 或者 ALG 前后的荧光强度；$[Q]$为 CHI 或

者 ALG 浓度；K_q 为生物分子的猝灭速率常数；τ_0 为生物分子在没有猝灭剂存在时的平均分子寿命，其值为常数，即 10^{-8}s。根据获得的荧光猝灭数据应用 Stem-Volmer 方程进行线性拟合的 EPS 的 3D-EEM 峰强拟合图见图 7-49。

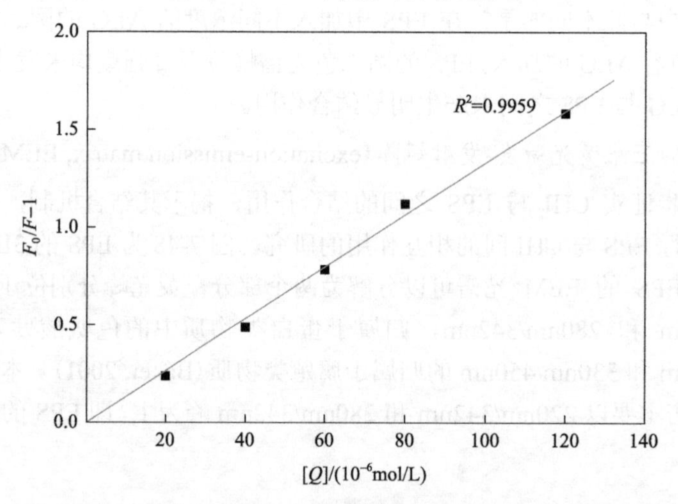

图 7-49　EPS 的 3D-EEM 峰强拟合图(应用 Stem-Volmer 方程)

CHI 的加入对蛋白物质的荧光猝灭速率常数 K_q 达到 1.03×10^{12}L/(mol·s)，该数值远大于生物分子与各种猝灭剂相碰撞而荧光猝灭的最大扩散碰撞猝灭速率常数 2.0×10^{10}L/(mol·s)，表明 CHI 对 EPS 荧光猝灭的机制不是由碰撞猝灭引起，而可能属于静态荧光猝灭。由此可以推测，CHI 与 EPS 形成了基态的复合物，说明在 LBL 微囊对降解菌的封装过程中微囊材料 CHI 与菌的 EPS 发生了结合，结合作用牢固。

为进一步验证 EPS 的荧光被 CHI 猝灭的机制，对 EPS、CHI 及 EPS-CHI 复合物的紫外可见吸收光谱进行测定，结果见图 7-50。可见 EPS-CHI 复合物的吸收光谱与 EPS 和 CHI 的叠加光谱并不重合，且随着 CHI 浓度增加差异愈发显著。如果是由分子间碰撞引起的荧光猝灭即动态猝灭，EPS 与化合物的混合物吸收光谱与各自的叠加光谱相同。然而在本书研究中，加入的 CHI 与 EPS 结合形成 EPS-CHI 复合物，从而改变了其吸收光谱，说明 EPS 的荧光猝灭现象主要是由 CHI 的静态猝灭引起，说明 CHI 与降解菌通过 EPS 发生了稳定的结合。

对 EPS、ALG 及 EPS-ALG 复合物的紫外可见吸收光谱的测定结果表明，EPS-ALG 复合物的吸收光谱与 EPS 的光谱几乎重合，从而表明 EPS 与 ALG 之间并没有形成稳定的复合物，也进一步证实了前面的实验结果。

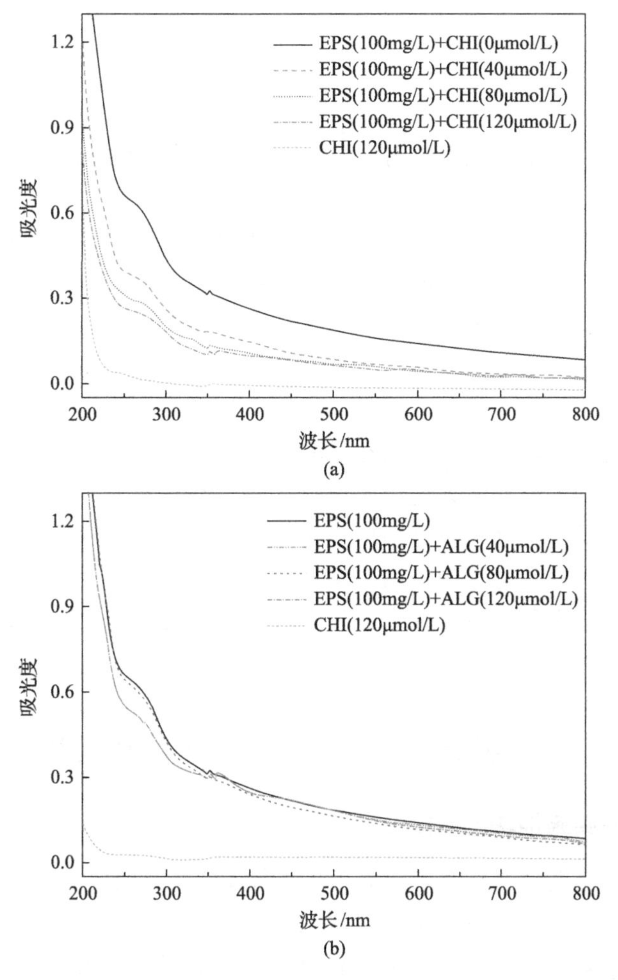

图 7-50　不同浓度 CHI 和 ALG 与 EPS 叠加复合物的紫外可见光吸收光谱

综上，LBL 微囊固定化处理可有效减缓细菌的细胞膜通透性的增大速度及膜电位的降低速度及幅度，从而使细胞的死亡速度及数量均得到一定程度的降低，对降解菌有着一定的保护作用。菌株 CP13 的 EPS 的成分以蛋白质为主，占 70%左右，其他成分中又以多糖和腐殖酸为主。LBL 微囊促进细菌降解性能的可能机制是：EPS 通过其中的蛋白质组分与微囊材料中 CHI 相互作用，而非 ALG 相互作用；蛋白质与 CHI 的作用机制主要是 CHI 进入蛋白质的二级结构，引起荧光猝灭现象；CHI 对 EPS 荧光猝灭的机制属于静态荧光猝灭，CHI 与 EPS 结合生成了稳定的基态物质。CHI-EPS 复合物表现出比原始 EPS 大幅增大的平均分子量，也扩张了原始 EPS 的 Z 轴均方旋转半径和水力学半径，降低了 EPS 的内部密度，使 EPS 结构舒展，构型变得疏松，从而提升传质和污染物的俘获效率，最终使细菌降解性能提高。

第8章　多环芳烃污染农田生物修复大田试验

随着我国工农业的快速发展，农田土壤普遍出现多环芳烃污染问题，对农产品安全和经济持续发展造成了严重的威胁。2014年《全国土壤污染状况调查公报》揭示污水灌溉区、化工类园区、工业废弃地、采油区、重污染企业用地及周边土壤已成为多环芳烃主要的汇集地。如何缓解并高效修复多环芳烃污染土壤已成为国内外环境修复领域研究的热点之一。近年来，利用生物技术修复多环芳烃污染农田受到人们的关注，但大多停留在实验室研究阶段，缺少修复实际受多环芳烃污染农田的研究。本章在本课题组研制的生物制剂基础上，进行了实际多环芳烃污染农田的大田试验，在调查试验地块污染背景的基础上，考察了污染农田的生物修复效果，并对修复过程中土壤生态系统的变化进行分析，对生物制剂在实际农田应用效果及生态风险进行评估，为多环芳烃污染农田生物修复技术推广应用提供数据支持。

8.1　大田试验实施地块区域背景及污染调查

8.1.1　大田试验实施地块区域概况

大田试验实施地位于广东省茂名市。茂名又名南方油城，处于粤港澳大湾区、北部湾城市群、中国(海南)自由贸易试验区三大国家战略交汇处，是广东西南地区中经济发展较好的城市，国民生产总值排在广东省西南地区前列。茂名是我国华南地区最大的石油化工基地，是我国南方最重要的石化产品生产和出口基地，也是广东省重要的农业大市及水果生产基地。茂名市属于热带、亚热带过渡地带，亚热带季风性湿润气候区。主要特征是夏热冬暖，雨季长，雨量充沛。年平均气温在22～23℃；年降雨量1500～1800mm，降雨原因有台风暴雨、热带低压降雨、冷热气团的锋面雨、气团降雨等。全市处于北半球的低纬度地区，年平均日照时数2000h左右。

位于茂名市的中国石油化工集团有限公司茂名石油化工有限公司(简称茂名石化)，创建于1955年，是新中国自主建设的第一家炼化企业。茂名石化经过60多年的发展，已成为我国生产规模最大的炼油化工一体化企业之一，是华南地区最大的炼化企业。茂名石化炼油综合配套加工能力达到2000万t/a，乙烯生产能力达到110万t/a。截至2018年底，茂名石化累计加工原油4.23亿t，向市场供应油品2.38亿t、乙烯1679万t，有力保障了广东与西南地区石化市场供应。

研究实施地点位于茂名市茂南区高岭村内，地处东经 110°52′和北纬 21°40′。该地区的土壤主要由砂页岩、浅海沉积物及河流沉积物慢慢发育而形成。该区域农田主要种植水东芥菜、黄豆及玉米等农作物。该村位于茂名石化西北偏西方向，距离茂名石化约 5km。茂名常年以吹东南季风为主，只有冬季吹短暂西北季风，因此该地块的多环芳烃污染可能与茂名石化的气流传输与沉降有关。

8.1.2　大田试验实施地块污染调查

1. 土壤中多环芳烃含量调查

在试验田设置四个均匀分布的采样区域，每个区域设置采样点 4～6 个。分别于各采样点采集 0～20cm、20～40cm 以及 40～60cm 三个剖面的土壤样品，经冷冻干燥、除杂、打碎、过 1mm 筛，经前处理后用 GC-MS 分析多环芳烃含量。

检测得到该处农田中土壤的多环芳烃污染物背景值含量见表 8-1，其中 16 种多环芳烃单体分别为萘(Nap)、苊烯(Acy)、苊(Ace)、芴(Flu)、菲(Phe)、蒽(Ant)、荧蒽(Fla)、芘(Pyr)、苯并[a]蒽(BaA)、䓛(Chr)、苯并[*b*]荧蒽(BbF)、苯并[*k*]荧蒽(BkF)、苯并[*a*]芘(BaP)、茚苯[1,2,3-*cd*]芘(InP)、二苯并[*a,h*]蒽(DaA)、苯并[*ghi*]苝(BgP)。该地块土壤中多环芳烃总量为 2.5mg/kg，根据 Maliszewska-Kordybach (1996)划分的标准，属严重污染，说明此地受多环芳烃污染严重，其中高环多环芳烃含量较高。

表 8-1　试验区域 16 种多环芳烃的含量

污染物	含量/(μg/kg)	污染物	含量/(μg/kg)
萘(Nap)	45.2±14.7	苯并[*a*]蒽(BaA)	311.4±96.1
苊烯(Acy)	1.6±0.1	䓛(Chr)	296.4±71.3
苊(Ace)	9.2±2.9	苯并[*b*]荧蒽(BbF)	184.4±62.9
芴(Flu)	10.1±1.8	苯并[*k*]荧蒽(BkF)	309.8±75.3
菲(Phe)	435.0±54.5	苯并[*a*]芘(BaP)	160.9±50.7
蒽(Ant)	35.0±1.6	茚苯[1,2,3-*cd*]芘(InP)	190.6±71.8
荧蒽(Fla)	210.9±34.9	二苯并[*a,h*]蒽(DaA)	18.1±8.2
芘(Pyr)	201.9±30.7	苯并[*ghi*]苝(BgP)	95.2±33.2

不同深度土壤中多环芳烃含量水平如图 8-1 所示。在 0～20cm 深度(农作物根系生长范围)的土壤里多环芳烃含量较高，20～40cm 深度的土壤里多环芳烃含量大幅下降，40～60cm 深度的土壤里多种多环芳烃含量均降至微量，这种分布特征与 Bu 等(2009)的结果一致。自然情况下，多环芳烃向土壤深层迁移的难度比较大，通常富集在土壤表层，试验地块土壤中多环芳烃含量基本上遵从了表层土壤富集的规律。

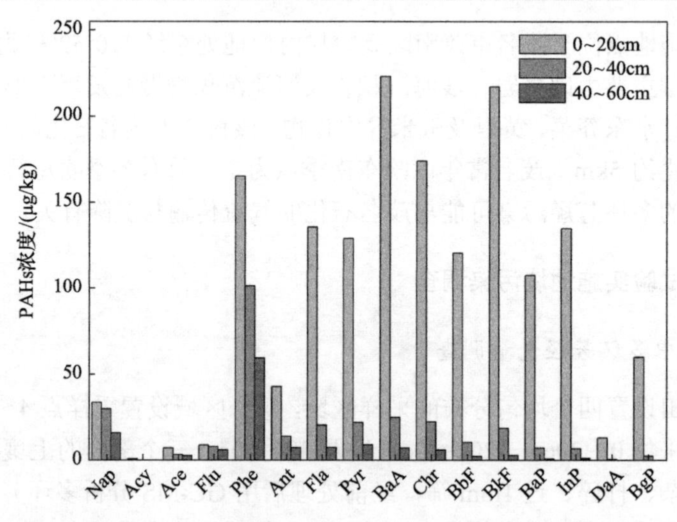

图 8-1　大田试验地块不同深度的多环芳烃的含量

2. 植物中多环芳烃含量调查

植物的多环芳烃含量与其生长环境及暴露在空气中的面积有关(Collins et al., 2006)，不同蔬菜及蔬菜的不同部位多环芳烃污染程度、特征也会不一样。对当地种植的水东芥菜根和叶中多环芳烃含量进行检测，检测结果如图 8-2 所示。

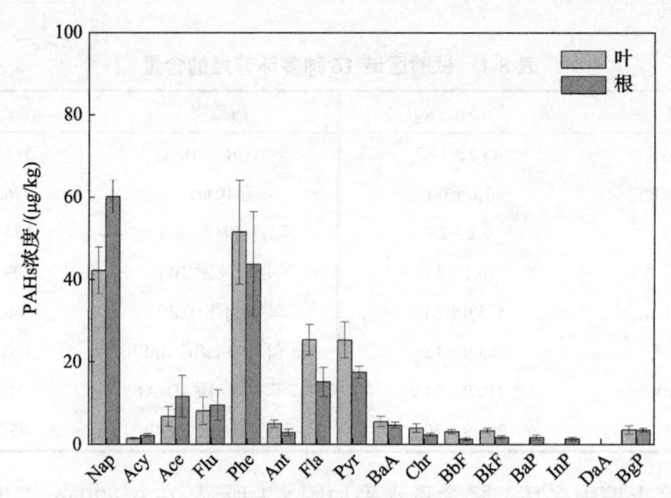

图 8-2　大田试验地块种植的水东芥菜中的多环芳烃含量

可以发现，植物样品中多环芳烃总量不但远低于土壤中多环芳烃含量，也低于王洪(2011)报道的植物体内多环芳烃的含量。一方面这可能是由于多环芳烃的辛醇-水分配系数较高，很难溶于水，导致植物对其的吸收积累较弱；另一方面，可能由不同植物在不同环境下对多环芳烃的吸收存在很大差异而造成(Gao and

Zhu, 2004)。通过对比植物体内根和叶的多环芳烃含量可以发现，叶中的高环多环芳烃含量多于根中的，这可能是因为植物茎叶吸收大气中多环芳烃并在体内积累(Kipopoulou et al., 1999)。

3. 大气中多环芳烃含量调查

采用标准大体积 TSP 采样器，用石英滤膜采集颗粒物用于测定大气中的多环芳烃含量。试验地块所采集的大气颗粒物中含有的多环芳烃含量结果如图 8-3 所示。从中可以看出，苊烯、苊、芴及二苯并[a,h]蒽等化合物含量较少，其余各多环芳烃的浓度以高环化合物为主，这与土壤表层富集的多环芳烃含量相符合。这说明，试验地块土壤中残留的多环芳烃主要来自周边的大气污染输送。

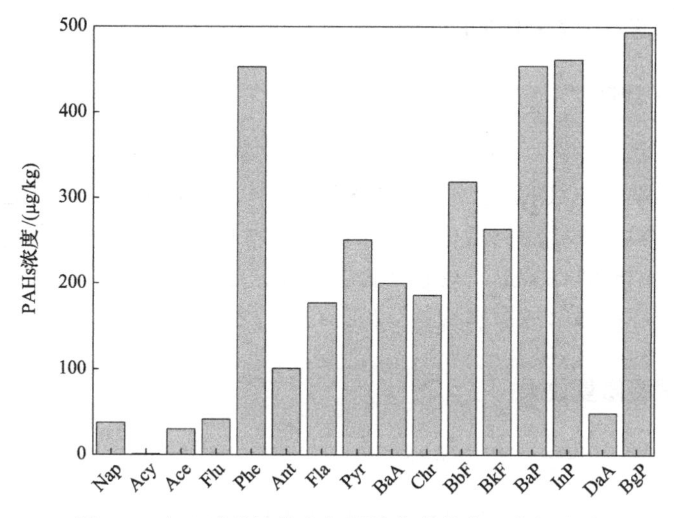

图 8-3　大田试验地块大气颗粒物中的多环芳烃含量

此外还检测了灌溉水中的多环芳烃含量，检测结果低于检测限。综合试验地块污染背景调查数据可知该农田土壤中的多环芳烃主要来自大气沉降，这一结果也与王洪(2011)的研究结果相似。在后续修复试验过程中，由于无法切断多环芳烃污染源，数据将可能出现波动，这也说明真实环境复杂多变，修复难度大，修复效果可能不如预期。

8.2　生物修复大田试验实施过程与效果

8.2.1　大田试验实施方案

1. 生物菌剂制备

试验使用的菌株为微黄分枝杆菌(*Mycobacterium* sp.)CP13，由笔者课题组从焦化厂焦化废水污泥中分离得到，具有高效多环芳烃降解能力。菌株 CP13 在含唯一碳源芘(50mg/L)的 MSM 培养液中培养 7d 对芘的降解率达 96.6%；在温度为 30～35℃的降解率可达 88%以上，适宜在夏季对芘进行修复；在 pH 为 9 时对芘的降解效果最高，在 pH 7～10 的条件下均能高效降解芘，具有较广的适应范围。

菌液的获得：将菌株 CP13 分别划线接种于营养肉汁培养基上，28～30℃培养 48h，再分别接入 500mL 三角瓶，在 30℃、150r/min 下培养 12h。然后按 5%接种量接入发酵罐中，在 180r/min、pH=7.5、通气量 5L/min 培养 24h 获得菌液。

菌剂的制备：以花生壳作为基质，按一定固液比加入到 1% H_2O_2 溶液中，搅拌 14h。用 HCl 调节溶液 pH 至中性，过滤后，去离子水洗涤，60℃烘干至恒重。将收获的菌液与载体以及辅料按一定比例进行混合，即制得微生物菌剂。该生物制剂上负载菌落数为 6×10^8CFU/g。

2. 大田试验设计

试验地块分 16 陇，种植水东芥菜，添加生物菌剂，并设对照组(CK)，其中生物菌剂添加量为 10^5CFU/g 土。在 128d 时，补施生物菌剂。耕种之前，分别按照上述试验设置向试验田播撒作物种子和微生物制剂，然后进行翻耕，备垅。出苗后，按正常田间耕作管理。修复期设为半年，期间每 30d 左右采取土壤样品进行微生物指标分析及多环芳烃含量分析。

8.2.2　大田试验修复效果

1. 土壤中多环芳烃总量的去除

修复过程中，在加入菌剂 45d、68d、128d、153d 和 183d 取样分析土壤中多环芳烃的降解效果，不同时间段土壤中多环芳烃总量变化如图 8-4 所示。随着修复过程的进行，对照组土壤中多环芳烃含量在 45d 时含量有所增加，而试验组土壤中多环芳烃含量在这一时期相应减少。经调查，在这一时期当地下雨量较大，试验田因降雨带入较多大气颗粒物，在一定程度上增大污染输入，而试验组土壤中多环芳烃含量的不增反降表明施加菌剂有助于多环芳烃的降解。在 153d 和 183d 两次取样中，试验组土壤的多环芳烃降解率逐渐升高，且对照组土壤在 183d 时降解率也有提升，这可能是因为在这一段时期，所种植的水东芥菜长势较好，其根系分泌物可以作为微生物生长的碳源和能源，会促进生物整体数量的快速增加，与此同时这些根系分泌物又可以作为许多高环多环芳烃降解过程中的共同代谢底物，进而提高高环多环芳烃的降解速率(Joner et al., 2001; Yoshitomi and Shann, 2001)。Joner 等(2002)发现 5～6 环芳烃浓度随人为植物根系分泌物添加而降低。而试验组土壤的多环芳烃降解率远高于对照组土壤的降解率，一方面是因为在

128d 后及时进行增施菌剂，另一方面，快速生长的微生物加快了植物对多环芳烃有机污染物的降解速率，同时植物也有更适宜的生长环境，这样的植物-微生物联合体系可以加快有机污染物的降解(Muratova et al., 2003；刘世亮等, 2007)。

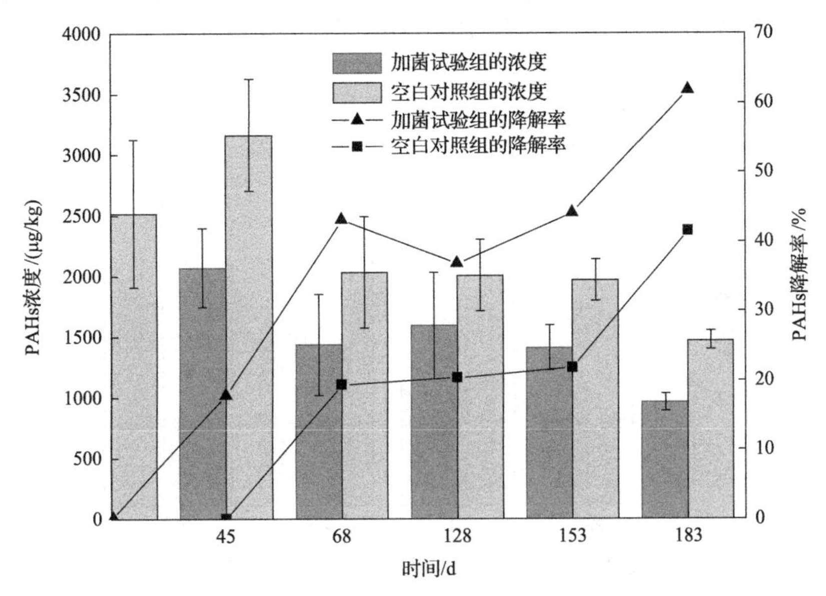

图 8-4　大田修复过程不同时间段土壤中多环芳烃总量变化

总体来看，试验组与对照组土壤中多环芳烃的含量总体趋势均逐渐降低，在 183d 后多环芳烃总含量分别降至 961.6μg/kg 和 1500μg/kg。但在同一时间内，试验组土壤多环芳烃含量明显少于对照组土壤多环芳烃含量，并且在五次取样的结果中，试验组土壤中多环芳烃降解率较对照组土壤多环芳烃降解率分别提高了 43.5%、23.77%、16.5%、22.28%和 20.31%，主要原因可能如下：①微生物在生长过程中可能与其他有机质共代谢或者以多环芳烃为能源和碳源而达到降解多环芳烃的目的；②生物制剂与植物的互利作用促进了多环芳烃的降解。多环芳烃专性降解菌表现出强化修复多环芳烃污染土壤的作用(赵媛媛等, 2013)，邓欢欢等(2005)和 Muratova 等(2013)的研究中投加外源降解菌可以促进生物降解，进而达到生物强化的目的。本书研究结果也表明，生物制剂的加入能明显地提高多环芳烃的降解率，促进土壤中多环芳烃含量的降低。

2. 土壤中多环芳烃单体的去除

土壤中多环芳烃按环的含量顺序：4 环＞3 环＞5 环＞6 环，分别占本底值多环芳烃总量的 51.8%、27.1%、14.7%和 3.8%。在施加生物制剂后，加菌处理相对于未加菌处理的土壤提高的降解率见图 8-5。从图 8-5 中可看出，不同环数多环芳烃降解率的提高不同。3 环提高的降解率为 11.9%～17.5%；4 环提高的降解率为

17.8%～52.8%; 5 环提高的降解率为 19.3%～54.9%; 6 环提高的降解率为 15.2%～64.8%。可以发现，4 环、5 环和 6 环总体提高的降解率较高，说明生物制剂对各环数的多环芳烃降解率均有显著促进作用，对高环者尤为明显。其中 128d 后降解率呈现下降趋势之后又上升，是由于在 128 天取样之后及时补菌。

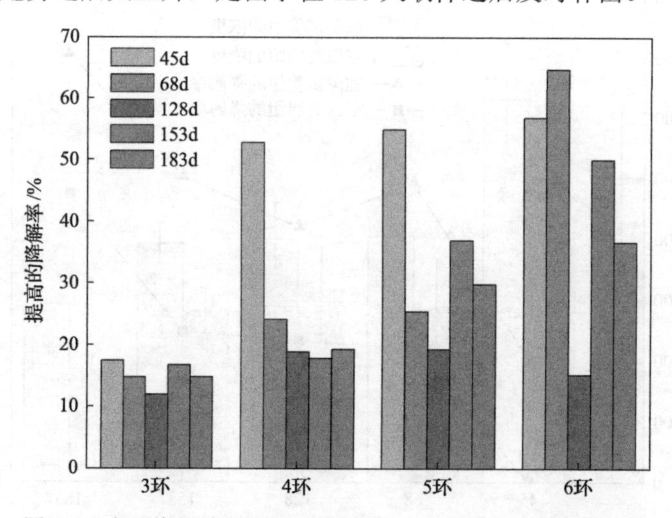

图 8-5　大田修复过程不同时间段的 3～6 环芳烃提高的降解率

许多真菌和细菌都可以降解多环芳烃。一般认为，随着苯环数目的增加，多环芳烃的毒性增加，生物有效性降低，进而难以被微生物降解利用，导致其降解速率降低。一般情况下，微生物降解 2 环和 3 环芳烃都比较容易，但是很难降解 4 环以上的多环芳烃。然而，微生物对土壤中不同多环芳烃的降解效果并不一致，并且部分微生物经过一段时间的驯化也可以提高对高环的多环芳烃的降解能力(Li et al., 2008)。Wu 等(2008)发现在接种真菌 *Monilinia* sp.的土壤中，3 环的蒽和 5 环的苯并[*a*]芘的降解效果要比其他多环芳烃高。Potin 等(2004)发现真菌 *Coniothyrium* 和 *Fusarium* 对土壤高分子量多环芳烃的降解效果要好于低分子量多环芳烃。刘魏魏等(2010)发现紫花苜蓿接种多环芳烃专性菌后能够提高土壤中 4 环和 5 环芳烃的降解率。本修复实践中，随着多环芳烃苯环数的增加，加生物制剂可以明显提高高环的多环芳烃的降解率，这可能与生物制剂是从富含多环芳烃的焦化废水污泥中筛选出且是能以芘为唯一碳源的降解菌株有关。

8.3　生物修复大田试验的生态风险

在利用生物修复技术对多环芳烃污染土壤进行修复时，需要评估其对土壤环境生态的影响及由此可能引起的生态风险。外源微生物的加入有可能破坏原有的生态平衡，影响土著微生物群落结构。因此，要将生物制剂应用到实际环境中，需要先行对引入的专性降解菌或者微生物对土壤原有的生物群落结构及多样性造成的影响与修复效果两者之间存在的关系进行研究探讨，所得结果可为生物修复技术以及土壤生物修复工作的开展提供技术支持。

8.3.1　土壤脱氢酶活性变化

土壤酶活性的变化在某种程度上可以反映一定的环境状况的变化，因此土壤酶也被作为评价土壤受污染程度和土壤质量及土壤中微生物对污染物降解过程的重要指标之一(常学秀等, 2001; 朱凡等, 2008; Wang et al., 2014)。土壤中酶活性的高低可以反映土壤营养物质转化、能量代谢、污染物降解等能力的强弱，其与有机污染物对土壤环境生态的效应有极强的相关性(叶央芳等, 2004)。研究表明土壤脱氢酶活力(dehydrogenase activity，DHA)在持久性有机物污染的土壤中往往扮演着重要角色(宋立超, 2011)。土壤脱氢酶是典型的胞内酶，能够催化多环芳烃等有机物的脱氢反应。微生物体内含有的脱氢酶通过使多环芳烃的氢原子活化并将其传递给固定的受氢体，达到多环芳烃氧化和转化的目的。在许多条件下，微生物对多环芳烃转化或者降解都是从脱氢这一步开始，因此脱氢酶活性的大小可反映多环芳烃降解微生物的活性和土壤的物质代谢的能力(李广贺等, 2002)。

修复过程中各处理下的土壤中对脱氢酶活性的测定选用三苯基四氮唑氯化物法(Lu et al., 2009)，土壤脱氢酶活性变化如图 8-6 所示。从图中可以看出，随着修复的进行，试验组土壤中及对照组土壤中脱氢酶活性均逐渐增加，这可能是因为随着植物的生长，脱氢酶活性均逐渐增加；然而，在同一段时间内，试验组土壤中脱氢酶活性显著高于对照组土壤，说明生物制剂可以提高土壤脱氢酶的活性。在 68d、128d 和 153d 三次取样过程中，未加菌脱氢酶活性变化不大，到 183d 增

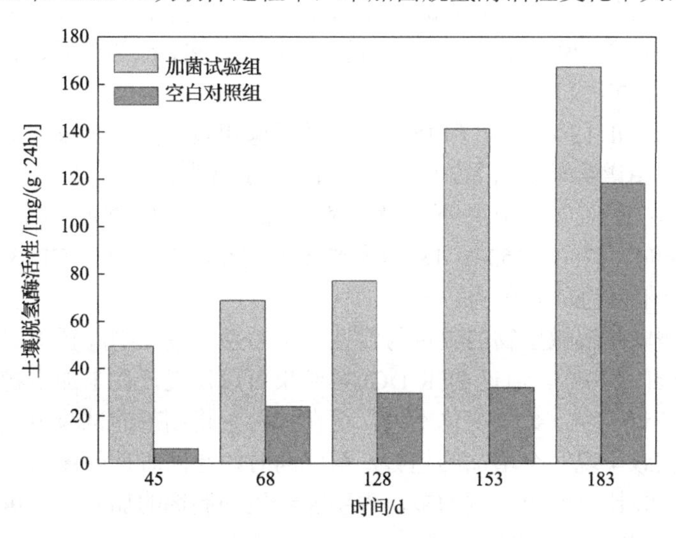

图 8-6　大田修复过程土壤中脱氢酶活性动态变化

加较大，这与前述多环芳烃去除率的规律相一致。有研究报道，多环芳烃的降解速率与土壤中的脱氢酶活性呈现显著正相关关系(Kaimi et al., 2006)。本研究得到相似的结果，土壤中脱氢酶活性越高，多环芳烃降解率越高，说明脱氢酶活力大小与污染物的去除率之间存在一定的正相关性。

8.3.2 土壤细菌群落结构变化

土壤微生物是土壤生态系统中不可缺少的部分，可以反映土壤质量和土壤的健康状况(Sun et al. 2012)。因此，修复污染土壤的时候不但要研究污染物的降解和去除，同时更需要检测微生物生态群落结构的变化情况(Peng et al., 2010)。一般情况下人们认为多环芳烃等有机污染物会破坏土壤中的微生物群落活性和生态功能的多样性，因此对微生物群落多样性进行分析，能够较为准确地反映在修复前后土壤微生物群落多样性的变化情况(Andreoni et al., 2004)，便于评估土壤微生态系统的变化。

由于传统微生物在研究过程中分离培养方法的局限性，利用传统方法分离鉴定出的微生物不到环境微生物总量的0.1%(Widmer et al., 2001)，这明显不能反映环境微生物分布的实际情况。近年来，分子生物学技术发展，其通过对样品总DNA进行研究克服了这一缺点。与传统的分离培养方法相比，非培养生物技术更加能够全面地反映生态环境中微生物群落的结构组成。变性梯度凝胶电泳(DGGE)技术是在环境微生物学领域应用较多的一项技术，DGGE分析技术通过条带测序可以与日益丰富的数据库中的序列直接进行比较，可以较为精确地从分子领域了解微生物的种群结构。DGGE对不同微生物种群具有很高的分辨率，16Sr RNA PCR产物经过不同处理、电泳分离后会呈现出数目、强度和迁移位置不同的条带，每一个电泳条带都代表不同的细菌种属，由16Sr RNA序列解链特性相近的种属组成。因此，电泳条带越多说明分属不同种群的细菌数量越多，条带信号越强表示该种群细菌相对数量越多。

对在45d、68d、128d、153d和183d所取的试验组及对照组土壤样品进行DGGE分析，DGGE图谱结果如图8-7所示。与菌株CP13菌液的图谱对比，可以看出，菌株CP13在对照土壤中并不是优势菌，而在施加生物制剂土壤里，菌株CP13(45d、68d、128d、153d、183d)条带逐渐变亮，表明菌株CP13在土壤中成为优势菌，具有较强的竞争力。

保持土壤中降解微生物的数量与活性，是污染土壤生物降解中需要关注的问题之一(Li et al., 2008)。通过PCR-DGGE结果可以发现，在未加生物制剂的对照组中，电泳条带较少、数量变化不大，而在加入生物制剂的试验组，电泳条带不但较多，还大致呈现一个增加的趋势，与此同时，在同时期的图谱中，试验组土壤条带数量明显比对照组土壤的多，表明随着生物制剂的加入，土壤中细菌生物的多样性有所增加。

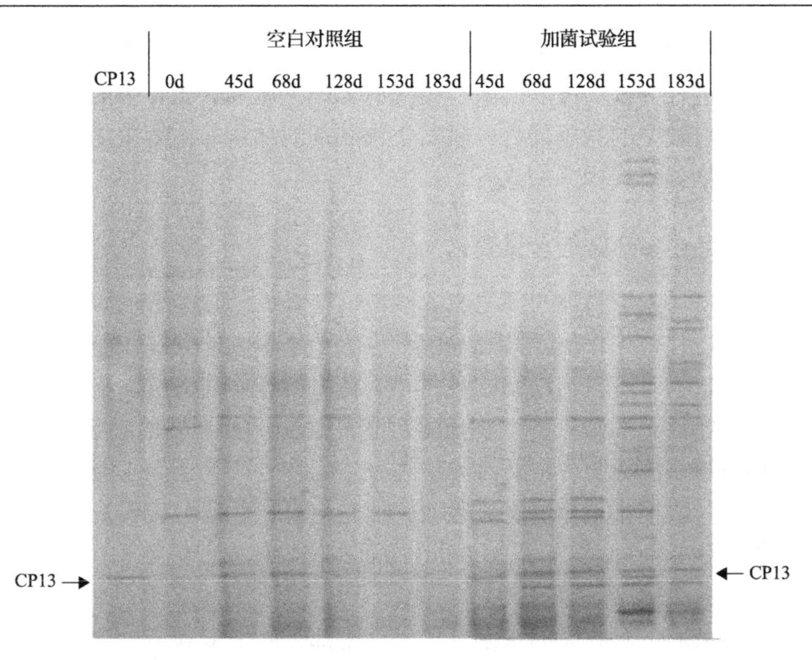

图 8-7　修复过程中试验组和对照组土壤中细菌的 DGGE 分析图谱

进一步分析微生物群落结构组成，香农指数、均匀度指数及富度指数等多样性指数结果见表 8-2。香农指数越高，代表菌群数量越丰富，细菌种类越多且各种间数量分布越均衡；均匀度指数越高，代表样品内细菌各种类的数量越均衡；富度指数越大，代表该样本中种群数量越多。由表 8-2 可知，试验组土壤的香农指数由 1.57 先增加到 4.19 后又略微下降到 3.83，富度指数由 3 先增加到 20 后又下降到 15，而均匀度指数的值变化不大，说明加生物菌剂后，土壤中的菌群数量更丰富、种群数量更多。而在对照组土壤样品中，香农指数由 1.57 先增加到 2.22 后又下降到 0.91，富度的值也存在类似的变化规律，说明在对照组土壤中土壤菌群数量及种群数量变化不大，甚至略有下降。由此表明加入生物制剂可以增加土壤菌群数量，提高生物多样性。

表 8-2　修复过程中不同时间段土壤中生物多样性指数的变化

采样时间/d	香农指数		均匀度指数		富度指数	
	对照组	试验组	对照组	试验组	对照组	试验组
0	1.57	1.57	0.99	0.99	3	3
45	2.07	2.85	0.89	0.95	5	8
68	2.22	3.14	0.96	0.95	5	10
128	2.12	3.49	0.91	0.97	5	12
153	1.52	4.19	0.96	0.97	3	20
183	0.91	3.83	0.91	0.98	2	15

通过对 PCR-DGGE 结果及修复过程中不同时间段土壤中微生物多样性指数的变化的结果进行分析，可以得出生物制剂 CP13 施加到土壤中能够很好地在土壤中生存，具有较强的竞争能力。随着生物制剂的加入，土壤生物多样性有所提高，土壤微生物群落结构有所改变。

8.3.3 植物样品中多环芳烃含量变化

脂溶性的多环芳烃易被初级生产者植物吸收累积，研究者对多环芳烃在环境-植物系统中的迁移转化作用及其影响因素也给予了极大的关注。凌婉婷等(2006)的研究表明，植物对有机污染物的吸收及其体内的迁移与有机污染物的性质密切相关，一般亲脂性有机污染物主要分配到根表皮，分配进入根的能力及其在植物体内的迁移与根系的脂肪含量及污染物的 K_{ow} 有关。多环芳烃的辛醇-水分配系数大，大多单体一般很难被植物直接吸收，但是也有一些研究表明，植物也可以从土壤中吸收多环芳烃(徐圣友等, 2006)，进而在植物体内逐渐累积，最终由于生物链的作用危害人类健康。

在修复结束后，对收获的水东芥菜可食用部分叶中多环芳烃含量进行分析，结果如图 8-8 所示。从总量[图 8-8(a)]来看，加入生物制剂及未加入生物制剂的土壤种植出的水东芥菜叶中高环的多环芳烃含量均是微量甚至没有，但是在同一种多环芳烃含量中，加入生物菌剂的土壤种植出的水东芥菜叶中的含量少于未加入生物菌剂的土壤种植出的水东芥菜叶中的含量。从不同环数[图 8-8(b)]来看，试验组土壤种植出的水东芥菜叶中 3 环和 4 环芳烃含量明显少于对照组土壤种植出的水东芥菜叶中的含量，说明加生物制剂处理可以降低作物中的多环芳烃的富集。国内有研究者将植物体内的多环芳烃含量的背景值定为 10～20μg/kg，甚至有研究

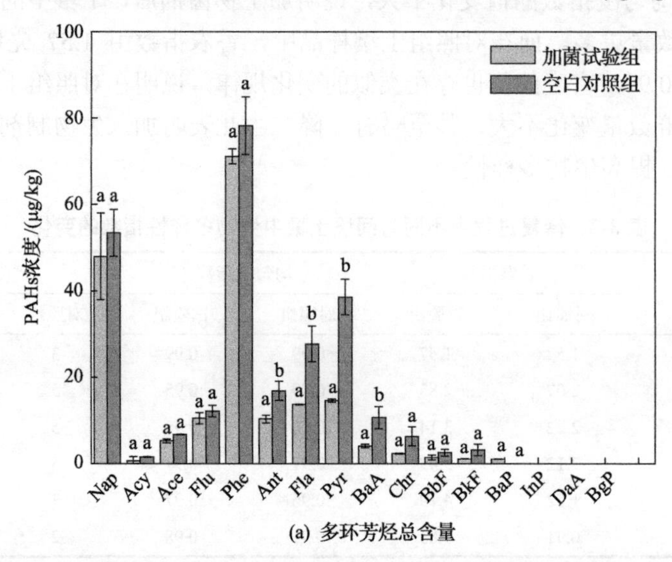

(a) 多环芳烃总含量

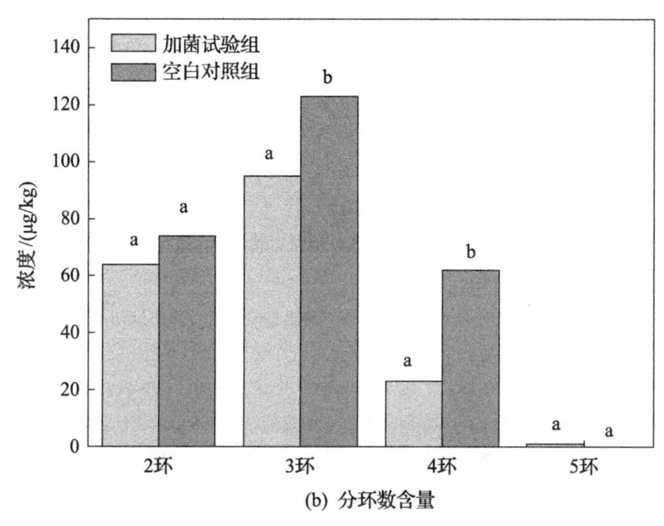

图 8-8　大田修复种植的水东芥菜叶片中多环芳烃总量及分环数含量

相邻两个柱，若为 a 和 a，则表示两者无显著性差异，若为 a 和 b，则表示两者有显著性差异

者认为植物体内的多环芳烃含量背景值应该定为几百微克每千克以上(张晶等, 2012)。相比较之下，本书研究中植物可食用部分的多环芳烃含量较少，试验组土壤种植的植物的多环芳烃含量更少，表明该生物菌剂不会危害农作物安全，并且可以得到一个良好的修复效果。

综上，随着植物的生长脱氢酶活性逐渐增加，而在同一段时间内试验组的脱氢酶活性显著高于对照组的脱氢酶活性，说明生物菌剂的加入可以提高污染土壤的脱氢酶活性；通过对 PCR-DGGE 结果及修复过程中不同时间段土壤中微生物多样性指数的变化的结果分析得出，随着生物制剂的加入，土壤生物多样性有所提高，土壤微生物群落结构有所改变；生物菌剂的加入可以降低作物中的多环芳烃的富集。因此，该生物菌剂对农田土著微生物无毒害作用，有助于保障农产品品质，是一种环境友好的多环芳烃污染土壤生物修复用制剂。

参考文献

白伟, 张程程, 姜文君, 等. 2009. 纳米材料的环境行为及其毒理学研究进展. 生态毒理学报, 4(2): 174-182.

毕新慧, 盛国英, 谭吉华, 等. 2004. 多环芳烃(PAHs)在大气中的相分布. 环境科学学报, 24(1): 101-106.

岑沛霖, 蔡谨. 2000. 工业微生物学. 北京: 化学工业出版社.

常学秀, 文传浩, 沈其荣, 等. 2001. 锌厂Pb污染农田小麦根际与非根际土壤酶活性特征研究. 生态学杂志, 20(4): 5-8.

常玉广, 马放, 夏四清, 等. 2008. 絮凝菌的细胞融合研究. 环境工程学报, 2(8): 1138-1142.

陈代杰, 朱宝泉. 1995. 工业微生物菌种选育与发酵控制技术. 上海: 上海科学技术文献出版社.

陈登宇. 2013. 一种含有改性纳米竹炭粉的空气滤清器用滤纸: 中国, CN201210360420.1. 2013-02-06.

陈芳艳, 梁林林, 唐玉斌, 等. 2007. 固定化尖镰孢菌去除水中蒽的试验研究. 中国给水排水, 23(21): 77-80.

陈光荣, 肖克宇, 翁波, 等. 2004. 细胞融合技术及其在生物医药中的应用. 动物医学进展, 25(1): 19-21.

陈海英, 丁爱中, 豆俊峰, 等. 2010. 混合菌降解土壤中多环芳烃的试验研究. 农业环境科学学报, 29(6): 1111-1116.

陈洪, 戴乾圜. 1982. 多环芳烃"双区"理论的定量研究. 环境化学, 1(4): 253-261.

陈来国, 冉勇, 麦碧娴, 等. 2004. 广州周边菜地中多环芳烃的污染现状. 环境化学, 23(3): 341-344.

陈烁娜,尹华,叶锦韶. 2012. 嗜麦芽窄食单胞菌处理苯并[a]芘-铜复合污染过程中细胞表面特性的变化. 化工学报, 63(5): 1592-1597.

陈亚婷, 姜博, 邢奕, 等. 2018. 基于非培养手段的多环芳烃降解微生物解析. 中国环境科学, 38(9): 3562-3575.

成杰民. 2011. 改性纳米黑碳应用于钝化修复重金属污染土壤中的问题探讨. 农业环境科学学报, 30(1): 7-13.

崔玉霞, 金洪钧. 2001. 微生物降解多环芳烃有机污染物分子遗传学研究进展. 环境污染治理技术与设备, 9(2): 16-23.

戴乾圜. 1979. 化学致癌剂及化学致癌机理的研究——多环芳烃致癌性能的定量分子轨道模型——"双区理论". 中国科学, (10): 964-976.

党志, 郭楚玲, 蓝舟琳, 等. 2018. 石油污染修复技术——吸附去除与生物降解. 北京: 科学出版社.

邓欢欢, 张甲耀, 赵磊, 等. 2005. 外源降解菌对黄麻根区净化能力的生物强化作用. 应用与环境生物学报, 11(4): 426-430.

丁海涛, 李顺鹏, 沈标, 等. 2003. 拟除虫菊酯类农药残留降解菌的筛选及其生理特性研究. 土壤学报, 40(1): 123-139.

东秀珠, 蔡妙英. 2001. 常见细菌系统鉴定手册. 北京: 科学出版社.

段小丽, 陶澍, 徐东群, 等. 2011. 多环芳烃污染的人体暴露和健康风险评价方法. 北京: 中国环境科学出版社.

段永翔. 2004. API鉴定系统及其在细菌学检验中的应用. 现代预防医学, 31(5): 729-781.

高景峰, 郭建秋, 陈冉妮, 等. 2008. 三维荧光光谱结合化学分析评价胞外多聚物的提取方法. 环境化学, 27(5): 662-668.

高学晟, 姜霞, 区自清. 2002. 多环芳烃在土壤中的行为. 应用生态学报, 13(4): 501-504.

葛高飞, 郜红建, 郑彬. 等. 2012. 多环芳烃污染土壤的微生物效应研究现状与展望. 安徽农业大学学报, 39(6): 973-978.

巩宗强, 李培军, 王新, 等. 2001. 芘在土壤中的共代谢降解研究. 应用生态学报, 12(3): 447-450.

郭楚玲, 哈里德, 郑天凌, 等. 2001. 海洋微生物对多环芳烃的降解. 台湾海峡, 20(1): 43-47.

郭楚玲, 郑天凌, 洪华生. 2000. 多环芳烃的微生物降解与生物修复. 海洋环境科学, 19(3): 24-29.

郭桂悦, 梁忠越, 荣丽丽. 2009. 纳米材料对腈纶废水可生化性影响研究. 工业水处理, 29(2): 35-37.

韩金涛, 彭思毅, 杨玉春. 2019. 土壤中PAHs的污染现状及修复对策. 环境科学导刊, 38(S1): 7-11.

韩清鹏, 方昉, 秦利峰, 等. 2003. 多环芳烃降解菌的获得及应用. 应用与环境生物学报, 9(6): 639-641.

何宝燕, 尹华, 彭辉, 等. 2007. 酵母菌吸附重金属铬的生理代谢机理及细胞形貌分析. 环境科学, 28(1): 194-198.

侯梅芳, 潘栋宇, 黄赛花, 等. 2014. 微生物修复土壤多环芳烃污染的研究进展. 生态环境学报, 23(7): 1233-1238.

胡文稳. 2010. 固定化微生物对原油污染土壤的生物修复. 青岛: 中国海洋大学.

扈玉婷, 任凤华, 周培瑾, 等. 2003. 一株分离自新疆天池寡营养环境的糖丝菌(*Sacharothrix* sp. PYX-6)降解芘的特性. 科学通报, 48(16): 1796-1800.

蒋亨光, 宋香中, 赵志远. 1988. 空气中苯并(a)芘浓度季节差异与日间变化规律. 环境化学, 7(6): 68-71.

姜萍萍, 党志, 卢桂宁, 等. 2011a. 鼠李糖脂对假单胞菌GP3A降解芘的性能及细胞表面性质的影响. 环境科学学报, 31(3): 485-491.

姜萍萍, 郭楚玲, 党志, 等. 2011b. 生物表面活性剂与疏水底物及其降解菌的相互作用. 环境科学, 32(7): 2144-2151.

姜岩, 杨颖, 张贤明. 2014. 典型多环芳烃生物降解及转化机制的研究进展. 石油学报(石油加工), 30(6): 1137-1150.

焦海华, 黄占斌, 白志辉. 2012. 石油污染土壤修复技术研究进展. 农业环境与发展, 29(2): 48-56.

靳朝喜, 徐英贤. 2009. 碳纳米管在环境治理中的应用研究进展. 环境工程, 27(S1): 558-563.

康跃惠, 麦碧娴, 黄秀娥, 等. 2000. 珠江三角洲地区水体表层沉积物中有机污染状况初步研究. 环境科学学报, 20(增刊): 164-170.

李峰, 闻雷, 成会明. 2010. 纳米炭材料在储能产业中的应用进展与展望. 新材料产业, (10): 53-58.

李广贺, 张旭, 卢晓霞. 2002. 土壤残油生物降解性与微生物活性. 地球科学——中国地质大学学报, 27(2): 181-185.

李海燕, 段丹丹, 黄文, 等. 2014. 珠江三角洲表层水中多环芳烃的季节分布、来源和原位分配. 环境科学学报, 34(12): 2963-2972.

李全霞, 范丙全, 龚明波, 等. 2008. 降解芘的分枝杆菌M11的分离鉴定和降解特性. 环境科学, 29(3): 763-768.

李祎毅, 杨琛, 郭楚玲, 等. 2014. 红霉素对菲降解菌GY2B的毒性及抗生素后效应. 环境工程学报, 8(3): 1221-1228.

李伟, 徐桂清, 孙瑞霞, 等. 2002. 5-氨基水杨酸中对苯二酚和对苯醌的反相高效液相色谱法的分离和限度检查. 河南师范大学学报(自然科学版), 30(1): 55-59.

李哲斐, 孙然, 简利茹, 等. 2011. 一株耐碱性芘降解菌的筛选及特性研究. 西北农业学报, 20(12): 140-144.

梁艳红, 何洪威, 周达诚. 2012. 珠江水质和含氮消毒副产物的时空变化. 环境化学, 31(9): 1308-1314.

梁月荣. 1998. 茶黄素类对红茶品质的影响及其在茶树育种鉴定中的应用. 福建茶叶, (2): 2-7.

廖倩, 高振江, 张世湘, 等. 2009. 高效液相荧光法测定"北京烤鸭"鸭皮中的多环芳烃. 食品科学, 30(10): 149-152.

凌婉婷, 徐建民, 高彦征, 等. 2004. 溶解性有机质对土壤中有机污染物环境行为的影响. 应用生态学报, 15(2): 326-330.

凌婉婷, 高彦征, 李秋玲, 等. 2006. 植物对水中菲和芘的吸收. 生态学报, 26(10): 3332-3338.

刘锦卉, 卢静, 张松. 2018. 微生物降解土壤多环芳烃技术研究进展. 科技通报, 34(4): 1-6.

刘敏, 侯立军, 郭惠仙, 等. 2001. 长江口潮滩表层沉积物中多环芳烃分布特征. 中国环境科学, 21(4): 343-346.

刘世亮, 骆永明, 丁克强, 等. 2007. 黑麦草对苯并[a]芘污染土壤的根际修复及其酶学机理研究. 农业环境科学学报, 26(2): 526-532.

刘玮婷, 郭楚玲, 刘沙沙, 等. 2018. 微塑料对近岸多环芳烃降解菌群结构及其降解能力的影响. 环境科学学报, 38(10): 4052-4056.

刘魏魏, 尹睿, 林先贵, 等. 2010. 多环芳烃污染土壤的植物-微生物联合修复初探. 土壤, 2010, 42(5): 800-806.

刘艳锋, 周作明, 李小林, 等. 2008. 芘降解菌的分离纯化及其降解性能测定. 华侨大学学报: 自然科学版, 29(2): 267-269.

龙明华, 龙彪, 梁勇生, 等. 2017. 南宁市蔬菜基地土壤多环芳烃含量及来源分析.中国蔬菜, (3): 52-57.

卢培利, 张代钧, 曹海彬, 等. 2005. 废水生物处理中的呼吸测量技术进展. 重庆大学学报(自然科学版), 28(10): 128-132.

陆军, 王菊思, 赵丽辉, 等. 1996. 苯系化合物好氧降解菌的驯化和筛选. 环境科学, 17(6): 1-5.

罗孝俊. 2004. 珠江三角洲河流、河口和邻近南海海域水体、沉积物中多环芳烃与有机氯农药研究. 广州: 中国科学院广州地球化学研究所.

罗孝俊, 陈社军, 余梅, 等. 2008. 多环芳烃在珠江口表层水体中的分布与分配. 环境科学, 29(9): 2385-2391.

马沛, 钟建江. 2003. 微生物降解多环芳烃(PAHs)的研究进展. 生物加工过程, 1(1): 42-46.

马骁轩, 冉勇, 孙可, 等. 2007. 珠江水系两条重要河流水体中悬浮颗粒物的有机污染物含量. 生态环境, 16(2): 378-383.

马迎飞, 刘训理, 邵宗泽. 2005. 菲降解菌的筛选鉴定及其降解酶基因的研究. 应用与环境生物学报, 11(2): 218-221.

麦碧娴, 林峥, 张干, 等. 2000. 珠江三角洲河流和珠江口表层沉积物中有机污染物研究——多环芳烃和有机氯农药的分布及特征. 环境科学学报, 20(2): 192-197.

倪妮, 宋洋, 王芳,等. 2016. 多环芳烃污染土壤生物联合强化修复研究进展. 土壤学报, 53(3): 561-571.

聂麦茜. 2002. 多环芳烃优良菌的分离及降解特性研究. 西安: 西安建筑科技大学.

聂麦茜, 张志杰, 王晓昌, 等. 2002. 两株假单胞菌对蒽菲芘的降解作用. 环境科学学报, 22(5): 630-633.

欧阳科, 张甲耀, 戚琪, 等. 2004. 生物表面活性剂和化学表面活性剂对多环芳烃蒽的生物降解作用研究. 农业环境科学学报, 23(4): 806-809.

潘栋宇, 侯梅芳, 刘超男, 等. 2018. 多环芳烃污染土壤化学修复技术的研究进展. 安全与环境工程, 25(3): 54-60, 66.

彭华, 李明, 王玲玲, 等. 2004. 河南省主要城市饮用水源水中多环芳烃污染状况的研究. 中国环境监测, 20(3): 17-19.

平立凤. 2005. 长江三角洲地区典型土壤环境中多环芳烃污染化学行为和生物修复研究. 南京: 中国科学院南京土壤研究所.

曲洋, 张培玉, 郭沙沙, 等. 2009. 复合固定化法固定化微生物技术在污水生物处理中的研究应用. 四川环境, (3): 78-84.

任华峰, 李淑芹, 刘双江, 等. 2005. 一株对氯苯胺降解菌的分离鉴定及其降解特性. 环境科学, 26(1): 154-158.

任艳红, 徐向阳. 2003. 两相分配(有机相-水相)生物反应器降解污染物的原理及应用. 中国沼气, 21(3): 3-5.

萨姆布鲁克 J, 拉塞尔 D W. 2002. 分子克隆实验指南. 3 版. 黄培堂, 等译. 北京: 科学出版社.

沈学优, 刘勇建. 1999. 空气中多环芳烃的研究进展. 环境污染与防治, 21(6): 32-37.

宋立超. 2011. 盐土多环芳烃降解菌筛选分离及其污染修复应用基础研究. 沈阳: 沈阳农业大学.

宋莉晖, 金文标, 李秀珍. 1996. 地面溢油污染及处理设施. 油气田地面工程, 15(6): 22-23.

苏丹, 李培军, 王鑫, 等. 2007. 3 株细菌对土壤中芘和苯并芘的降解及其动力学. 环境科学, 28(4): 913-917.

孙红文, 李书霞. 1998. 多环芳烃的光致毒效应. 环境科学进展, (6): 1-10.

孙剑秋, 周东坡. 2002. 微生物原生质体技术. 生物学通报, 37(7): 9-11.

孙翼飞, 巩宗强, 苏振成, 等. 2011. 一株高浓度多环芳烃降解菌的鉴定和降解特性. 生态学杂志, 30(11): 2503-2508.

谭文捷, 李宗良, 丁爱中, 等. 2007. 土壤和地下水中多环芳烃生物降解研究进展. 生态环境, 16(4): 1310-1311.

谭悠久, 谭红, 周金燕, 等. 2010. 以抗生素抗性为选择标记的毛壳菌种间原生质体融合. 华东理工大学学报:自然科学版, 36(1): 36-41.

谭周进, 杨海君, 林曙, 等. 2005. 利用原生质体融合技术选育微生物菌种. 核农学报, 19(1): 75-79.

唐玉斌, 马姗姗, 王晓朝, 等. 2011. 一株芘的高效降解菌的选育及其降解性能研究. 环境工程学报, 5(1): 48-54.

陶雪琴, 卢桂宁. 2008. 定量构效关系研究方法及其在环境科学中的应用. 仲恺农业技术学院学报, 21(1): 65-70.

陶雪琴, 党志, 卢桂宁, 等. 2003. 污染土壤中多环芳烃的微生物降解及其机理研究进展. 矿物岩石地球化学通报, 22(4): 356-360.

陶雪琴, 卢桂宁, 党志, 等. 2007. 鞘氨醇单胞菌GY2B降解菲的特性及其对多种芳香有机物的研究. 农业环境科学学报, 26(2): 548-553.

田胜艳, 刘廷志, 高秀花, 等. 2005. 海洋潮间带石油烃降解菌的筛选分离与降解特性. 农业环境科学学报, 25(S1): 301-305.

田蕴. 2002. 海洋环境中多环芳烃污染的微生物修复作用研究. 厦门: 厦门大学.

田蕴, 郑天凌, 王新红. 2003. 厦门西海域表层水中 PAHs 污染与 PAHs 降解菌分布的关系. 热带海洋学报, 22(6): 15-21.

王飞. 2019. 土壤多环芳烃污染修复技术的研究进展. 环境与发展, 31(2): 55-58.

王国惠. 2005. 环境工程微生物学. 北京: 化学工业出版社.

王洪. 2011. 多环芳烃污染农田土壤原位生物修复技术研究. 沈阳: 东北大学.

王建刚, 李健秀, 孙红. 2005. 高效液相色谱法测定 2-羟基-3-萘甲酸生产废水中相关物质的含量. 理化检验-化学分册, 41(2): 107-110.

王蕾, 聂麦茜, 王志盈, 等. 2010. 多环芳烃降解菌的筛选及其对芘的降解研究. 环境科学与技术, 33(1): 43-47.

王连生. 1995. 环境化学进展. 北京: 化学工业出版社.

王连生, 孔令仁, 韩朔睽, 等. 1993. 致癌有机物. 北京: 中国环境科学出版社.

王萌, 陈世宝, 李娜, 等. 2010. 纳米材料在污染土壤修复及污水净化中应用前景探讨. 中国生态农业学报, 18(2): 434–439.

王鹏. 2004. 定量构效关系及研究方法. 哈尔滨: 哈尔滨工业大学出版社.

王晓丽, 彭平安, 周国逸. 2007. 广州白云山风景区阔叶植物叶片中的多环芳烃. 生态环境, 16(6): 1597-1601.

王瑛, 李晓兵, 王婷婷, 等. 2011. 纳米活性炭纤维修复富营养化景观水体的试验研究. 科学技术与工程, 11(1): 82-85.

王元芬, 张颖, 任瑞霞, 等. 2009. 芘高效降解菌的分离鉴定及其降解特性的研究. 生物技术, 19(1): 58-61.

魏晓棠, 肖海军, 白桦, 等. 2010. 大猿叶虫四地理种群的 PCR-RFLP 方法鉴别及遗传多样性分析. 昆虫学报, 53(2): 209-215.

吴其圣, 杨琛, 胡秀敏, 等. 2012. 环境因素对纳米二氧化钛颗粒在水体中沉降性能的影响. 环境科学学报, 32(7): 1596-1603.

袭著革, 晁福寰, 孙咏梅, 等. 2004. 室内生源性多环芳烃对 DNA 的氧化损伤. 中国公共卫生, 20(9): 1034-1036.

夏涛, 王沁. 2013. 一种含纳米竹炭材料的高效香烟过滤嘴: 中国, CN201110205882.1. 2013-01-23.

夏天翔, 姜林, 魏萌, 等. 2014. 焦化厂土壤中 PAHs 的热脱附行为及其对土壤性质的影响. 化工学报, 65(4): 1470-1480.

夏颖, 闵航, 周德平, 等. 2003. 两株菲降菌株的特性及其系统发育分析. 中国环境科学, 23(2): 162-166.

辛明秀, 马玉娥. 1995. 微生物的原生质体融合及应用. 微生物学通报, 22(6): 365-370.
徐娟. 2013. 微生物胞外聚合物与废水中有毒污染物相互作用及对生物反应器性能影响. 合肥: 中国科学技术大学.
徐圣友, 陈英旭, 林琦, 等. 2006. 玉米对土壤中菲芘修复作用的初步研究. 土壤学报, 43(2):226-232.
徐云, 聂麦茜, 陈剑宁. 2004. 生物强化技术在活性污泥处理焦化废水中的实验研究. 环境技术, 22(1): 23-24.
许华夏, 李培军, 巩宗强, 等. 2005. 双加氧酶活力对细菌降解菲的指示作用. 生态学杂志, 24(7): 845-847.
许锦泉. 2003. 多环芳烃结构致癌性关系的模糊数学模型. 数学的实践与认识, 33(1): 10-13.
闫海, 潘纲, 邹华, 等. 2004. 碳纳米管加载微生物高效去除微囊藻毒素研究. 科学通报, 49: 1244-1248.
杨秀虹. 2004. 废弃的木材防腐场地土壤中多环芳烃的污染特征、生物降解及其空间变异性研究. 广州: 中山大学.
杨永华, 华晓梅, 陈素玲, 等. 1995. 芳香族化合物生物降解代谢及其分子遗传研究. 环境污染治理技术与设备, 3(6): 31-42.
叶央芳, 闵航, 周湘池. 2004. 苯噻草胺对水田土壤呼吸强度和酶活性的影响. 土壤学报, 41(1): 93-96.
张斌, 梁小萌, 田娇, 等. 2010. 固定化微生物技术在废水处理中的研究进展. 科技信息, (11): 23-24.
张丛, 沈德中, 韩清鹏, 等. 2002. 水-硅油双相系统筛选分离多环芳烃降解菌. 环境科学学报, 22(1): 126-128.
张洪勋, 王晓谊, 齐鸿雁. 2003. 微生物生态学研究方法进展. 生态学报, 23(5): 988-995.
曾小康, 李凤兰, 周凯, 等. 2013. 深圳坝光红树林沉积物和植物多环芳烃的分布. 环境科学与技术, 36(S2): 368-373.
张会敏, 龙明华, 乔双雨, 等. 2019. 瓜类蔬菜体内多环芳烃的分布特征及健康风险评估. 华南农业大学学报, 40(2): 83-93.
张继民, 胡林华. 1999. 辣椒色素提取工艺及稳定性. 安徽机电学院学报, 14(1): 21-25.
张杰, 刘永生, 冯家勋, 等. 2003a. 多环芳烃降解菌 ZL5 分离鉴定及其降解质粒. 应用与环境生物学报, 9(4): 433-435.
张杰, 刘永生, 孟玲, 等. 2003b. 多环芳烃降解菌筛选及其降解特性. 应用生态学报, 14(10): 1783-1786.
张晶, 林先贵, 曾军, 等. 2012. 植物混种原位修复多环芳烃污染农田土壤. 环境工程学报, 6(1):341-346.
张灵利, 徐宏英, 葛晶丽. 2016. 多环芳烃污染生物修复研究进展. 微生物学杂志, 36(2): 81-86.
张梦露, 党志, 伍凤姬, 等. 2014. 利用流式细胞术研究鞘氨醇单胞菌GY2B降解菲过程中细菌表面特性的变化. 环境科学, 35(4): 1449-1456.
张培玉, 郭艳丽, 于德爽, 等. 2009. 一株轻度嗜盐反硝化细菌的分离鉴定和反硝化特性初探. 微生物学通报, 36(4): 581-586.
张蓉颖, 庞代文, 蔡汝秀. 1999. DNA 与其靶向分子相互作用研究进展. 高等学校化学学报, 20(8): 1210-1217.
张天彬, 杨国义, 万洪富, 等. 2005. 东莞市土壤中多环芳烃的含量、代表物及其来源. 土壤, 37(3): 265-371.
张小凡, 小柳津广志. 2003. 多环芳烃化合物菲分解菌的分离鉴定及分解特性研究. 上海环境科学, 22(8): 544-548.
张逸, 陈永桥, 张晓山,等. 2004. 北京市不同区域采暖期大气颗粒物中多环芳烃的分布特征. 环境化学, 23(6): 681-685.
张宇, 梁彦秋, 贾春云, 等. 2014. 不同方法提取 PAHs 高效降解菌 EPS 的特性. 生态学杂志, 33(4): 1027-1033.
张枝焕, 陶澍, 沈伟然, 等. 2003. 天津地区表层土中芳香烃污染物化学组成及分布特征. 环境科学研究, 16(6): 29-34.
章家恩, 蔡燕飞, 高爱霞, 等. 2004. 土壤微生物多样性实验研究方法概述. 土壤, 36(4): 346-350.
仉磊, 袁红莉. 2005. 一株菲降解细菌的分离及其特性. 环境科学, 26(1): 159-163.
仉磊, 袁红莉, 汪双清, 等. 2005. 一株土壤杆菌降解菲的代谢途径初探. 中国科学 D 辑: 地球科学, 35(Z1): 226-232.
赵璇, 陶雪琴, 卢桂宁, 等. 2006. 萘降解菌的筛选及降解性能的初步研究. 广东化工, 33(4): 37-39.

赵媛媛, 张万坤, 马慧, 等. 2013. 降解菌ZQ5与紫茉莉对芘污染土壤的联合修复. 环境工程学报, 7(7): 2752-2756.

钟蕾, 肖克宇. 2002. 肠型点状产气单胞菌和鱼害粘球菌原生质体融合的耐药性遗传标记的选择. 湖南农业大学学报:自然科学版, 28(2): 150-152.

周蓓瀛, 李楠, 张刚平, 等. 2009. 高效液相色谱法测定水杨酸溶液中水杨酸含量. 药物鉴定, 18(16): 37-39.

周德平, 夏颖, 韩如旸, 等. 2003. 三株菲降解细菌的分离、鉴定及降解特性的研究. 环境科学学报, 23(1): 124-128.

周乐, 盛下放. 2006. 芘降解菌株的筛选及降解条件的研究. 农业环境科学学报, 25(6): 1504-1507.

周乐, 盛下放, 张士晋, 等. 2005. 一株高效菲降解菌的筛选及降解条件研究. 应用生态学报, 16(12): 2399-2402.

周文敏, 傅德黔, 孙宗光. 1990. 水中优先控制污染物黑名单. 中国环境监测, 6(4): 1-3.

朱凡, 田大伦, 闫文德, 等. 2008. 四种绿化树种土壤酶活性对不同浓度多环芳烃的响应. 生态学报, 28(9): 4195-4202.

朱利中, 陈宝梁, 沈红心, 等. 2003. 杭州市地面水中多环芳烃污染现状及风险. 中国环境科学, 23(5): 485-489.

庄华炜. 2008. 竹炭纳米微粒在纺织品中的应用. 印染, 34(18): 49-50.

庄认生. 2011. 四种氧化物纳米材料在自然沉降过程中对大肠杆菌毒性研究. 武汉: 中国地质大学.

Abbasnezhad H, Gray M R, Foght J M. 2008. Two different mechanisms for adhesion of Gram-negative bacterium, *Pseudamonas fluorescens* LP6a, to an oil water interface. Colloids and Surfaces B: Biointerfaces, 62(1): 36-41.

Abed R M M, Safi N M D, Köster J, et al. 2002. Microbial diversity of a heavily polluted microbial mat and its community changes following degradation of petroleum compounds. Applied and Environmental Microbiology, 68(4): 1674-1683.

Adam G, Duncan H. 2001. Development of a sensitive and rapid method for the measurement of total microbial activity using fluorescein diacetate (FDA) in a range of soils. Soil Biology and Biochemistry, 33(7-8): 943-951.

Aelio C M, Swindoll C M, Pfaender F K. 1987. Adaptation to and biodegradation of xenobiotic compounds by microbial communities from a pristine aquifer. Applied and Environmental Microbiology, 53: 2212-2217.

Aitken M D, Stringfellow W T, Nagel R D, et al. 1998. Characteristics of phenanthrene degrading bacteria isolated from soils contaminated with polycyclic aromatic hydrocarbons. Canadian Journal of Microbiology, 44: 743-752.

Alexander M. 2000. Aging, bioavailability, and overestimation of risk from environmental pollutants. Environmental Science & Technology, 34: 4259-4265.

Allen J O, Durant J L, Dookeran N M, et al. 1998. Measurement of $C_{24}H_{14}$ polycyclic aromatic hydrocarbons associated with a size-segregated urban aerosol. Environmental Science & Technology, 32: 1928-1932.

Allen M J, Edberg S C, Reasoner D J. 2004. Heterotrophic plate count bacteria-what is their significance in drinking water? International Journal of Food Microbiology, 92(3): 265-274.

Allison D. 1996. Enumeration and phylogenetic analysis of polycyclic aromatic hydrocarbon-degrading marine bacteria from Puget Sound sediments. Applied Environmental Microbiology, 62: 3344-3349.

Al-Qadiri H M, Lin M, Al-Holy M A, et al. 2008. Detection of sublethal thermal injury in salmonella enterica serotype typhimurium and listeria monocytogenes using fourier transform infrared (FT-IR) spectroscopy (4000 to 600 cm^{-1}). Journal of Food Science, 73(2): 54-61.

An H J, Jin B. 2015. Fullerenols and fullerene alter cell growth and metabolisms of *Escherichia coli*. Journal of Biomedical Nanotechnology, 11(7): 1261-1268.

Andreoni V, Cavalca L, Rao M, et al. 2004. Bacterial communities and enzyme activities of PAHs polluted soils. Chemosphere, 57(5): 401-412.

Ascon-Cabrera M, Lebeault J M. 1993. Selection of xenobiotic-degrading microorganisms in a biphasic aqueous-organic system. Applied and Environmental Microbiology, 59: 1717-1724.

Atlas R M. 1995. Petroleum biodegradation and oil spill bioremediation. Marine Pollution Bulletin, 31 (4): 178-182.

Avnir D, Coradin T, Lev O, et al. 2006. Recent bio-applications of sol-gel materials. Journal of Material Chemistry, 16 (11): 1013-1030.

Babaee R, Bonakdarpour B, Nasernejad B, et al. 2010. Kinetics of styrene biodegradation in synthetic wastewaters using an industrial activated sludge. Journal of Hazardous Materials, 184 (1-3): 111-117.

Badejo A C, Badejo A O, Shin K H, et al. 2013. A gene expression study of the activities of aromatic ring-cleavage dioxygenases in *Mycobacterium gilvum* PYR-GCK to changes in salinity and pH during pyrene degradation. Plos One, 8 (2): e58066.

Baker A. 2001. Fluorescence excitation-emission matrix characterization of some sewage-impacted rivers. Environmental Science & Technology, 35 (5): 948-953.

Balashova N V, Koshelva I A, Golovchenko N P, et al. 1999. Phenanthrene metabolism by *Pseudomonas* and *Burkholderia* Strain. Process Biochemistry, 35: 291-296.

Barreto R V G, Hissa D C, Paes F A, et al. 2010. New approach for petroleum hydrocarbon degradation using bacterial spores entrapped in chitosan beads. Bioresource Technology, 101 (7): 2121-2125.

Bastiaens L, Springael D, Wattiau P, et al. 2000. Isolation of adherent polycylic aromatic hydrocarbon (PAH) -degrading bacteria using PAH-sorbing carriers. Applied and Environmental Microbiology, 66: 1834-1843.

Baumgarten T, Vazquez J, Bastisch C, et al. 2012. Alkanols and chlorophenols cause different physiological adaptive responses on the level of cell surface properties and membrane vesicle formation in *Pseudomonas putida* DOT-T1E. Applied Microbiology and Biotechnology, 93 (2): 837-845.

Bayat Z, Hassanshahian M, Cappello S. 2015. Immobilization of microbes for bioremediation of crude oil polluted environments: a mini review. The Open Microbiology Journal, 9: 48-54.

Berney M, Hammes H, Bosshard F, et al. 2007. Assessment and interpretation of bacterial viability by using the LIVE/DEAD BacLight Kit in combination with flow cytometry. Applied and Environmental Microbiology, 73 (10): 3283-3290.

Bezalel L, Hadar Y, Fu P P, et al. 1996. Metabolism of phenanthrene by the white rot fungus *Pleurotus ostreatus*. Applied and Environmental Microbiology, 62: 2547-2553.

Bilal M, Asgher M, Parra-Saldivar R, et al. 2017. Immobilized ligninolytic enzymes: An innovative and environmental responsive technology to tackle dye-based industrial pollutants–a review. Science of The Total Environment, 576: 646-659.

Bligh E G, Dyer W J. 1959. A rapid method of total lipid extraction and purification. Canadian Journal of Microbiology, 37: 911-917.

Blondeau M, Coradin T. 2012. Living materials from sol-gel chemistry: current challenges and perspectives. Journal of Material Chemistry, 22 (42): 22335-22343.

Bogardt A H. 1992. Enumeration of Phenanthrene-degrading bacteria by an overlayer technique and its use in evaluation of petroleum-contaminated sites. Applied Environmental Microbiology, 58: 2579-2582.

Bossert I D, Bartha R. 1986. Structure-biodegradability relationships of polycyclic aromatic hydrocarbons in soil. Bulletin of Environmental Contamination and Toxicology, 37 (1): 490-495.

Botha W C, Jooste P J, Hugo C J. 1998. Taxonomic interrelationship of *Weeksella*- and *Bergeyella*-like strains from dairy sources using electrophoretic protein profiles, DNA base composition and non-polar fatty acid composition. Food Microbiology, 15: 479-489.

Bouchez M, Blanchet D, Vandecasteele J. 1995. Degradation of polycyclic aromatic hydrocarbons by pure strains and by defined strain associations: Inhibition phenomena and cometabolism. Applied Microbiology and Biotechnology, 43(1): 156-164.

Brayner R, Ferrari-lliou R, Brivois N, et al. 2006. Toxicological impact studies based on *Escherichia coli* bacteria in ultrafine ZnO nanoparticles colloidal medium. Nano Letters, 6(4): 866-870.

Brinch U C, Ekelund F, Jacobsen C S. 2002. Method for spiking soil samples with organic compounds. Applied and Environmental Microbiology, 68(4): 1808-1816.

Brock T D. 1987. The study of microorganisms *in situ*: progress and problems. Symposium of the Society for General Microbiology, 41: 1-17.

Bruun S, Jensen E S, Jensen L S, et al. 2008. Microbial mineralization and assimilation of black carbon: dependency on degree of thermal alteration. Organic Geochemistry, 39(7): 839-845.

Bu Q W, Zhang Z H, Lu S, et al. 2009. Vertical distribution and environmental significance of PAHs in soil profiles in Beijing, China. Environmental Geochemistry and Health, 31(1): 119-131.

Carturan G, Campostrini R, Diré S, et al. 1989. Inorganic gels for immobilization of biocatalysts: inclusion of invertase-active whole cells of yeast (*Saccharomyces cerevisiae*) into thin layers of SiO_2 gel deposited on glass sheets. Journal of Molecular Catalysis, 57(1): L13-L16.

Carturan G, Dal Toso R, Boninsegna S, et al. 2004. Encapsulation of functional cells by sol-gel silica: Actual progress and perspectives for cell therapy. Journal of Material Chemistry, 14(14): 2087-2098.

Cassidy M B, Leung K T, Lee H, et al. 1995. Survival of lac-lux marked *Pseudomonas aeruginosa* UG2Lr cells encapsulated in κ-carrageenan and alginate. Journal of Microbiological Methods, 23(3): 281-290.

Cébron A, Norinim P, Beguiristain T, et al. 2008. Real-Time PCR quantification of PAH-ring hydroxylating dioxygenase (PAH-RHDα) genes from Gram positive and Gram negative bacteria in soil and sediment samples. Journal of Microbiological Methods, 73(2): 148-159.

Cerniglia C E. 1992. Biodegradation of polycyclic aromatic hydrocarbons. Biodegradation, 3: 351-368.

Cerniglia C E, Gibson D T. 1979. Oxidation of benzo[a]pyrene by the filamentous fungus *Cunninghamella elegans*. The Journal of Biological Chemistry, 254: 12174-12180.

Chauhan A, Jain R K. 2010. Biodegradation: gaining insight through proteomics. Biodegradation, 21(6): 861-879.

Chen B, Ding J. 2012. Biosorption and biodegradation of phenanthrene and pyrene in sterilized and unsterilized soil slurry systems stimulated by *Phanerochaete chrysosporium*. Journal of Hazardous Materials, 229: 159-169.

Chen S, Yin H, Ye J, et al. 2014. Influence of co-existed benzo[a]pyrene and copper on the cellular characteristics of *Stenotrophomonas maltophilia* during biodegradation and transformation. Bioresource Technology, 158: 181-187.

Chen X, Ru Y, Chen F, et al. FTIR spectroscopic characterization of soy proteins obtained through AOT reverse micelles. Food Hydrocolloids, 2013, 31(2): 435-437.

Cho J C, Kim S J. 2001. Detection of mega plasmid from polycyclic aromatic hydrocarbon-degrading *Sphingomonas* sp. strain 14. Journal of Molecular Microbiology and Biotechnology, 3: 503-506.

Cho O, Choi K Y, Zylstrab G J, et al. 2005. Catabolic role of a three-component salicylate oxygenase from *Sphingomonas yanoikuyae* B1 in polycyclic aromatic hydrocarbon degradation. Biochemical and Biophysical Research Communications, 327: 656-662.

Clara M, Strenn B, Saracevic E, et al. 2004. Adsorption of bisphenol-A, 17β-estradiole and 17α-ethinylestradiole to sewage sludge. Chemosphere, 56(9): 843-851.

Collins C, Fryer M, Grosso A. 2006. Plant uptake of non-ionic organic chemicals. Environmental Science & Technology, 40(1): 45-52.

Coradin T, Nassif N, Livage J. 2003. Silica–alginate composites for microencapsulation. Applied Microbiology and Biotechnology, 61(5-6): 429-434.

Cordeiro A L, Lenk T, Werner C. 2011. Immobilization of *Bacillus* licheniformis α-amylase onto reactive polymer films. Journal of Biotechnology, 154(4): 216-221.

Dai M H, Ziesman S, Ratcliffe T, et al. 2005. Visualization of protoplast fusion and quantitation of recombination in fused protoplasts of auxotrophic strains of *Escherichia coli*. Metabolic Engineering, 7(1): 45-52.

Dai Y, Yin L, Niu J. 2011. Laccase-carrying electrospun fibrous membranes for adsorption and degradation of PAHs in shoal soils. Environmental Science & Technology, 45(24): 10611-10618.

Das R, Tiwary B N. 2013. Isolation of a novel strain of *Planomicrobium chinense* from diesel contaminated soil of tropical environment. Journal of Basic Microbiology, 53(9): 723-732.

Dean-Ross D, Cerniglia C E. 1996. Degradation of pyrene by *Mycobacterium flavescens*. Applied Microbiology and Biotechnology, 46(3): 307-312.

Dean-Ross D, Moody J, Cerniglia C E. 2002. Utilization of mixtures of polycyclic aromatic hydrocarbons by bacteria isolated from contaminated sediment. FEMS Microbiology Ecology, 41: 1-7.

Depagne C, Roux C, Coradin T. 2011. How to design cell-based biosensors using the sol-gel process. Analytical Bioanalytical Chemistry, 400(4): 965-976.

Deschěnes L, Lafrance P, Villeneuve J P, et al. 1996. Adding sodium dodecyl sulfate and *Pseudomonas aeruginosa* UG2 biosurfactants inhibits polycyclic aromatic hydrocarbon biodegradation in a weathered creosote-contaminated soil. Applied Microbiology and Biotechnology, 46: 638-646.

Díaz M, Herrero M, García L A, et al. 2010. Application of flow cytometry to industrial microbial bioprocesses. Biochemical Engineering Journal, 48(3): 385-407.

Dickson D J, Luterra M D, Ely R L. 2012. Transcriptomic responses of *Synechocystis* sp. PCC 6803 encapsulated in silica gel. Applied Microbiology and Biotechnology, 96(1): 183-196.

Dionisi H M, Chewning C S, Morgan K H, et al. 2004. Abundance of dioxygenase genes similar to *Ralstonia* sp. strain U2 nagAc is correlated with naphthalene concentrations in coal tar-contaminated freshwater sediments. Applied and Environmental Microbiology, 70(7): 3988-3995.

Drummelsmith J, Whitfield C. 2000. Translocation of group 1 capsular polysaccharide to the surface of *Escherichia coli* requires a multimeric complex in the outer membrane. The EMBO Journal, 19(1): 57-66.

Dzionek A, Wojcieszyńska D, Guzik U. 2016. Natural carriers in bioremediation: A review. Electronic Journal of Biotechnology, 23: 28-36.

Eaton R W, Chapman P J. 1992. Bacterial metabolism of naphthalene: Construction and use of recombinant bacteria to study ring cleavage of 1,2-dihydroxynaphthalene and subsequent reaction. Journal of Bacteriology, 174: 7542-7554.

El-Naas M H, Al-Muhtaseb S A, Makhlouf S. 2009. Biodegradation of phenol by *Pseudomonas putida* immobilized in polyvinyl alcohol (PVA) gel. Journal of Hazardous Materials, 164(2-3): 720-725.

Es I, Vieira J D G, Amaral A C. 2015. Principles, techniques, and applications of biocatalyst immobilization for industrial application. Applied Microbiology and Biotechnology, 99(5): 2065-2082.

Evans W C, Fernley H N, Griffiths E. 1965. Oxidative metabolites of phenanthrene and anthracene by soil *Psudomonas*. Journal of Biochemistry, 95: 819-831.

Farshi A F, Olad A. 2014. A study on sustained release formulations for oral delivery of 5-fluorouracil based on alginate-chitosan/montmorillonite nanocomposite systems. Applied Clay Science, 101: 288-296.

Feijoo-Siota L, Rosa-Dos-Santos F, De Miguel T, et al. 2008. Biodegradation of naphthalene by *Pseudomonas stutzeri* in marine environments: Testing cells entrapment in calcium alginate for use in water detoxification. Bioremediation Journal, 12(4): 185-192.

Feng X H, Ou L T, Ogram A. 1997. Plasmid-mediated mineralization of carbofuran by *Sphingomonas* sp. strain CF06. Applied and Environmental Microbiology, 63: 1332-1337.

Field J A, Jone E, Costa G F. 1992. Biodegradation of polycylic aromatic hydrocarbons by new isolated of Whit Rot Fungi. Applied and Environmental Microbiology, 58: 2219-2226.

Fredrickson J K, Balkwill D L, Drake G R. 1995. Aromatic-degrading *Sphingomonas* isolates from the deep subsurface. Applied and Environmental Microbiology, 61: 1917-1922.

Freeman D J, Cattell F C R. 1990. Woodburning as a source of atmospheric polycyclic aromatic hydrocarbons. Environmental Science & Technology, 24: 1581-1585.

Frostegård Å. 1995. Phospholipid fatty acid analysis to detect changes in soil microbial community structure. Sweden: Lund University.

Frysinger G S, Gaines R B, Xu L, et al. 2003. Resolving the unresolved complex mixture in petroleum-contaminated sediments. Environmental Science & Technology, 37(8): 1653-1662.

Fujii T, Takeo M, Maeda Y. 1997. Plasmid-encoded genes specifying aniline oxidation from *Acinetobacter* sp. strain YAA. Microbiology, 143: 93-99.

Fuller M E, Manning J F. 2004. Microbiological changes during bioremediation of explosives-contaminated soils in laboratory and pilot-scale bioslurry reactors. Bioresource Technology, 91(2): 123-133.

Gallego S, Vila J, Tauler M, et al. 2014. Community structure and PAH ring-hydroxylating dioxygenase genes of a marine pyrene-degrading microbial consortium. Biodegradation, 25(4): 543-556.

Gan S, Lau E V, Ng H K. 2009. Remediation of soils contaminated with polycyclic aromatic hydrocarbons(PAHs). Journal of Hazardous Materials, 172: 532-549.

Gao Y, Yu X Z, Wu S C, et al. 2006. Interactions of rice(*Oryza sativa* L.) and PAH-degrading bacteria(*Acinetobacter* sp.) on enhanced dissipation of spiked phenanthrene and pyrene in waterlogged soil. Science of the Total Environment, 372(1): 1-11.

Gao Y, Zhu L. 2004. Plant uptake, accumulation and translocation of phenanthrene and pyrene in soils. Chemosphere, 55(9): 1169-1178.

Geiselbrecht A D, Hedcund B P, Tichi M A, et al. 1998. Isolation of marine polycyclic aromatic hydrocarbon (PAH)-degrading *Cycloclasticus* strains from the gulf of mexico and comparison of their PAH degradation ability with that of Puget Sound *Cycloclasticus* strains. Applied and Environmental Microbiology, 64: 4703-4710.

Geiselbrecht A D, Herwig R P, Deming J W, et al. 1996. Enumeration and phylogenctic analysis of polycyclic aromatic hydrocarbon-degrading marine bacteria from Puget sound sediments. Applied and Environmental Microbiology, 62: 3344-3349.

Ghosh D K, Mishra A K. 1983. Oxidation of phenanthrene by strain of *Micrococcus*: evidence of protocatechuate pathway. Current Microbiology, 9: 219-224.

Gibson G T. 1999. *Beijerinckia* sp. B1: A strain by another name. Journal of Indian Microbiology and Biotechnology, 23: 284-293.

Gibson G T, Roberts R L, Wells M C, et al. 1973. Oxidation of biphenyl by a *Beijerinckia* species. Biochemical and Biophysical Research Communications, 50: 211-219.

Graham P H, Sadowsky M J, Keyser H H, et al. 1991. Proposed minimal standards for the description of new genera and species of root- and stem-nodulation bacteria. Internation Journal of Systematic Bacteriology, 41: 582-587.

Grifoll M, Selifonov S A, Gatlin C V, et al. 1995. Actions of a versatile fluorene-degrading bacterial isolate on polycyclic aromatic compounds. Applied and Environmental Microbiology, 61: 3711-3723.

Grosser R, Warshawsky D, Vestal J R. 1991. Indigenous and enhanced mineralization of pyrene, benzo[a]pyrene and carbazole in soils. Applied and Environmental Microbiology, 57: 3462-3469.

Gunther S, Geyer W, Harms H, et al. 2007. Fluorogenic surrogate substrates for toluene-degrading bacteria: are they useful for activity analysis? Journal of Microbiological Methods, 70: 272-283.

Gupta G, Rathod S B, Staggs K W, et al. 2009. CVD for the facile synthesis of hybrid nanobiomaterials integrating functional supramolecular assemblies. Langmuir, 25(23): 13322-13327.

Haidar Z S, Hamdy R C, Tabrizian M. 2008. Protein release kinetics for core–shell hybrid nanoparticles based on the layer-by-layer assembly of alginate and chitosan on liposomes. Biomaterials, 29(9): 1207-1215.

Hamzah R Y, Al-Baharna B S. 1994. Catechol ring-cleavage in *Pseudomonas cepacia*: The simultaneous induction of ortho and meta pathways. Applied Microbiology and Biotechnology, 41: 250-256.

Han J, Zhou Z, Yin R, et al. 2010. Alginate-chitosan/hydroxyapatite polyelectrolyte complex porous scaffolds: Preparation and characterization. International Journal of Biological Macromolecules, 46(2): 199-205.

Handelsman J, Rondon M R, Brady S F, et al. 1998. Molecular biological access to the chemistry of unknown soil microbes: A new frontier for natural products. Chemistry and Biology, 5(10): 245-249.

Harayama S, Kok M, Neidle E L.1992. Functional and evolutionary relationships among diverse oxygenases. Annual Review of Microbiology, 46: 565-601.

Harbron S, Smith B W, Lilly M D. 1986. Two-liquid phase biocatalysis: epoxidation of 1,7-octadiene by *Pseudomonas putida*. Enzyme and Microbial Technology, 8: 85-88.

Haritash A K, Kaushik C P. 2009. Biodegradation aspects of polycyclic aromatic hydrocarbons (PAHs): A review. Journal of Hazardous Materials, 169(1-3): 1-15.

Hedlund B P, Geiselbrecht A D, Bair T J, et al. 1999. Polycyclic aromatic hydrocarbon degradation by a new marine bacterium, *Neptunomonas naphthovorans* gen. nov., sp. nov. Applied and Environmental Microbiology, 65: 251-259.

Heitkamp M A, Cerniglia C E. 1988. Mineralization of polycyclic aromatic hydrocarbons by a bacterium isolated from sediment below an oil field. Applied and Environmental Microbiology, 54(6): 1612-1614.

Heitkamp M A, Cerniglia C E. 1989. Polycyclic aromatic hydrocarbon degradation by a *Mycobacterium* sp. in microcosms containing sediment and water from a pristine ecosystem. Applied and Environmental Microbiology, 55(8): 1968-1973.

Heitkamp M A, Freeman J P, Miller D W, et al. 1988. Pyrene degradation by a *Mycobacterium* sp.: Identification of ring oxidation and ring fission products. Applied and Environmental Microbiology, 54(10): 2556-2565.

Herbes S E, Schwall L R. 1978. Microbial transformation of polycyclic aromatic hydrocarbons in pristine and petroleum contaminated sediments. Applied and Environmental Microbiology, 35: 306-316.

Herwijnen R V, Wattiau P, Bastiaens L, et al. 2003. Elucidation of the metabolic pathway of fluorene and cometabolic pathways of phenanthrene, fluoranthene, anthracene and dibenzothiophene by *Sphingomonas* sp. LB126. Research in Microbiology, 154: 199-206.

Herzog E, Byrne H J, Davoren M, et al. 2009. Dispersion medium modulates oxidative stress response of human lung epithelial cells upon exposure to carbon nanomaterial samples. Toxicology and Applied Pharmacology, 236(3): 276-281.

Hewitt C J, Nebe-Von-Caron G. 2001. An industrial application of multiparameter flow cytometry: Assessment of cell physiological state and its application to the study of microbial fermentations. Cytometry, 44: 179-187.

Hewitt C J, Nebe-Von-Caron G. 2004. The application of multiparameter flow cytometry to monitor individual microbial cell physiological state. Advanced Biochemical Engineering and Biotechnology, 89: 197-223.

Holmes B, Steigerwalt A G, Weaver R E, et al. 1986. *Weeksella virosa* gen. nov., sp. nov(formerly Group IIf), found in human clinical specimens. Systematic and Applied Microbiology, 8: 185-190.

Hommel R K. 1990. Formation and physiological role of biosurfactants produced by hydrocarbon-utilizing microorganisms. Biodegradation, 1: 107-119.

Hongsawat P, Vangnai A S. 2011. Biodegradation pathways of chloroanilines by *Acinetobacter baylyi* strain GFJ2. Journal of Hazardous Materials, 186(2): 1300-1307.

Hopwood D. 1981. Genetic studies with bacterial protoplasts. Annual Reviews in Microbiology, 35(1): 237-272.

Hou D, Shen X, Luo Q, et al. 2013. Enhancement of the diesel oil degradation ability of a marine bacterial strain by immobilization on a novel compound carrier material. Marine Pollution Bulletin, 67(1-2): 146-151.

Howard P H, Boethling R S, Jarvis W F, et al. 1991. Handbook of environmental degradation rates. Chelsea: Lewis Publishers.

Hsieh F M, Huang C, Lin T F, et al. 2008. Study of sodium tripolyphosphate-crosslinked chitosan beads entrapped with *Pseudomonas putida* for phenol degradation. Process Biochemistry, 43(1): 83-92.

Huang R, Tian W, Liu Q, et al. 2016. Enhanced biodegradation of pyrene and indeno(1,2,3-cd)pyrene using bacteria immobilized in cinder beads in estuarine wetlands. Marine Pollution Bulletin, 102: 128-133.

Huang X, Zeiler L F, Dixon D G, et al. 1996. Photoinduced toxicity of PAHs to the foliar regions of brassica napus and cucumbis sativus in simulated solar radiation. Ecotoxicology and Environmental Safety, 35(2): 190-197.

Huang Y, Yang C, Li Y Y, et al. 2016. Effects of cytotoxicity of erythromycin on PAH-degrading strains and degrading efficiency. RSC Advances, 6: 114396-114404.

Hughes J B, Beckles D M, Chandra S D, et al. 1997. Utilization of bioremediation processes for the treatment of PAHs-contaminated sediments. Journal of Industrial Microbiology & Biotechnology, 18: 152-160.

Iwabuchi T, Inomatayamauchi Y, Katsuta A, et al. 1998. Isolation and characterisation of marine *Norcardioides* capable of growing and degrading phenanthrene at 42℃. Journal of Marine Biotechnology, 6: 86-90.

Janbandhu A, Fulekar M. 2011. Biodegradation of phenanthrene using adapted microbial consortium isolated from petrochemical contaminated environment. Journal of Hazardous Materials, 187(1-3): 330-340.

Jerina D M, Lehr R E. 1977. In Ullrich V, Microsomes and Drug Oxidations. Oxford: Pergamon Press: 709-720.

Jeùrabkova H, Kralova B, Krejèv V, et al. 1997. Use of polyurethane foam for the biodegradation of *n*-alkanes by immobilised cells of *Pseudomonas*. Biotechnology Techniques, 11(6): 391-394.

Jimenez I Y, Bartha R. 1996. Solvent-augmented mineralization of pyrene by a *Mycobacterium* sp. Applied and Environmental Microbiology, 62: 2311-2316.

Johnsen A R, Wick L Y, Harms H. 2005. Principles of microbial PAH-degradation in soil. Environmental Pollution, 133(1): 71-84.

Joner E, Corgie S, Amellal N, et al. 2002. Nutritional constraints to degradation of polycyclic aromatic hydrocarbons in a simulated rhizosphere. Soil Biology and Biochemistry, 34(6): 859-864.

Joner E J, Johansen A, Loibner A P, et al. 2001. Rhizosphere effects on microbial community structure and dissipation and toxicity of polycyclic aromatic hydrocarbons (PAHs) in spiked soil. Environmental Science & Technology, 35 (13): 2773-2777.

Jones K C, Stratford J A, Waterhouse K S, et al. 1989. Increases in the polynuclear aromatic hydrocarbon content of an agricultural soil over the last century. Environmental Science & Technology, 23: 95-101.

Juhasz A L, Naidu R. 2000. Bioremediation of high molecular weigh polycyclic aromatic hydrocarbons: A review of the microbial degradation of benzo[a]pyrene. International Biodeterioration & Biodegradation, 45: 57-88.

Kaimi E, Mukaidani T, Miyoshi S, et al. 2006. Ryegrass enhancement of biodegradation in diesel-contaminated soil. Environmental and Experimental Botany, 55 (1): 110-119.

Kan A T, Tomson M B. 1990. Groundwater transport of hydrophobic organic compounds in the presence of dissolved organic matter. Environmental Toxicology and Chemistry, 9 (3): 253-263.

Kanaly R A, Harayama S. 2000. Biodegradation of high-molecular-weight polycyclic aromatic hydrocarbons by bacteria. Journal of Bacteriology, 182 (8): 2059-2067.

Kang S, Pinault M, Pfefferle L D, et al. 2007. Single-walled carbon nanotubes exhibit strong antimicrobial activity. Langmuir, 23: 8670-8673.

Kapri A, Zaidi M G H, Goel R. 2010. Implications of SPION and NBT nanoparticles upon *in vitro* and *in situ* biodegradation of LDPE film. Journal of Microbiology and Biotechnology, 20: 1032-1041.

Karel S F, Libicki S B, Robertson C R. 1985. The immobilization of whole cells: Engineering principles. Chemical Engineering Science, 40 (8): 1321-1354.

Kästner M, Mahro B. 1994. Enumeration and characterization of the soil microflora from hydrocarbon-contaminated soil sites able to mineralize polycyclic aromatic hydrocarbons. Applied Microbiology Biotechnology, 41: 257-273.

Kell D B, Ryder H M, Kaprelyants A S, et al. 1991. Quantifying heterogeneity: flow cytometry of bacterial cultures. Antonie van Leeuwenhoek , 60 (3-4): 145-158.

Kelly I, Cerniglia C E. 1991. The metabolism of phenanthrene by a species of *Mycobacterium*. Journal of Industrial Microbiology, 7: 19-26.

Khan E, Aversano J, Romine M F, et al. 1996. Homology between genes for aromatic hydrocarbon degradation in surface and deep-subsurface *Sphingomonas* strain. Applied and Environmental Microbiology, 62: 1467-1470.

Kim E, Zylstra G J. 1999. Functional analysis of genes involved in biphenyl, naphthalene, phenanthrene and m-xylene degradation by *Sphingomonas yanoikuyae* B1. Journal of Industrial Microbiology & Biotechnology, 23: 294-302.

Kim S, Kweon O, Cerniglia C E. 2009. Proteomic applications to elucidate bacterial aromatic hydrocarbon metabolic pathways. Current Opinion in Microbiology, 12 (3): 301-309.

Kim S, Kweon O, Jones R C, et al. 2007. Complete and integrated pyrene degradation pathway in *Mycobacterium vanbaalenii* PYR-1 based on systems biology. Journal of Bacteriology, 189 (2): 464-472.

Kim S J, Chun J, Bae K S. 2000. Polyphasic assignment of an aromatic degrading *Pseudomonas* sp., strain DJ77, in the genus *Sphingomonas* as *Sphingomonas chungbukensis* sp. nov. International Journal of Systematic and Evolutionary Microbiology, 50: 1641-1647.

Kim Y, Freeman J P, Moody J D, et al. 2005. Effects of pH on the degradation of phenanthrene and pyrene by *Mycobacterium vanbaalenii* PYR-1. Applied Microbiology and Biotechnology, 67 (2): 275-285.

Kipopoulou A, Manoli E, Samara C. 1999. Bioconcentration of polycyclic aromatic hydrocarbons in vegetables grown in an industrial area. Environmental Pollution, 106 (3): 369-380.

Kiyohara H, Nagao K, Nomi R. 1976. Degradation of phenanthrene through o-phthalic acid by an *Aeromonas* sp. Agricultural and Biological Chemistry, 40: 1075-1082.

Kiyohara H, Nagao K. 1977. Enzymatic conversion of 1-hydroxy-2- naphthoate in phenanthrene-grown *Aeromonas* sp. S45P1. Agricultural and Biological Chemistry, 41: 705-707.

Kiyohara H, Nagao K, Yana K. 1977. Rapid screen for bacteria degrading water-insoluble, solid hydrocarbons on agar plates. Applied and Environmental Microbiology, 43: 454-457.

Kourkoutas Y, Bekatorou A, Banat I M, et al. 2004. Immobilization technologies and support materials suitable in alcohol beverages production: A review. Food Microbiology, 21(4): 377-397.

Krishnan S, Prabhu Y, Phale P S. 2004. 0-phthalic acid, a dead-end product in one of the two pathways of phenanthrene degradation in *Pseudomonas* sp. strain PP2. Indian Journal of Biochemistry & Biophysics, 41: 227-232.

Krivobok S, Kuony S, Meyer C, et al. 2003. Identification of pyrene-induced proteins in *Mycobacterium* sp. strain 6PY1: evidence for two ring-hydroxylating dioxygenases. Journal of Bacteriology, 185(13): 3828-3841.

Kumar A, Pandey A K, Singh S S, et al. 2011. Cellular uptake and mutagenic potential of metal oxide nanoparticles in bacterial cells. Chemosphere, 83(8): 1124-1132.

Kuyukina M S, Ivshina I B, Gavrin A Y, et al. 2006. Immobilization of hydrocarbon-oxidizing bacteria in poly(vinyl alcohol) cryogels hydrophobized using a biosurfactant. Journal of Microbiological Methods, 65(3): 596-603.

Kweon O, Kim S, Kim D, et al. 2014. Pleiotropic and epistatic behavior of a ring-hydroxylating oxygenase system in the polycyclic aromatic hydrocarbon metabolic network from *Mycobacterium vanbaalenii* PYR-1. Journal of Bacteriology, 196(19): 3503-3515.

Laane C. 1987. Medium-engineering for bio-organic synthesis. Biocatalysis, 1: 17-22.

Langworthy D E, Stapleton R D, Sayler G S, et al. 2002. Lipid analysis of the response of a sedimentary microbial community to polycyclic aromatic hydrocarbons. Microbial Ecology, 43: 189-198.

LaPolla R J, Haron J A, Kelly C G, et al. 1991. Sequence and structural analysis of surface protein antigen I/II(SpaA) of *Streptococcus sobrinus*. Infection and Immunity, 59(8): 2677-2685.

Leahy J G, Colwell R R. 1990. Microbial degradation of hydrocarbons in the environment. Microbiological Reviews, 54(3): 305-315.

Lehto K M, Vuorimaa E, Lemmetyinen H. 2000. Photolysis of polycyclic aromatic hydrocarbons(PAHs) in dilute aqueous solutions detected by fluorescence. Journal of Photochemistry and Photobiology A, 136: 53-60.

Lemaire J, Bues M, Kabeche T, et al. 2013. Oxidant selection to treat an aged PAH contaminated soil by *in situ* chemical oxidation. Journal of Environmental and Chemical Engineering, 1: 1261-1268.

Li F, Zhu L. 2012. Effect of surfactant-induced cell surface modifications on electron transport system and catechol 1,2-dioxygenase activities and phenanthrene biodegradation by *Citrobacter* sp. SA01. Bioresource Technology, 123: 42-48.

Li X, Li P, Lin X, et al. 2008. Biodegradation of aged polycyclic aromatic hydrocarbons(PAHs) by microbial consortia in soil and slurry phases. Journal of Hazardous Materials, 150(1): 21-26.

Li X, Xie H, Lin J, et al. 2009. Characterization and biodegradation of chitosan-alginate polyelectrolyte complexes. Polymer Degradation and Stability, 94(1): 1-6.

Li X Y, Yang S F. 2007. Influence of loosely bound extracellular polymeric substances(EPS) on the flocculation, sedimentation and dewaterability of activated sludge. Water Research, 41(5): 1022-1030.

Liang Y, Gardner D R, Miller C D, et al. 2006. Study of biochemical pathways and enzymes involved in pyrene degradation by *Mycobacterium* sp. strain KMS. Applied and Environmental Microbiology, 72(12): 7821-7828.

Liang Y, Zhang X, Dai D, et al. 2009. Porous biocarrier-enhanced biodegradation of crude oil contaminated soil. International Biodeterioration & Biodegradation, 63(1): 80-87.

Liffourrena A S, Lucchesi G I. 2014. Degradation of trimethylamine by immobilized cells of *Pseudomonas putida* A (ATCC 12633). International Biodeterioration & Biodegradation, 90: 88-92.

Lin C, Gan L, Chen Z L. 2010a. Biodegradation of naphthalene by strain *Bacillus fusiformis* (BFN). Journal of Hazardous Materials, 182(1-3): 771-777.

Lin D H, Tian X L, Wu F C, et al. 2010b. Fate and transport of engineered nanomaterials in the environment. Journal of Environmental Quality, 39: 1896-1908.

Lin M S, Holy M, Qadir H, et al. 2004. Discrimination of intact and injured listeria monocytogenes by fourier transform infrared spectroscopy and principal component analysis. Journal of Agricultural and Food Chemistry, 52(19): 5769-5772.

Lin Q, Wen D H, Wang J L, et al. 2010c. Biodegradation of pyridine by *Paracoccus* sp. KT-5 immobilized on bamboo-based activated carbon. Bioresource Technology, 101(14): 5229-5234.

Lin W J, Liu S S, Tong L, et al. 2017. Effects of rhamnolipids on the cell surface characteristics of *Sphingomonas* sp. GY2B and the biodegradation of phenanthrene. RSC Advances, 7: 24321-24330.

Lindberg R H, Wennberg P, Johansson M I, et al. 2005. Screening of human antibiotic substances and determination of weekly mass flows in five sewage treatment plants in Sweden. Environmental Science & Technology, 39(10): 3421-3429.

Lines M G. 2008. Nanomaterials for practical functional uses. Journal of Alloys and Compounds, 449: 242-245.

Liu A, Ahn I S, Mansfield C, et al. 2001. Phenanthrene desorption from soil in the presence of bacterial extracellular polymer: Observations and model predictions of dynamic beheavior. Water Research, 35(3): 835-843.

Liu S S, Guo C L, Liang X J, et al. 2016. Nonionic surfactants induced changes in cell characteristics and phenanthrene degradation ability of *Sphingomonas* sp. GY2B. Ecotoxicology and Environmental Safety, 129: 210-218.

Liu S S, Guo C L, Dang Z, et al. 2017a. Comparative proteomics reveal the mechanism of Tween 80 enhanced phenanthrene biodegradation by *Sphingomonas* sp. GY2B. Ecotoxicology and Environmental Safety, 137: 256-264.

Liu S S, Guo C L, Lin W J, et al. 2017b. Comparative transcriptomic evidence for Tween80-enhanced biodegradation of phenanthrene by *Sphingomonas* sp. GY2B. Science of the Total Environment, 609: 1161-1171.

Liu Y, Gan L, Chen Z, et al. 2012. Removal of nitrate using *Paracoccus* sp. YF1 immobilized on bamboo carbon. Journal of Hazardous Materials, 229: 419-425.

Lu D, Zhang Y, Niu S, et al. 2012. Study of phenol biodegradation using *Bacillus amyloliquefaciens* strain WJDB-1 immobilized in alginate-chitosan-alginate (ACA) microcapsules by electrochemical method. Biodegradation, 23(2): 209-219.

Lu G N, Yang C, Tao X Q, et al. 2008. Estimation of soil sorption coefficients of polycyclic aromatic hydrocarbons by quantum chemical descriptors. Journal of Theoretical and Computational Chemistry, 7(1): 67-79.

Lu M, Zhang Z, Sun S, et al. 2009. Enhanced degradation of bioremediation residues in petroleum-contaminated soil using a two-liquid-phase bioslurry reactor. Chemosphere, 77(2): 161-168.

Luckarift H R, Sizemore S R, Farrington K E, et al. 2011. Biodegradation of medium chain hydrocarbons by *Acinetobacter venetianus* 2AW immobilized to hair-based adsorbent mats. Biotechnology Progress, 27(6): 1580-1587.

Luckarift H R, Sizemore S R, Roy J, et al. 2010. Standardized microbial fuel cell anodes of silica-immobilized *Shewanella oneidensis*. Chemical Communications, 46(33): 6048-6050.

Mackay D, Shui W Y, Ma C K. 1992. Illustrated Hand Book of Physical-Chemical Properties and Environment Fate of Organic Chemicals. Boca Raton: Lewis Publishers.

Mahaffey W R, Gibson D T, Cerniglia C E. 1988. Bacterial oxidation of chemical carcinogens: Formation of polycyclic aromatic acids from benzo[a]anthracene. Applied and Environmental Microbiology, 54: 2415-2423.

Maliszewska-Kordybach B. 1996. Polycyclic aromatic hydrocarbons in agricultural soils in Poland: Preliminary proposals for criteria to evaluate the level of soil contamination. Applied Geochemistry, 11 (1-2) : 121-127.

Manohar S, Kim C K, Karegoudar T B. 2001. Enhanced degradation of naphthalene by immobilization of *Pseudomonas* sp. strain NGK1 in polyurethane foam. Applied Microbiology and Biotechnology, 55 (3) : 311-316.

Maqbool F, Wang Z, Xu Y, et al. 2012. Rhizodegradation of petroleum hydrocarbons by *Sesbania cannabina* in bioaugmented soil with free and immobilized consortium. Journal of Hazardous Materials, 237-238: 262-299.

Martin F, Torelli S, Le Paslier D, et al. 2012. Betaproteobacteria dominance and diversity shifts in the bacterial community of a PAH-contaminated soil exposed to phenanthrene. Environmental Pollution, 162: 345-353.

Martins S C S, Martins C M, Fiúza L M C G, et al. 2013. Immobilization of microbial cells: a promising tool for treatment of toxic pollutants in industrial wastewater. African Journal of Biotechnology, 12 (28) : 4412-4418.

Mason O U, Scott N M, Gonzalez A, et al. 2014. Metagenomics reveals sediment microbial community response to deepwater horizon oil spill. The ISME Journal, 8 (7) :1464-1475.

McCarthy J F, Jimenez B D. 1985. Interactions between polycyclic aromatic hydrocarbons and dissolved humic material: Binding and dissociation. Environmental Science & Technology, 19 (11) : 1072-1076.

Miller C D, Hall K, Liang Y N, et al. 2004. Isolation and characterization of polycyclic aromatic hydrocarbon-degrading *Mycobacterium* isolates from soil. Microbial Ecology, 48: 230-238.

Mills A L, Breuil C, Colwell R R. 1978. Enumeration of petroleum-degrading marine and estuarine microorganisms by the most probable number method. Canadian Journal of Microbiology, 24: 552-557.

Mishra S, Jyot J, Kuhad R C, et al. 2001a. Evaluation of inoculum addition to stimulate *in situ* bioremediation of oily-sludge-contaminated soil. Applied and Environmental Microbiology, 67 (4) : 1675-1681.

Mishra S, Jyot J, Kuhad R C, et al. 2001b. *In situ* bioremediation potential of an oily sludge-degrading bacterial consortium. Current Microbiology, 43 (5) : 328-335.

Molina M C, González N, Bautista L F, et al. 2009. Isolation and genetic identification of PAH degrading bacteria from a microbial consortium. Biodegradation, 20 (6) : 789-800.

Moore E. 1995. Genetic and Serological evidence for the recognition of four pentachlorophenol-degrading bacterial strains as a species of the genus *Sphingomonas*. Systematic and Applied Microbiology, 18: 539-548.

Moslemy P, Neufeld R J, Guiot S R. 2002. Biodegradation of gasoline by gellan gum-encapsulated bacterial cells. Biotechnology and Bioengineering, 80 (2) : 175-184.

Muangchinda C, Pansri R, Wongwongsee W, et al. 2013. Assessment of polycyclic aromatic hydrocarbon biodegradation potential in mangrove sediment from Don Hoi Lot, Samut Songkram Province, Thailand. Journal of Applied Microbiology, 114 (5) : 1311-1324.

Mueller J, Chapman P, Pritchard P. 1989. Action of a fluoranthene-utilizing bacterial community on polycyclic aromatic hydrocarbon components of creosote. Applied and Environmental Microbiology, 55 (12) : 3085-3090.

Mueller J G. 1989. Action of a fluoranthene-utilizing bacterial community on polycyclic aromatic hydrocarbon components of creosote. Applied and Environmental Microbiology, 55: 3085-3090.

Muller J G, Chapman P J, Blattmann B O, et al. 1990. Isolation and characterization of a fluoranthene-utilizing strain of *Pseudomonas paucimobillis*. Applied and Environmental Microbiology, 56: 1079-1086.

Muratova A, Hübner T, Tischer S, et al. 2003. Plant–rhizosphere-microflora association during phytoremediation of PAH-contaminated soil. International Journal of Phytoremediation, 5(2): 137-151.

Murray A E, Hollibaugh I T, Orrego C. 1996. Phylogenetic compositions of bacterioplankton from two California estuaries compared denaturing gradient electrophoresis of 16S rDNA fragments. Applied and Environmental Microbiology, 62: 2676-2680.

Nakajima D, Kojima E, Iwaya S, et al. 1996. Presence of 1-hydroxypyrene conjugates in woody plant leaves and seasonal changes in their concentrations. Environmental Science & Technology, 30: 1675-1679.

Narro M L, Cerniglia C E, Ballen C V, et al. 1992. Metabolism of phenanthrene by the marine cyanbacterium *Agmenellum quadruplicatum* PY-6. Applied and Environmental Microbiology, 58:1351-1359.

Nassif N, Bouvet O, Rager M N, et al. 2002. Living bacteria in silica gels. Nature Materials, 1(1): 42-44.

Nassif N, Livage J. 2011. From diatoms to silica-based biohybrids. Chemical Society Reviews, 40(2): 849-859.

Nassif N, Roux C, Coradin T, et al. 2003. A sol-gel matrix to preserve the viability of encapsulated bacteria. Journal of Material Chemistry, 13(2): 203-208.

Nikov R G, Nikolov A S, Nedyalkov N N, et al. 2012. Stability of contamination-free gold and silver nanoparticles produced by nanosecond laser ablation of solid targets in water. Applied Surface Science, 258(23): 9318-9322.

Nocker A, Richter-Heitmann T, Montijn R, et al. 2010. Discrimination between live and dead cells in bacterial communities from environmental water samples analyzed by 454 pyrosequencing. International Microbiology, 13: 59-65.

Nubia R, Teresa C, Lu K J. 2001. Pyrene biodegradation in agueous solutions and soil slurries by *Mycolbacterium* PYR-1 and enriched consortium. Chemospere, 44: 1079-1085.

Ofer N, Wishkautzan M, Meijler M, et al. 2012. Ectoine biosynthesis in *Mycobacterium smegmatis*. Applied and Environmental Microbiology, 78(20): 7483-7486.

Oh J M, Choi S J, Choy J H. 2009. Toxicological effects of inorganic nanoparticles on human lung cancer A549 cells. Journal of Inorganic Biochemistry, 103(3): 463-471.

Olad A, Farshi A F. 2014. A study on the adsorption of chromium(VI) from aqueous solutions on the alginate-montmorillonite/polyaniline nanocomposite. Desalination and Water Treatment, 52(13-15): 2548-2559.

Ortega-Calvo J J, Tejeda-Agredano M C, Jimenez-Sanchez C, et al. 2013. Is it possible to increase bioavailability but not environmental risk of PAHs in bioremediation?. Journal of Hazardous Materials, 261: 733-745.

Owsianiak M, Dechesne A, Binning P J, et al. 2010. Evaluation of bioaugmentation with entrapped degrading cells as a soil remediation technology. Environmental Science & Technology, 44(19): 7622-7627.

Pandey M K, Mishra K K, Khanna S K, et al. 2004. Detection of polycyclic aromatic hydrocarbons in commonly consumed edible oils and their likely intake in the Indian population. Journal of the American Oil Chemists' Society, 81(12): 1131-1136.

Pannier A, Oehm C, Fischer A R, et al. 2010. Biodegradation of fuel oxygenates by sol-gel immobilized bacteria *Aquincola tertiaricarbonis* L108. Enzyme and Microbial Technology, 47(6): 291-296.

Pannier A, Mkandawire M, Soltmann U, et al. 2012. Biological activity and mechanical stability of sol-gel-based biofilters using the freeze-gelation technique for immobilization of *Rhodococcus ruber*. Applied Microbiology and Biotechnology, 93(4): 1755-1767.

Partovinia A, Naeimpoor F. 2013. Phenanthrene biodegradation by immobilized microbial consortium in polyvinyl alcohol cryogel beads. International Biodeterioration & Biodegradation, 85: 337-344.

Partovinia A, Naeimpoor F. 2014. Comparison of phenanthrene biodegradation by free and immobilized cell systems: Formation of hydroxylated compounds. Environmental Science and Pollution Research, 21(9): 5889-5898.

Pendekal M S, Tegginamat P K. 2013. Hybrid drug delivery system for oropharyngeal, cervical and colorectal cancer-*in vitro* and *in vivo* evaluation. Saudi Pharmaceutical Journal, 21(2): 177-186.

Peng J, Zhang Y, Su J, et al. 2013. Bacterial communities predominant in the degradation of ^{13}C(4)-4,5,9,10-pyrene during composting. Bioresource Technology, 143: 608-614.

Peng J J, Cai C, Qiao M, et al. 2010. Dynamic changes in functional gene copy numbers and microbial communities during degradation of pyrene in soils. Environmental Pollution, 158(9): 2872-2879.

Perry J J. 1979. Microbial cooxidations involving hydrocarbons. Microbiological Reviews, 43(1): 59-72.

Petersen S O, Debosz K, Schjonning P, et al. 1997. Phospholipid fatty acid profiles and C availability in wet-stable macro-aggregates from conventionally and organically farmed soils. Geoderma, 78: 181-196.

Pigac J, Hranueli D, Smokvina T, et al. 1982. Optimal cultural and physiological conditions for handling *Streptomyces rimosus* protoplasts. Applied and Environmental Microbiology, 44(5):1178-1186.

Pinkart H C, Wolfram J W, Rogers R, et al. 1996. Cell envelope changes in solvent-tolerant and solvent-sensitive *Pseudomonas putida* strains following exposure to o-xylene. Applied and Environmental Microbiology, 62(3): 1129-1132.

Pinyakong O, Habe H, Omori T. 2003a. The unique aromatic catabolic genes in *Sphingomonads* degrading polycyclic aromatic hydrocarbons (PAHs). Journal of General and Applied Microbiology, 49: 1-19.

Pinyakong O, Habe H, Supaka N, et al. 2000. Identification of novel metabolites in the degradation of phenanthrene by *Sphingomonas* sp. strain P2. FEMS Microbiology Letter, 191:115-121.

Pinyakong O, Habe H, Yoshida T, et al. 2003b. Identification of three isofunctional novel salicylate 1-hydroxylases involved in the phenanthrene degradation of *Spingobium* sp. P2. Biochemistry and Biophysical Research Communications, 301: 350-357.

Plangklang P, Reungsang A. 2009. Bioaugmentation of carbofuran residues in soil using *Burkholderia cepacia* PCL3 adsorbed on agricultural residues. International Biodeterioration & Biodegradation, 63(4): 515-522.

Potin O, Rafin C, Veignie E. 2004. Bioremediation of an aged polycyclic aromatic hydrocarbons (PAHs)-contaminated soil by filamentous fungi isolated from the soil. International Biodeterioration & Biodegradation, 54(1): 45-52.

Prabhu Y, Phale P S. 2003. Biodegradation of phenanthrene by *Pseudomonas* sp. strain PP2: Novel metabolic pathway, role of biosurfactant and cell surface hydrophobicity in hydrocarbon assimilation. Applied Microbiology and Biotechnology, 61: 342-351.

Pullman A, Pullman B. 1955. Electronic structure and carcinogenic activity of aromatic molecules: new developments. Advances in Cancer Research, 3: 117-159.

Ramachandran S, Coradin T, Jain P K, et al. 2009. *Nostoc calcicola* immobilized in silica-coated calcium alginate and silica gel for applications in heavy metal biosorption. Silicon, 1(4): 215-223.

Ramos J L, Gallegos M T, Marqués S, et al. 2001. Responses of Gram-negative bacteria to certain environmental stressors. Current Opinion in Microbiology, 4(2): 166-171.

Rasmussen L D, Ekelund F, Hansen L H, et al. 2001. Group-specific PCR primers to amplify 24S a-subunit rRNA genes from *Kinetoplastida* (Protozoa) used in denaturing gradient gel electrophoresis. Microbial Ecology, 42: 109-115.

Reaveley D, Rogers H. 1969. Some enzymic activities and chemical properties of the mesosomes and cytoplasmic membranes of *Bacillus licheniformis* 6346. Biochemical Journal, 113(1): 67-79.

Regonne R K, Martin F, Mbawala A, et al. 2013. Identification of soil bacteria able to degrade phenanthrene bound to a hydrophobic sorbent *in situ*. Environmental Pollution, 180: 145-151.

Riegert U, Heiss G, Kuhm A E. 1999. Catalytic properties of the 3-chlorocatechol-oxidizing 2,3-dihydroxybiphenyl 1,2-dioxygenase from *Sphingomonas* sp. strain BN6. Journal of Bacteriology, 181: 4812-4817.

Rivelli V, Franzetti A, Gandolfi I, et al. 2013. Persistence and degrading activity of free and immobilised allochthonous bacteria during bioremediation of hydrocarbon-contaminated soils. Biodegradation, 24(1): 1-11.

Rodnina M V, Wintermeyer W. 1995. GTP consumption of elongation factor Tu during translation of heteropolymeric mRNAs. Proceedings of the National Academy of Sciences, 92(6): 1945-1949.

Rogers S W, Ong S K, Kjartanson B H, et al. 2002. Natural attenuation of polycyclic aromatic hydrocarbon-contaminated sites: review. Practice Periodical of Hazardous, Toxic, and Radioactive Waste Management, 6: 141-155.

Romero M C, Cazau M C, Giorgieri S, et al. 1998. Phenanthrene degradation by microorganisms isolated from a contaminated stream. Environmental Pollution, 101: 355-359.

Romine M F, Fredrickson J K, Li S W. 1999. Induction of aromatic catabolic activity in *Novosphingobium aromaticivorans* F199. Journal of Industrial Microbiology & Biotechnology, 23: 303-313.

Ronald M A. 1995. Bioremediation of petroleum pollutant. International Biodeterioration & Biodegradation, 35: 317-327.

Sack U, Heinze T M, Deck J, et al. 1997. Comparison of phenanthrene and pyrene degradation by different wood-decaying fungi. Applied and Environmental Microbiology, 63: 3919-3925.

Sah A, Kapri A, Zaidi M G H, et al. 2010. Implications of fullerene-60 upon *in-vitro* LDPE biodegradation. Journal of Microbiology and Biotechnology, 20: 908-916.

Saito A, Iwabuchi T, Harayama S. 2000. A novel phenanthrene dioxygenase from *Nocadioides* sp. strain KP7: Express in *Escherichia coli*. Journal of Bacteriology, 182: 2134-2141.

Sala-Trepat J M, Evans W C. 1971. The meta cleavage of catechol by *Azobacter* species. European Journal of Chemistry, 20: 400-413.

Samanta S K, Singh O V, Jain R K. 2002. Polycyclic aromatic hydrocarbons: Environmental pollution and bioremediation. Trends in Biotechnology, 20: 243-248.

Santonicola S, Albrizio S, Murru N, et al. 2017. Study on the occurrence of polycyclic aromatic hydrocarbons in milk and meat/fish based baby food available in Italy. Chemosphere, 184: 467-472.

Sathesh P C, Thatheyus A J. 2007. Biodegradation of acrylamide employing free and immobilized cells of *Pseudomonas aeruginosa*. International Biodeterioration & Biodegradation, 60(2): 69-73.

Sawulski P, Clipson N, Doyle E. 2014. Effects of polycyclic aromatic hydrocarbons on microbial community structure and PAH ring hydroxylating dioxygenase gene abundance in soil. Biodegradation, 25(6): 835-847.

Schneider J, Grosser R, Jayasimhulu K, et al. 1996. Degradation of pyrene, benz [a] anthracene, and benzo [a] pyrene by *Mycobacterium* sp. strain RJGII-135, isolated from a former coal gasification site. Applied and Environmental Microbiology, 62(1): 13-19.

Seo J, Keum Y, Li Q X. 2009. Bacterial degradation of aromatic compounds. International Journal of Environmental Research and Public Health, 6(1): 278-309.

Sheng G P, Zhang M L, Yu H Q. 2008. Characterization of adsorption properties of extracellular polymeric substances (EPS) extracted from sludge. Colloids and Surfaces B: Biointerfaces, 62(1): 83-90.

Shi L, Günther S, Hübschmann T, et al. 2007. Limits of propidium iodide as a cell viability indicator for environmental bacteria. Cytometry Part A, 71(8): 592-598.

Shiaris M P, Cooney J J. 1983. Replica plating method for estimating phenanthrene-utilizing and phenanthrene-cometabolizing microorganisms. Applied and Environmental Microbiology, 45: 706-710.

Shin K H, Kim K W, Seagren E A. 2004. Combined effects of pH and biosurfactant addition on solubilization and biodegradation of phenanthrene. Applied Microbiology and Biotechnology, 65: 336-343.

Sigua G C, Novak J M, Watts D W, et al. 2014. Carbon mineralization in two ultisols amended with different sources and particle sizes of pyrolyzed biochar. Chemosphere, 103: 313-321.

Sikkemat J, de Bont J A M, Poolman B. 1995. Mechanisms of membrane toxicity of hydrocarbons. Microbiology and Molecular Biology Reviews, 59: 201-222.

Sikkemat J, de Bont J A M, Poolman B, et al. 1994. Interactions of cyclic hydrocarbons with biological membrane. The Journal of Biological Chemistry, 269 (11): 8022-8028.

Simon M J, Osslund T D, Saunders R, et al. 1993. Sequences of genes encoding naphthalene dioxygenase in *Pseudomonas putida* stains G7 and NCIB981624. Gene, 127: 31-37.

Simonich S L, Hites R A. 1994. Vegetation-atmosphere partitioning of polycyclic aromatic hydrocarbons. Environmental Science & Technology, 28: 939-943.

Singleton M R, Dillingham M S, Wigley D B. 2007. Structure and mechanism of helicases and nucleic acid translocases. Annual Review of Biochemistry, 76: 23-50.

Soejima T, Iida K, Qin T, et al. 2009. Discrimination of live, anti-tuberculosis agent-injured, and dead *Mycobacterium tuberculosis* using flow cytometry. FEMS Microbioly Letter, 294 (1): 74-81.

Späth R, Flemming H C, Wuertz S. 1998. Sorption properties of biofilms. Water Science and Technology, 37 (4): 207-210.

Stal M, Blaschek H. 1985. Protoplast formation and cell wall regeneration in *Clostridium perfringens*. Applied and Environmental Microbiology, 50 (4) :1097-1099.

Steen H B. 2000. Flow cytometry of bacteria: Glimpses from the past with a view to the future. Journal of Microbiological Methods, 42: 65-74.

Stegeman J J, Lech J J. 1991. Cytochrome P-450 monooxygenase systems in aquatic species: Carcinogen metabolism and biomarkers for carcinogen and pollutant exposure. Environmental Health Perspectives, 90: 101-109.

Stingley R L, Brezna B, Khan A A, et al. 2004a. Novel organization of genes in a phthalate degradation operon of *Mycobacterium vanbaalenii* PYR-1. Microbiology-SGM, 150 (11): 3749-3761.

Stingley R L, Khan A A, Cerniglia C E. 2004b. Molecular characterization of a phenanthrene degradation pathway in *Mycobacterium vanbaalenii* PYR-1. Biochemistry and Biophysical Research Communications, 322: 133-146.

Story S P, Parker S H, Hayasaka S S, et al. 2001. Convergent and divergent points in catabolic pathways involved in utilization of fluoranthene, naphthalene, anthracene, and phenanthrene by *Sphingomonas paucimobilis* EPA505. Biochemistry and Biophysical Research Communications, 26: 369-382.

Story S P, Parker S H, Kline J D, et al. 2000. Identification of four structural genes and two putative promoters necessary for utilization of naphthalene, phenanthrene and fluoranthene by *Sphingomonas paucimobilis* var. EPA505. Gene, 260: 155-169.

Stringfellow T W, Attken D M. 1994. Comparative physiology of phenanthrene degradation by two dissimilar *Pseudomonas* isolated from a creosote-contaminated soil. Canadian Journal of Microbiology, 40: 432-438.

Stringfellow W T, Aitken M D. 1995. Competitive metabolism of naphthalene, methylnaphthalenes, and fluorene by phenanthrene-degrading *Pseudomonads*. Applied and Environmental Microbiology, 61 (1): 357-362.

Stucki G, Alexander M. 1987. Role of dissolution rate and solubility in biodegradation of aromatic compounds. Applied and Environmental Microbiology, 53: 292-297.

Su D, Li P, Frank S, et al. 2006. Biodegradation of benzo[a]pyrene in soil by *Mucor* sp. SF06 and *Bacillus* sp. SB02 co-immobilized on vermiculite. Journal of Environmental Sciences, 18(6): 1204-1209.

Sun M, Luo Y, Christie P, et al. 2012. Methyl-β-cyclodextrin enhanced biodegradation of polycyclic aromatic hydrocarbons and associated microbial activity in contaminated soil. Journal of Environmental Sciences, 24(5): 926-933.

Suzuki T, Yamaguchi T, Ishida M. 1998. Immobilization of *Prototheca zopfii* in calcium-alginate beads for the degradation of hydrocarbons. Process Biochemistry, 33(5): 541-546.

Tahtat D, Mahlous M, Benamer S, et al. 2013. Oral delivery of insulin from alginate/chitosan crosslinked by glutaraldehyde. International Journal of Biological Macromolecules, 58: 160-168.

Takeuchi M, Hamana K, Hiraishi A. 2001. Proposal of the genus *Sphingomonas sensustricto* and three new genera, *Sphingobium*, *Novosphingobium* and *Sphingopyxis*, on the basis of phylogenetic and chemotaxonomic analyses. International Journal of Systematic and Evolutionary Microbiology, 51: 1405-1417.

Takeuchi M, Kawai F, Shimada Y. 1993. Taxonomic study of polyethylene glycol-utilizing bacteria: Emended description for the genus *Sphingomonas* and new descriptions of *Sphingomonas macrogoltabidus* sp. nov, *Sphingomonas sanguis* sp. nov. and *Sphingomonas terrae* sp. nov. Systematic and Applied Microbiology, 16: 227-238.

Takizawa N, Kaida N, Torigoe S, et al. 1994. Identifacation and characterization of genes encoding polyclic aromatic hydrocarbon dioxygenase and polyclic aromatic hydrocarbon dihydrodiol dehydrogenase in *Pseudomonas putida* OUS82. Journal of Bacteriology, 176: 2444-2449.

Tam N F Y, Guo C L, Yau W Y, et al. 2002. Preliminary study on biodegradation of phenanthrene by bacteria isolated from mangrove sediments in Hong Kong. Marine Pollution Bulletin, 45: 316-324.

Tan L, Li H, Ning S, et al. 2014. Aerobic decolorization and degradation of azo dyes by suspended growing cells and immobilized cells of a newly isolated yeast *Magnusiomyces ingens* LH-F1. Bioresource Technology, 158: 321-328.

Tao X Q, Liu J P, Lu G N, et al. 2010. Biodegradation of phenanthrene in artificial seawater by using free and immobilized strain of *Sphingomonas* sp. GY2B. African Journal of Biotechnology, 9: 2654-2660.

Tao X Q, Lu G N, Dang Z, et al. 2007a. A phenanthrene-degrading strain *Sphingomonas* sp. GY2B isolated from contaminated soils. Process Biochemistry, 42(3): 401-408.

Tao X Q, Lu G N, Dang Z, et al. 2007b. Isolation of phenanthrene-degrading bacteria and characterization of phenanthrene metabolites. World Journal of Microbiology and Biotechnology, 23(5): 647-654.

Thill A, Zeyons O, Spalla O, et al. 2006. Cytotoxicity of CeO_2 nanoparticles for escherichia coli. physicochemical insight of the cytotoxicity mechanism. Environmental Science & Technology, 40(19): 6151-6156.

Tian L, Ma P, Zhong J J. 2002. Kinetics and key enzyme activities of phenanthrene degradation by *Pseudomonas mendocina*. Process Biochemistry, 37(12): 1431-1437.

Tian L, Ma P, Zhong J J. 2003. Impact of the presence of salicylate or glucose on enzyme activity and phenanthrene degradation by *Pseudomonas mendocina*. Process Biochemistry, 38: 1125-1132.

Ting W, Yuan S, Wu S, et al. 2011. Biodegradation of phenanthrene and pyrene by *Ganoderma lucidum*. International Biodeterioration & Biodegradation, 65(1): 238-242

Tiwari J N, Reddy M M K, Patel D K, et al. 2010. Isolation of pyrene degrading *Achromobacter xylooxidans* and characterization of metabolic product. World Journal of Microbiology and Biotechnology, 26(10): 1727-1733.

Tongpim S, Pickard M A. 1999. Cometabolic oxidation of phenanthrene to phenanthrene *trans*-9,10-dihydrodiol by *Mycobacterium* strain S1 growing on anthracene in the presence of phenanthrene. Canadian Journal of Microbiology, 45(5): 369-376.

Treccani V, Walker N, Wilt S G H. 1954. The metabolism of naphthalene by soil bacteria. Journal of General Microbiology, 11: 341-348.

Trzesicka-Mlynarz D, Ward O. 1995. Degradation of polycyclic aromatic hydrocarbons (PAHs) by a mixed culture and its component pure cultures, obtained from PAH-contaminated soil. Canadian Journal of Microbiology, 41 (6): 470-476.

Tsenin A, Karimov G, Rybchin V. 1978. Recombination during fusion of *Escherichia coli* K 12 protoplasts. Doklady Akademii nauk SSSR, 243 (4): 1066-1073.

van Kranenburg R, Vos H R, van Swan I I, et al. 1999. Functional analysis of glycosyltransferase genes from *Lactococcus lactis* and other gram-positive cocci: Complementation, expression, and diversity. Journal of Bacteriology, 181 (20): 6347-6353.

van Veen J A, van Overbeek L S, van Elsas J D. 1997. Fate and activity of microorganisms introduced into soil. Microbiology and Molecular Biology Reviews, 61 (2): 121-135.

Vecchioli G I, Del Panno M T, Painceira M T. 1990. Use of selected autochthonous soil bacteria to enhance degradation of hydrocarbons in soil. Environment Pollution, 67: 249-258.

Venkataraman C, Friedlander S K. 1994. Size Distributions of polycyclic aromatic hydrocarbons and elemental carbon II. ambient measurement and effects of atmospheric processes. Environmental Science & Technology, 28: 563-572.

Verthé K, Verstraete W. 2006. Use of flow cytometry for analysis of phage-mediated killing of *Enterobacter aerogenes*. Research in Microbiology, 157(7): 613-618.

Vila J, Lopez Z, Sabate J, et al. 2001. Identification of a novel metabolite in the degradation of pyrene by *Mycobacterium* sp. strain AP1: Actions of the isolate on two- and three-ring polycyclic aromatic hydrocarbons. Applied and Environmental Microbiology, 67(12): 5497-5505.

Viñas M, Sabaté J, Espuny M J, et al. 2005. Bacterial community dynamics and polycyclic aromatic hydrocarbon degradation during bioremediation of heavily creosote-contaminated soil. Applied and Environmental Microbiology, 71(11): 7008-7018.

Volkering F, Breure A M, van Andel J G. 1995. Influence of nonionic surfactants on bioavailability and biodegradation of polycyclic aromatic hydrocarbons. Applied and Environmental Microbiology, 61: 1699-1705.

Volkov E M, Nurullin L F, Volkov M E, et al. 2011. Mechanisms of carbacholine and GABA action on resting membrane potential and Na^+/K^+-ATPase of Lumbricus terrestris body wall muscles. Comparative Biochemistry and Physiology Part A: Molecular & Integrative Physiology, 158(4): 520-524.

Wagrowski D M, Hites R A. 1997. Polycyclic aromatic hydrocarbon accumulation in urban, suburban and rural vegetation. Environmental Science & Technology, 31: 279-282.

Wang C, Wang F, Wang T, et al. 2010. PAHs biodegradation potential of indigenous consortia from agricultural soil and contaminated soil in two-liquid-phase bioreactor (TLPB). Journal of Hazardous Materials, 176(1-3): 41-47.

Wang C, Yu L, Zhang Z, et al. 2014. Tourmaline combined with *Phanerochaete chrysosporium* to remediate agricultural soil contaminated with PAHs and OCPs. Journal of Hazardous Materials, 264: 439-448.

Wang J Z, Nie Y F, Luo X L, et al. 2008. Occurrence and phase distribution of polycyclic aromatic hydrocarbons in riverine runoff of the Pearl River Delta, China. Marine Pollution Bulletin, 57: 767-774.

Wang R F, Wennerstrom D, Cao W W, et al. 2000. Cloning, expression, and characterization of the katG gene, encoding catalase-peroxidase, from the polycyclic aromic hydrocarbon-degrading bacterium *Mycobacerium* sp. strain PYR-1. Applied and Environmental Microbiology, 66: 4300-4303.

Wei D, Wang B, Ngo H H, et al. 2015a. Role of extracellular polymeric substances in biosorption of dye wastewater using aerobic granular sludge. Bioresource Technology, 185: 14-20.

Wei X R, Jiang W, Yu J C, et al. 2015b. Effects of SiO_2 nanoparticles on phospholipid membrane integrity and fluidity. Journal of Hazardous Materials, 287: 217-224.

Weis L M, Rummel A M, Masten S J, et al. 1998. Bay and baylike regions of polycyclic aromatic hydrocarbons were potent inhibitors of gap junctional intercellular communication. Environmental Health Perspectives, 106: 17-22.

Weiss R L. 1976. Protoplast formation in *Escherichia coli*. Journal of Bacteriology, 128(2): 668-670.

Westerholm R, Li H. 1994. A multivariate statistical analysis of fuel-related PAH emissions from heavy-duty diesel vehicles. Environmental Science & Technology, 28: 965-972.

Westerholm R N, Alsberg T E, Frommelin A B, et al. 1988. Effect of polycylic aromatic hydrocarbons and other mutagenic substances from a gasoline-fuelled automobile. Environmental Science & Technology, 22: 925-930.

Wick L Y, Munia A D, Springale D, et al. 2002. Responses of *Mycobacterium* sp. LB501T to the low bioavailability of solid anthracene. Applied Microbiology and Biotechnology, 58(3): 378-385.

Widmer F, Fliessbach A, Laczko E, et al. 2001. Assessing soil biological characteristics: A comparison of bulk soil community DNA-, PLFA-, and Biolog(TM)-analyses. Soil Biology & Biochemistry, 33(7-8): 1029-1036.

Wild S R, Jones K C. 1995. Polynuclear aromatic hydrocarbons in the United Kingdom environment: A preliminary source inventory and budget. Environmental Pollution, 88(1): 91-108.

Wild S R, Obbard J P, Munn C. 1991. The long-term persistence of polynuclear aromatic hydrocarbon in an agriculture soil amended with metal contaminated sewage sludge. Science of Total Environment, 101: 235-253.

Williams P A. 1981. Genetics of biodegradation//Leisinger T, Hutter R, Cook A M, et al. Microbial Degradation of Xenobiotics of Recalcitrant Compounds. New York: Academic Press: 97-106.

Wilson S C, Jones K C. 1993. Bioremediation of soil contaminated with polynuclear aromatic hydrocarbons(PAH): A review. Environmental Pollution, 81: 229-249.

Wongwongsee W, Chareanpat P, Pinyakong O. 2013. Abilities and genes for PAH biodegradation of bacteria isolated from mangrove sediments from the central of Thailand. Marine Pollution Bulletin, 74(1): 95-104.

Woodward D F, Mehrle P M J, Mauck W L. 1991. Accumulation and sublethal effects of Wyoming crude oil in cutthroat trout. Transactions of the American Fisheries Society, 110: 437-445.

Wu Y, Luo Y, Zou D, et al. 2008. Bioremediation of polycyclic aromatic hydrocarbons contaminated soil with *Monilinia* sp.: degradation and microbial community analysis. Biodegradation, 19(2): 247-257.

Xia Y, Min H, Rao G, et al. 2005. Isolation and characterization of phenanthrene-degrading *Spingomonas pauciobilis* strain ZX4. Biodegradation, 16: 393-402.

Xu J, Sheng G P, Ma Y, et al. 2013. Roles of extracellular polymeric substances(EPS) in the migration and removal of sulfamethazine in activated sludge system. Water Research, 47(14): 5298-5306.

Xu Y, Lu M. 2010. Bioremediation of crude oil-contaminated soil: Comparison of different biostimulation and bioaugmentation treatments. Journal of Hazardous Materials, 183(1-3): 395-401.

Yabuuchi E, Yano I, Oyaizu H, et al. 1990. Proposals of *Sphingomonas paucimobilis* gen. nov. and comb. nov., *Sphingomonas parapaucimobilis* sp. nov., *Sphingomonas yanoikuyae* sp. nov., *Sphingomonas adhaesiva* sp. nov., *Sphingomonas capsulata* comb. nov., and two genospecies of the genus *Sphingomonas*. Microbiology and Immunology, 34: 99-119.

Yang H H, Lee W J, Chen S J, et al. 1998. PAH emission from various industrial stacks. Journal of Hazardous Materials, 60: 159-174.

Yang S F, Lin C F, Lin A Y C, et al. 2011. Sorption and biodegradation of sulfonamide antibiotics by activated sludge: experimental assessment using batch data obtained under aerobic conditions. Water Research, 45(11): 3389-3397.

Yoshitomi K, Shann J. 2001. Corn(*Zea mays* L.) root exudates and their impact on ^{14}C-pyrene mineralization. Soil Biology and Biochemistry, 33(12): 1769-1776.

Yrjala K, Suomalainen S, Suhonen E L, et al. 1998. Characterization and reclassification of an aromatic- and chloroaromatic-degrading *Pseudomonas* sp., strain HV3, as *Sphingomonas* sp. HV3. Internation Journal of Systematic Bacteriology, 48: 1057-1062.

Yuan S Y, Wei S H, Chang B V. 2000. Biodegradation of polycyclic aromatic hydrocarbons by a mixed culture. Chemosphere, 41(9): 1463-1468.

Zafra G, Taylor T D, Absalón A E, et al. 2016. Comparative metagenomic analysis of PAH degradation in soil by a mixed microbial consortium. Journal of Hazardous Materials, 318: 702-710.

Zámocký M, Hallberg M, Ludwig R, et al. 2004. Ancestral gene fusion in cellobiose dehydrogenases reflects a specific evolution of GMC oxidoreductases in fungi. Gene, 338(1): 1-14.

Zhang C D, Li M Z, Xu X, et al. 2015. Effects of carbon nanotubes on atrazine biodegradation by *Arthrobacter* sp. Journal of Hazardous Materials, 287: 1-6.

Zhang Y, Chen Y, Westerhoff P, et al. 2009. Impact of natural organic matter and divalent cations on the stability of aqueous nanoparticles. Water Research, 43(17): 4249-4257.

Zhao J K, Li X M, Ai G M, et al. 2016. Reconstruction of metabolic networks in a fluoranthene-degrading enrichments from polycyclic aromatic hydrocarbon polluted soil. Journal of Hazardous Materials, 318: 90-98.

Zheng C, Zhou J, Wang J, et al. 2009. Aerobic degradation of nitrobenzene by immobilization of *Rhodotorula mucilaginosa* in polyurethane foam. Journal of Hazardous Materials, 168(1): 298-303.

Zhong Y, Luan T, Lin L, et al. 2011. Production of metabolites in the biodegradation of phenanthrene, fluoranthene and pyrene by the mixed culture of *Mycobacterium* sp. and *Sphingomonas* sp. Bioresource Technology, 102(3): 2965-2972.

Zhong Y, Luan T, Wang X, et al. 2007. Influence of growth medium on cometabolic degradation of polycyclic aromatic hydrocarbons by *Sphingomonas* sp. strain PheB4. Applied Microbiology and Biotechnology, 75(1): 175-186.

Zhong Y, Luan T, Zhou H, et al. 2006. Metabolite production in degradation of pyrene alone or in a mixture with another polycyclic aromatic hydrocarbon by *Mycobacterium* sp.. Environmental Toxicology and Chemistry, 25(11): 2853-2859.

Zhong Y, Zou S, Lin L, et al. 2010. Effects of pyrene and fluoranthene on the degradation characteristics of phenanthrene in the cometabolism process by *Sphingomonas* sp. strain PheB4 isolated from mangrove sediments. Marine Pollution Bulletin, 60(11): 2043-2049.

Zhou J L, Maskaoui K. 2003. Distribution of polycyclic aromatic hydrocarbons in water and surface sediments from Daya Bay, China. Environmental Pollution, 121(2): 269-281.

Zinjarde S S, Pant A. 2000. Crude oil degradation by free and immobilized cells of *Yarrowia lipolytica* NCIM 3589. Journal of Environmental Science and Health Part A, 35(5): 755-763.

Zucchi M, Angiolini L, Borin S, et al. Response of bacterial community during bioremediation of an oil-polluted soil. Journal of Applied Microbiology, 2003, 94(2): 248-257.

附录：本书相关论文和专利成果

一、期刊论文

1. Deng F C, Liao C J, Yang C, et al. 2016. Enhanced biodegradation of pyrene by immobilized bacteria on modified biomass materials. International Biodeterioration & Biodegradation, 110: 46-52.
2. Deng F C, Liao C J, Yang C, et al. 2016. A new approach for pyrene bioremediation using bacteria immobilized in layer-by-layer assembled microcapsules: Dynamics of soil bacterial community. RSC Advances, 6: 20654-20663.
3. Deng F C, Sun J T, Dou R N, et al. 2019. Mechanism of enhancing pyrene-degradation ability of bacteria by layer-by-layer assembly bio-microcapsules materials. Ecotoxicology and Environmental Safety, 181: 525-533.
4. Deng F C, Zhang Z F, Yang C, et al. 2017. Pyrene biodegradation with layer-by-layer assembly bio-microcapsules. Ecotoxicology and Environmental Safety, 138: 9-15.
5. Gong B N, Wu P X, Huang Z J, et al. 2016. Enhanced degradation of phenol by *Sphingomonas* sp. GY2B with resistance towards suboptimal environment through adsorption on kaolinite. Chemosphere, 148: 388-394.
6. Gong B N, Wu P X, Ruan B, et al. 2018. Differential regulation of phenanthrene biodegradation process by kaolinite and quartz and the underlying mechanism. Journal o Hazardous Materials, 349: 51-59.
7. Huang Y, Yang C, Li Y Y, et al. 2016. Effects of cytotoxicity of erythromycin on PAH-degrading strains and degrading efficiency. RSC Advances, 6: 114396-114404.
8. Li J H, Guo C L, Liao C J, et al. 2016. A bio-hybrid material for adsorption and degradation of phenanthrene: bacteria immobilized on sawdust coated with a silica layer. RSC Advances, 6: 107189-107199.
9. Li J H, Guo C L, Lu G N, et al. 2016. Bioremediation of petroleum-contaminated acid soil by a constructed bacterial consortium immobilized on sawdust: influences of multiple factors. Water Air & Soil Pollution, 227(12): 444.

10. Liang X J, Guo C L, Liao C J, et al. 2017. Drivers and applications of integrated clean-up technologies for surfactant-enhanced remediation of environments contaminated with polycyclic aromatic hydrocarbons (PAHs). Environmental Pollution, 225: 129-140.

11. Liang X J, Guo C L, Wei Y F, et al. 2016. Cosolubilization synergism occurrence in codesorption of PAH mixtures during surfactant-enhanced remediation of contaminated soil. Chemosphere, 144: 583-590.

12. Liao C J, Liang X J, Lu G N, et al. 2015. Effect of surfactant amendment to PAHs-contaminated soil for phytoremediation by maize (*Zea mays* L). Ecotoxicology and Environmental Safety, 112: 1-6.

13. Liao C J, Xu W D, Lu G N, et al. 2015. Accumulation of hydrocarbons by maize (*Zea mays* L.) in remediation of soils contaminated with crude oil. International Journal of Phytoremediation, 2015, 17 (7): 693-700.

14. Lin W J, Guo C L, Zhang H, et al. 2016. Electrokinetic-enhanced remediation of phenanthrene-contaminated soil combined with *Sphingomonas* sp. GY2B and biosurfactant. Applied Biochemistry and Biotechnology, 178 (7): 1325-1338.

15. Lin W J, Liu S S, Tong L, et al. 2017. Effects of rhamnolipids on the cell surface characteristics of *Sphingomonas* sp. GY2B and the biodegradation of phenanthrene. RSC Advances, 7: 24321-24330.

16. Liu S S, Guo C L, Dang Z, et al. 2017. Comparative proteomics reveal the mechanism of Tween80 enhanced phenanthrene biodegradation by *Sphingomonas* sp. GY2B. Ecotoxicology and Environmental Safety, 137: 256-264

17. Liu S S, Guo C L, Liang X J, et al. 2016. Nonionic surfactants induced changes in cell characteristics and phenanthrene degradation ability of *Sphingomonas* sp. GY2B. Ecotoxicology and Environmental Safety, 129: 210-218.

18. Liu S S, Guo C L, Lin W J, et al. 2017. Comparative transcriptomic evidence for Tween80-enhanced biodegradation of phenanthrene by *Sphingomonas* sp. GY2B. Science of the Total Environment, 609: 1161-1171.

19. Lu G N, Dang Z, Tao X Q, et al. 2008. Estimation of water solubility of polycyclic aromatic hydrocarbons using quantum chemical descriptors and partial least squares. QSAR & Combinatorial Science, 27 (5): 618-626.

20. Lu G N, Yang C, Tao X Q, et al. 2008. Estimation of soil sorption coefficients of polycyclic aromatic hydrocarbons by quantum chemical descriptors. Journal of Theoretical and Computational Chemistry, 7 (1): 67-79.

21. Lu J, Dang Z, Lu G N, et al. 2017. Biodegradation kinetics of phenanthrene by a fusant strain. Current Microbiology, 65 (3) : 225-230.

22. Lu J, Guo C L, Li J, et al. 2013. A fusant of *Sphingomonas* sp. GY2B and *Pseudomonas* sp. GP3A with high capacity of degrading phenanthrene. World Journal of Microbiology and Biotechnology, 29 (9) : 1685-1694.

23. Lu J, Guo C L, Zhang M L, et al. 2014. Biodegradation of single pyrene and mixtures of pyrene by a fusant bacterial strain F14. International Biodeterioration & Biodegradation, 87: 75-80.

24. Lu J, Hou B, Guo C L. 2015. Protoplast formation and regeneration in PAH-degrading bacterial strains *Pseudomonas* and *Sphingomonas*. Fresenius Environmental Bulletin, 24 (8) : 2505-2511.

25. Ma L, Deng F C, Yang C, et al. 2018. Bioremediation of PAH-contaminated farmland: field experiment. Environmental Science and Pollution Research, 25 (1) : 64-72.

26. Ruan B, Wu P X, Chen M Q, et al. 2018. Immobilization of *Sphingomonas* sp. GY2B in polyvinyl alcohol-alginate-kaolin beads for efficient degradation of phenol against unfavorable environmental factors. Ecotoxicology and Environmental Safety, 162: 103-111.

27. Ruan B, Wu P X, Lai X L, et al. 2018. Effects of *Sphingomonas* sp. GY2B on the structure and physicochemical properties of stearic acid-modified montmorillonite in the biodegradation of phenanthrene. Applied Clay Science, 156: 36-44.

28. Ruan B, Wu P X, Wang H M, et al. 2018. Effects of interaction between montmorillonite and *Sphingomonas* sp. GY2B on the physical and chemical properties of montmorillonite in the clay-modulated biodegradation of phenanthrene. Environmental Chemistry, 15 (5) : 296-305.

29. She B J, Tao X Q, Huang T, et al. 2016. Effects of nano bamboo charcoal on PAHs-degrading strain *Sphingomonas* sp. GY2B. Ecotoxicology and Environmental Safety, 125: 35-42.

30. Shen W H, Zhu N W, Cui J Y, et al. 2016. Ecotoxicity monitoring and bioindicator screening of oil-contaminated soil during bioremediation. Ecotoxicology and Environmental Safety, 124: 120-128.

31. Tang X, He L Y, Tao X Q, et al. 2010. Construction of an artificial microalgal-bacterial consortium that efficiently degrades crude oil. Journal of Hazardous Materials, 181 (1-3) : 1158-1162.

32. Tao X Q, Liu J P, Lu G N, et al. 2010. Biodegradation of phenanthrene in artificial seawater by using free and immobilized strain of *Sphingomonas* sp. GY2B. African Journal of Biotechnology, 9(18): 2654-2660.
33. Tao X Q, Lu G N, Dang Z, et al. 2007. A phenanthrene-degrading strain *Sphingomonas* sp. GY2B isolated from contaminated soils. Process Biochemistry, 42(3): 401-408.
34. Tao X Q, Lu G N, Dang Z, et al. 2007. Isolation of phenanthrene-degrading bacteria and characterization of phenanthrene metabolites. World Journal of Microbiology and Biotechnology, 23(5): 647-654.
35. Tao X Q, Lu G N, Liu J P, et al. 2009. Rapid degradation of phenanthrene by using *Sphingomonas* sp. GY2B immobilized in calcium alginate gel beads. International Journal of Environmental Research and Public Health, 6(9): 2470-2480.
36. Wu F J, Guo C L, Liu S S, et al. 2019. Pyrene degradation by Mycobacterium gilvum: Metabolites and proteins involved. Water Air & Soil Pollution, 230(3): 67.
37. 陈晓鹏, 易筱筠, 陶雪琴, 等. 2008. 石油污染土壤中芘高效降解菌群的筛选及降解特性研究. 环境工程学报, 2(3): 413-417.
38. 陈璋, 陶雪琴, 谢莹莹, 等. 2017. 土壤中多环芳烃微生物降解活性定量构效关系. 科学技术与工程, 17(27): 328-332.
39. 何丽媛, 党志, 唐霞, 等. 2010. 混合菌对原油的降解及其降解性能的研究. 环境科学学报, 30(6): 1220-1227.
40. 姜萍萍, 党志, 卢桂宁, 等. 2011. 鼠李糖脂对假单胞菌GP3A降解芘的性能及细胞表面性质的影响. 环境科学学报, 31(3): 485-491.
41. 姜萍萍, 郭楚玲, 党志, 等. 2011. 生物表面活性剂与疏水底物及其降解菌的相互作用. 环境科学, 32(7): 2144-2151.
42. 李婧, 党志, 郭楚玲, 等. 2012. 复合固定化法固定微生物去除芘. 环境化学, 31(7): 1036-1042.
43. 李祎毅, 杨琛, 郭楚玲, 等. 2014. 红霉素对菲降解菌 GY2B 的毒性及抗生素后效应. 环境工程学报, 2014, 8(3): 1221-1228.
44. 李跃武, 吴平霄, 李丽萍, 等. 2015. 高岭土固定 GY2B 优化其降解性能. 环境工程学报, 9(9): 4591-4597.
45. 刘锦卉, 卢静, 张松. 2016. 融合菌株 F14 降解菲过程中细菌表面性质变化研究. 科学技术与工程, 16(21): 130-134.
46. 刘锦卉, 卢静, 张松. 2018. 微生物降解土壤多环芳烃技术研究进展. 科技通报, 34(4): 1-6.

47. 刘玮婷, 郭楚玲, 刘沙沙, 等. 2018. 微塑料对近岸多环芳烃降解菌群结构及其降解能力的影响. 环境科学学报, 38(10): 4052-4056.
48. 卢静, 侯彬, 郭楚玲. 2015. 多环芳烃降解菌的细胞融合及降解性能研究. 农业环境科学学报, 34(6): 1134-1141.
49. 苏兼平, 陶雪琴, 卢桂宁, 等. 2004. 现代生物技术在难降解有机废水处理中的应用. 广东化工, 31(4): 6-8.
50. 陶雪琴, 党志, 卢桂宁, 等. 2003. 污染土壤中多环芳烃的微生物降解及其机理研究进展. 矿物岩石地球化学通报, 22(4): 356-360.
51. 陶雪琴, 卢桂宁, 党志, 等. 2007. 鞘氨醇单胞菌 GY2B 降解菲的特性及其对多种芳香有机物的代谢研究. 农业环境科学学报, 26(2): 548-553.
52. 陶雪琴, 卢桂宁, 党志, 等. 2006. 菲降解菌株 GY2B 的分离鉴定及其降解特性. 中国环境科学, 26(4): 478-481.
53. 陶雪琴, 卢桂宁, 党志, 等. 2007. 降解多环芳烃的微生物及其应用. 化工环保, 27(5): 431-436.
54. 陶雪琴, 卢桂宁, 易筱筠, 等. 2006. 菲高效降解菌的筛选及其降解中间产物分析. 农业环境科学学报, 25(1): 190-195.
55. 陶雪琴, 佘博嘉, 邹梦遥, 等. 2016. 珠江水体系中鞘氨醇单胞菌 GY2B 降解菲的特性研究. 科学技术与工程, 16(4): 259-263.
56. 陶雪琴, 孙观秋, 欧永聪, 等. 2008. 一株菲高效降解菌的环境适应性研究. 环境科学与管理, 33(5): 100-103.
57. 吴仁人, 蔡美芳, 陶雪琴, 等. 2013. 纳米竹炭在无机盐与表面活性剂体系中的沉降特征. 环境科学与技术, 36(12): 1-5.
58. 伍凤姬, 张梦露, 郭楚玲, 等. 2014. 菌源对多环芳烃降解菌的筛选及降解性能的影响. 环境工程学报, 8(8): 3511-3518.
59. 张梦露, 党志, 伍凤姬, 等. 2014. 利用流式细胞术探究鞘氨醇单胞菌 GY2B 降解菲过程中细菌表面特性的变化. 环境科学, 35(4): 1449-1456.
60. 章慧, 郭楚玲, 卢桂宁, 等. 2013. 具有产表面活性剂功能石油降解菌的筛选及其发酵条件优化. 农业环境科学学报, 32(11): 2185-2191.
61. 张松, 侯彬, 纪婷婷, 等. 2018. 生物质炭固定化融合菌株F14方法的研究及其对芘的去除. 农业环境科学学报, 37(3): 464-470.
62. 张松, 卢静, 刘锦卉, 等. 2018. 固定化微生物技术对土壤中多环芳烃修复的研究进展. 科技通报, 34(3): 1-5, 10.
63. 赵璇, 陶雪琴, 卢桂宁, 等. 2006. 萘降解菌的筛选及降解性能的初步研究. 广东化工, 33(4): 37-39.

二、学位论文

1. 陈晓鹏. 2008. 多环芳烃芘微生物降解的实验研究. 广州: 华南理工大学.
2. 陈璋. 2017. 多环芳烃环境活性的定量构效关系研究. 广州: 华南理工大学.
3. 邓辅财. 2016. 芘降解菌层层自组装微囊固定化及其促降解作用机制. 广州: 华南理工大学.
4. 黄莺. 2017. 红霉素胁迫下菲降解菌 *Sphingomonas* sp. GY2B 的微观形貌及蛋白组学研究. 广州: 华南理工大学.
5. 姜萍萍. 2013. 生物表面活性剂对假单胞菌 GP3A 降解芘的性能及机理研究. 广州: 华南理工大学.
6. 李婧. 2012. 以玉米秸秆吸附-包埋-交联的复合固定化方法固定微生物处理芘的研究. 广州: 华南理工大学.
7. 李静华. 2017. 固定化微生物强化修复石油污染土壤的研究. 广州: 华南理工大学.
8. 李祎毅. 2014. 红霉素对多环芳烃降解菌的毒性及降解性能的影响. 广州: 华南理工大学.
9. 林维佳. 2017. 生物表面活性剂对菌株 GY2B 和 F14 降解菲的影响机制研究. 广州: 华南理工大学.
10. 刘沙沙. 2017. 多组学研究非离子表面活性剂对鞘氨醇单胞菌 GY2B 降解菲的影响机理. 广州: 华南理工大学.
11. 卢静. 2012. 融合菌株 F14 的构建及其降解多环芳烃的性能研究. 广州: 华南理工大学.
12. 马林. 2017. 多环芳烃污染农田生物修复——大田实验. 广州: 华南理工大学.
13. 马伟文. 2013. 菲降解菌的固定化膜片制备及应用研究. 广州: 华南理工大学.
14. 佘博嘉. 2016. 纳米竹炭强化多环芳烃微生物降解的机理研究. 广州: 华南理工大学.
15. 陶雪琴. 2006. 菲高效降解菌的驯化、分离、鉴定及其降解菲的特性与机理研究. 广州: 华南理工大学.
16. 伍凤姬. 2015. 一株芘高效降解菌的筛选及其降解途径研究. 广州: 华南理工大学.
17. 张梦露. 2014. 鞘氨醇单胞菌 GY2B 降解菲过程中细胞表面性质及其活性的变化. 广州: 华南理工大学.
18. 章慧. 2013. 生物表面活性剂协同菲降解菌增强电动力去除砂土中的菲. 广州: 华南理工大学.

三、发明专利

1. Wu P X, Li Y W, Dang Z, et al. 2017. Method for preparing kaolin immobilized GY2B bacteria and application thereof: United States, US 20170283786 A1.
2. Yang C, Dang Z, Deng F C, et al. 2018. Microcapsule material capable of reducing pollution containing polycyclic aromatic hydrocarbon, and preparation method and application thereof: United States, US 20180243716 A1.
3. 党志, 陈晓鹏, 易筱筠, 等. 2008. 一种多环芳烃高效降解菌系及其应用: 中国, CN 200710031821.1.
4. 党志, 邓辅财, 郭楚玲, 等. 2015. 一种多环芳烃降解微生物制剂及其制备方法和应用: 中国, CN 201410538512.3.
5. 党志, 李静华, 郭楚玲, 等. 2015. 一种微生物制剂及其制备方法和应用: 中国, CN 201410495939.X.
6. 党志, 卢静, 郭楚玲, 等. 2011. 降解多环芳烃的高效菌株及其构建方法和应用: 中国, CN 201010265121.0.
7. 党志, 唐霞, 何丽媛, 等. 2009. 一种藻菌混合微生物制剂及其制法和应用: 中国, CN 200910039771.0.
8. 党志, 陶雪琴, 卢桂宁, 等. 2006. 一株多环芳烃降解菌及其应用: 中国, CN 200610034169.4.
9. 党志, 伍凤姬, 郭楚玲, 等. 2014. 一种微黄分支杆菌及其在降解石油组分多环芳烃中的应用: 中国, CN 201310479232.5.
10. 郭楚玲, 李静华, 党志, 等. 2015. 一种硅化固定化菌剂及其制备方法和应用: 中国, CN 201410674700.9.
11. 郭楚玲, 章慧, 党志, 等. 2013. 产脂类生物表面活性剂的原油降解菌及应用: 中国, CN 201210474165.3.
12. 陶雪琴, 佘博嘉, 卢桂宁, 等. 2015. 一种降解石油组分的降解液及降解石油组分的方法: 中国, CN 201410723019.9.
13. 吴平霄, 李跃武, 党志, 等. 2015. 一种高岭土固定化 GY2B 菌的制备方法及其应用: 中国, CN 201410757077.3.
14. 吴平霄, 李跃武, 党志, 等. 2015. 一种 GY2B 降解菌固定化小球及其制备方法与应用: 中国, CN 201510018796.8.
15. 杨琛, 党志, 邓辅财, 等. 2015. 一种多环芳烃污染修复微囊材料及其制备方法和应用: 中国, CN 201510571244.X.